AF500194

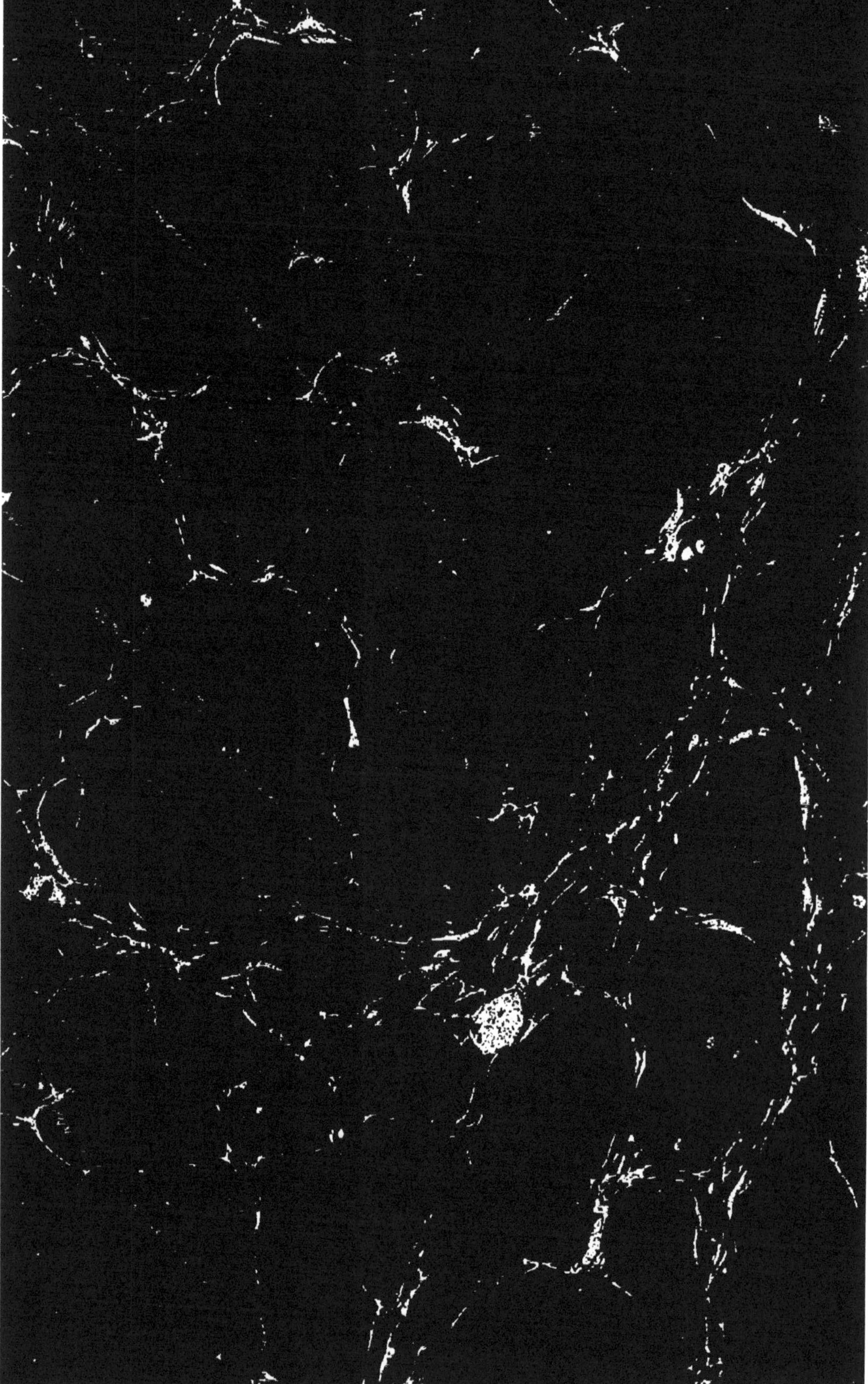

TRAITÉ THÉORIQUE ET PRATIQUE

DES

EXPLOSIFS MODERNES

ET

DICTIONNAIRE DES POUDRES & EXPLOSIFS

PAR

PAUL F. CHALON

INGÉNIEUR DES ARTS ET MANUFACTURES

édition revue et augmentée

PARIS

E. BERNARD ET Cie, IMPRIMEURS-ÉDITEURS

LIBRAIRIE | IMPRIMERIE

[illegible] | [illegible], RUE LA CONDAMINE, [illegible]

LES

EXPLOSIFS MODERNES

PARIS — IMPRIMERIE E. BERNARD & Cie, 71, RUE LA CONDAMINE

TRAITÉ THÉORIQUE ET PRATIQUE

DES

EXPLOSIFS MODERNES

ET

DICTIONNAIRE DES POUDRES & EXPLOSIFS

PAR

PAUL F. CHALON

INGÉNIEUR DES ARTS ET MANUFACTURES

2e édition revue et augmentée

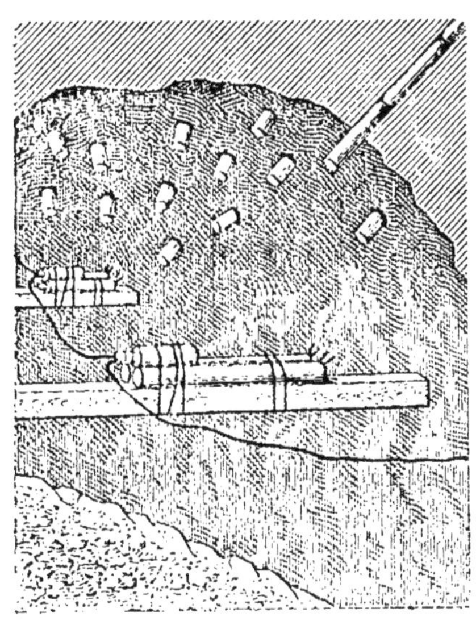

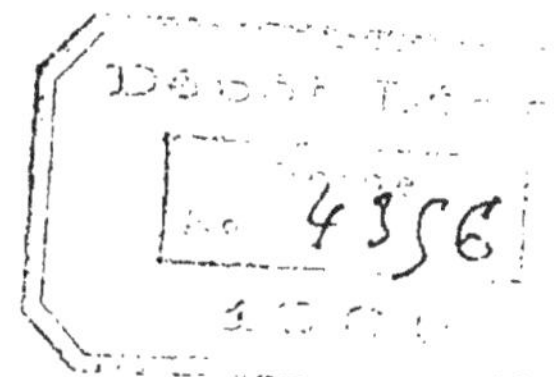

PARIS

E. BERNARD ET Cie, IMPRIMEURS-EDITEURS

LIBRAIRIE	IMPRIMERIE
53ter, QUAI DES GRANDS-AUGUSTINS	71, RUE LA CONDAMINE, 71

1889

TABLE ANALYTIQUE DES MATIÈRES

TABLE ANALYTIQUE DES MATIÈRES

PREMIÈRE PARTIE

SUBSTANCES DÉTONANTES ET MATIÈRES EMPLOYÉES DANS LA FABRICATION DES EXPLOSIFS

CHAPITRE I.

PROPRIÉTÉS SPÉCIALES DES MATIÈRES QUI PEUVENT ENTRER DANS LA COMPOSITION D'UN EXPLOSIF.

CHAPITRE II.

CHLORATES — PICRATES — FULMINATES — MÉLANGES DÉTONANTS

CHAPITRE III.

ÉTUDE DES PYROXYLES.

DEUXIÈME PARTIE

EXPLOSIFS A BASE DE NITROGLYCÉRINE

CHAPITRE I.

PROPRIÉTÉS ET CLASSIFICATION GÉNÉRALE DES DYNAMITES OU EXPLOSIFS A BASE DE NITROGLYCÉRINE.

CHAPITRE II.

DESCRIPTION DES PRINCIPAUX EXPLOSIFS A BASE DE NITROGLYCÉRINE.

CHAPITRE III.

FABRICATION DES EXPLOSIFS A BASE DE NITROGLYCÉRINE

CHAPITRE IV.

ANALYSE DES DYNAMITES ET NITROGÉLATINES. — ÉPREUVES DE STABILITÉ DES EXPLOSIFS A BASE DE NITROGLYCÉRINE.

TROISIÈME PARTIE

EMPLOI DES EXPLOSIFS

CHAPITRE I.

MODE D'EMPLOI DES EXPLOSIFS

Pages

CHAPITRE II.

TIRAGE DES MINES PAR L'ÉLECTRICITÉ

QUATRIÈME PARTIE

TRAVAUX DE MINES

CHAPITRE I.

THÉORIE GÉNÉRALE DES POUDRES ET EXPLOSIFS

CHAPITRE II.

TIRAGE DES COUPS DE MINE DANS LES ROCHES

CHAPITRE III.

TRAVAUX DE MINES

CHAPITRE IV.

EXPLOSIONS SOUS-MARINES

CHAPITRE V.

EFFETS PRODUITS PAR LES EXPLOSIONS SOUS-MARINES

CHAPITRE VI.

APPLICATION DES EXPLOSIFS AUX TRAVAUX SOUS-MARINS.

CHAPITRE VII.

EMPLOI DE LA DYNAMITE POUR LES USAGES MILITAIRES.

CHAPITRE VIII.

APPLICATION DES EXPLOSIFS A DIVERS USAGES ET A L'AGRICULTURE.

CINQUIÈME PARTIE.

LÉGISLATION DES EXPLOSIFS.

AUTRICHE

ANGLETERRE.

FRANCE.

ÉTATS-UNIS.

PARIS. — IMP. E. BERNARD & Cie, 71, RUE LACONDAMINE.

SIXIÈME PARTIE

DICTIONNAIRE

DES

POUDRES ET EXPLOSIFS MODERNES

OUVRAGES ET DOCUMENTS CONSULTÉS

P. BARBE. — *Etudes pratiques sur la dynamite et ses applications à l'art militaire.* Paris, 1872.

id. *Etude sur la gélatine explosive et ses applications à l'art militaire.* Paris, 1879.

id. *Manuel du Mineur.* Paris, 1880.

id. *Supplément au Manuel du Mineur.* Paris, 1881.

BERTHELOT. — *Sur la force des matières explosives.* Paris, 1883.

A. W. CRONQUIST. — *De hæftiga Sprængæmnena.* Stockholm, 1886.

CUNDILL. — *A Dictionary of Explosives.* London, 1888.

DÉSORTIAUX. — *Traité sur la Poudre.* Paris, 1878.

DRINKER. — *Tunneling, Explosive Compounds and Rock Drills.* New York, 1882.

EISSLER. — *The high modern Explosives.* New York, 1884.

INGERSOLL. — *Ingersoll Rock Drill C° Prospectus.*

COL. MAGENDIE. — *Annual Reports of H. M. Inspectors of Explosives.* N°s 1 à 12. London.

J. MAHLER. — *La Technique de sautage.* Vienne, 1878.

CH. MUNROE. — *Notes on the Literature of Explosives.* Baltimore. (1878-1888).

G. NORDENSTRŒM & A W. CRONQUIST. — *Om Nitroglycerinhaltiga Sprængæmnen.* Stockholm, 1880.

L. ROUX. — *La Dynamite, ses caractères, ses effets.*

SUNDSTROM. — *Traité général des matières explosives à base de nitroglycérine* (41 pages). Bruxelles, 1883.

VERNON HARCOURT. — *On blasting operations at Hellgate.* London, 1886.

X..... — *Mode d'emploi de la dynamite.* Lahure, Paris, 1876.

Brevets d'invention allemands, anglais et suédois, etc., etc.

ERRATA

Page	ligne	au lieu de	lire
12	27	1,270	1,267
15	23	14 à 61	14 à 16
80	9	216	246
80	17	83	85
154	32	faible tension	haute tension
154	33	haute tension	faible tension
160	28	0,09	0,9
160	29	0,07	0,7
163	9	7	g
190	24	$C = g V^2 \sin 2\alpha$	$C = \frac{1}{g} V^2 \sin 2\alpha$
190	31	$V = 3,127$	$V = 3,127\sqrt{C}$
230	13	$C = 0,19$	$C = 0,20$
230	14	$C = 0,02$	$C = 0,14$
323	4	la lettre E	la lettre

PREMIÈRE PARTIE

Substances détonantes et matières employées dans la fabrication des explosifs.

CHAPITRE I

Etude des propriétés spéciales des matières qui peuvent entrer dans la composition d'un explosif.

Les principales matières qui sont utilisées pour la fabrication des explosifs sont : le charbon, le soufre, les nitrates, les chlorates, la glycérine, les acides nitrique et sulfurique, les celluloses, le carbonate de soude, les corps gras, les résines, le camphre, etc.. Nous les examinerons brièvement au point de vue de leur emploi et du rôle qu'elles jouent, en laissant de côté leurs propriétés chimiques que tous les ouvrages spéciaux font connaître.

Charbon

Équivalent chimique.	6
Chaleur spécifique	0,202 à 0,241.

On emploie plus particulièrement des charbons de bois, noirs ou roux, d'essences diverses. En général, un charbon roux tend à rendre les poudres brisantes, parce qu'il augmente notablement la quantité de chaleur dégagée. On a remarqué aussi qu'une poudre brisante est le plus souvent caractérisée par la grande inflammabilité des charbons qu'elle contient et la faiblesse de leur densité.

Le dosage du charbon qui entre dans la composition d'une poudre doit être tel que la combustion de l'oxygène, dégagé par les autres éléments, soit complète. Si le charbon fait défaut, une partie de l'oxygène reste inutilisée, et l'énergie de la poudre se trouve d'autant diminuée ; si, au contraire, le carbone est en excès, la poudre déflagre plus vivement et la combustion est accélérée, mais la quantité de chaleur totale dégagée est moindre. Ajoutons encore que le surdosage en carbone peut amener la production d'une grande quantité de gaz oxyde de carbone, laquelle semble peu favorable aux effets propulsifs ou de rupture ; la poudre, dans ce cas, ne peut pas être utilisée avec avantage dans les travaux de mines.

On peut remplacer le charbon de bois par les matières suivantes : anthracite, houille, coke, brai, goudron, sciure de bois, farine de bois, farine de seigle, son, tan, sucre, celluloses, acides ulmique, tannique ou gallique, hydrocarbures solides ou liquides, gélatine, dextrine, colle d'amidon, gommes, résines, prussiate de potasse, sel de Seignette, acétate de soude, etc.

L'anthracite a une faible capacité absorbante ; on la préfère dans les explosifs où la nitroglycérine n'entre qu'en petites doses.

La sciure de bois est une des matières les plus employées. Elle renferme de la cellulose, des acides pectique et pectosique, et de l'eau. On se débarrasse des acides par un lessivage avec un carbonate alcalin qui forme des pectates solubles. On enlève l'eau par dessiccation. La sciure de bois vert renferme en moyenne :

Carbone.	49,37
Hydrogène.	6,14
Oxygène et azote.	43,52
Cendres.	1,07
Total.	100,00

Comme on le voit, cette composition ressemble beaucoup à celle de la cellulose pure qui contient :

Carbone	43,69
Hydrogène	6,23
Oxygène et azote	50,08
Total .	100,00

On peut donc prendre, pour formule de la sciure de bois, la formule même de la cellulose : $C^{12}H^{10}O^{10}$.

La sciure de bois renferme jusqu'à 60 % d'eau ; mais la proportion peut en être réduite à 12 ou 15 % par une exposition de un ou deux ans à l'air.

On pourrait la dessécher complètement en la chauffant entre 125 et 150° ; mais, après dessiccation, le simple contact avec l'air lui fait reprendre 12 à 15 % d'humidité.

Nous avons observé qu'une nitrogélatine (dynamite à nitrocellulose soluble), à sciure de bois, peut être mouillée, puis desséchée, sans rien perdre de sa force, pourvu toutefois que l'action de l'eau n'ait pas été trop prolongée.

Quand on fait entrer la sciure de bois dans la composition d'un explosif, il ne faut pas oublier que sa capacité absorbante est très-variable ; aussi doit-on toujours procéder par tâtonnements pour déterminer la proportion la plus convenable à introduire. Si on en met trop, ou qu'elle soit trop humide, la pâte explosive ne se colle pas et ne peut pas être moulée en cartouches plastiques.

L'expérience indique qu'il ne faut jamais employer une sciure de bois avant de l'avoir bien lessivée, puis légèrement torréfiée. Nous avons remarqué que la force d'un explosif augmentait de 5 à 8 % quand on prenait la précaution de faire usage d'une sciure torréfiée.

Soufre

Equivalent chimique.	16
Chaleur spécifique.	0,203 solide 0,234 liquide

Le soufre a pour densité 2,08 à 0°, et à l'état de vapeur 6,617. Il fond à 111° et bout à 460°. Quand on le chauffe à l'air libre, il s'enflamme vers 250°. Si on le chauffe en vase clos, avec du salpêtre, il se produit à 432° une déflagration violente.

Le soufre est insoluble dans l'eau, très-peu soluble dans l'alcool, l'éther, la benzine et les huiles grasses, soluble dans le sulfure de carbone. 100 p. de sulfure de carbone dissolvent à chaud 73 p. de soufre, et 38 p. seulement à la température ordinaire.

Le soufre entre dans la composition des poudres dont il assure la consistance et la bonne conservation.

Il n'a pas d'influence directe quant aux quantités de gaz et de chaleur dégagés par une poudre ternaire ; mais il favorise la propagation de la combustion dans la masse, augmente ainsi la rapidité des réactions et tend, par suite, à accroître la force explosive.

Dans les poudres à chlorate, le soufre tend à augmenter considérablement la sensibilité à la percussion et à la friction.

Dans les poudres ordinaires, les faibles variations de dosage en soufre ont peu d'influence quant aux propriétés balistiques. Un surdosage en soufre diminue la vivacité de la poudre et la quantité de chaleur dégagée ; il abaisse la température des gaz de la décomposition et par suite régularise celle-ci.

Nitrate de potasse

Equivalent chimique.	101
Chaleur spécifique.	0,239

Le nitrate de potasse ou salpêtre a pour densité 2,10 à 0°. Il est inaltérable dans les conditions atmosphériques ordinaires ; il ne devient déliquescent que dans un air presque saturé d'humidité.

Il fond à 338°, et en se refroidissant il devient élastique et difficile à triturer. Il est insoluble dans l'alcool. Sa solubilité dans l'eau augmente rapidement avec la température.

100 p. d'eau	à 0°	dissolvent	13,30 p.	de salpêtre
—	24°	—	38,40	—
—	50°,7	—	97,70	—
—	79°,7	—	169,70	—
—	97°,7	—	256	—

Une dissolution saturée de salpêtre bout à 118°. Elle contient, à cette température, 335 p. de salpêtre pour 100 p. d'eau.

Le salpêtre fuse quand on le met sur un charbon rouge, et se décompose en potasse, oxygène et azote. Si on le mélange avec du soufre, il déflagre violemment à 432° ; en y ajoutant encore du charbon en proportions déterminées, on obtient la poudre noire.

Le nitrate de potasse employé pour la fabrication des poudres ne doit pas contenir de chlorures ni de nitrate de soude dont l'hygroscopicité est considérable.

Pour les poudres de mine et les explosifs, le salpêtre doit être pur à $\frac{1}{3000}$ de chlorures ; et on admet que cette dose correspond à l'élimination à peu près complète du nitrate de soude. Pour faire l'épreuve et s'assurer que cette limite n'est pas dépassée, on en dissout 10 grammes dans l'eau, et on ajoute un centimètre cube et demi d'une liqueur normale au nitrate d'argent. Cette liqueur se prépare en dissolvant, dans l'eau distillée, 5 gr. 03 de nitrate d'argent fondu, de telle sorte que le volume, après dissolution, soit porté à 500 c^3. Un centimètre cube de cette liqueur correspond à la neutralisation de 0 gr. 0033 de chlorure de sodium, c'est-à-dire à $\frac{1}{3000}$ pour 10 grammes de salpêtre. En versant un centimètre cube et demi de la liqueur normale dans la dissolution de salpêtre, il faut, pour que le titre soit dans les limites voulues, qu'il n'y ait pas assez de chlorure pour neutraliser tout le nitrate d'argent ; la vérification se fait par l'addition de quelques gouttes d'eau salée ; on aperçoit distinctement un nuage dans le liquide, pour peu qu'il soit resté du nitrate d'argent à l'état libre.

On admet généralement que la quantité de chaleur dégagée par une poudre ordinaire est à peu près proportionnelle au poids de salpêtre qui y est contenu. Toutefois, on a peu d'intérêt à augmenter le dosage en salpêtre, car s'il est vrai que, d'une part, on a l'avantage d'obtenir un accroissement de la chaleur dégagée et une diminution de la vitesse de combustion, on développe, par contre, une quantité de gaz beaucoup moindre.

Le salpêtre entre dans la composition d'un grand nombre d'explosifs, fulmicotons et dynamites. En se décomposant, il fournit de l'oxygène et permet ainsi d'obtenir une combustion complète de la nitroglycérine et de la cellulose nitrée.

Nous avons observé que la présence du nitrate de potasse dans les explosifs qui renferment plus de 80 % de nitroglycérine, a pour effet d'augmenter considérablement leur sensibilité aux chocs et, par suite, de les rendre impropres aux usages militaires.

Nitrate de soude

Équivalent chimique.	85
Chaleur spécifique	0,278

Le nitrate de soude a pour densité 2,09 à 2,29, sa température de fusion est encore indéterminée. Il est très-soluble dans l'eau et sa solubilité augmente avec la température.

100 p. d'eau	à 6°	dissolvent 63 p. de nitrate de soude	
—	0°	80	—
—	18°,75	87,72	—
—	100°		—
—	119°	217	—

La dissolution saturée à 18°,75, a pour poids spécifique 1,3769. Le sel marin a la propriété de diminuer la solubilité du nitrate. Ainsi, si dans une dissolution saturée à 18°,75, et contenant par conséquent 87,72 de nitrate pour 100 d'eau, on ajoute du sel marin, on peut précipiter 34,83 de nitrate qui sont remplacés par 25,22 de chlorure de sodium : il ne reste plus que 52,89 de nitrate de soude.

Ce nitrate se retire des *caliches*, ou terres nitreuses naturelles de la province chilienne de Tarapaca. Sa composition moyenne, après dessiccation à 100°, est la suivante :

Nitrate de soude.	94,290
Chlorure de sodium. . . .	1,990
Eau.	1,993
Sulfate de potasse	0,239
Nitrate de potasse	0,426
Nitrate de magnésie. . . .	0,858
Résidus (sulfate de chaux, iodates, matières terreuses, etc) .	0,303

Sa purification est très coûteuse et, d'ailleurs, ne lui enlèverait pas son défaut principal de devenir déliquescent à l'air.

Cependant on l'emploie assez souvent dans la fabrication des poudres de mine et surtout des explosifs, de préférence au salpêtre, parce qu'il a, sur ce dernier, le double avantage d'être moins cher et de fournir, à poids égal, plus d'oxygène.

En effet, son équivalent est d'environ $\frac{1}{6}$ plus faible que celui du salpêtre. Or, les quantités d'oxygène et de chaleur dégagés par les deux nitrates étant à peu près les mêmes, il en résulte que, pour produire le même effet, il faut un sixième en moins de nitrate de soude : ce qui constitue une économie considérable.

Ainsi donc, à poids égaux, une poudre au nitrate de soude donne plus de gaz et plus de chaleur qu'une poudre au nitrate de potasse ; mais la première a l'inconvénient d'être très-hygroscopique, et il faut la conserver à l'abri de l'air. On peut obtenir assez facilement ce résultat quand il s'agit des explosifs à base de nitroglycérine que l'on enferme dans des cartouches en parchemin et dans des boîtes bien closes, mais il n'en est plus de même dans le cas des poudres noires ; c'est pourquoi il faut absolument proscrire le nitrate de soude des compositions de poudres de guerre, de chasse, et souvent aussi de mine.

MM. Roberts et Dale ont cherché à atténuer l'hygroscopicité du nitrate de soude en le mélangeant avec du sulfate de soude déshydraté ou de la magnésie anhydre ; nous avons essayé nous-mêmes, mais sans résultat satisfaisant, l'addition du chlorure de sodium et du carbonate de soude.

Quand on fait usage du nitrate de soude du commerce pour la fabrication des explosifs, il faut avoir soin de le broyer finement et ensuite de le dessécher dans des bacs en fer chauffés à la vapeur. Il perd par la dessiccation environ 10 à 14 $^0/_0$ de son poids, et renferme alors 58 $^0/_0$ d'acide nitrique anhydre, 4 d'humidité et 2 de matières insolubles.

Pour faire l'épreuve du nitrate, on commence par le dessécher : ce qui permet de doser l'humidité ; puis on détermine le poids des matières insolubles. On dose ensuite le chlore avec une liqueur titrée de nitrate d'argent, et l'acide sulfurique au moyen du chlorure de baryum. Tout ce qui reste, après ces essais, est considéré comme nitrate de soude.

La méthode de Schloesing permet de faire une épreuve plus précise. On détermine la proportion d'acide nitrique en décomposant le nitrate par le protochlorure de fer.

Nitrate d'ammoniaque

Équivalent chimique	80
Chaleur spécifique	0,455

Le nitrate d'ammoniaque a pour densité 1,71.

Il est très-soluble dans l'eau, et en se dissolvant il produit un abaissement de température jusqu'à 15° au-dessous de zéro.

A 300° il se décompose en protoxyde d'azote et eau.

Son équivalent chimique étant plus faible que celui du nitrate de soude, on aurait encore plus d'avantage à le faire entrer dans la composition des poudres. Ainsi il forme, avec la nitroglycérine, un explosif doué d'une très-grande énergie. Malheureusement, il est encore plus hygroscopique que le nitrate de soude ; et si l'explosif, dans la composition duquel on le fait entrer, ne contient pas un absorbant spécial, capable à lui seul de retenir la nitroglycérine, celle-ci se sépare avec une très-grande facilité.

Pour conserver les dynamites à l'ammoniaque, il faut enduire les cartouches d'un vernis quelconque, ou les renfermer dans une double enveloppe de papier d'étain et de parchemin.

Nitrate de baryte.

Équivalent chimique.	130,60
Chaleur spécifique	0,150

Le nitrate de baryte est inaltérable à l'air. Il est peu soluble dans l'eau, car 100 parties de ce liquide en dissolvent seulement 5 p. à 0° et 35 p. à 101°.

Chauffé au rouge, il décrépite, puis se décompose en dégageant de l'oxygène, de l'azote, des vapeurs rouges, et laissant un résidu de baryte.

On l'emploie quelquefois dans la préparation des poudres et de certains explosifs. Son équivalent est plus élevé que celui du salpêtre; aussi, à poids égaux, une poudre au nitrate de baryte donne-t-elle moins de gaz et de chaleur que la poudre noire ordinaire. Mais il produit une décomposition plus lente et plus régulière.

Toutefois, il a le grand inconvénient de laisser un résidu assez considérable en se décomposant.

Glycérine ($C^6H^8O^6$)

Equivalent chimique.	92
Chaleur spécifique	0,591

La glycérine a été découverte par Scheele en 1779 ; mais c'est depuis quelques années seulement qu'elle a reçu des applications industrielles.

A l'état de pureté, on l'utilise pour la préparation des cosmétiques et de certains produits pharmaceutiques ; elle entre aussi dans la fabrication des vins, bières et liqueurs fines. Depuis quelque temps on l'emploie pour le collage des fils de laine et de coton, pour l'apprêt des étoffes de laine, etc.

Associée à l'acide nitrique elle donne la nitroglycérine qui sert de base à la fabrication de presque tous les explosifs.

La glycérine qui est un des sous-produits de la fabrication des savons, était autrefois abandonnée dans les résidus. Plus tard quand, en 1821, on commença à fabriquer les bougies de stéarine, on obtint également des résidus de glycérine que, pendant un certain temps, il fallut perdre faute d'application et surtout d'un procédé économique d'épuration.

En 1850, la maison A. Sarg et Cie, de Vienne, livra au commerce pour la première fois de la glycérine pure ; un peu plus tard la « Price's Candle Company » de Londres, introduisit ce produit sur le marché anglais. Cette industrie s'est développée considérablement depuis, et en 1884 on estimait à 14,000 tonnes environ la production de glycérine pure en Europe.

Propriétés de la glycérine. — Scheele a indiqué quelques propriétés de ce corps qu'en raison de son état onctueux, il avait appelé *huile douce.*

Le nom de glycérine lui fut donné par Chevreul, en 1814, et ce savant chimiste fut le premier à en étudier la composition chimique et les propriétés principales.

La glycérine pure est un liquide neutre, clair, épais et visqueux, sans couleur ni odeur, doux au goût et très-hygroscopique.

Elle bout à 290°. Chauffée brusquement, elle passe à la distillation entre 275 et 280° ; elle distille aisément dans le vide. A 100° elle commence à s'évaporer, mais par très-petites quantités qui sont facilement inflammables ; toutefois, elle est considérée comme une substance qui ne se dessèche pas.

Elle se dissout en toutes proportions dans l'alcool et dans l'eau ; elle est peu soluble dans l'éther. Six parties d'un mélange en égales proportions d'alcool et d'éther en dissolvent une de glycérine. Elle est insoluble dans le chloroforme et la benzine.

Mise en contact avec l'acide sulfurique ou l'hydrate de potasse, elle se mélange sans changer d'aspect physique.

La densité de la glycérine pure est de 1,267 à la température de 5° ; elle diminue dans les proportions suivantes quand elle contient de l'eau :

Poids spécifique	Pourcentage en glycérine
1,270	100
1,251	95
1,232	90
1,218	85
1,203	80
1,188	75
1,182	73

La glycérine anhydre cristallise entre 5° et 6°.

Elle dissout les terres alcalines, les alcalis, les oxydes métalliques et certains autres sels qu'il serait difficile de dissoudre dans un autre liquide.

Quand on la verse dans une dissolution ammoniacale de nitrate d'argent et qu'on chauffe jusqu'à ébullition, l'argent métallique est précipité sur les parois du vase en formant une surface miroitante. Si elle est diluée, l'argent se précipite à l'état de caillots bruns.

A la température ordinaire, il n'y a pas de réactions.

La glycérine n'existe pas dans la nature à l'état libre, mais elle se rencontre dans une foule de combinaisons; elle est aussi produite par certaines réactions chimiques.

D'après les recherches faites par Chevreul dans le premier quart de ce siècle, toute graisse animale ou végétale est formée d'une combinaison de glycérine avec divers acides ; et comme les matières grasses sont largement répandues dans les plantes et les animaux, on peut considérer la glycérine comme une substance se trouvant à profusion dans la nature.

Production de la glycérine dans les fabriques de stéarine. — Dans les fabriques où l'on produit de la stéarine, ou mélange d'acides stéarique et palmitique, il reste comme sous-produit de la glycérine que l'on recueille par différents procédés, variables suivant la façon dont les graisses ont été décomposées.

Cette décomposition peut se faire soit par saponification avec des alcalis ou des terres alcalines, comme l'hydrate de chaux, ou même avec des alcalis caustiques, soit par saponification calcaire et emploi de la vapeur surchauffée.

Des procédés plus récents consistent à séparer la glycérine des acides gras en décomposant les graisses par un acide, spécialement l'acide sulfurique. Au lieu d'acides on peut encore employer l'eau surchauffée ou la vapeur.

Toutes ces méthodes ont surtout pour but de séparer les acides gras qui servent à fabriquer la stéarine, mais elles ne sont pas applicables si on se propose de recueillir la glycérine, car celle-ci est détruite par la saponification au moyen des acides ou par une température trop élevée. On a donc dû les modifier pour obtenir ces deux produits.

1° *Saponification des graisses avec les alcalis caustiques ou la chaux caustique*. — A l'origine on traitait les acides gras par la potasse ou la soude ; puis, des savons potassiques ou sodiques ainsi obtenus, on éliminait les acides gras en les attaquant par un acide fort, sulfurique ou chlorhydrique, et la glycérine était ensuite séparée des résidus.

Mais il est préférable d'employer la chaux caustique qui est meilleur marché et donne un savon insoluble facile à séparer.

L'opération est la suivante : les graisses, suifs, ou huiles de palme, sont placés dans une grande cuve en bois où on les mélange avec de l'eau. Au moyen d'un courant de vapeur, on élève la température à 100° et on agite constamment la masse, en faisant usage d'appareils spéciaux. Quand la matière est en ébullition, on ajoute un poids de chaux représentant 50 % du poids de la graisse.

Cette chaux doit être exempte de fer, sans acide carbonique, récemment fabriquée et diluée avec de l'eau.

La saponification commence à se produire au bout de trois ou quatre heures, la masse devient pâteuse et de petites parcelles de savon surnagent à la surface. Après 7 ou 8 heures, l'opération est terminée ; le savon est séparé et il reste dans la cuve de la chaux en excès et un liquide jaune ou brun qui est une dissolution, dans l'eau, de glycérine impure.

On peut modifier ce procédé en faisant usage d'une moindre quantité de lait de chaux et employant la vapeur à une pression de dix atmosphères. Deux ou trois pour cent de chaux caustique peuvent suffire dans ce cas. Cette modification a l'avantage de donner une dissolution de glycérine plus concentrée.

Dans les deux cas, le savon obtenu est décomposé par l'acide sulfurique ou l'acide chlorhydrique ; il se forme du sulfate ou du chlorure de chaux, et il reste un mélange d'acides gras : stéarique, palmitique, mysestique, arachidique et oléique, que l'on extrait au moyen de presses hydrauliques et qui, après clarification, est employé à la fabrication des bougies stéariques.

2° *Décomposition des graisses par l'acide sulfurique*. — L'acide sulfurique ajouté aux graisses, forme avec les acides gras et la glycérine des combinaisons qui, à leur tour, sont décomposées par l'action de l'eau en acide gras, glycérine et acide sulfurique.

Autrefois on opérait à basse température, la décomposition était lente et incomplète, et les pertes en glycérine comme en acides gras considérables.

En portant la température à 90° environ, il faut moins d'acide sulfurique et l'opération est terminée en 24 ou 26 heures. Elle est réduite à une quinzaine d'heures quand on chauffe entre 100° et 138°, et il suffit de 4 $^1/_2$ $^0/_0$ d'acide sulfurique.

Aujourd'hui on emploie un procédé plus rapide, dit *par saponification fractionnée*. On traite de petites quantités de graisse à la fois, à une température variant entre 90° et 138°, par 3 $^1/_2$ à 4 $^0/_0$ d'acide sulfurique ; au bout d'une demi-heure, le mélange est porté dans l'eau bouillante qui sépare les acides gras et dissout la glycérine. La séparation se fait en quelques minutes.

3° *Décomposition des graisses par la chaleur.* — En traitant les graisses par la vapeur surchauffée à 205°, elles se décomposent en acides gras et glycérine.

Ce procédé est rapide et économique.

L'opération se pratique de la manière suivante : les graisses mélangées avec un tiers de leur volume d'eau sont chassées par une pompe dans une série de tubes verticaux chauffés à 330°. Là, l'eau et la graisse réagissent l'une sur l'autre à une pression de 14 à 61 atmosphères, la décomposition se produit, et les acides gras ainsi que la dissolution de glycérine vont se condenser dans un réfrigérant.

Mais quel que soit celui de ces trois traitements que l'on ait employé, les eaux-mères renferment avec la glycérine d'autres matières étrangères ; elles ont une couleur brun foncé et leur odeur est désagréable.

Les eaux-mères provenant de la décomposition du savon calcaire par l'acide sulfurique renferment du sulfate de chaux dont la glycérine favorise la dissolution. Aussi les glycérines obtenues par ce procédé contiennent-elles toujours de la chaux.

Par le traitement des graisses au moyen de l'acide sulfurique, il y a toujours un peu de glycérine décomposée ; et les produits de la décomposition donnent à la glycérine une teinte brune qu'il est difficile de faire disparaître.

Le troisième procédé est le meilleur comme rendement et qualité, la glycérine obtenue est pure ; aussi est-il préféré dans les fabriques de stéarine et de glycérine.

4° *Extraction de la glycérine des résidus de la fabrication des savons.* — Les savons s'obtiennent de la façon suivante : on fait bouillir les graisses avec de la chaux jusqu'à complète saponification, puis on transforme le savon calcaire ainsi obtenu en savon sodique en le traitant par le chlorure de sodium. Il reste en dissolution du chlorure de chaux, tandis que le savon (excepté le savon à la noix de coco), insoluble dans l'eau salée, se sépare quand on ajoute un excès de sel.

Dans quelques usines, on traite directement par la soude, et on sépare ensuite le savon en ajoutant une solution caustique très-concentrée.

Les eaux-mères renferment outre les chlorures de sodium et de potassium, des alcalis libres et de la glycérine. Pour en extraire la glycérine on neutralise les alcalis par l'acide chlorhydrique et on évapore le liquide, puis on traite par l'alcool qui dissout la glycérine que l'on sépare finalement par une simple évaporation à 100°. L'huile ainsi obtenue est impure et colorée en brun.

Un procédé moins coûteux consiste à traiter les eaux par la chaleur jusqu'à 164° environ. Les sels se déposent, on les recueille dans des paniers qu'on laisse ensuite égoutter. On peut ainsi produire de grandes quantités de glycérine. Celle-ci surnage dans les cuves cristallisoires, on la décante et on la fait bouillir avec des acides gras qui se combinent avec les alcalis en se séparant sous forme de savon qu'on écume. Le liquide restant, refroidi et filtré, donne une belle solution de glycérine pure qui est ensuite concentrée, distillée et filtrée.

Pour mener à bien cette opération, il importe que les suifs employés aient été préalablement purifiés au moyen d'une solution faible d'acide sulfurique ou de soude. On détruit ainsi les matières organiques qui se dissolvent dans la solution acide ou alcaline, puis on recueille les graisses épurées qui surnagent à la surface du liquide et on procède à leur décomposition comme il est indiqué plus haut.

La glycérine ,obtenue par la saponification des suifs au moyen de la chaux, renferme une certaine quantité de chaux dont il faut la débarrasser. A cet effet, on fait passer dans le liquide maintenu à une température de 100° un courant d'acide carbonique ; il se forme du carbonate de chaux que l'on sépare par filtration. Cependant il reste toujours un peu de calcaire, car ce sel est légèrement soluble dans la glycérine.

Mais par l'emploi du procédé de saponification par l'eau seule, la glycérine obtenue est exempte de chaux ; il suffit alors de la concentrer par évaporation dans le vide, puis de la filtrer.

5° *Procédé Beaujard.* — La fabrication des bougies de stéarine allant en décroissant par l'usage de plus en plus répandu des nouveaux agents éclairants, il en résulte que la production de glycérine, comme sous-produit, tend à diminuer. D'autre part, l'extraction de la glycérine des graisses à savons influe sur ceux-ci qu'il est difficile, dès lors, de produire sans coloration. Enfin tous les procédés que nous avons succintement décrits sont coûteux par suite de l'emploi de la chaux et des acides.

M. Beaujard, de Marseille, a inventé un procédé économique qui permet d'obtenir un savon pur et blanc sans l'intervention d'aucun produit chimique et qui s'applique également aux stéarineries en ne faisant usage que de quantités très-minimes d'acide sulfurique.

Le procédé Beaujard est basé :

1° Sur la réaction que produisent l'oxygène et l'hydrogène à l'état naissant en présence de graisses neutres.

2° Sur la propriété que possède le zinc métallique, dans un grand état de division, de décomposer l'eau sous l'influence de la chaleur.

L'opération est conduite de la manière suivante : on introduit, dans un vase clos, une charge déterminée de substances graisseuses neutres, avec 30 % environ de leur poids d'eau. Puis, par un tuyau muni d'un robinet, on fait tomber dans la masse, par petites quantités à la fois, de l'eau tenant en suspension du zinc finement pulvérisé, dans la proportion totale de 2 à 3 % du poids des graisses traitées.

Toute la matière est agitée et réchauffée par un courant de vapeur qu'on fait entrer à la base de la cuve et qui, en même temps, répartit dans toute la masse les particules de zinc.

Quand tout le zinc a été introduit, on continue à faire entrer la vapeur jusqu'à ce qu'on ait obtenu une certaine pression.

Sous l'influence de la chaleur et de la pression, une partie de l'eau en contact avec le zinc se décompose en gaz oxygène et hydrogène qui attaquent les graisses et mettent en liberté les acides volatils.

L'opération dure de 4 à 5 heures, et la pression maximum nécessaire est de 150 livres.

Dans les fabriques de savons, les substances graisseuses employées contiennent moins d'acides coagulés, et il suffit de 3 heures pour produire la décomposition, sous une pression de 125 livres.

Après saponification, les liquides des cuves sont transportés dans un réservoir doublé en plomb, et on en extrait la glycérine comme dans les autres procédés par évaporation et filtration.

Le procédé Beaujard est très-économique ; en outre, il a l'avantage de donner une glycérine pure, exempte de chlorures et autres sels qui la rendent impropre à la fabrication de la dynamite ; enfin il est très-rapide car on peut, si on veut gagner du temps, employer une eau acidulée pour éliminer les dernières particules de zinc restées en suspension dans les acides gras.

Malgré tous ses avantages, ce procédé ne paraît pas avoir été appliqué avec succès jusqu'à ce jour.

Conditions auxquelles doit satisfaire la glycérine employée dans les fabriques de dynamite. — La glycérine qui sert à la fabrication des dynamites doit avoir un poids spécifique compris entre 1,21 et 1,26. Elle doit être blanche ou légèrement teintée, sans odeur sensible ; elle doit marquer au moins 30° au pèse-sirops, à la température de 15°.

Elle ne doit pas contenir plus de 2 à 6 % d'eau, et ne doit pas manifester de réaction acide.

Elle doit être exempte de sels de chaux ou de plomb, de glucose et de dextrine. On reconnaît la chaux au moyen de l'oxalate d'ammoniaque qui donne un précipité d'oxalate de chaux, et le plomb par l'acide sulfhydrique.

La falsification la plus ordinaire se fait avec du sucre ou de la dex trine; or on reconnaît le sucre en agitant 100 grammes de glycérine avec 50 centimètres cubes de chloroforme, le sucre qui est insoluble se dépose. D'autre part, si on fait bouillir 5 gouttes de glycérine avec 4 centimètres cubes d'eau et quelques gouttes de molybdate d'ammoniaque en solution faiblement nitrique, la moindre trace de dextrine donne une coloration bleue.

On peut encore déceler la présence du glucose au moyen de la soude caustique qui donne, à l'ébullition, une coloration brune.

La glycérine pour dynamite doit contenir à peine des traces de matières grasses, et l'acétate tribasique de plomb ne doit produire qu'un trouble léger, sans précipitation sensible.

La glycérine pure, mélangée avec un égal volume d'acide sulfurique concentré, reste claire et ne donne pas de dégagement gazeux. On pourrait toutefois constater un dégagement de quelques bulles de gaz, or il est facile de reconnaître que ce n'est pas de l'acide carbonique, mais de l'air qui s'est trouvé engagé avec la glycérine. Le mélange de glycérine pure et d'acide sulfurique ne noircit pas quand on le chauffe, et si on y ajoute de l'alcool il ne doit pas donner une odeur, analogue à celle d'ananas, qui serait un indice de la présence d'acide butyrique ou d'autres acides gras.

Une enquête minutieuse, faite après l'explosion arrivée le 11 novembre 1882 à l'usine de la Compagnie d'Explosifs de Pembrey, pays de Galles, permit de constater(1) que l'accident devait être attribué à l'impureté de la glycérine. Celle-ci avait une couleur foncée, une faible réaction acide, et donnait un épais précipité avec le nitrate

(1) Special Report n° 48. January 19 — 1883. Rapports de la commission anglaise des substances explosives.

d'argent (indice de chlorures ou sulfates). Le mélange de cette glycérine avec l'acide sulfurique concentré prenait une teinte noirâtre et dégageait une odeur désagréable.

Elle contenait les impuretés suivantes :

Eau	5,00
Acides gras, environ.	0,50
Graisse.	0,30
Chlore dans les chlorures	0,15

On voit, par cet exemple, le soin que l'on doit apporter au choix des glycérines qui servent à fabriquer les dynamites.

Acide nitrique.

Equivalent chimique	63
Chaleur spécifique	0,445

L'acide nitrique employé dans les fabriques de dynamite, pour la production de la nitroglycérine, doit avoir une densité comprise entre 1,50 et 1,52 ; au-dessous de 1,48, ce qui correspond à 47° B [1], l'acide doit être rejeté.

Il ne doit pas être rouge, mais seulement d'une couleur jaune.

Il doit être garanti sans mélange avec des nitrates de soude ou de zinc.

Pour s'assurer qu'il n'est pas falsifié par l'acide sulfurique, on l'étend de dix fois son volume d'eau et on le traite par une solution étendue de nitrate de baryte ; celle-ci ne doit produire qu'un très-léger trouble. Il ne doit pas y avoir plus de 0,5 % d'acide sulfurique.

Quelquefois on achète les deux acides nitrique et sulfurique mélangés pour opérer la transformation de la glycérine en nitroglycérine ; le premier entre dans le mélange pour une proportion de 31,30 à 35 %. La densité du mélange doit être de 1,710 à 1,725.

Pour déterminer la quantité d'acide sulfurique contenu dans un

(1) On suppose ici l'aréomètre construit d'après la formule d'Hofmann $D = \frac{144,30}{144,30 - N}$ et non d'après la formule ordinaire $D = \frac{100}{100 - 0,6613\,N}$.

mélange des deux acides, on traite par le chlorure de baryum. On forme ainsi un précipité de sulfate de baryte qui, pesé, donne le dosage en acide sulfurique.

On calcule que 180 de sulfate de baryte $BaSO^4$ correspondent à 42,06 H^2SO^4 ou à 34,34 SO^3.

L'analyse se fait de la manière suivante. On commence par neutraliser l'acide nitrique par du carbonate de soude, et on évapore la solution sur un bain de sable en y versant de l'acide chlorhydrique. La masse étant sèche, on fait refroidir après avoir ajouté encore quelques gouttes d'acide chlorhydrique ; quand il ne se forme plus de vapeurs jaunes, on étend par de l'eau chaude et on filtre pour séparer le précipité. On chauffe ensuite la solution filtrée jusqu'à l'ébullition, puis on verse une solution bouillante de chlorure de baryum. Il se dépose alors du sulfate de baryte qui est lavé, desséché, puis pesé.

Acide sulfurique.

Equivalent chimique 49
Chaleur spécifique 0,340

L'acide sulfurique doit avoir une densité variant entre 1,840 et 1,843, à la température de 15° C ; il ne doit contenir aucune trace d'acide nitreux et renfermer au plus $\frac{1}{10}$ % d'arsenic.

On mesure son poids spécifique à l'aide de densimètres spéciaux gradués de 1,800 à 2,000. L'aréomètre de Baumé doit être rejeté pour cette détermination, car le degré 66 n'indique pas la densité 1,843, mais seulement 1,817.

Pour doser l'arsenic, on chauffe, à 50° C, 50 grammes d'acide sulfurique étendu de 150 grammes d'eau ; puis on fait passer dans la dissolution, pendant une heure, un courant d'acide sulfhydrique H_2S. On laisse reposer pendant 4 heures, après quoi on filtre et on lave jusqu'à neutralité complète ; on verse alors trois fois 5 centimètres cubes de sulfure de carbone sur le filtre pour dissoudre le soufre qui pourrait se trouver avec le précipité.

On pèse le précipité qui est du sulfure d'arsenic, (As^2S^3), après dessiccation à 100° ; on en déduit ensuite la quantité d'arsenic. 100 de As^2S^3 correspond à 60,93 d'arsenic.

L'acide sulfurique ne doit pas être employé s'il renferme plus de 0,1 °/₀ d'arsenic.

Pour doser la quantité d'acide nitrique contenu dans l'acide sulfurique, on emploie la méthode nitrométrique, méthode basée sur l'observation faite par Walter Crum, en 1877, que le mercure réduit les acides sulfurique et nitrique. Il se forme du sulfate de mercure, du bioxyde d'azote et de l'eau.

Nous indiquerons le mode d'opérer avec le nitromètre de Lunge (fig. 1). Cet appareil se compose d'un premier tube A, gradué en cinquièmes de centimètres cubes, et portant à sa partie supérieure un entonnoir en verre et un robinet qui permet d'écouler le contenu de l'entonnoir soit au dehors, soit dans le tube A ; et d'un second tube B, non gradué, et ouvert. Les deux tubes communiquent par leurs parties inférieures au moyen d'un tuyau de caoutchouc, et peuvent ainsi être baissés ou élevés à volonté.

Fig. 1

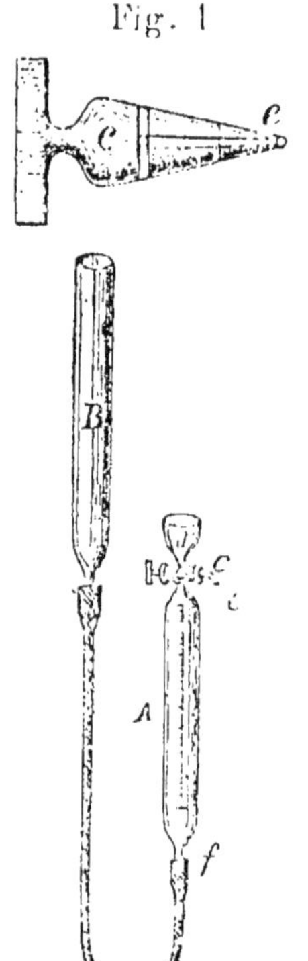

On place le tube B de façon qu'en y versant du mercure, celui-ci arrive jusqu'à l'entonnoir *d* ; à ce moment on ferme le robinet C et on fait écouler au dehors le mercure resté dans l'entonnoir.

Cela fait, on verse dans l'entonnoir de 5 à 10 décigrammes de l'acide à examiner, puis on ouvre le robinet, on baisse le tube B, et l'acide pénètre dans le tube A, prenant la place du mercure descendu. On lave quatre ou cinq fois l'entonnoir avec de l'acide sulfurique pur et fort qui descend également en A.

On prend alors le tube A horizontalement et on l'agite en le redressant brusquement. La réaction s'accomplit en moins de trois minutes, et les gaz s'accumulent entre l'entonnoir et le mercure. Pour les doser, on fait monter le niveau du mercure en B au-dessus de celui qui est en A, de $\frac{1}{7}$ de la hauteur de l'acide contenu en A ; étant donné que la pression de 7 mill. d'acide est égale à celle de 1 mil. de mercure. On lit finalement le volume de bioxyde d'azote produit, et on en déduit le poids d'acide nitrique contenu dans l'acide essayé. Ce volume doit, préalablement, être réduit à 0° et 760 mill ; dans ces conditions, la table suivante indique les poids de divers composés azotés qui correspondent à un volume déterminé de bioxyde d'azote.

VOLUME de BIOXYDE D'AZOTE en c. cubes	POIDS CORRESPONDANTS EN MILLIGRAMMES DE						
	AZOTE	PROTOXYDE D'AZOTE	BIOXYDE D'AZOTE	ACIDE HYPOAZOTIQUE	ACIDE NITRIQUE	NITRATE DE POTASSE	NITRATE DE SOUDE
1	0,627	1,343	1,701	2,417	2,820	4,521	3,805
2	1,254	2,686	3,402	4,834	5.640	9,042	7,610
3	1,881	4,029	5,103	7,251	8,460	13,563	11,415
4	2,508	6,372	6,804	9,668	11,280	18,084	15,220
5	3,135	6,715	8,505	12,085	14,100	22,605	19,025
6	3,762	8,058	10,206	14,502	16,920	27,126	22,830
7	4,389	9,401	11,907	16,919	19,740	31,647	26,635
8	5,016	10,744	13,608	19,336	22,560	36,168	30,440
9	5,643	12,087	15,309	21,753	25,380	40,689	34,245

Afin de pouvoir compenser, dans la lecture, la couche liquide par une colonne de mercure, on regarde, après l'essai, si le mercure monte ou descend quand on ouvre le robinet.

S'il descend, c'est que la pression était trop forte, on a, dans ce cas, observé un volume trop faible ; si, au contraire, le volume de mercure s'élève, d'un millimètre par exemple, le niveau qu'aurait dû atteindre la colonne de gaz est d'un millimètre au-dessous du niveau observé. Il est facile de faire les corrections.

Celluloses.

La cellulose est la matière qui forme la paroi des jeunes cellules végétales ; on la trouve aussi à l'état de mélange dans les fibres ligneuses. La moelle de sureau, le coton, le lin, le chanvre, le papier non collé, constituent de la cellulose presque pure.

Pour séparer les matières étrangères, on fait bouillir avec une solution de potasse caustique, on lave, puis on épuise successivement par le chlore, l'acide acétique, l'alcool, l'éther, l'eau, et on fait sécher à 100°. Le produit insoluble qui reste après ces traitements est considéré comme de la cellulose pure. Celle-ci est blanche, solide, diaphane, insoluble dans l'eau froide, l'alcool, l'éther et les huiles, d'une densité de 1,525 et d'une agrégation variable selon sa provenance.

La cellulose sous ses diverses formes, coton, papier, paille, pâte de bois, etc., se combine avec l'acide nitrique à divers degrés de concentration, avec ou sans addition d'acide sulfurique monohydraté, en donnant des produits très-divers qui ont été particulièrement étudiés par M. Vieille [1].

Le maximum de nitrification répond sensiblement à la formule d'une cellulose endécanitrique.

$$C^{48} H^{18} (Az O^6 H)^{11} O^{18}$$

c'est le fulmicoton ou coton-poudre,

Avec l'acide azotique répondant à la formule $Az O^6 H + \frac{1}{2} H O$, et à la température de 11°, on obtient une cellulose décanitrique, c'est-à-dire moins riche en acide. C'est encore du coton-poudre.

Puis, à mesure que l'acide est plus étendu, on obtient les différents produits :

Cellulose ennéanitrique. . .	$C^{48} H^{22} (Az O^6 H)^9 O^{22}$
— octonitrique . . .	$C^{48} H^{24} (Az O^6 H)^8 O^{24}$
— heptanitrique. . .	$C^{48} H^{26} (Az O^6 H)^7 O^{26}$
— hexanitrique . . .	$C^{48} H^{28} (Az O^6 H)^6 O^{28}$
— pentanitrique. . .	$C^{48} H^{30} (Az O^6 H)^5 O^{30}$
— tétranitrique . . .	$C^{48} H^{32} (Az O^6 H)^4 O^{32}$

(1) M. Berthelot donne une étude particulière du fulmicoton et des celluloses nitrées dans son ouvrage : *Sur la force des matières explosives*. T. II, p. 226.

Les coton-poudres sont insolubles dans l'éther acétique, et presque insolubles dans un mélange d'alcool et d'éther ; les celluloses ennéanitrique, octonitrique et heptanitrique sont solubles dans l'éther acétique et dans un mélange d'alcool et d'éther ; les autres sont insolubles.

La cellulose pure ne se colore pas sous l'influence de l'iode, mais elle prend la coloration bleue l'orsqu'on lui a fait d'abord subir un commencement de désagrégation au moyen de l'acide sulfurique concentré. Ce réactif permet de s'assurer qu'une nitrocellulose ne contient plus de cellulose libre.

On emploie plusieurs celluloses nitrées dans la fabrication des explosifs ; elles ont la propriété de retenir la nitroglycérine, et empêchent ainsi ce corps dangereux de suinter hors des cartouches dans lesquelles on enferme les explosifs.

D'ailleurs, les nitrocelluloses, qui sont elles-mêmes des explosifs, ajoutent considérablement à la force de la nitroglycérine à laquelle elles sont associées.

Leur maniement est assez dangereux, aussi doit-on les conserver avec 30 ou 35 % de leur poids en eau ; et, au moment de s'en servir, on les fait dessécher tout en leur laissant encore de 5 à 8 % d'eau.

En indiquant la préparation du fulmicoton, nous ferons connaître également quelques procédés ayant pour but d'obtenir, rapidement et économiquement, les celluloses solubles qui servent à la fabrication de certains explosifs.

Toutefois, il faut remarquer que l'action des fulmicotons sur la nitroglycérine diffère sensiblement de celle que produisent les celluloses solubles. Celles-ci agissent, en effet, comme de véritables absorbants ; elles se combinent, pour ainsi dire, avec la nitroglycérine, tandis que les fulmicotons ne forment qu'un simple mélange. Les premières fournissent des produits plastiques : les nitrogélatines ; quant au fulmicoton, il donne de l'élasticité, mais non de la plasticité : telle est la dynamite-gomme.

Carbonate de soude.

Equivalent chimique. 53
Chaleur spécifique 0,27

Le carbonate de soude, connu aussi sous les noms de soude et sel de soude, est très-soluble dans l'eau et insoluble dans l'alcool.

Quand on le chauffe, il fond dans son eau de cristallisation ; si on l'abandonne à l'air, il s'effleurit.

On l'emploie dans les fabriques de dynamite pour laver la nitroglycérine et la débarrasser de toutes traces d'acides.

On le fait entrer aussi, quelquefois, dans la composition des explosifs ; il a alors un double objet. D'abord il contribue à donner de la sécurité pendant la fabrication, car il neutralise les acides, et en outre il empêche la décomposition spontanée de la nitroglycérine, décomposition qui pourrait se produire quand l'huile explosive a été mal lavée et a gardé quelque petite quantité d'acides. En second lieu, le carbonate de soude, qui se décompose lorsque se produit l'explosion, dégage de l'acide carbonique et augmente de cette manière la force de l'explosif.

Paraffine, ozokérite, stéarine, naphtaline, etc.

Tous ces corps gras, qui sont solides à la température ordinaire, peuvent atténuer sensiblement l'hygroscopicité des nitrates employés dans la fabrication des explosifs. Leur effet est purement physique ; ils recouvrent, comme d'un vernis, les grains de nitrate pulvérisé, et les protègent ainsi contre l'humidité atmosphérique ou accidentelle. En outre, ils contribuent à diminuer l'exsudation de la nitroglycérine.

Dextrine.

L'amidon, chauffé entre 160° et 200°, se convertit en dextrine, corps soluble dans l'eau.

Si dans une solution de dextrine on ajoute de l'alcool, la dextrine se précipite en masses floconneuses.

La dextrine est un corps isomérique avec l'amidon, dont il dérive par l'effet d'une simple transposition moléculaire ; leur formule chimique est la même, $C^{12}H^{10}O^{10}$; c'est aussi la formule de la cellulose et des gommes.

La dextrine acquiert, en séchant, une grande dureté.

Elle s'emploie avantageusement dans la fabrication des dynamites à sciure de bois. Elle diminue la capacité absorbante de la sciure qu'elle recouvre comme d'un vernis, et contribue ainsi à donner de la plasticité aux matières explosives.

Elle est encore d'une grande utilité quand l'explosif contient du nitrate de soude ou d'ammoniaque, car elle diminue l'hygroscopicité et assure la bonne conservation du mélange. Mais son emploi est très-délicat ; la pratique enseigne qu'il est bon de ne pas dépasser le dosage de 1 à 2 $^0/_0$ en dextrine, sinon l'on court le risque de faire perdre à la composition une partie de sa force explosive.

Camphre, benzine, acétine, etc.

Les explosifs contenant une forte dose de nitroglycérine ne peuvent pas être employés aux usages militaires à cause de leur grande sensibilité au choc des balles. On a cherché à les rendre insensibles par l'addition de certains corps qui, sans rien enlever de leur force leur permet de résister à la percussion des projectiles. C'est ainsi que le camphre, introduit dans la gélatine explosive, dans la proportion de 3 à 5 $^0/_0$, l'insensibilise notablement.

On peut encore employer, pour le même objet, la benzine, l'acétine, la binitrobenzine, la triacétine, la nitronaphtaline, l'acide picrique, etc.

L'influence du camphre paraît provenir d'un effet purement mécanique. On sait, en effet, que ce corps est très volatil et se vaporise assez rapidement à la température ordinaire. Les vapeurs qu'il émet ont une densité considérable, 3,317; en outre, elles se dégagent comme de véritables tourbillons, à tel point que si l'on jette sur l'eau des fragments de camphre, ceux-ci s'agitent vivement et prennent un mouvement giratoire. L'expérience suivante est bien connue : si l'on place verticalement dans l'eau un petit bâton de camphre assez long pour qu'une partie puisse rester en dehors du liquide, le camphre imprime à l'eau, par son évaporation, un mouvement de va-et-vient; et le cylindre, au bout de très-peu de temps, finit par être coupé à la surface de l'eau. Dans ces conditions, on comprend que les vapeurs de camphre, qui se dégagent de l'explosif, soient susceptibles d'opposer une certaine résistance, et par suite de leur densité considérable et par l'effet de leur pression d'échappement; elles agissent à la façon d'un coussin élastique et amortissent en quelque sorte le choc des balles.

CHAPITRE II

Chlorates.— Picrates.— Fulminates.— Mélanges détonants.

Chlorate de potasse.

Equivalent chimique.	123,60
Chaleur spécifique	0,210

Le chlorate de potasse fond, d'après Berthelot, à 334°. A 352°, il se décompose en oxygène, chlorure et perchlorate ; ce dernier corps, lorsque l'on continue à chauffer, se décompose à son tour en chlorure de potassium et oxygène.

$$ClO^3K = KCl + O^3.$$

Le chlorate de potasse est peu soluble dans l'eau froide ; sa solubilité augmente avec la température.

Un choc, souvent même une simple friction, suffisent pour l'enflammer. Il peut aussi se décomposer spontanément.

Quand après une exposition à l'air, il s'est imprégné d'humidité, et qu'ensuite il a été desséché, le plus léger frottement suffit pour le faire exploser.

Il est également très-sensible aux chocs ou au frottement quand il est mélangé avec un corps combustible comme le soufre, le phosphore, la benzine, la sciure de bois, certains sulfures et phosphures métalliques, le sulfure de carbone, le sucre, le cinabre, etc. Le mélange avec ces corps a encore la propriété de s'enflammer quand on le met en contact avec quelques gouttes d'acide sulfurique concentré. Cette dernière proprieté a été utilisée pour déterminer l'explosion, par le choc, des torpilles et des projectiles creux chargés avec une poudre au chlorate de potasse ; on obtient cet effet en faisant usage de tubes de verre remplis d'acide sulfurique concentré.

Le chlorate se décomposant facilement et complètement, on conçoit qu'il puisse donner aux poudres, dans la composition desquelles il entre, la propriété de brûler rapidement, avec un grand dégagement de chaleur et une pression initiale considérable. Les poudres chloratées sont, en un mot, très-brisantes. Mais ces poudres, outre que leur emploi est fort dangereux, présentent encore les inconvénients d'être très-coûteuses et d'une fabrication difficile. Nous citerons cependant le *rackarock*, poudre au chlorate et au nitrobenzol, qu'on fabrique sur une grande échelle aux Etats-Unis et qui jouit d'une assez grande vogue.

On a reconnu que la sensibilité à la percussion et au frottement des poudres chloratées diminue notablement si, au lieu de chlorate, on fait usage de perchlorate.

Des expériences faites en 1882 par le Comité des Explosifs de Londres, sous la direction du colonel Majendie (1), montrent que le poids d'une livre, tombant de 10 à 12 pouces de hauteur, fait détoner un mélange de chlorate et de soufre au deuxième ou au troisième choc ; tandis que le même poids, tombant de 18 à 20 pouces sur le perchlorate, n'agit que du cinquième au septième choc.

La substitution du perchlorate au chlorate, dans un mélange au soufre, diminue aussi le danger de combustion spontanée : l'acide perchlorique étant beaucoup plus stable que l'acide chlorique. En outre, le mélange du perchlorate avec des matières combustibles est moins sensible aux chocs, aux frottements et à l'action des acides ; il s'enflamme d'ailleurs plus difficilement et brûle plus lentement. Mais le perchlorate est plus coûteux que le chlorate, et plus difficile à obtenir à l'état de pureté.

Les poudres au chlorate de potasse sont surtout utilisées, actuellement, comme amorces pour les feux d'artifice et les détonateurs électriques ; on les a essayées aussi pour le chargement des torpilles,

(1) Special report. 1882.

enfin on s'en est servi pendant longtemps pour la fabrication des allumettes dites *allemandes*.

Bertholet qui, le premier, découvrit les propriétés explosives du chlorate de potasse, en 1785, avait essayé de faire entrer ce corps dans la composition des poudres de guerre. Mais il dut suspendre ses expériences, en 1788, à la suite d'une explosion, survenue à la poudrière d'Essonnes, pendant la trituration des matières, qui coûta la vie à deux ouvriers et détruisit les bâtiments de la fabrique. On a fait, depuis, de nouveaux essais, mais sans qu'il ait été possible, jusqu'à présent, d'arriver à des résultats satisfaisants ; on a mieux réussi comme poudre de mine, et le rackarock, dont la puissance égale la dynamite, donne une idée des résultats que l'on peut obtenir au moyen du chlorate de potasse.

Nous indiquerons brièvement les principales poudres de mine au chlorate.

1° *Rackarock*. — Cet explosif a été inventé M. S. R. Divine, chimiste de la « Rendrock Powder C° » de New Jersey.

Un premier brevet, du 28 juin 1881, donne la composition :

Chlorate de potasse	3 à 4 p.
Nitrobenzol	1

Le chlorate de potasse est broyé en poudre et n'est mélangé qu'au moment de l'emploi avec le nitrate de benzol qui est une substance liquide. L'inventeur fait remarquer l'avantage de cet explosif dont les deux matières composantes sont préparées et transportées séparément, sans aucun danger par conséquent.

Le rackarock, tel qu'il est maintenant fabriqué, a l'une des compositions suivantes :

Chlorate de potasse, finement pulvérisé .	4,50	4,50
Nitrobenzol, marquant 20° B	1,00	1,00
Soufre pulvérisé	—	0,08

On emploie aussi 1 de nitrobenzol à 34° B pour 3,25 de chlorate, mais le mélange de nitrobenzol à 20° B paraît préférable.

Enfin M. Divine a fait breveter un autre composé dont la force explosive est un peu moindre :

Chlorate de potasse finement pulvérisé.	3,54
Huile de coaltar (dead-oil) et bisulfure de carbone à 21° B	1

Le nitrobenzol est préparé avec le naphte du commerce et contient du nitrotoluol et de l'acide picrique.

Le rackarock paraît avoir une force presque égale à celle de la dynamite ordinaire. Il a été employé avec succès au sautage du Flood Rock, à l'entrée du port de New-York.

2° *Poudre Ch. W. Siemens.* — C'est un mélange de chlorate de potasse et de salpêtre avec un hydrocarbure solide tel que paraffine, poix, asphalte, etc. Les proportions sont telles que, pour chaque volume de gaz produit par l'hydrocarbure, les autres matières doivent donner trois volumes d'oxygène.

On attribue à cette poudre une force double de celle de la poudre ordinaire.

3° *Poudre verte.* — Sa composition est la suivante [1] :

Chlorate de potasse	14 p.
Acide picrique	4 p.
Prussiate jaune de potasse. . .	3 p.

Les matières, préalablement desséchées à la température de 100°, sont finement pulvérisées, et mélangées dans un tonneau en bois dans lequel peuvent rouler des boulets de bois écraseurs.

Cette poudre est de couleur verte, mais l'humidité la fait promptement passer au jaune. On la comprime dans des cartouches de papier dans lesquelles elle se conserve assez facilement.

4. *Asphaline.* — C'est un mélange de chlorate de potasse et de son, avec ou sans addition de l'une des matières suivantes : nitrate de potasse, sulfate de potasse, paraffine, ozokérite, savon, fuchsine.

[1] Génie civil. — 14 mars 1885.

Voici la composition du n° 1 :

Chlorate de potasse.	54
Son	42
Nitrate et sulfate de potasse . .	4

On fabrique une asphaline n° 2 avec du n° 1 auquel on ajoute environ 25 % en poids de nitrate de potasse.

Le son employé est de blé ou d'orge ; il doit être bien nettoyé et autant que possible sans farine.

Acide picrique et picrates.

Les picrates sont des sels de l'acide picrique. Celui-ci peut être considéré comme un dérivé de l'acide phénique, dans lequel on a remplacé trois équivalents d'hydrogène par trois équivalents d'acide hypoazotique.

La formule de l'acide picrique doit donc s'écrire:

$$C^{12}H^{3}(AzO^{4})^{3}O^{2}.$$

Cet acide qu'on appelle encore *trinitrophénique*, *carbazotique*, et *nitropicrique*, s'obtient par la réaction de l'acide nitrique sur la fibrine, la soie, l'indigo, la salicine, et sur un grand nombre d'autres produits pyrogénés.

Il a été découvert par Hausmann en 1788.

En traitant la salicine ou l'huile de goudron de houille par 7 ou 8 parties d'acide nitrique, chauffant jusqu'à ce qu'il ne se produise plus de vapeurs rutilantes, et laissant ensuite refroidir, on obtient de grandes quantités d'acide picrique.

On le prépare encore en traitant l'acide phénique, ou acide *carbolique*, légèrement chauffé, par l'acide nitrique concentré.

Si, dans une dissolution d'acide picrique dans l'eau bouillante, on ajoute du carbonate de potasse chaud, on obtient du *picrate de potasse* qui, par refroidissement, se dépose en aiguilles cristallines d'un beau jaune d'or.

En substituant au carbonate de potasse du carbonate d'ammoniaque ou une solution concentrée d'ammoniaque, il se forme du *picrate d'ammoniaque* qui cristallise en prismes de couleur orangé clair.

L'acide picrique et les picrates jouissent de propriétés explosives très-remarquables.

Le premier détone violemment quand on le chauffe au-dessus de 300° Sa formule de décomposition étant :

$$C^{12}H^{3}(AzO^{4})^{3}O^{2} = 3CO^{2} + 8CO + C + 3H + 3Az,$$

on voit que la combustion est incomplète, faute d'oxygène en quantité suffisante. On obtient une meilleure utilisation en mélangeant l'acide picrique avec des agents oxydants : nitrates, chlorates, chromates, etc., et les mélanges ainsi obtenus constituent des poudres moins brisantes, et par suite moins dangereuses.

La poudre proposée par Borlinetto, en 1867, et qui pourrait être utilisée dans les travaux de mines, est composée de :

10,00 parties d'acide picrique
10,00 — de nitrate de soude
8,50 — de bichromate de potasse

Ce produit ne détone ni par le choc ni par le frottement.

La *poudre verte*, décrite plus haut, est un mélange d'acide picrique, de chlorate de potasse et de prussiate.

La préparation des poudres à l'acide picrique est très-dangereuse ; il faut prendre la précaution de mouiller les diverses matières avant de les employer. Or, l'acide picrique, en présence de l'eau, déplace l'acide des nitrates ; et celui-ci, qui est volatil, disparaît pendant la dessiccation. Il est préférable de faire usage des picrates.

Poudre de Désignolle. — Le picrate de potasse, qui constitue la partie essentielle de cette poudre, est très-peu soluble dans l'eau froide ; il est soluble dans l'eau chaude et dans l'alcool. Quand il est chauffé progressivement jusqu'à 310°, il détone à cette température plus violemment que l'acide picrique. Il détone encore par le contact d'un corps en ignition ou même par un simple choc. Quand il est bien sec, sa poussière s'enflamme à distance et détone ; mais lorsqu'il est humide, s'il contient 15 % d'eau par exemple, il ne détone plus par le choc, ni par le contact d'un corps en ignition.

Les picrates ne contenant pas assez d'oxygène pour produire une combustion complète, il faut, si l'on veut les employer comme poudres, les mélanger avec un nitrate ou un chlorate. Le chimiste français Désignolle a indiqué trois compositions de poudres picratées:

	A	B	C
Picrate de potasse. . . .	55 à 50	16,4 à 9	28,6 à 22,9
Salpêtre	45 à 50	74,4 à 80	65 à 69,4
Charbon	—	9,2 à 11	6,4 à 7,7

La poudre A conviendrait surtout pour torpilles et obus explosifs, la poudre B pour l'artillerie, et la poudre C pour fusils de guerre.

La fabrication de la poudre Désignolle était faite au Bouchet. Les matières, préalablement humectées avec 6 à 14 % d'eau, étaient triturées sous des meules, puis essorées et galetées à la presse hydraulique. Les galettes étaient de nouveau essorées, concassées, grenées, lissées et séchées par les procédés ordinaires.

Malgré leurs avantages, les poudres Désignolle, aussi bien que les poudres Fontaine au chlorate de potasse, sont aujourd'hui abandonnées à cause des grands dangers qu'elles présentent à la fabrication et aux manipulations.

Poudre de Brugère. — Brugère, en France, et Abel, le chimiste anglais si compétent en matière d'explosifs, ont recommandé l'emploi du picrate d'ammoniaque qui détone, comme le picrate de potasse, vers 310°, mais qui a l'avantage de ne détoner par le choc que très-difficilement.

La composition de la poudre de Brugère est la suivante :

Picrate d'ammoniaque.. . .	54
Nitrate de potasse	46

La fabrication en est peu dangereuse, le produit obtenu est stable, a une force d'explosion double de celle de la poudre ordinaire, et dégage peu de fumée.

M. Abel a proposé l'emploi de la poudre Brugère, ou *poudre picrique*, pour le chargement des projectiles creux. L'explosion de 1 kil. de cette poudre donne de 5 à 600 litres de gaz.

D'après Abel, on peut lui ajouter une quantité d'eau suffisante pour l'humecter entièrement, sans lui faire perdre ses propriétés ; cet avantage permet de la fabriquer et de la comprimer sans danger et, ce qui est surtout important, de la conserver assez longtemps sans avoir à craindre son altération.

Fulminates.

Les fulminates sont des sels de l'acide fulminique lequel est lui-même un composé oxygéné $Cy^2 O^2, 2HO$ du cyanogène $Cy = C^2Az$. Ces sels se distinguent par leur grande sensibilité aux chocs et aux effets de la chaleur.

Howard est le premier qui ait préparé les fulminates de mercure et d'argent et reconnu leurs propriétés explosives. Il obtenait ces sels en chauffant du nitrate de mercure ou d'argent avec de l'alcool et un excès d'acide nitrique.

On n'a pas encore pu isoler l'acide fulminique. Quant aux fulminates, le seul que l'on connaisse bien est celui d'argent dont l'analyse, selon Gay-Lussac et Liebig, donnerait la composition suivante :

Carbone.	7,92
Azote	9,24
Argent	72,19
Oxygène	10,65

Ces deux savants chimistes préparaient le fulminate d'argent en faisant bouillir, dans 27 parties d'alcool à 85 ou 90°, une dissolution de 1 partie d'argent dans 20 parties d'acide nitrique (densité 1,36 à 1,38).

Ce sel est d'une sensibilité extrême et n'a pas encore reçu d'utilisation industrielle.

Fulminate de mercure. — D'après MM. Berthelot et Vieille, le fulminate de mercure renferme :

Carbone.	8,35
Oxygène	11,05
Azote	9,60
Mercure.	71,30
Hydrogène. . . .	0,04

et sa formule est : $C^4 Hg^2 Az^2 O^4$.

Il se décompose, lorsqu'il fait explosion, en oxyde de carbone, azote et vapeur mercurielle.

$$C^4Hg^2Az^2O^4 = 2C^2O^2 + Hg^2 + Az^2.$$

Ces trois éléments étant des corps simples et stables, on s'explique sans peine les causes de la violence et de l'instantanéité de l'explosion. Ce fulminate est un explosif éminemment brisant.

Il détone quand on le chauffe à 187°, ou quand on le met en contact avec un corps en ignition, et aussi quand il est soumis à l'influence de l'étincelle électrique.

Il est très-sensible aux chocs, même modérés ; il suffit, en effet, d'un léger frottement contre un corps dur ou même d'un simple contact avec quelques gouttes d'acide sulfurique ou nitrique, pour le faire détoner. En explosant, il émet une vapeur rougeâtre.

Quand il est mouillé, il détone plus difficilement ; 30 centièmes d'eau suffisent pour le rendre insensible aux frottements et même aux chocs. Avec 10 centièmes d'eau, il peut être décomposé par l'effet d'un choc, mais sans détonation ; avec 5 centièmes, il y a détonation, mais seulement de la partie choquée.

L'explosion du fulminate sec se produit toujours entre deux pièces de fer, ou entre fer et cuivre ; elle est moins facile entre deux plaques de marbre, très-difficile entre fer et plomb, et impossible entre bois et bois. On a remarqué que l'explosion se produit d'autant plus facilement que les cristaux sont plus gros.

Quand on chauffe du fulminate de mercure dans de l'eau avec du zinc, du cuivre, ou de l'argent finement divisé, il y a décomposition : le mercure métallique se dépose et il se forme un fulminate de zinc, de cuivre, ou d'argent.

On utilise les propriétés éminemment explosives du fulminate de mercure pour la fabrication des capsules et des amorces ou détonateurs ; mais on ne l'emploie pas isolément parce que son action est trop brusque et qu'il attaque les métaux. On le mélange généralement avec un nitrate, un chlorate, une poudre ou du soufre ; il importe essentiellement que le mélange soit aussi intime que possible, car, dans le cas contraire, le fulminate détone seul et projette simplement les autres matières. On a reconnu, en effet, que le fulminate peut détoner, à l'air libre, sur une couche de poudre, en dispersant celle-ci sans l'enflammer.

Les matières qui entrent dans le mélange ont donc pour but de diminuer la rapidité de la décomposition, en même temps qu'elles accroissent l'effet explosif en augmentant le volume des gaz produits. Celle qui donne les meilleurs résultats est le nitrate de potasse ; on peut encore y ajouter du soufre ou de la poudre très-fine.

Selon Berthelot le mélange de fulminate et de salpêtre est d'un tiers environ moins fort que le fulminate seul ; la vitesse de l'inflammation et la violence du choc sont moindres, il est vrai, mais par suite de la présence du nitrate, la flamme est plus longue et peut ainsi pénétrer plus facilement dans la charge pour en assurer l'explosion.

On a essayé l'emploi du fulminate avec chlorate de potasse, mais le produit obtenu est d'une sensibilité extrême et d'une préparation fort dangereuse.

Les mélanges préférés pour le remplissage des capsules sont :

1°	Fulminate de mercure. .	100 p.
	Nitrate de potasse . . .	50 p.
2°	Fulminate de mercure . .	100 p.
	Poudre fine	60 p.

ou encore :

Fulminate de mercure. . .	100,00	100,00	100,00
Salpêtre	62,50	117,00	45,50
Soufre	29,00	23,00	14,50

Pour faire la préparation, on mouille le soufre et le salpêtre très-finement pulvérisés, et on les amasse en pâte sur une table de marbre à l'aide d'un rouleau en bois, puis on ajoute graduellement le fulminate. On passe ensuite à la granulation et au séchage. Ces trois opérations se font dans des ateliers séparés.

Le grenage est toujours dangereux, car il exige que la matière ne soit pas trop humide. L'atelier où se fait le grenage est en bois, et le sol est recouvert de lames de plomb. On ne doit opérer que sur de petites quantités à la fois ; chaque portion est tamisée par compression à travers un tamis de crin, au-dessus d'une table recouverte de laine et d'une toile cirée noire.

L'atelier de séchage est en bois, ses parois sont recouvertes de bandes de gutta-percha et les vitres des fenêtres sont peintes en blanc pour arrêter les rayons du soleil. Les grains de fulminate sont étendus en couches minces sur des feuilles de papier dans des augets en bois dont le fond est recouvert de toile. Le séchage se fait à une température modérée.

Les capsules destinées à recevoir le fulminate sont en cuivre ; le remplissage se fait mécaniquement. Pour donner du corps à la composition fulminante déposée dans la capsule, on fait usage de machines spéciales munies de poinçons qui exercent une compression suffisante ; on peut aussi employer une solution résineuse qui donne du liant et sert en même temps de préservatif contre l'humidité.

Les capsules et détonateurs sont emballés, par caisses de 25,000 ou de 50,000, dans de petites boîtes en fer-blanc qui en contiennent 100 chacune. Pour éviter que quelques parcelles de fulminate ne se détachent pendant les transports, on remplit les capsules et les espaces vides de l'emballage au moyen de sciure de bois. Chaque capsule contient, suivant sa force, de 0 gr. 4 à 0 gr. 8 de fulminate ; pour des cas particuliers, on fabrique des capsules spécialement fortes avec 1 à 2 gr. de fulminate.

Préparation du fulminate de mercure. — Trois procédés sont généralement employés : ceux de MM. Chandelon, Liebig, ou Chevalier.

(a) Procédé de M. Chandelon.

M. Chandelon, ancien inspecteur général des fabriques de produits chimiques, en Belgique, a indiqué la préparation suivante :

On commence par dissoudre une partie de mercure dans 10 d'acide nitrique, de densité 1,40, en chauffant lentement jusqu'à la température de 55°. On verse ensuite la liqueur dans un ballon renfermant 8,3 parties d'alcool, de densité 0,83. La réaction se manifeste d'abord par un faible dégagement de gaz, puis il se produit une véritable ébullition avec formation de vapeurs blanchâtres. Le fulminate se précipite en petites aiguilles légèrement grisâtres. On filtre et on lave le produit jusqu'à ce qu'il n'y ait plus de réaction acide.

Les cristaux ainsi obtenus sont séchés à une température modérée, mais à l'abri des rayons du soleil, sur des briques ou des plaques de terre non émaillées.

Théoriquement, on devrait obtenir 142 de fulminate pour 100 de mercure employé ; le rendement moyen est de 125.

(b) Procédé de Liebig.

On traite à froid 3 parties de mercure par 36 parties d'acide nitrique, de densité 1,34 ; on ajoute 17 parties d'alcool (80 à 85 $^0/_0$), et l'on agite. La réaction d'abord très-lente, s'accentue peu à peu ; on la modère en ajoutant encore 17 parties d'alcool.

Le fulminate se dépose en cristaux que l'on peut ensuite recueillir et sécher. Le rendement moyen est de 123 $^0/_0$.

(c) Procédé Chevalier.

On traite à froid 3 parties de mercure par 30 parties d'acide nitrique à 40° B, et l'on verse la dissolution dans un ballon contenant 19 p. d'alcool à 90 $^0/_0$. Vers la fin de l'opération, on fait deux corrections successives avec 2,38 et 1,58 parties d'alcool. Puis, le fulminate est recueilli, lavé jusqu'à neutralisation, et finalement séché sur du papier buvard.

Mélanges détonants.

Il existe un certain nombre de gaz qui sont susceptibles de s'enflammer en détonant lorsqu'on les mélange dans des proportions déterminées. Tels sont les suivants, cités par Berthelot dans son savant ouvrage : *Sur la force des matières explosives, d'après la thermochimie*, T. II, p. 154.

Oxygène et hydrogène,

Chlore et hydrogène,

Protoxyde d'azote et hydrogène,

Bioxyde d'azote et hydrogène,
Oxyde de carbone et oxygène,
Oxyde de carbone et protoxyde d'azote,
Formène et oxygène,
Acétylène et oxygène.
Acétylène et bioxyde d'azote,
Ethylène et oxygène,
Hydrure d'éthylène et oxygène,
Vapeur d'éther et oxygène,
Vapeur de benzine et oxygène,
Cyanogène et oxygène,
Cyanogène et bioxyde d'azote.

Ces mélanges de gaz ne peuvent pas être employés, comme les explosifs proprement dits, à cause du grand volume qu'ils occupent. Il faudrait pouvoir les comprimer fortement, de façon à réduire leur volume à $\frac{1}{100}$ par exemple ; mais, même dans ce cas, ils seraient inutilisables car, sans parler de tous les autres inconvénients, il est à craindre que l'un des gaz se liquéfiant, le mélange, en perdant son homogénéité, ne devint difficile à enflammer.

Le seul mélange gazeux qui ait reçu une application industrielle est celui de gaz d'éclairage et d'air qu'on emploie pour faire fonctionner les moteurs à gaz.

Les mélanges détonants liquides n'offrent pas les mêmes inconvénients et pourraient être utilisés pour le sautage des mines. Tels sont ceux que donnent le protoxyde d'azote liquéfié, et l'acide hypoazotique qui est liquide jusqu'à la température de 26°, avec les carbures d'hydrogène.

La *panclastite*, brevetée par M. E. Turpin, est basée sur la propriété que possède l'acide hypoazotique, ou peroxyde d'azote, de former avec les corps combustibles, en général, et en particulier avec les carbures d'hydrogène, des mélanges explosifs. Tels sont les mélanges de peroxyde d'azote avec le sulfure de carbone, le benzol, l'éther de pétrole, l'essence de pétrole, etc.,

Ces mélanges s'enflamment, par le contact d'un corps en ignition, en donnant une brillante clarté. Mais si on les soumet à un choc violent, comme celui qui résulte de l'explosion d'une capsule au fulminate, ils détonent avec une très-grande force.

Les essais de sautage de mines faits avec la panclastite ont donné de très-bons résultats ; malheureusement les difficultés d'emploi de cet explosif sont si considérables qu'on a dû renoncer, pour le moment du moins, à en faire usage.

CHAPITRE III

Étude des pyroxiles

Coton-poudre, collodion, nitrocelluloses, fulmipaille, nitromannite, etc..

Le coton-poudre, qu'on appelle encore *fulmicoton* ou *pyroxile,* a été découvert presque en même temps que la nitroglycérine. Les deux explosifs, quoique ayant beaucoup de points communs par le mode de fabrication et les propriétés, ont tout d'abord reçu des accueils fort différents.

La découverte du coton-poudre, par Schonbein de Bâle, en 1845, fut reçue avec enthousiasme par les savants praticiens de l'époque. Des essais d'appropriation de la nouvelle matière explosive furent entrepris, dans presque tous les pays, par les particuliers comme par les gouvernements. Mais les espérances exagérées de la première heure ne s'étant pas réalisées, les essais furent abandonnés.

En France, dès le commencement de l'année 1846, le ministre de la guerre confiait le soin d'étudier l'application du fulmicoton aux usages militaires à une commission qui, sous la présidence du duc de Montpensier, comprenait des hommes comme Piobert, Morin et Pelouze. Après une série d'expériences de tous genres qui durèrent trois années, le rapport de la commission fut défavorable. Ce verdict était motivé par plusieurs explosions survenues à Vincennes et au Bouchet, à la suite de décompositions spontanées du fulmicoton.

Presque en même temps qu'en France, le gouvernement russe

faisait étudier la question ; mais, finalement, et après plusieurs accidents, le transport et la vente du coton-poudre furent prohibés dans tout l'empire.

Les Anglais furent plus tenaces et leurs expériences furent poursuivies jusqu'en 1851, mais sans résultat pratique.

Il en fut de même en Prusse.

Les études durèrent plus longtemps en Autriche ; le baron von Lenck avait perfectionné le procédé de fabrication et il obtenait un produit qui se distinguait des autres par sa stabilité et par une grande régularité d'effets. Le fulmicoton de Lenck pouvait être conservé assez longtemps en magasin sans éprouver de décomposition. Ces résultats attirèrent l'attention du gouvernement autrichien qui confia à une commission le soin de faire de nouvelles études. Celle-ci, pendant dix ans, procéda à des recherches minutieuses tant sur la fabrication du coton-poudre que sur son transport, son emmagasinage, son action dans les armes à feu et son emploi comme agent explosif. Elle fit un rapport dont la conclusion était que « le coton-poudre peut être employé pour la grosse artillerie, « les petites armes et les projectiles creux, comme aussi pour les « mines et fourneaux militaires ; c'est un agent explosif meilleur « que la poudre à canon. »

En conséquence, le gouvernement autrichien ordonnait, en 1862, la formation de trente batteries à coton-poudre avec trois régiments d'artillerie qui devaient être spécialement exercés à la manœuvre de la nouvelle poudre.

Malheureusement arrivait, quelques mois après, en juillet 1862, l'explosion du petit magasin militaire de Simmeringer, près de Vienne, qui contenait 2,800 livres de fulmicoton. Puis, peu après, en septembre de la même année, une nouvelle explosion détruisait une fabrique et tuait deux hommes.

Le gouvernement s'émut de ces accidents, et il fallut bien constater que le coton-poudre, fabriqué par les procédés connus, ne présentait pas assez de stabilité pour servir aux usages militaires. En conséquence, il décrétait la suppression des trente batteries qu'il avait créées quelque temps auparavant, et l'emploi du coton-poudre fut réservé, jusqu'en 1865, aux travaux du génie et au chargement des obus et des torpilles.

A cette époque, il fut complètement abandonné à la suite d'une explosion survenue dans un magasin qui en contenait de 50 à 60,000 livres. Dès lors le gouvernement autrichien prohiba formellement la fabrication et l'usage du coton-poudre et fit détruire tout ce qui existait dans les dépôts.

La même année, le chimiste anglais Abel indiquait un nouveau procédé de fabrication du coton-poudre à l'état de pâte comprimée, et les frères Prentice appliquaient la méthode sur une grande échelle à l'usine de Stowmarket.

Dans ces dernières années, la plupart des gouvernements euro-ropéens ont repris cette fabrication, et maintenant le coton-poudre est presque le seul explosif employé par les marines de guerre pour les torpilles et mines sous-marines. Le génie militaire en fait usage en Allemagne et en Angleterre ; mais en Autriche, en Russie et en France, on lui préfère la dynamite.

Toutefois le fulmicoton est à peu près exclusivement réservé aux usages militaires, car son prix élevé l'empêche, dans les emplois industriels, de rivaliser avec la dynamite qui, d'ailleurs, est plus facile à manier et à disposer sous les formes diverses que les mines peuvent réclamer.

Propriétes physiques et chimiques. — Le fulmicoton conserve l'aspect du coton, mais il est un peu plus rude au toucher. Il est très-peu hygrométrique ; aussi possède-t-il la propriété de s'électriser par le frottement ; on a même construit des plateaux de machines électriques avec le papier nitrifié.

Le fulmicoton est insoluble dans l'eau, l'alcool, l'éther, l'acide acétique. Il est soluble dans l'éther acétique.

Quand il est mouillé, il perd ses propriétés ; mais il les reprend si on le desséche. Lorsqu'il est en flocons, sa densité apparente est seulement 0,10 ; s'il est filé, elle atteint 0,25. En pâte comprimée à la presse hydraulique, elle devient égale à 1,00. Mais ce sont là des densités apparentes ; sa densité absolue est voisine de 1,50.

Ce corps est extrêmement explosif. Il s'enflamme au contact d'un corps chaud ou lorsqu'il est porté à la température de 172°. Il brûle subitement, avec une grande flamme rouge jaunâtre, mais presque sans fumée et sans résidu, en dégageant un grand volume de gaz. Sa vitesse de combustion est égale, suivant Piobert, à huit fois celle de la poudre ordinaire. La combustion de 1 gr. de fulmicoton donne, dans le vide, environ 535 volumes; et, sous des pressions élevées, 755 volumes de gaz ramenés à la température de 0 degré et à la pression de 760 mm.

D'après Karolyi, qui a fait de nombreuses expériences à ce sujet, la composition des produits correspondant à la combustion de 100 parties de fulmicoton comprendrait 98,15 parties de gaz et 1,85 de carbone non brûlé.

PRODUITS DE LA COMBUSTION	DANS LE VIDE	SOUS DES PRESSIONS ÉLEVÉES
Oxyde de carbone.	28,55	28,95
Acide carbonique	19,11	20,82
Protocarbure d'hydrogène . . .	11,17	7,24
Bioxyde d'azote.	8,83	»
Azote.	8,56	12,67
Vapeur d'eau	21,93	25,34
Hydrogène	»	3,16
Total des produits gazeux . .	93,16	98,18

Le bioxyde d'azote a une action corrosive considérable sur le fer et le métal des canons; mais comme il ne s'en produit pas sous de hautes pressions, il n'y a pas à redouter cet effet nuisible quand on charge des armes avec du coton-poudre.

D'autre part, la proportion considérable, dans les deux cas, d'oxyde de carbone, gaz éminemment délétère, est une des causes qui empêchent l'usage du fulmicoton dans les les travaux de mines.

D'après M. Berthelot, la formule du coton-poudre serait :

$$C^{48} H^{18} (Az O^{6} H)^{11} O^{18}$$

Correspondant à :

C.	25,20
H.	2,60
Az	13,50
O.	58,70

et l'équation de la décomposition, dans le cas de l'explosion :

$$C^{48}H^{18}(AzO^6H)^{11}O^{18}=15\,C^2O^2+9\,C^2O^4+5\,^1/_2\,H^2+9\,H^2O^2+5\,^1/_2\,Az^2.$$

Le coton-poudre maintenu entre 80 et 100°, se décompose lentement et peut même finir par s'enflammer.

La lumière solaire lui fait éprouver une décomposition lente (Berthelot).

Il est encore d'autres causes qui peuvent amener la décomposition, et par suite l'explosion, du coton-poudre ; ainsi, d'après Abel, des traces d'acides ou de matières étrangères suffisent pour produire des réactions. Par leur forme et leur structure les fibres de coton tendent à retenir des acides, aussi leur lavage est-il beaucoup plus difficile que celui de la nitroglycérine.

Toutefois on n'est pas bien d'accord encore sur les causes qui peuvent amener la décomposition du fulmicoton. Le lieutenant autrichien Max von Forster rapporte dans ses « *Expériences sur le fulmicoton comprimé* [1] » qu'il a conservé pendant six années, dans une boîte bien fermée, du fulmicoton incomplètement lavé et acide. Il a pu suivre sa transformation lente en une substance molle, grisâtre, âcre à l'odeur, et qui, pressée entre les doigts, laissait échapper une liqueur visqueuse. En l'enflammant à l'air on obtenait une flamme rouge, mais avec très-peu de vapeur. Cette expérience tendrait à prouver que la décomposition spontanée du coton-poudre acide s'effectue sans production de flamme et, par suite, sans explosion.

M. von Forster croit qu'il faut attribuer à d'autres causes la combustion spontanée du fulmicoton acide, et il cite, à ce propos, la curieuse expérience du professeur Kraut, du Hanovre.

Si l'on place, au centre d'une poignée de coton ouaté, une petite

(1) Proceedings U. S. Naval Institute N° 32. — Notes on the litterature of Explosives, by Prof. Charles E. Munroe, p. 109.

mèche enflammée du même coton, puis que l'on referme rapidement la pelote de manière à recouvrir la pointe, et à l'abri de l'air, la combustion s'arrête. On peut envelopper le coton dans une feuille de papier et le conserver ainsi indéfiniment. Si au bout de quelque temps, on ouvre la pelote, la combustion recommence. La chaleur est restée emmagasinée, mais la combustion a cessé, faute d'oxygène.

Ce fait si remarquable permettrait de se rendre compte des causes qui déterminent quelquefois des combustions spontanées dans les navires cotonniers, causes restées sans explication jusqu'à ce jour. C'est peut-être aussi dans cette voie qu'il faudrait rechercher les causes susceptibles de produire la décomposition, dans certains cas, des celluloses nitrées.

Mais, quoiqu'il en soit, il n'en est pas moins reconnu qu'il est de toute nécessité de n'employer que du fulmicoton parfaitement lavé. Celui-ci doit rester neutre au papier de tournesol. Il ne doit pas non plus émettre de vapeurs acides.

Le fulmicoton, pour être considéré comme suffisamment pur, doit en outre résister à toute altération et même à l'action de la lumière solaire.

Quand il est destiné aux usages de la marine, on ne l'accepte à bord des navires de guerre qu'après l'avoir préalablement soumis à une épreuve de chaleur. On le maintient à la température de 65° et, pendant 11 ou 12 minutes, il ne doit pas dégager de vapeurs nitreuses : ce que l'on constate à l'aide d'un papier de tournesol.

Depuis quelques années, on cherche à augmenter la stabilité du coton-poudre en le mélangeant avec certaines substances. Ainsi Abel conseille de le conserver avec 20 % d'eau ; à l'état humide on le manipule sans danger, et il suffit de le sécher pour lui rendre ses propriétés explosives.

Lenk indique l'emploi du silicate de soude.

On a préconisé aussi la soude, le carbonate d'ammoniaque, la paraffine, etc.. Des essais, faits en France, ont montré que 100 parties de coton-poudre peuvent absorber jusqu'à 33 de paraffine ; mais le produit ainsi obtenu présente un grave inconvénient : il ne détone plus, même avec l'amorce à 1 gr. 50 de fulminate. Aussi se borne-t-on souvent à paraffiner les cartouches extérieurement; toutefois il est extrêmement difficile de les recouvrir d'une couche d'épaisseur uniforme. En tout cas il est nécessaire, pour obtenir la détonation, de faire usage d'une cartouche auxiliaire de fulmicoton ordinaire qu'on enflamme par une amorce au fulminate.

Le coton-poudre, sous forme d'une rondelle mince, résiste au choc de la balle; mais, sous une certaine épaisseur, il fait explosion. On diminue sa sensibilité en lui ajoutant un peu de camphre.

On peut encore modérer son action explosive en le mélangeant avec du coton ordinaire ou avec certains sels oxydants comme les nitrates de potasse, de soude, de baryte ou d'ammoniaque.

Emploi du fulmicoton dans les travaux de mine. — L'effet du coton-poudre dans les mines, est voisin de celui de la dynamite, et 4 à 5 fois celui de la poudre ordinaire. Les expériences comparatives faites par les ingénieurs allemands, à Graudentz, avec la dynamite Nobel et le coton-poudre comprimé de Stowmarket, paraissent indiquer que la dynamite produit des effets brisants un peu plus considérables. Mais le fulmicoton comprimé est plus facile et plus commode à manier, puisqu'il n'exige pas d'enveloppes résistantes et qu'il garde la forme qu'on lui a donnée ; toutefois cet avantage disparaît quand on emploie une dynamite plastique, comme certaines nitrogélatines, la *forcite* par exemple, qu'on peut introduire par pression dans un trou de mine jusqu'à remplissage parfait. Par suite de la rigidité des cartouches de fulmicoton, il reste autour de la charge une chambre d'air qui diminue l'action des gaz de l'explosion.

La combustion complète du coton-poudre ne donnant pas de fumée ni de gaz délétères, son emploi peut être très-avantageux dans les mines à grande profondeur où la ventilation est souvent défectueuse. Enfin on a reconnu que son explosion produit beaucoup de fentes et de crevasses, et donne moins de projections que la poudre ordinaire.

La fabrique anglaise de Stowmarket livre, pour les mines, des cartouches cylindriques, mesurant de $0^m,020$ à $0^m,052$ de diamètre, sur $0^m,026$ à $0^m,078$ de longueur, et percées d'un trou central de 4 à 5 mill. de diamètre pour recevoir l'amorce ou la capsule. On augmente quelquefois le nombre des cavités pour faciliter la combustion. Chaque cylindre, contenu dans une enveloppe de papier parchemin, est séché à 60°.

Le chargement d'un trou de mine au fulmicoton se fait comme pour la dynamite. On y introduit, sans frottement, les cartouches dont la dernière reçoit une amorce.

L'inflammation peut être produite soit par l'étincelle électrique, soit à l'aide d'un cordeau détonant, soit enfin à l'aide d'amorces. Une capsule contenant un gramme de fulminate de mercure suffit pour produire la détonation de la charge, même, d'après Abel, en plaçant l'amorce à 0m,01 ou 0m,02 de distance du coton-poudre, ou en interposant une couche d'eau de 0m,01 d'épaisseur.

Usages militaires. — Les ingénieurs militaires anglais emploient le fulmicoton (*gun-cotton*) sous forme de disques mesurant 0m,032 et 0m,044 de diamètre et dont l'épaisseur est sensiblement égale au diamètre, et en plaques carrées de 0m,155 de côté par 0m,035 d'épaisseur. Les premiers, complètement desséchés, servent d'amorces ; ils portent un trou en leur centre pour recevoir une capsule ou un détonateur. Les plaques sont percées de 3 ou 4 trous; elles se conservent avec 20 à 30 % d'eau.

On recommande de ne pas pulvériser ni même briser en trop petits fragments ces disques et plaques car, dans ces conditions, le fulmicoton comprimé perd une grande partie de sa force.

Le génie anglais fait aussi usage de la poudre à canon, mais les instructions militaires recommandent de donner la préférence au guncotton dans les circonstances suivantes (1) :

1° Quand on ne peut pas effectuer un fort bourrage.

Le fulmicoton produit un effet de 2 ½ à 3 fois supérieur à celui de la poudre lorsque, dans les deux cas, on opère avec bourrage, et de 4 à 5 fois plus grand si l'explosion à lieu à l'air libre.

2° Quand il est nécessaire que la charge occupe un espace aussi réduit que possible.

3° Quand on peut craindre que la charge de poudre ne fasse explosion prématurément.

4° Quand on opère dans un endroit humide.

(1) Instruction in Military Engineering — Londres 1883.

Fabrication.

1. *Procédé de Schonbein.* — On mélange une partie en poids d'acide nitrique, de densité 1,45 à 1,50, avec 3 parties d'acide sulfurique, de densité 1,85. Quand les liquides sont refroidis à 15°, on y tient plongé du coton ordinaire pendant une heure. Au bout de ce temps, on retire le coton, on le lave à grande eau, puis on le trempe dans une dissolution étendue de potasse ; finalement on le passe à l'eau pure, et on le dessèche à la température de 65°. Schonbein employait une partie de coton pour 20 à 30 de mélange.

2. *Procédé de Von Lenk.* — On commence par purifier le coton en le plongeant dans une dissolution bouillante de potasse caustique ; puis on le lave à l'eau pure et on le fait sécher pour le traiter par le mélange des acides suivant la formule de Schonbein.

Les appareils employés pour ces diverses opérations ont été perfectionnés par Abel dont nous allons décrire, avec quelques détails, le mode d'opérer.

Le fulmicoton préparé par von Lenk était livré sous forme d'écheveaux, et le rendement était de 165 $^0/_0$ de coton sec.

3. *Procédé d'Abel.* — Le gun-cotton anglais, ou fulmicoton comprimé, est fabriqué à Stowmarket et à Waltham-Abbey par le procédé dû au chimiste Abel.

Le coton provient des déchets de filatures ; il est d'abord, comme dans le cas précédent, débarrassé des matières étrangères. Le séchage se fait dans un grand cylindre vertical, à doubles parois chauffées par la vapeur ; le coton est enroulé sur trois grands rouleaux de 0^m,50 de diamètre et 1 mètre de longueur. Quand il est sec, on le divise en lots d'une livre chacun que l'on plonge pendant 4 ou 5 minutes dans des bacs contenant 230 livres d'un mélange des acides conforme à la formule de Schonbein ; on le retire, on l'égoutte sur une grille en le pressant à l'aide d'une plaque manœuvrée par un levier. Cela fait, on l'arrose avec une petite quantité d'acides, puis on l'introduit dans un pot en grès avec couvercle. Une série de 8 pots semblables est placée dans un bassin peu profond refroidi par un courant d'eau froide. Au bout de 24 heures, la réaction chimique est terminée ; il ne reste plus qu'à laver le coton et à le comprimer.

On commence par chasser l'excès d'acide au moyen d'un appareil centrifuge ; puis on procède au lavage dans des cuves en bois à circulation d'eau. Cette opération demande beaucoup de précautions, car l'action de l'eau sur les acides peut produire un grand dégagement de chaleur et amener la décomposition du coton-poudre. Au sortir des cuves la matière est soumise, pendant 10 minutes à l'action de machines centrifuges, puis conduite dans des bacs en bois qui contiennent de l'eau, légèrement additionnée de carbonate de soude, et chauffée à la vapeur. Pendant cette dernière opération qui dure de 10 à 24 heures, les parties nitrifiées insuffisamment stables sont détruites, et le coton-poudre est complètement purifié.

Après ces lavages, le coton est converti en pulpe au moyen d'une machine analogue à celle que l'on emploie dans les papeteries et qui est appelée *Hollander*, du nom de son inventeur. C'est un bassin en tôle de fer épaisse ou en bois doublé de plomb dans lequel se meut une roue R armée de couteaux à déchiqueter en acier fin, (fig. 2), celle-

Fig. 2.

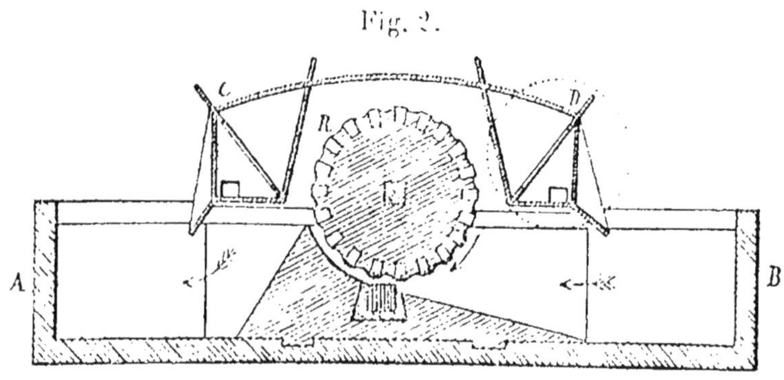

ci, tourne au-dessus d'un plan incliné dont la partie supérieure, sur le plus grand côté, se termine en courbe de même diamètre que la roue et porte un couteau fixe *p*. Le coton arrive par la base du plan incliné, est déchiqueté entre le couteau *p* et ceux de la roue ; il est ensuite rejeté à l'état de pulpe dans le bassin rempli d'eau. Un couvercle, placé au-dessus de la roue, empêche les projections de matières.

Au sortir du Hollander, la pâte pulpeuse très-diluée est dirigée dans un *poacher* pour être lavée. C'est un grand bac cylindrique, à fond plat, dans lequel se meut, près du bord, une roue à palettes. La matière est agitée et lavée entre les palettes d'où elle sort par compression à travers un grillage très-serré, et se dépose au fond. L'eau est renouvelée 4 ou 5 fois et l'opération est terminée quand il n'y a plus trace d'acidité.

On porte alors la pâte aux turbines d'où elle sort avec 30 à 32 % d'humidité. On la moule ensuite en disques et plaques à l'aide d'une presse hydraulique qui pratique en même temps des cavités en nombre variable, selon la destination du produit. Les disques, qui doivent servir d'amorces, sont séchés sur des plaques en fer chauffées par un courant d'air chaud.

Fulmicotons nitratés et chloratés.

En se reportant à la formule de décomposition du fulmicoton, il est facile de reconnaître que, faute d'oxygène en quantité suffisante, la combustion est incomplète. Il doit donc y avoir avantage à ajouter quelque corps comburant, azotate ou chlorate, susceptible de fournir de l'oxygène. De là l'idée d'augmenter la force du fulmicoton en le mélangeant avec des azotates, chlorates, etc ; de là aussi l'origine des nombreux composés ayant pour base le coton-poudre et qu'on connaît sous les noms de *tonite*, *potentite*, *poudre de Schultze*, *Lithofracteur dynamital*, etc.

Nous donnerons seulement quelques indications sur la *tonite* ou *fulmicoton nitraté de Faversham*. C'est un mélange à poids égaux de fulmicoton pulpé et de nitrate de baryte ; on le comprime en forme de cartouches cylindriques portant, à l'une des extrémités, une petite cavité destinée à recevoir la capsule amorce au fulminate de mercure.

On peut remplacer le nitrate de baryte par le nitrate de potasse qui est moins pesant, mais le nitrate de baryte a l'avantage d'être moins coûteux et donne, d'ailleurs, d'aussi bons résultats au point de vue du volume des gaz dégagés par l'explosion et, par conséquent, de l'effet produit.

La tonite est bien moins dangereuse à manier que le fulmicoton ou la dynamite. Elle brûle lentement quand on l'approche d'un corps en ignition, et son immunité paraît réelle, puisque certaines compagnies de chemins de fer, en Angleterre, qui refusent de transporter la dynamite et le coton-poudre, reçoivent la tonite dans les mêmes conditions que la poudre ordinaire.

La tonite est généralement imperméable à l'eau ; elle ne s'enflamme pas quand elle contient plus de 8 $^0/_0$ d'humidité, tout en conservant ses propriétés explosives sous l'influence d'un détonateur.

On fabrique la tonite à Faversham (Angleterre), et aux Etats-Unis à San-Francisco.

Les fulmicotons nitratés, à la baryte, potasse ou soude, présentent, en général, l'avantage d'avoir une détente moins brusque que le coton-poudre, quand ils font explosion. En outre, la suppression de tout dégagement d'oxyde de carbone, par le fait du mélange avec un corps comburant, permet de les employer avec succès aux travaux de mines.

Celluloses solubles.

Quand on traite le coton par l'acide azotique, on obtient, suivant la nature de la réaction, trois séries de produits différents que l'on peut classer en :

Fulmicotons,
Celluloses solubles,
Celluloses incomplètement nitrifiées.

Les fulmicotons sont des celluloses à maximum de nitrification et contenant, d'après M. Berthelot, 10 et 11 équivalents d'acide azotique. Ils sont insolubles dans un mélange d'alcool et d'éther, et solubles dans l'éther acétique.

Les celluloses solubles contiendraient, selon le même auteur, 9,

8 et 7 équivalents d'acide. Elles sont solubles dans le mélange d'alcool et d'éther et dans l'éther acétique.

Enfin, les celluloses à nitrification incomplète diffèrent absolument des produits précédents, et n'ont aucune utilisation industrielle.

Le plus souvent, on rapporte ces trois groupes de corps aux trois formules suivantes plus simples que celles de M. Berthelot :

Nitrocelluloses. . . .	$C^{12} H^4 O^4 (Az O^6 H)$
Dinitrocelluloses ou celluloses solubles . . .	$C^{12} H^4 O^4 (Az O^6 H)^2$
Trinitrocelluloses. ou fulmicotons	$C^{12} H^4 O^4 (Az O^6 H)^3$

Ces formules sont commodes, mais ne sont pas rigoureuses ; celles de M. Berthelot que nous avons données dans un chapitre précédent sont plus rigoureuses.

Les celluloses solubles sont connues sous différents noms : *collo-xyline*, *collodion-coton*, *pyroxyline*, etc.. Elles fournissent le collodion, et sont employées dans la fabrication des explosifs pour retenir la nitroglycérine avec laquelle elles s'unissent très-intimement en donnant une matière plastique.

Elles sont moins explosives que le fulmicoton. Quand on les enflamme, elles brûlent vivement en laissant un très-petit résidu et dégageant des vapeurs nitreuses. Mais, lorsqu'elles explosent sous une forte pression, comme par exemple dans un trou de mine, il n'y a plus production de bioxyde d'azote et par suite de vapeurs nitreuses.

Préparation. — Pour préparer les celluloses solubles on purifie le coton à l'aide du carbonate de soude, par les procédés ordinaires ; puis on le traite par l'acide nitrique, on lave, et on réduit finalement la matière en pulpe au moyen du Hollander. On termine par des lavages, comme dans le cas du coton-poudre.

Voici les plus récentes formules de préparation.

1° *Procédé usité en France..* — On mélange 5 kil. d'acide nitrique, densité 1,42, avec 7 $^1/_2$ kil. d'acide sulfurique, densité 1,83, dans un vase en grès entouré d'eau froide. Quand la température a baissé à

20°, on ajoute 500 gr. de coton sec. C'est par conséquent, 1 kil. de coton pour 25 d'acides.

Au bout de deux heures, le coton est retiré et en partie séché à l'hydro-extracteur. On peut aussi employer pour ce travail l'essoreuse Vlasto (fig. 2 bis). Puis on le laisse tremper pendant deux heures et demie dans une dissolution de carbonate de soude ; on le lave ensuite pendant 4 heures dans une cuve pleine d'eau fraîche, après quoi on le réduit en pulpe au moyen du Hollander que nous avons précédemment décrit. On le repasse de nouveau à l'essoreuse et finalement on le porte aux séchoirs dont la température ne doit pas dépasser 60°. On l'enferme ensuite dans des barrils de 50 à 60 kilog., et on a soin de le conserver avec 33 à 40 % d'eau, afin d'éviter tout danger d'enflammation.

Fig. 2 bis.

Il est essentiel que l'acide nitrique employé à cette fabrication ne soit pas fumant ; il doit être absolument rejeté si l'on constate la moindre trace de vapeurs nitreuses.

On a proposé de remplacer le coton par la sciure de bois, le son, la cellulose des papeteries de bois, etc.. On obtient en effet, des celluloses solubles, mais le coton est, de beaucoup, la matière préférable pour une bonne nitrification de la cellulose.

2° *Procédé Mann.* — Mann a indiqué les proportions suivantes d'acides, correspondant à 1 partie de coton :

Acide nitrique (Densité 1,512 à 1,518) . .	12 parties
Acide sulfurique (Densité 1,632) . . .	13 —

On refroidit le mélange jusqu'à la température de 5° ; puis on y trempe le coton pendant 24 heures en maintenant autant que possible la température à 5 ou 6°. Le produit est ensuite lavé à grande eau, essoré et séché.

Mann a encore recommandé le mélange suivant :

Salpêtre pur	20 parties
Acide sulfurique (Densité 1,83). . . .	31 —

Le nitrate, finement pulvérisé, est introduit dans le liquide que l'on agite jusqu'à dissolution complète. On refroidit le mélange, puis on y trempe, pendant 24 à 30 heures, 1 partie de coton purifié. On lave le coton, après nitrification, avec une dissolution de salpêtre, puis à l'eau froide ; on essore et l'on porte au séchoir.

La réaction est faite au bout de 5 à 10 minutes seulement ; mais on préfère la laisser durer 24 à 30 heures afin d'obtenir une nitrification complète.

Au lieu de salpêtre pur, on peut encore employer le nitrate de soude du commerce ; dans ce cas, les proportions du mélange diffèrent notablement :

Nitrate de soude	34 parties
Acide sulfurique (Densité 1,80)	66 —

3° *Procédé Katschursky.* — Les procédés qui suivent sont surtout employés dans les laboratoires et dans les pharmacies pour préparer le collodion.

On mélange trois parties d'acide sulfurique, densité 1,84, c'est-à-dire chimiquement pur, avec 1 p. d'eau distillée : puis on verse lentement dans trois parties d'acide nitrique fumant, de poids spécifique 1,48. Quand le mélange est refroidi, on y introduit 1 partie de coton tordu lâche sur une baguette de verre. La réaction dure 3 jours. L'effet de l'acide est d'abord de durcir le coton, et c'est seulement quand il commence à perdre cette propriété qu'on le retire ; on le fait dessécher, puis on le lave à l'eau acidulée au moyen d'acide nitrique fumant, et finalement à l'eau distillée.

L'opération se fait par petites doses de 35 gr. de coton ; de plus grandes quantités pourraient prendre feu, car la température s'élève considérablement.

4° *Procédé Rundschau.* — On enroule deux parties de coton purifié à l'extrémité d'une baguette de verre qu'on plonge ensuite dans un mélange de 27 parties d'acide sulfurique, poids spécifique

1,49, avec 13 parties d'acide nitrique de densité 1,40. On l'y laisse séjourner une heure et demie ; puis on le sèche et on le lave à l'eau acidulée et à l'eau pure.

Collodion. — En dissolvant la colloxyline dans un mélange d'alcool ou d'éther, on obtient le *collodion*, matière employée en chirurgie et en photographie.

Celluloïd. — La cellulose soluble à 8 équivalents sert encore à préparer le *celluloïd*, produit auquel on enlève presque complètement ses propriétés explosives en le mélangeant avec du camphre et diverses matières inertes, et qu'on peut travailler avec la plus grande facilité quand on le porte à une température voisine de 150°.

Fulmipaille. — Fulmison.

Les pyroxyles que nous venons d'étudier s'obtiennent par la nitrification du coton. On peut encore préparer des produits analogues au moyen de corps cellulosiques moins purs, comme le papier, la paille, le bois, l'amidon, etc.

Le pyroxyle obtenu par la nitrification du bois constitue la base de la *poudre blanche de Schultze*.

Le *fulmipaille*, préparé par M. Lanfrey, est le résultat de la réaction de l'acide nitrique sur la paille d'avoine bien purifiée et très-divisée. On fabrique d'abord une pâte de papier de paille par le procédé ordinaire des papeteries. Puis on la découpe en bandes de largeur déterminée ou en fragments réguliers, et on la soumet, pendant une durée de temps convenable, à l'action de l'acide nitro-sulfurique, en vase clos. Après avoir été retirées du bain, les matières sont lavées, essorées à la turbine, puis réduites en pâte au moyen d'une pile à papier ordinaire et enfin passées au séchoir.

Le fulmipaille sert à préparer les dynamites qu'on appelle *paléines* et qui contiennent des proportions variables de nitroglycérine.

On a cherché à préparer avec le fulmison des dynamites à 30 ou 50 % de nitroglycérine ; mais le froid paraît exercer sur ces produits une influence considérable, et ils ne détonent plus avec les amorces ordinaires.

Enfin le pyroxyle obtenu par la nitrification de l'amidon constitue la *poudre d'Uchatius*.

Nitrosaccharose. — Nitromannite.

Le sucre offre beaucoup d'analogie avec la cellulose par sa composition chimique et par sa réaction avec l'acide nitrique. Il donne, en effet, un pyroxyle très-explosif.

La nitrosaccharose s'obtient en traitant le sucre de canne par un mélange de 1 partie d'acide nitrique fumant avec 2 parties d'acide sulfurique. Il se forme une masse visqueuse qu'on reprend par l'eau, et qui, après dessiccation, donne une matière pulvérulente qui détone facilement.

En remplaçant le sucre de canne par la mannite, on obtient la *nitromannite*, substance éminemment explosive, mais d'une nature très-instable.

La nitromannite pourrait être employée comme explosif dans les mêmes conditions que le fulmicoton et la dynamite ; elle donne même, à charges égales, des effets supérieurs. Ainsi, on calcule que 120 gr. de nitromannite suffisent pour briser un rail de dimensions ordinaires, tandis que le même travail exige l'emploi de deux cartouches de 100 gr. de dynamite n° 1.

On a fait beaucoup d'essais, en France, pour utiliser la nitromannite à l'état pulvérulent dans les *tubes détonants*. Ces tubes, destinés à transmettre instantanément le feu à une ou plusieurs charges explosives, sont généralement en plomb ou en étain ; ils mesurent 5 mm. de diamètre et sont recouverts d'une enveloppe protectrice en chanvre ou en gutta-percha. Mais jusqu'à présent l'emploi de la nitromannite n'a pas encore donné des résultats concluants.

CHAPITRE IV

Nitroglycérine

Découverte.— Propriétés physiques et chimiques.— Préparations.

Historique. — La nitroglycérine a été découverte par le chimiste italien Sobrero, dans le laboratoire de Pelouze, à Paris. Sobrero fut le premier à faire connaître les propriétés explosives du nouveau corps auquel il donna le nom de *pyroglycérine*.

Cette découverte resta longtemps sans recevoir d'application ; c'était un corps de laboratoire que les chimistes préparaient par petites quantités pour en étudier les propriétés. En Amérique, on l'employait sous le nom de *glonoïne*, comme produit pharmaceutique.

C'est seulement en 1863 que l'ingénieur suédois, Alfred Nobel, réussit à la préparer en grande quantité par un procédé rapide et à la fois peu dangereux. Il parvint aussi à la faire détoner en vase clos de façon à l'utiliser dans les travaux de mine. Il la fit breveter sous le nom d'*huile explosive* (Nobel's Sprengol) et en installa la fabrication dans deux usines, l'une près de Stockholm, l'autre à Lauenbourg, qui commencèrent à exporter le nouvel explosif en Allemagne, en Angleterre et en Amérique.

Mais bientôt des accidents terribles survenus pendant la fabrication ou le transport vinrent arrêter son expansion. Ce fut d'abord l'usine de Stockholm qui sauta en 1864 ; puis le steamer «European» qui fit explosion en rade de Colon. D'autres accidents survenus en Angleterre, à Sydney, à San-Francisco, achevèrent de jeter le discrédit sur l'huile de Nobel. Plusieurs gouvernements en proscrivirent l'emploi et l'opinion générale s'éleva énergiquement contre sa fabrication et son usage.

Mais Nobel ne perdit pas courage et il parvint à réagir contre la défaveur publique en démontrant que tous les accidents étaient dus à des imprudences. Il fit de nombreuses expériences en Suède et en Allemagne, en présence d'ingénieurs et de chimistes auxquels ils prouva que la nitroglycérine n'était pas plus dangereuse que la poudre. En même temps il cherchait à la rendre inoffensive en la dissolvant dans l'esprit de bois ou alcool méthylique, et la séparant ensuite par une simple addition d'eau.

Puis, peu à peu, il fut amené à l'utiliser sous forme de dynamite en la faisant absorber par une matière poreuse inerte.

Propriétés physiques. — La nitroglycérine pure, c'est-à-dire desséchée et parfaitement neutre, est un liquide huileux, d'un jaune clair, presque incolore. Sa coloration provient des matières étrangères contenues dans la glycérine qui a servi à sa préparation.

Elle est sans odeur, mais d'une saveur brûlante. Sa densité est 1,60 à la température de 15°.

Elle possède, même en petites doses, des propriétés vénéneuses très-marquées.

Une seule goutte, introduite dans l'estomac, produit des étourdissements, un affaiblissement de la vue, des maux de tête, un accablement général et une sensation intérieure de brûlure. Une goutte ou deux de plus augmentent considérablement ces accidents; on ressent, en outre, des frissons avec tous les symptômes de la fièvre, l'organe visuel devient d'une sensibilité extraordinaire. Ces effets disparaissent généralement dans les 24 heures.

Les ouvriers mineurs qui emploient la nitroglycérine éprouvent de violents maux de tête. On suppose que l'empoisonnement se fait par la peau d'où la nitroglycérine pénètre jusqu'au sang.

Autrefois on prescrivait aux ouvriers l'usage de gants en gutta-percha, mais le travail dans ces conditions était très-incommode. On y renonce aujourd'hui avec d'autant plus de raison qu'au bout de quelques jours on ne ressent plus aucun effet ; la nitroglycérine n'empoisonne plus par le contact direct de la peau. On recommande seulement aux ouvriers, dans les fabriques de dynamite, l'usage du café noir.

Nous avons remarqué que les fumeurs sont plus facilement empoisonnés que les autres ; souvent il leur suffit de séjourner quelques minutes dans un atelier où l'on manipule de la nitroglycérine pour ressentir de violents maux de tête une ou deux heures après. Les douleurs sont quelquefois insupportables ; ce sont des martèlements continus aux tempes et à la base du crâne. L'unique moyen de se guérir est de se promener au grand air pendant une heure au moins.

La nitroglycérine est insoluble dans l'eau ; elle se dissout facilement dans l'éther, l'esprit de bois et la benzine. Avant que l'on sût l'utiliser sous forme de dynamite, on lui enlevait ses propriétés explosives en la dissolvant dans l'esprit de bois ou alcool méthylique ; en la précipitant ensuite de sa dissolution par addition d'eau, elle redevenait propre aux usages des mines.

Elle est peu soluble dans l'alcool à froid, elle l'est davantage à la température de 40°.

La nitroglycérine se congèle vers 8° au-dessus de zéro, en une masse cristalline opaque ; sa densité est alors de 1,735, ce qui suppose une contraction de volume de $\frac{1}{12}$ environ.

La nitroglycérine gelée détone plus difficilement par le choc, et le Dr Mowbray, en Amérique, utilisait cette propriété pour la transporter sans danger. Néanmoins, il est prudent de ne la manipuler qu'avec précaution.

Quand elle a été maintenue pendant quelque temps à une température voisine de 100°, elle gèle plus difficilement.

Propriétés chimiques. — D'après Berthelot, la nitroglycérine a pour formule $C^6 H^2 (Az O^6 H)^3$; elle dérive de la glycérine par la substitution de 3 équivalents d'acide nitrique à 3 équivalents d'eau, comme le montre la formule suivante :

$$C^6 H^2 (H^2 O^2)^3 + 3 (Az O^6 H) = C^6 H^2 (Az O^6 H)^3 + 3 (H^2 O^2).$$

On peut déduire de cette réaction la quantité d'acide nitrique nécessaire pour opérer la transformation de la glycérine et, par suite, le rendement théorique en nitroglycérine. On trouve ainsi que 100 parties de glycérine traitées par 205,4 parties d'acide nitrique, produisent 246 parties de nitroglycérine. Le rendement pratique ne dépasse guère 210 %, à cause de la formation de produits accessoires et de l'attaque incomplète de la glycérine.

La proportion relative des divers éléments qui entrent dans la composition de la nitroglycérine serait, d'après la formule, pour un équivalent :

Carbone. . . .	6 C. . . .	36 grammes
Hydrogène . . .	2 H . . .	2 —
Acide nitrique. .	3 (AzO^6H) .	189 —

La constitution chimique de la nitroglycérine est mise en évidence par un grand nombre de réactions. Si la nitroglycérine était, comme on l'a d'abord admis et comme paraît l'indiquer son nom, une combinaison nitrique (glycérine trinitrée), elle se transformerait, sous l'influence d'un agent réducteur tel que l'hydrogène naissant ou le sulfure d'ammonium, en un amide, par analogie avec l'acide picrique et les autres dérivés nitrés de la benzine. La réduction de ce corps explosif a pour résultat, au contraire, de régénérer la glycérine ; l'action des alcalis caustiques donne naissance à de la glycérine et aux nitrates correspondants. [1]

Il s'ensuit, d'après Berthelot, que la nitroglycérine est un éther de l'acide nitrique et que sa formule doit s'écrire $C^6H^2(AzO^6H)^3$, la glycérine constituant un alcool triatomique $C^6H^2(H^2O^2)^3$. Le véritable nom de l'huile détonante de Nobel serait donc *nitroglycéride* c'est-à-dire éther nitrique de la glycérine.

La nitroglycérine, parfaitement neutre, paraît présenter certaines garanties de stabilité ; ainsi on peut la chauffer au bain-marie à 80° et la conserver pendant toute une journée à cette température sans provoquer sa décomposition. Cependant on a observé, en maintes circonstances, des inflammations et décompositions spontanées qui ont

(1) Désortiaux — Traité de la poudre p. 688.

causé de sérieux accidents et dont on n'a pas encore pu reconnaître d'une façon précise les origines. On sait seulement que les plus petites quantités d'acides nitrique ou hypoazotique peuvent amener une décomposition spontanée.

Nous avons observé plusieurs fois la formation, à la surface de la nitroglycérine, de tâches verdâtres qui, en s'étendant, finissaient par se rejoindre et former une nappe recouvrant tout le liquide ; en projetant quelques gouttes d'eau, cette nappe verdâtre disparaissait après dégagement de vapeurs nitreuses.

En Allemagne on prescrit d'enterrer toute nitroglycérine qui présente une coloration verdâtre.

Mais quelles que soient les causes d'oxydation ou de décomposition spontanée de la nitroglycérine, il faut toujours avoir soin de s'assurer qu'elle ne contient pas trace d'acides ; c'est là une condition indispensable pour la sécurité des manipulations.

D'après Werber, on peut découvrir des traces de nitroglycérine, en se servant d'un mélange d'aniline et d'acide sulfurique concentré : il se produit une coloration rouge pourpre, qui tourne au vert par addition d'eau.

La nitroglycérine se décompose facilement quand on la dessèche à l'étuve dans une atmosphère d'air raréfié. Elle est instantanément décomposée quand elle a été dissoute dans l'alcool. En ajoutant une solution alcoolique de potasse caustique, la réaction est assez violente pour projeter le mélange hors du tube d'analyse.

Après un contact prolongé pendant deux années, la nitroglycérine n'a éprouvé aucune modification en présence des nitrates de chaux, de cobalt, de soude, de baryte et de potasse, des chlorures de calcium et de baryum, du perchlorure de fer, du carbonate de chaux, et des sulfates de potasse, soude et chaux.

Le nitrate d'argent donne un précipité noir d'oxyde d'argent.

Le nitrate de cuivre donne un précipité de peroxyde de cuivre, mais la nitroglycérine reste claire et, en apparence, sans modification.

Avec une dissolution de nitrate de mercure, il se forme un léger nuage blanc avec un petit dégagement de protoxyde d'azote.

L'action du calomel est très-peu sensible.

Le protochlorure d'étain donne un précipité de perroxyde d'étain, et la surface de la nitroglycérine devient miroitante.

Le bichromate de potasse est partiellement réduit en chromate.

Le sulfate de cuivre donne un très-léger précipité d'oxyde de cuivre.

Le sulfate de fer décompose la nitroglycérine en donnant un volumineux précipité et un dégagement de vapeurs nitreuses ; avec le sulfhydrate d'ammoniaque on obtient un dépôt de soufre. Il y a également décomposition avec l'acétate de plomb, l'eau chlorée, le ferrocyanure de potassium, le cyanure de potassium, le sulfocyanure de potassium et de mercure, le nitroprussiate de soude, comme aussi avec les sulfures de fer et de potassium.

L'action des métaux tels que l'étain, le fer et le plomb qui ont une grande affinité pour l'oxygène, produit la décomposition lente de la nitroglycérine et un dégagement de vapeurs nitreuses. Avec l'hydrogène sulfuré et les sulfures de sodium, potassium et ammonium, l'effet est plus prompt, et si ces agents sont en quantité suffisante la décomposition de la nitroglycérine est complète : il y a dépôt de soufre.

Le professeur C.-L. Bloxam [1] a indiqué les procédés suivants pour opérer la reconversion de la nitroglycérine en glycérine.

1° La nitroglycérine dissoute dans l'alcool méthylique est traitée par une solution alcoolique de sulfure de potassium. La température s'élève considérablement, le liquide devient rouge, du soufre se dépose, et la nitroglycérine est entièrement décomposée.

2° La nitroglycérine est agitée avec une dissolution aqueuse d'hydrogène sulfuré. La température s'élève, mais moins que dans le cas précédent ; dès que la décomposition est terminée, le liquide devient opaque.

3° La solution jaune de sulfhydrate d'ammoniaque produit le même effet que precédemment. Dans ce cas, et aussitôt que des bulles de gaz provenant de la décomposition du nitrite d'ammoniaque commencent

(1) Reconversion of Nitroglycérine into glycérine) Chemical News, 47,169 April 13—1883).

à se dégager, on réduit le mélange par évaporation. En traitant ensuite une partie de la masse pâteuse par l'alcool, celui-ci dissout la glycérine qu'on peut séparer par distillation ; en faisant agir sur l'autre portion un excès de carbonate de plomb avec un peu d'acétate plombique, puis filtrant, le nitrite d'ammonium reste dans la dissolution.

4° On fait bouillir dans l'eau de la fleur de soufre et de la chaux éteinte jusqu'à ce qu'on obtienne une solution de couleur orangée ; on filtre, puis on ajoute de la nitroglycérine. Celle-ci est plus lentement décomposée que dans les cas précédents, et il faut agiter le mélange fortement. Au bout de quelques minutes, la réduction est terminée, le liquide filtré est clair, et le soufre qui reste sur le filtre ne retient pas même des traces de nitroglycérine.

Ce procédé est le plus long, mais aussi le plus simple et le plus économique.

Caractères de l'explosion de la nitroglycérine. — La nitroglycérine explose quand on la chauffe à 152°, ou quand elle est soumise à l'action d'un choc violent comme celui d'un marteau ou celui qui résulte de la détonation d'une capsule au fulminate de mercure. On peut, d'après E. Kopp, produire l'évaporation complète de la nitroglycérine, sans provoquer d'explosion, quand on la chauffe très-lentement.

Toutefois, on observe, vers 100°, un dégagement de vapeurs nitreuses.

Enflammée à la température ordinaire, elle déflagre sans explosion parce qu'elle n'a pas le temps de s'échauffer suffisamment.

Les gaz résultant de la combustion de la nitroglycérine diffèrent essentiellement de ceux qu'elle dégage en explosant. Ceux-ci sont inoffensifs tandis que les premiers ont une odeur plus pénétrante et sont délétères. C'est ce qui explique le danger des ratés dans une mine mal ventilée, quand on emploie un explosif à base de nitroglycérine.

En effet, il peut se faire, pour un motif ou un autre, que la capsule-amorce ne produise pas la détonation, mais simplement l'inflammation de la nitroglycérine et celle-ci brûle lentement en dégageant des gaz irrespirables.

Nous avons dit que la nitroglycérine explose quand elle est frappée violemment, mais encore faut-il que le choc soit produit entre deux corps durs. Ainsi on peut lancer d'une grande hauteur, sur le sol, un flacon rempli de nitroglycérine, sans qu'il y ait explosion.

Voici une expérience relatée par M. Louis Roux (1).

« Quatorze récipients de diverse nature, contenant de 100 à 300 « grammes de nitroglycérine, ont été lancés d'une hauteur de 50 « mètres, au bord de la mer, sur les rochers du rivage. Quatre seulement sur ce nombre ont fait explosion. Sur quatre flacons en verre, « deux ont éclaté ; sur quatre bouteilles en grès, une seulement ; sur « trois bidons en zinc, un seul ; enfin, sur trois bidons en fer-blanc aucun « n'a fait explosion. Les récipients, déformés ou brisés par la chute, « ont été retrouvés au milieu de la nitroglycérine qui s'était répandue « autour d'eux. La nature du récipient paraît avoir peu d'influence ; « la cause de l'explosion tient probablement à la manière dont le « choc se produit au moment de la chute. Tous les flacons étaient « hermétiquement bouchés, car, s'il y avait eu la moindre fuite, il « n'est pas douteux que le choc eût déterminé l'explosion. Il est « donc probable, certain même, que les catastrophes survenues il y « a quelques années à Colon, San-Francisco, Quenast, Carnavon, etc., « pendant le transport de la nitroglycérine, ont eu pour cause une « fuite dans les récipients. Or on sait que le coulage de cette matière « est très-dangereux à cause de sa sensibilité aux chocs sous une « petite épaisseur.

Il est encore à remarquer que le choc ne produit un effet complet que si la masse est enfermée ou maintenue dans une enveloppe quelconque. Ainsi lorsqu'on répand, sur une enclume, de la nitroglycérine et qu'on la frappe avec un marteau, la partie choquée seule détone. La même observation s'applique à tous les explosifs ; en faisant détoner une capsule au milieu d'une masse pulvérulente de dynamite, celle-ci est dispersée sans explosion. Il faut, pour la faire sauter en totalité,

(1) Conférence sur la dynamite et les substances explosives. Paris 1879, p. 17.

la serrer autour de la capsule dans une feuille de papier ou un morceau d'étoffe. De même, si au lieu de laisser à nu, sur l'enclume la traînée de nitroglycérine, on la recouvre d'une simple feuille de papier, l'explosion est complète sous l'effet d'un choc partiel.

Quand la nitroglycérine explose en vase clos, il se produit une énorme pression résultant de la grande quantité de gaz dégagés à une très-haute température. Selon Berthelot, la réaction est la suivante :

$$C^6 H^2 (Az O^6 H)^3 = 6 CO^2 + 5 HO + 3 Az + O.$$

100 grammes de nitroglycérine donnent:

Eau. . . .	20,00	grammes
Acide carbonique	58,00	—
Oxygène . .	3,50	—
Azote . . .	18,50	—
Somme égale.	100,00	—

D'après la formule précédente, 1 kilog. de nitroglycérine développe 710 litres de gaz ramenés à la pression de 760 mil. et à la température de 100°, soit 1,135 litres de gaz pour 1 litre de matière. Ces deux chiffres sont l'un 3,5 fois et l'autre 6 fois plus fort que ceux qui correspondent à la détonation de la poudre ordinaire. Si l'on tient compte de l'énorme quantité de chaleur dégagée, on trouve que 1 volume de nitroglycérine exerce 10 fois autant d'action que 1 volume de poudre ordinaire. Nobel considère 1 volume de nitroglycérine comme équivalent à 13 volumes de poudre, et 1 kil. de la première substance à 8 kil. de la seconde ; il calcule que 1 volume de nitroglycérine dégage 1298 volumes de produits gazeux, qui sont portés à 10,384 volumes par l'effet de la chaleur développée ; tandis que, dans les mêmes circonstances, 1 volume de poudre ne produit que 800 volumes de gaz. Ajoutons que ces résultats théoriques ne sont qu'approximativement confirmés par l'expérience, parce que la marche des réactions, lors de l'explosion, n'est pas encore parfaitement connue.

La chaleur de combustion de la nitroglycérine est de 1786 calories d'après Berthelot, et de 1720 seulement d'après Roux et Sarrau.

Préparation de la nitroglycérine.

La nitroglycérine est le résultat de la réaction entre la glycérine et l'acide nitrique, selon la formule :

$$C^6 H^2 (H^2 O^2)^3 + 3 (Az O^6 H) = C^6 H^2 (Az O^6 H)^3 + 3 (H^2O^2).$$

Il y a formation d'eau qu'on absorbe en ajoutant de l'acide sulfurique.

Dans l'industrie, on prépare la nitroglycérine en traitant la glycérine par un mélange d'acide nitrique et d'acide sulfurique.

Les proportions, d'après la formule précitée, sont de 205 kil. d'acide nitrique pour 100 kil. de glycérine ; on ajoute 410 d'acide sulfurique.

Le rendement théorique est de 246 kil. de nitroglycérine.

La réaction produit un fort dégagement de chaleur qu'il faut combattre par des moyens réfrigérants, de telle sorte que la température ne puisse dépasser 30 degrés centigrades. Au-delà de 30°, le mélange commence à donner des vapeurs rouges, et le thermomètre monte avec une très-grande rapidité.

Nous indiquerons les principaux procédés industriels de fabrication de la nitroglycérine.

1° *Procédé Mowbray.* — M. Mowbray, aux Etats-Unis, est le premier qui ait reconnu la nécessité de n'employer, pour les explosifs, que de la nitroglycérine chimiquement pure. Il a indiqué la manière d'en séparer les vapeurs nitreuses aussi bien que l'acide nitrique resté mélangé.

On procède d'abord à la préparation des acides :

Dans un atelier bien ventilé de 150 pieds de long sont disposées cinq cornues d'une contenance de 22 pieds cubiques. Chacune d'elles chargée de 300 livres de nitrate et 375 d'acide sulfurique, communique par des tuyaux en grès avec une série de 4 bonbonnes dont les deux premières renferment 150 livres d'acide sulfurique, et la troisième 100 livres. L'acide nitrique produit par la décomposition du nitrate se condense dans les trois premières bonbonnes ; la quatrième retient les portions de liquide entraînées. Après 24 heures de distillation, on recueille 600 livres d'acides mélangés que l'on transvase dans un réservoir en pierre. Là, on les purifie, et on enlève les dernières traces de vapeurs nitreuses au moyen d'un courant d'air qui traverse le liquide pendant cinq minutes.

La présence de l'acide hypoazotique pouvant amener des décompositions spontanées, il est absolument nécessaire de le faire disparaître.

Le mélange des acides ainsi préparé, on en remplit 116 bonbonnes en grès, de 17 livres de contenance ; celles-ci sont disposées dans 9 longs bacs en bois, surélevés de 1 mètre au-dessus du sol, et remplis d'un mélange de glace et de sel marin jusqu'à 10 centimètres environ des goulots. Au-dessus, sur une tablette en bois, est placée une série de bouteilles en verre, correspondant aux bonbonnes, et contenant chacune 2 livres de glycérine pure qu'on fait tomber goutte à goutte dans le mélange acide au moyen de siphons en caoutchouc. Sous la tablette passe un tuyau en fer, de 2 $^1/_2$ pouces de diamètre, dans lequel on refoule de l'air froid et sec qui se dégage dans chaque bonbonne par des tubes de verre de 16 pouces de longueur et $\frac{1}{4}$ de diamètre. Ce courant d'air a le triple avantage de mélanger intimement les liquides, de les refroidir, et de chasser les vapeurs nitreuses au fur et à mesure de leur formation.

L'opération, qui dure une heure et demie, doit être surveillée avec la plus scrupuleuse attention. Elle requiert l'assistance de trois ouvriers qui, le thermomètre sous les yeux, observent à chaque instant la température du mélange. Si l'échauffement est trop grand, ils agitent vivement le liquide ou ralentissent l'arrivée de la glycérine.

Quand la réaction est terminée et qu'il n'y a plus dégagement de vapeurs, on vide les bonbonnes dans un grand bac doublé de plomb et contenant de l'eau à 21 degrés centigrades. L'huile tombe au fond et, au bout de 15 minutes, on l'écoule dans un autre bac. Là, on la lave trois fois avec de l'eau et deux fois avec une solution étendue de carbonate de soude ; on termine l'opération en faisant passer un courant d'air. Les eaux de lavage, avant d'être perdues, traversent deux barils enfoncés en terre où se dépose la nitroglycérine entraînée. Enfin, on recueille la nitroglycérine à l'aide de seaux en cuivre et on la verse dans des vases en grès, dans un magasin situé à 270 mètres de distance de l'atelier de fabrication. Ces vases, d'une contenance de 18 à 20 litres, sont disposés par séries de 20 dans un réservoir en bois rempli d'eau à 21°. Après un repos de 72 heures, les dernières impuretés, contenues dans l'huile explosive, montent à la surface d'où on les écume avec une cuiller. On obtient ainsi une nitroglycérine transparente, chimiquement pure, et prête à être envasée.

L'envasement se fait, dans des bidons en fer-blanc, à l'aide d'entonnoirs en caoutchouc ; on produit ensuite la congélation dans des bacs en bois remplis de glace et de sel marin.

Le Dr Mowbray fabriquait en grand la nitroglycérine dont il faisait usage pour le percement du tunnel de Hoosac (Etats-Unis). Pour la transporter, il plaçait les bidons dans des caisses en bois doublées intérieurement avec deux pouces d'éponges et entourées, à l'extérieur, de bandes de caoutchouc destinées à amortir les chocs accidentels. Pendant la saison d'été, les caisses étaient conservées dans de la glace et chargées sur des wagons réfrigérants.

Le procédé du Dr Mowbray, aujourd'hui abandonné, se distingue par le soin avec lequel est conduite la fabrication, et par la pureté des huiles obtenues. La fabrication de l'acide nitrique dure une heure et demie, la réaction et le lavage prennent 72 heures, et la cristallisation exige 48 heures. Les méthodes actuelles sont bien plus rapides, comme nous allons le voir, et surtout moins coûteuses.

Procédé Nobel. — Le procédé suivant qui, pendant longtemps, a été employé dans les fabriques de dynamite, permet d'obtenir une fabrication rapide et économique (fig. 3).

Le mélange des acides, préalablement préparé dans la proportion de 500 kil. d'acide sulfurique (poids spécifique 1,83) et 250 d'acide nitrique (poids spécifique 1,50), est versé dans une cuve *a* en fonte ou en bois doublée de plomb. Celle-ci est à doubles parois entre lesquelles circule constamment un courant d'eau froide qui entre en U et sort en V. Le refroidissement des liquides est encore favorisé par l'action d'un serpentin à eau *m s r*.

La glycérine provenant du vase *l*, tombe goutte à goutte dans le mélange, et son arrivée est réglée à l'aide du robinet *e*. Un agitateur à hélice *b* remue constamment la masse ; il est mis en mouvement à l'aide d'une trasmission avec poulies *n n*. Uu tube en verre *f* permet de constater la nature des vapeurs produites qu'il conduit

Fig. 3.

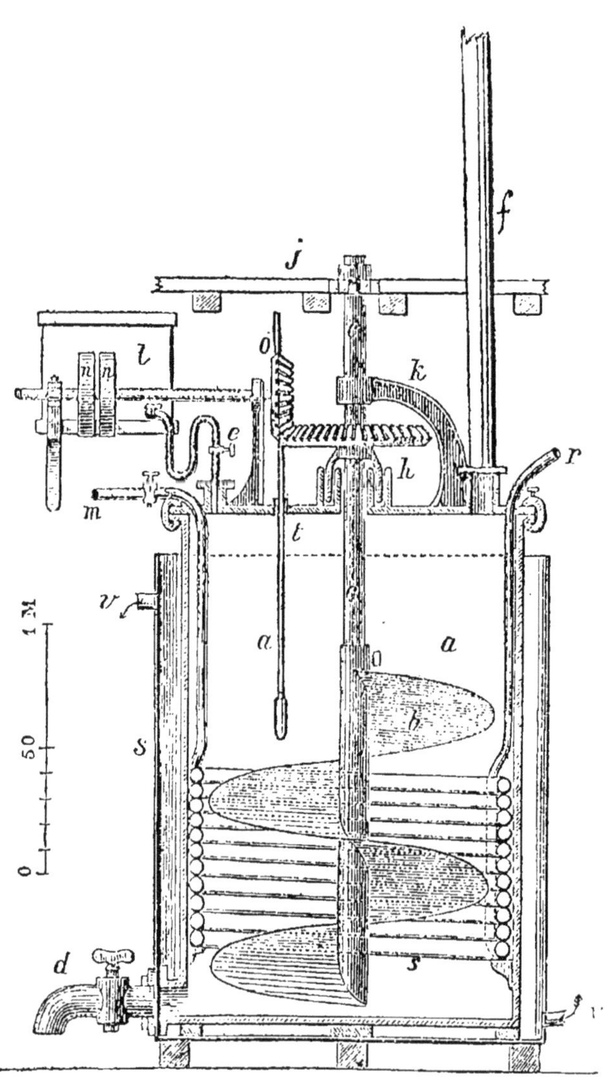

au dehors de l'atelier, en même temps qu'un thermomètre *t* donne à chaque instant la température de la réaction. Il est prudent de ne pas dépasser 28 à 30° ; c'est vers 30° que les vapeurs commencent à prendre une teinte rougeâtre, indice d'un commencement de décomposition.

Avec de l'eau à 15° centigrades, l'opération est terminée en 1 h. 1/4 environ.

La nitroglycérine, évacuée par le robinet de vidange en grès *d*, tombe dans un grand bac en bois doublé de plomb et rempli d'eau qu'on agite avec des rateaux en bois, ou mieux par un barbottage d'air comprimé. Puis, du fond du bac où elle s'amasse par l'effet de son poids, elle est conduite dans trois tonnelets en bois A, A', A'' (fig. 4) où elle est lavée à l'eau et ensuite au carbonate de soude. Des tuyaux

Fig. 4.

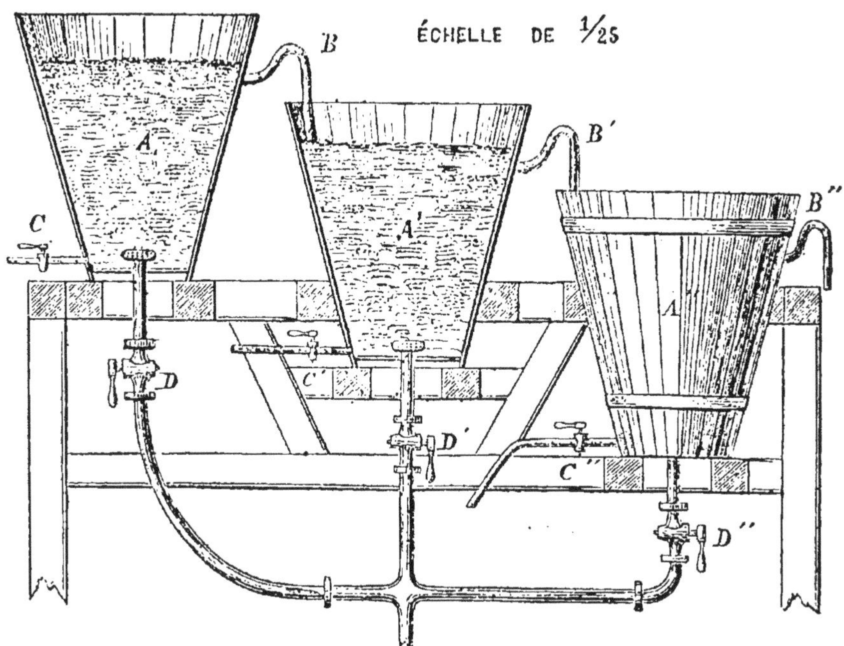

D, D', D'', amènent l'eau froide qui est lancée avec force à travers des pommes d'arrosoir.

Au sortir de l'atelier de lavage, la nitroglycérine doit être absolument neutre ; ce que l'on vérifie au papier de tournesol.

Un large robinet de décharge, placé à la base de l'appareil à nitroglycérine, permet, en cas d'élévation subite de température, d'évacuer rapidement tout le contenu de la cuve dans le grand bac à eau, et d'éliminer ainsi tout risque d'explosion.

Divers perfectionnements ont été, dans ces derniers temps, apportés à l'appareil. Un des plus importants a été la suppression de l'agitateur à hélices et son remplacement par un barbotteur à air comprimé. Cette substitution est très-avantageuse, car, ainsi que l'avait déjà reconnu M. Mowbray, l'air comprimé produit un mélange parfait des acides et de la glycérine et, de plus, permet de réduire le temps de l'opération. En outre, on a moins à redouter l'élévation de température puisque, en se dilatant, l'air froid comprimé absorbe de la chaleur. Au lieu du robinet à réglage dont on faisait usage pour la glycérine, on emploie maintenant un injecteur à air au moyen duquel on fait arriver la glycérine au centre même du liquide acide. C'est ainsi que l'on parvient à obtenir un rendement de 210 à 215 %.

Procédé Boutmy et Faucher. — Le principe de ce procédé consiste à éliminer la plus grande partie de la chaleur développée pendant la production de la nitroglycérine, en engageant d'abord la glycérine dans une combinaison avec l'acide sulfurique qui forme un acide sulfoglycérique, et en détruisant ensuite, lentement, par l'acide nitrique, ce composé sulfoglycérique.

Le procédé de MM. Boutmy et Faucher revient donc à produire d'avance : 1° un liquide, dit sulfoglycérique, obtenu en traitant la glycérine par trois fois son poids d'acide sulfurique ; 2° un liquide, dit sulfonitrique, ou mélange à poids égaux d'acide sulfurique et d'acide nitrique.

Ces deux préparations donnent lieu à des dégagements de chaleur considérables ; on laisse refroidir les liqueurs et on les réunit ensuite dans des proportions voulues pour que la réaction se produise avec une lenteur qui empêche tout échauffement anormal. Cette réaction peut être formulée comme suit :

$$\underbrace{HSO^4, 3\,Az\,O^6\,H}_{\text{Acide sulfonitrique}} + \underbrace{C^6\,H^8\,O^6, HSO^4}_{\text{Acide sulfoglycérique}} = \underbrace{C^6\,H^2\,(Az\,O^6\,H)^3}_{\text{Nitroglycérine}} + \underbrace{2\,HSO^4, 6\,HO}_{\text{Acide sulfurique}}$$

L'acide sulfoglycérique qui se compose de 320 parties d'acide sulfurique pour 100 p. de glycérine, est préparé dans un barbotteur à double enveloppe avec courant d'eau froide, afin de prévenir la formation d'une certaine quantité d'acroléine. Cet appareil comprend un récipient en fonte à fond demi-cylindrique, sur l'axe duquel tourne un arbre en fer, portant une manivelle et muni de distance en distance de croisillons disposés en hélice et reliés deux à deux par des plaques épaisses de plomb parallèles à l'axe. L'auget est recouvert d'un demi-cylindre, percé à sa partie supérieure d'une fente longitudinale et surmonté d'une cuve évasée dans laquelle on verse les liquides ; il est muni d'une seconde enveloppe permettant de faire circuler un courant continu d'eau froide ; enfin, l'appareil est divisé dans sa longueur, par des bandes de plomb, en plusieurs compartiments. On commence par verser $41^k,60$ d'acide sulfurique, puis, peu à peu, 13 kil. de glycérine ; on tourne la manivelle pendant 1 heure à 1 h. $^1/_2$, suivant la saison, et l'on recueille le mélange convenablement refroidi dans des touries en grès, qui sont conservées jusqu'au lendemain dans un bassin plein d'eau.

L'acide sulfonitrique, formé de poids égaux d'acide sulfurique et d'acide nitrique, est préparé dans des touries en grès à deux tubulures où les acides, contenus dans des touries semblables, sont transvasés au moyen de pompes à pression. A cet effet, chaque tourie d'acide reçoit sur l'une de ses tubulures une rondelle en bois portant un ajutage de plomb, par lequel on peut la mettre en communication avec la pompe ; l'autre tubulure est traversée par un tube de plomb plongeant au fond de la tourie et recourbé au dehors, par lequel le liquide peut s'écouler dans la tourie de mélange, sans produire aucun dégagement de vapeurs acides.

Les touries contenant le mélange sulfonitrique sont également conservées dans un bassin plein d'eau.

Les deux mélanges acides étant préparés, on les fait réagir l'un sur l'autre soit par la méthode employée à la poudrerie de Vonges, soit en faisant usage du convertisseur de Pembrey.

1° *Méthode de la poudrerie de Vonges (France)*[1]. — On verse successivement le mélange sulfoglycérique, puis le mélange sulfonitrique dans des piles en grès cylindriques, ayant $0^m,40$ de diamètre sur $0^m,65$ de hauteur ; les proportions des mélanges réagissant dans une pile sont les suivantes :

(1) Traité sur la Poudre et les corps explosifs p. 684 et 685 — E. Desortiaux.

Mélange	Composant	Poids		Total
Mélange sulfoglycérique	Glycérine . . .	10k.		42k.
	Acide sulfurique.	32	60k.	
Mélange sulfonitrique	Acide sulfurique.	28		56
	Acide nitrique .	28		

Les piles sont munies d'un couvercle en plomb posé dans une rainure garnie d'acide sulfurique ; celle-ci porte deux petits couvercles mobiles plongeant également dans une rainure remplie d'acide et à travers lesquels passent deux tubes en plomb permettant de chasser les vapeurs nitreuses de l'intérieur de la pile ; le couvercle, accroché à l'une des extrémités d'un levier coudé, se trouve presque équilibré par un contre-poids fixé à l'autre extrémité, de manière à se renverser sous l'influence du plus petit excès de pression intérieure. Il se produit, pendant le premier quart d'heure, une élévation de température dont la valeur maximum varie de 27° (novembre) à 48° (août), suivant la saison ; en même temps, on voit se former, à la surface, des gouttes huileuses qui finissent par constituer une couche supérieure assez nettement séparée du restant de la masse. On laisse la réaction s'achever pendant la nuit, puis on décante la liqueur par siphonnement au moyen de tubes en plomb ; le mélange acide, qui s'écoule le premier, est reçu dans des touries en verre, et la nitroglycérine dans des terrines en grès que l'on porte aussitôt à l'atelier de lavage.

Les terrines en grès sont versées dans une pile cylindrique, en fonte émaillée, contenant de l'eau et munie à sa partie inférieure d'un ajutage d'écoulement ; la nitroglycérine qui s'est rassemblée au fond, est recueillie dans d'autres terrines semblables aux premières. Les eaux acides sont jetées dans un trou communiquant avec un puits perdu, et la nitroglycérine est versée par charges de 55 kil., avec un volume triple d'eau tiède à 30°, dans un appareil laveur analogue, sauf la double enveloppe, au barbotteur précédemment décrit. Après avoir tourné les manivelles pendant quelques minutes, on fait écouler l'eau, on remet de l'eau nouvelle, et on recommence la même opération tant que l'eau emporte quelque trace d'acidité. Le nombre des lavages successifs peut varier de 10 à 18, suivant la pureté de la glycérine employée ; pour arriver à neutraliser plus facilement la substance, on ajoute à l'eau de lavage, dans deux opérations, 100 grammes environ de bicarbonate de soude. La nitroglycérine lavée, qui est trouble, émulsionnée et même hydratée, est filtrée à travers des éponges dans un cylindre en tôle forte dont le fond est percé de trous. Ces éponges sont comprimées entre le fond du cylindre et une rondelle de bois également percée de trous et surmontée d'une tige de fer filetée qui s'engage dans un écrou à oreilles.

Le tout repose sur un entonnoir en fer-blanc, placé au-dessus de vases cylindriques également en fer-blanc ; on recommence, au besoin, l'opération, jusqu'à ce que la nitroglycérine sorte parfaitement limpide. Ce mode de filtration repose sur la propriété que possède l'éponge de se saturer à la fois d'eau et de nitroglycérine, en enlevant à celle-ci toute l'eau qu'elle peut contenir.

La nitroglycérine parfaitement neutre, anhydre et limpide, est envoyée à l'incorporation.

Le rendement obtenu par ce procédé varie de 185 à 190 %.

2 *Convertisseur employé à l'usine de Pembrey (Angleterre)*. — Le mélange des acides sulfoglycérique et sulfonitrique se fait dans un convertisseur en fonte A pouvant contenir 523 gallons et communiquant, par en bas, au moyen d'une soupape B à base d'amiante, avec un bac de décharge C, en maçonnerie, d'une capacité d'environ 400 gallons, et vers sa partie médiane avec un petit réservoir en fer D disposé comme l'indique la figure 5.

On commence par verser dans le convertisseur les acides sulfurique et nitrique dont le niveau doit correspondre au fond du réservoir. Puis, par un tube convenablement disposé, on fait tomber l'acide sulfoglycérique sous forme de pluie.

On produit l'agitation du mélange au moyen d'un courant d'air que l'on fait arriver au fond du convertisseur ; la température ne doit pas dépasser 28 à 30°. Si la chaleur développée par la réaction devient trop forte et que l'on craigne quelque explosion, on ouvre la soupape B, et en moins de deux minutes tout le contenu du convertisseur est noyé dans le bac à eau C.

L'appareil est renfermé dans un bassin en bois rempli d'eau froide sans cesse renouvelée.

Fig. 5.

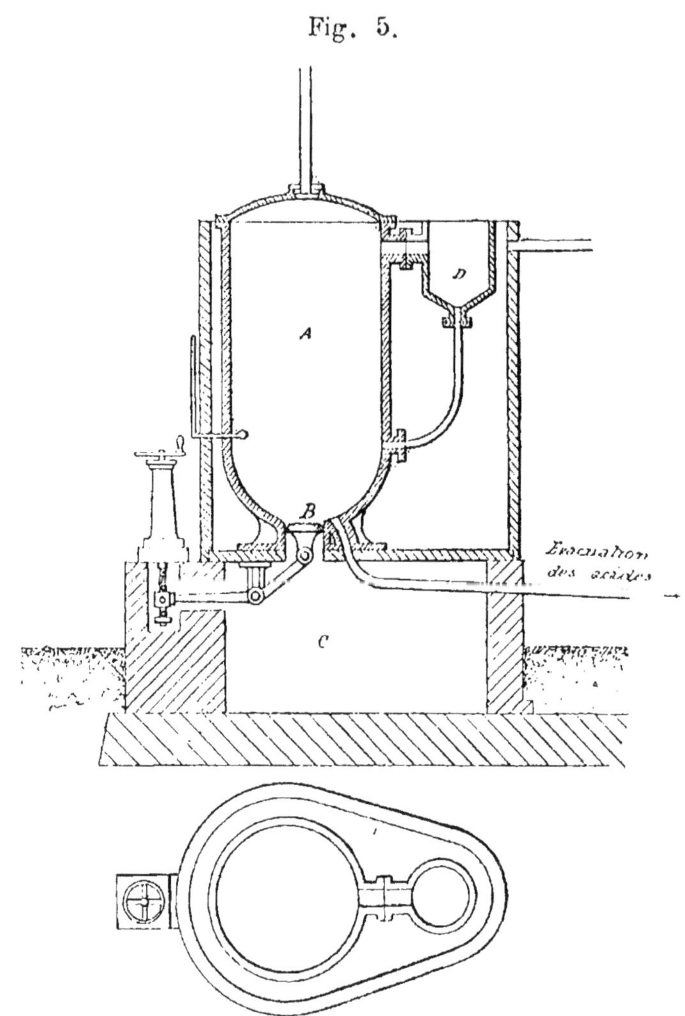

Le convertisseur est fermé à sa partie supérieure laquelle porte un gros tube en verre par lequel s'échappent les vapeurs acides.

Le procédé Boutmy et Faucher ne présente pas plus de sécurité que les autres, témoins les accidents de la fabrique de M. Fahnehjelm, en Suède, de Pembrey, en Angleterre, et de Paulilles, en France. Il est vrai de dire que le convertisseur de Pembrey était très-mal construit, et l'enquête conduite par le « Bureau des Explosifs » de

Londres, à la suite de l'explosion du 11 novembre 1882, a signalé les vices suivants d'installation :

1° La soupape ne fermant pas hermétiquement, l'eau du bac de décharge et le liquide du convertisseur ont pu communiquer ensemble ;

2° Le petit réservoir accolé au convertisseur contenait un mélange d'acides et de nitroglycérine non soumis à l'agitation ; son usage est, d'ailleurs, d'une nécessité très-contestable ;

3° Le bac de décharge est trop petit. Sa contenance devrait être 7 à 8 fois celle du convertisseur.

Le Dr Dupré termine un rapport officiel, au sujet de l'explosion de Pembrey, par les remarques suivantes :

« Il résulte que la sécurité relative du procédé Boutmy pendant « la période de réaction est balancée, et peut être plus que balancée, « par la lenteur de production et de séparation de la quantité « considérable de nitroglycérine finalement obtenue. En consé- « quence, celle-ci reste pendant plusieurs heures en contact avec un « acide fort, condition très-favorable à sa décomposition.

« Le danger provenant de cette cause est d'autant plus grand que « la masse de nitroglycérine est plus grande ; et il ne semble pas « qu'on s'en soit douté à Pembrey ni qu'on ait pris quelque précau- « tion que ce soit pour s'en préserver. »

Petit appareil à nitroglycérine. — L'appareil suivant sert à reconnaître le rendement pratique des matières employées à la fabrication de la nitroglycérine (fig. 6).

C'est un vase cylindrique en plomb A, muni de deux anses *aa*, et mesurant 0m,50 de hauteur et 0m,25 de diamètre intérieur. On y verse 27 kil. d'acides mélangés ; puis, au moyen d'un entonnoir à robinet convenablement disposé, on fait tomber la glycérine goutte à goutte. L'agitation est produite à l'aide d'un plateau C, en plomb, percé de trous et soutenu avec une baguette de plomb ; un ouvrier le fait monter et descendre alternativement, lentement et sans secousses. Avec 3k,250 de glycérine, on peut produire 6 à 7 kil. de nitroglycérine : l'opération dure 35 minutes environ.

Pendant tout le temps du travail, le cylindre est maintenu dans une cuve d'eau froide.

Fig. 6.

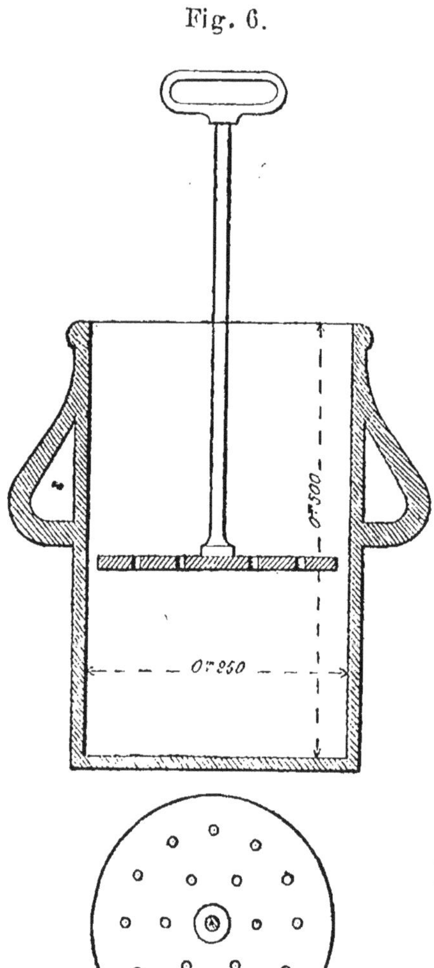

La nitroglycérine est ensuite recueillie, lavée et filtrée.

Résultats de la fabrication. — Nous avons vu, dans les divers modes de fabrication indiqués plus haut, que le rendement théorique est de 216, mais qu'en réalité il ne dépasse guère 210. Il y a donc de la glycérine et des acides non employés.

Voici, en effet, les résultats d'une fabrication par le procédé Nobel. Dans 750 kil. d'acides mélangés (4 parties d'acide nitrique, pour 7 parties d'acide sulfurique), on injecte 83 kil., par exemple, de glycérine. Admettons un rendement de 200 %; il y aura donc 170 kil. de nitroglycérine formés, qui correspondent à :

Glycérine. . . .	68k90
Acide nitrique .	141 50

De sorte que la réaction finale est la suivante :

Nitroglycérine . .	170k,00
Glycérine. . . .	16 ,10
Acide nitrique . .	118 ,50
Acide sulfurique .	490 ,00
Eau	40 ,40

L'excès d'acide nitrique peut être recueilli en partie, soit 25 à 30 %; mais tous les autres liquides sont perçus avec les eaux de lavage. L'attention des fabricants doit se porter sur ce point, de façon à réduire les pertes à la plus petite quantité possible.

DEUXIÈME PARTIE

Explosifs à base de nitroglycérine

CHAPITRE I.

Propriétés et classification générale des dynamites ou explosifs à base de nitroglycérine

Historique. — La poudre préparée par Pelouze, en 1838, et obtenue par la réaction de l'acide azotique sur le coton, est le premier explosif que l'on tenta de substituer à la poudre noire ; et quand, plus tard, en 1847, le chimiste italien Sobrero trouva que la glycérine, traitée par l'acide azotique fumant, se transformait en nitroglycérine, on était encore si occupé du coton-poudre, que cette précieuse découverte n'attira pas immédiatement toute l'attention qu'elle méritait.

Il est vrai de dire que le coton-poudre avait plus de ressemblance avec la poudre de mine que la nitroglycérine, liquide d'un maniement et d'un emploi dangereux, et dont on ne savait pas utiliser pratiquement l'énorme force. En outre on avait renoncé à trouver un moyen de déterminer l'explosion à un moment donné, toutes les méthodes applicables à la poudre de mine comme au coton-poudre étant sans effet.

Ce n'est qu'en 1863 que l'ingénieur suédois, Alfred Nobel, trouva que la nitroglycérine détone facilement sous l'influence d'un choc violent produit par une certaine quantité de poudre de mine ou par une capsule au fulminate de mercure. Dès ce moment la nitroglycérine pouvait recevoir des applications dans les mines, et son usage se répandit si rapidement qu'en 1866 on n'employait presque plus de poudre noire dans les mines de Suède.

Mais bientôt son essor fut arrêté, car la fabrication en grand et la difficulté des transports amenèrent la série d'accidents que nous avons relatés plus haut, et les gouvernements en défendirent l'emploi.

M. Nobel imagina alors de dissoudre la nitroglycérine dans l'alcool méthylique, mais cette préparation présentait encore de graves inconvénients et fut promptement abandonnée.

Enfin, en 1867, M. Nobel trouva la dynamite qu'il décrit ainsi dans son premier brevet, pris à Stockolm le 19 septembre 1867 :

« Mon invention consiste, principalement, à supprimer les propriétés dangereuses de la nitroglycérine de telle sorte qu'elle ne soit sensible, ni au choc, ni au feu, et à la mettre sous une forme plus convenable pour les maniements et le transport que sous la forme liquide ; ce qui se fait par l'incorporation de la nitroglycérine dans les pores de matières poreuses inexplosives, sans aucune influence chimique sur la nitroglycérine, telles que silice, poudre de brique, argile sèche, plâtre, etc.

« L'explosif ainsi obtenu est plus ou moins sec suivant la quantité de nitroglycérine et se nomme *dynamite* ou *Poudre de Nobel.* »

On voit, par l'énonciation du brevet, que la dynamite n'est déterminée, ni quant à sa teneur en nitroglycérine, ni quant à la quantité de matière absorbante employée.

Plus tard, M. Nobel a pris d'autres brevets tendant à remplacer la matière absorbante inerte par d'autres absorbants susceptibles d'être eux-mêmes décomposés par le fait de l'explosion de la nitroglycérine. C'est aussi dans cette voie que se sont engagés les inventeurs des nombreux explosifs modernes ; mais ceux-ci ne sont, en réalité, que des dynamites dans lesquelles la nitroglycérine est associée à des matières elles-mêmes explosives : nitrates, chlorates, nitrocelluloses, etc.

On peut donc dire qu'à M. Alfred Nobel seul appartient la découverte des grands explosifs modernes.

Classification générale

On peut classer les explosifs à base de nitroglycérine en deux grandes catégories :

1° *Dynamite à absorbants chimiquement inertes* ;
2° *Dynamites à absorbants actifs*.

Dans le premier cas, l'absorbant n'exerce aucune action chimique et se retrouve, après l'explosion de la nitroglycérine, à l'état de résidu inaltéré.

Dans le second, au contraire, l'absorbant agit lui-même. Tous les éléments qui le composent prennent une part active à l'explosion et modifient la force et la nature des gaz résultant de la décomposition de la nitroglycérine. En particulier, l'effet des absorbants actifs est de diminuer la rapidité d'explosion de la nitroglycérine et de transformer son action éminemment brisante en une action propulsive ; en outre, la quantité de l'huile qui entre dans la composition de l'explosif se trouvant diminuée, les dangers de la fabrication sont d'autant atténués.

§ 1. — Dynamite avec absorbant inerte — Dynamite à la Kieselguhr

La Kieselguhr, ou terre d'infusoires, est connue, jusqu'à présent, comme le meilleur des absorbants inertes ; elle s'imbibe de nitroglycérine qu'elle retient par capillarité. C'est un calcaire siliceux composé de très petites coquilles dans les cavités desquelles se loge l'huile explosive.

Quand Nobel fabriquait la nitroglycérine pour être employée à l'état liquide, il l'emmagasinait dans des boites de fer-blanc qu'on entassait dans des caisses garnies de terre d'infusoires. Or il arrivait que cette terre, par suite de coulages, s'imbibait de nitroglycérine et prenait une consistance pâteuse ; en l'examinant attentivement on reconnut que son pouvoir absorbant était considérable. Puis des essais postérieurs montrèrent que la nitroglycérine ainsi absorbée conservait ses qualités explosives et que, d'autre part, sa tendance à exploser avait considérablement diminué. La dynamite était trouvée.

D'autres prétendent que l'ingénieur Schell fut le premier à faire usage de la nitroglycérine mélangée à une terre poreuse, dans les mines de Grund, près de Klausthal-am-Harz.

Mais, quoiqu'il en soit, c'est à Nobel que revient l'honneur d'avoir rendu pratique l'emploi de la nitroglycérine sous forme de dynamite.

Les dynamites Nobel à absorbant inerte sont composées de 30 à 75 % de nitroglycérine et 70 à 25 d'absorbant.

On peut remplacer la Kieselguhr par une autre matière douée de propriétés absorbantes; c'est ainsi que l'on fabrique les produits suivants :

Dynamite rouge

Nitroglycérine. . .	66 à 68
Tripoli	34 à 32

Dynamite noire

Nitroglycérine. . .	45
Mélange de coke pulvérisé et de sable. .	55

Dynamite blanche de Paulilles

Nitroglycérine. . .	70 à 75
Terre siliceuse naturelle	30 à 25

On peut aussi employer un mélange de plusieurs matières ; telles sont, par exemple, les dynamites de Vonges fabriquées par le gouvernement français et dont les compositions sont les suvivantes :

1°	Nitroglycérine	75,00
	Randanite.	20,80
	Silice de Vierzon . . .	3,80
	Sous-carbonate de magnésie	0,40
2°	Nitroglycérine	50,00
	Silice de Vierzon . . .	48,00
	Craie de Meudon. . . .	1,50
	Ocre rouge	0,50
3°	Nitroglycérine	30,00
	Silice de Launois . . .	60,00
	Laitiers des hauts-fourneaux	4,00
	Carbonate de chaux. . .	1,00
	Ocre jaune	5,00

Spéciale

Nitroglycérine	90,00
Randanite.	1,00
Sous-carbonate de magnésie	1,00
Silice spéciale	8,00

La dynamite ordinaire, à 25 % de Kieselguhr, est d'une couleur orange clair ou jaune brun. Quand elle est gelée, son aspect est blanchâtre ou blanc sale. Son poids spécifique est de 0,90 à l'état mou, et 1,40 après compression.

Les dynamites sont généralement employées sous forme de cartouches, à enveloppe de papier parchemin, mesurant 19, 22, 25 et jusqu'à 76 mil. de diamètre ; les longueurs varient suivant les usages. On les renferme par 2 ou 2,5 kil. dans des boîtes de carton recouvertes de papier goudronné, et celles-ci sont serrées dans des caisses en bois, avec interposition de sciure de bois ; le poids des caisses est le plus souvent, de 25 kil. net.

Le développement si rapide de l'emploi des dynamites, en Europe, est dû principalement aux remarquables travaux de la Commission autrichienne des explosifs laquelle, après de nombreuses expériences et des études très-complètes, démontra l'insensibilité de la dynamite aux épreuves de feu et de percussion, et en autorisa le transport par chemins de fer.

Fabrication de la dynamite. — La Kieselguhr, qui sert à préparer la dynamite ordinaire, se trouve, en grands dépôts, à Oberlohe, dans le Hanovre. Elle ne doit contenir, pour cet usage, ni humidité, ni matières organiques, ni grains de quartz.

Pour enlever l'humidité et les matières organiques, on la grille dans un four, puis on la broie et on la passe au tamis.

On en mélange 25 parties en poids avec 75 parties de nitroglycérine dans un baquet en bois ; on pétrit la masse comme une pâte de boulanger. En une demi-heure l'opération est terminée ; on passe ensuite au crible en pressant la matière à la main, et on procède à la mise en cartouches. Celles-ci sont de petits cylindres de papier parchemin dans lesquels on comprime la dynamite.

Une fabrique comporte un certain nombre de cartoucheries dans chacune desquelles travaillent deux ou trois hommes et qui sont séparées les unes des autres par des levées en terre. Elles sont construites en matériaux légers et leur sol est recouvert de sable ou de sciure de bois ; en hiver on les chauffe à 16° au moyen de calorifères à vapeur.

Le mélange de nitroglycérine et de Kieselguhr et la mise en cartouches sont deux opérations dangereuses ; aussi doit-on y apporter le plus grand soin, pour éviter les accidents.

Propriétés des dynamites. — La dynamite ordinaire est une matière molle d'une couleur jaune-rougeâtre, onctueuse au toucher, et sans odeur. Son poids spécifique est 1,40 à 1,50.

On provoque l'explosion de la dynamite par la détonation d'une capsule au fulminate de mercure, ou bien en la portant brusquement à une haute température, ou enfin par un choc violent susceptible de développer une chaleur suffisante.

Au contact d'une flamme ou d'un corps en ignition, elle brûle sans faire explosion, tout comme une poudre mouillée ; c'est que l'action du feu ne suffit pas : il faut encore l'application d'une force.

La force seule est également insuffisante s'il n'y a pas en même temps production de chaleur.

Ainsi, d'une part la dynamite peut brûler sans détoner ; d'autre part, elle peut éprouver des chocs, entre deux pièces de bois par exemple, sans faire explosion. Dans le premier cas, la force manque ; dans le second, la chaleur fait défaut.

Il faut donc, pour qu'il y ait explosion, que la dynamite soit soumise à la double influence de la chaleur et d'une force. C'est là un fait certain, nettement établi par l'expérience.

Voici encore d'autres preuves à l'appui. Si, par exemple, on place de la dynamite dans un récipient de fer, avec un mélange gazeux détonant, et qu'on mette le feu à ce mélange, la dynamite brûle sans faire explosion. C'est ce qui résulte de nombreuses et intéressantes expériences faites en France, en 1884, par M. l'ingénieur Holtzer (1).

(1) Société de l'Industrie Minérale. Comptes-rendus mensuels. Avril 1884.

Quand il y a choc avec production de chaleur, le fait que les différentes particules de nitroglycérine sont plus ou moins éloignées les unes des autres est sans importance, pourvu que celles-ci ressentent l'effet de la force initiale à un degré voulu.

Si par exemple (1), nous étendons une couche mince de nitroglycérine sur une enclume ou une plaque métallique et que nous exercions un choc déterminé, il y a explosion. Si maintenant nous superposons une série de plateaux avec une couche de nitroglycérine sur chacun d'eux, et que nous produisions un choc à la partie supérieure, toutes les différentes couches feront explosion à la fois.

D'autre part, si nous remplaçons la nitroglycérine par de la poudre noire et que nous mettions le feu à la première couche, celle-ci seule fait explosion, à l'exclusion de toutes les autres.

Au lieu de plateaux métalliques, supposons des plaques de caoutchouc, de bois, d'étoffe, de cuir ou de toute autre matière compressible, l'explosion ne se produit que si le choc est extrêmement violent. Autrement l'effet d'un choc ordinaire se trouve atténué par ces interpositions qui jouent le rôle de coussins, et la nitroglycérine résiste.

C'est ainsi que s'explique l'intervention de l'absorbant dans la dynamite ; celui-ci agit comme les plaques élastiques et protège la nitroglycérine contre l'effet des chocs. Mais si la force mise en jeu est suffisante pour condenser l'absorbant, celui-ci joue le rôle des plaques métalliques et transmet le choc à toutes les parties de la charge.

En résumé, l'absorbant rend la nitroglycérine moins sensible aux chocs ; c'est-à-dire qu'il faut plus de force pour la faire exploser quand on l'emploie sous forme de dynamite. Mais dans l'un comme dans l'autre cas, la décomposition de l'huile est la même et elle se produit sensiblement dans le même intervalle de temps ; par suite l'action développée est la même, ou à peu de différence près, pour une même quantité de nitroglycérine dans l'un et l'autre cas.

Supposons maintenant une dynamite composée de 50 % de nitroglycérine et 50 de Kieselguhr, et une autre formée de 50 parties de

(1) D'après l'ingénieur M. Eissler : The modern high explosives. New-York. I. Wiley et Sons — 1884.

nitroglycérine et 50 de sable fin. La première est une matière sèche qui, pour faire explosion, exige l'emploi d'une capsule au fulminate triple force ; l'autre au contraire est molle, humide, et fait explosion aussi facilement que la nitroglycérine seule. Cependant l'effet produit est le même dans les deux cas; et nous voyons ainsi qu'une dynamite sèche et d'une détonation difficile, c'est-à-dire présentant un caractère de sécurité relative, est matériellement aussi bonne, à doses égales de nitroglycérine, qu'une dynamite grasse ou suintante et par cela même dangereuse. On comprend, par conséquent, qu'une dynamite doit offrir plus ou moins de sécurité selon la proportion de nitroglycérine qu'elle renferme, et qu'en outre cette proportion doit être établie d'après le pouvoir absorbant de la substance qui entre dans le mélange.

Or le pouvoir absorbant dépend de la nature des matières employées ; les unes pourront être mêlées avec 75 % de nitroglycérine, d'autres avec 2 % seulement. L'épreuve de sécurité d'une dynamite repose donc sur son apparence ; si elle est grasse, laissant exsuder la nitroglycérine, elle est dangereuse à manier, elle l'est moins si elle est sèche.

On peut se demander maintenant si une dynamite bien imbibée de nitroglycérine, mais sans exsudation apparente, est dangereuse.

L'expérience, à ce sujet, confirme le raisonnement. Tout mélange à saturation, c'est-à-dire sans apparence de vides, doit exsuder ; et, s'il n'y a pas exsudation, c'est qu'il y a encore des vides, c'est que la saturation n'est pas complète. La matière, dans ce dernier cas, n'est pas compacte ainsi qu'un liquide, mais compressible, et comme telle elle offre de la sécurité ; celle-ci, en somme, ne dépendant pas de la plus ou moins grande quantité de vides, mais simplement du fait que des vides existent. La plus petite compressibilité détruit l'effet dangereux de la rigidité et donne la sécurité.

Avec 80 % de nitroglycérine la Kieselguhr est saturée, et en cet état elle est aussi dangereuse que la nitroglycérine seule ; tandis qu'avec 75 seulement elle est relativement insensible à la température ordinaire.

Le danger est donc dans l'exsudation du liquide, et une dynamite qui laisse suinter la nitroglycérine est aussi dangereuse que celle-ci elle-même.

Il en résulte qu'une dynamite susceptible d'exsuder n'est pas plus transportable que la nitroglycérine liquide.

Effets de la température. — Dans les mêmes circonstances, la nitroglycérine et ses composés explosent d'autant plus facilement que la température est plus élevée.

A 18° C. au-dessous de zéro, la nitroglycérine n'explose pas par les moyens ordinaires, à 0° C. elle explose très-difficilement. De là l'idée de M. Mowbray de geler la nitroglycérine pour la rendre insensible aux manipulations et transport. Toutefois, la nitroglycérine, même gelée, peut faire explosion, et il est prudent de ne la manipuler qu'avec beaucoup de précaution.

A mesure que la température croît, la sensibilité de l'huile explosive croît; ainsi une charge de 65 milligrammes de nitroglycérine détone, à 16° C., sous le choc d'un poids de 450 gr. tombant d'une hauteur de $0^{m},45$; tandis qu'à la température de 94°, il suffit d'un choc produit par le même poids de 450 gr. tombant de $0^{m},22$ seulement de hauteur.

A 182°, la nitroglycérine brûle à l'air libre ; mais si elle est soumise à une force quelconque, pression, choc, vibration, elle fait explosion ; ainsi le choc produit par la chute d'une pièce de 50 centimes suffit pour la faire détoner.

Si on la chauffe sur une plaque mince de métal, elle se vaporise ou prend feu, et se consume. Mais si la plaque mesure au moins 6 mil. d'épaisseur, il y a explosion ; l'expérience est même dangereuse à reproduire.

La température a encore un autre effet sur les dynamites ; elle provoque l'exsudation de la nitroglycérine ; ainsi telle dynamite qui reste parfaitement sèche à 10 ou 12° C., exsude à 20 ou 25°. C'est une qualité importante pour une dynamite que de rester sèche jusqu'à 35 ou 40°. Il n'y a guère, d'ailleurs, que les produits spéciaux, appelés *nitrogélatines*, qui résistent à cette chaleur.

Effets de la compression et de l'emprisonnement. — La nitroglycérine et ses composés explosent d'autant plus facilement qu'ils sont hermétiquement renfermés et qu'ils sont soumis à une compression.

S'ils sont renfermés sans pression, et qu'on leur applique une amorce, le fait de l'emprisonnement provoquera une compression. C'est pourquoi telle charge qui n'explose pas à l'air libre avec une amorce déterminée, fera explosion sous l'influence d'une amorce semblable si on la recouvre d'un bourrage ou d'une couche d'eau.

De même, si la fermeture est solide et hermétique, comme dans le cas d'un tuyau fermé à vis à ses deux extrémités, on provoquera l'explosion de la nitroglycérine à l'aide d'une simple mèche allumée. Dans cette circonstance, la combustion développe des gaz qui pressent sur la portion non brûlée avec assez de force pour produire l'explosion.

Si une charge est comprimée, sa sensibilité augmente. Supposons, en effet, un tube de fer rempli de nitroglycérine. En le frappant à la partie supérieure l'explosion ne se produit pas ; elle a lieu, au contraire si on agit sur la base parce que, dans ce cas, la couche inférieure est pressée par le reste du liquide (1).

Toutefois cette pression par superposition n'a pas une influence matérielle dans l'emploi des explosifs ; on en conçoit sans peine la raison.

D'autre part, si on étale une mince couche de nitroglycérine sur une enclume et qu'on la frappe avec un marteau, la partie choquée seule fait explosion. C'est que, la matière n'étant pas abritée ou comprimée sous une enveloppe, toutes ses différentes parties ne sont pas à même de ressentir l'influence du choc ou de la pression de la portion explosée. C'est pourquoi aussi l'explosion d'une petite quantité de nitroglycérine dans une certaine charge de dynamite peut ne pas déterminer l'explosion totale ; dans ce cas, l'absorbant fait office de coussin et ne transmet pas suffisamment la pression.

Il résulte de ce qui précède qu'on ne doit jamais emballer les cartouches de dynamites dans des caisses trop fortes ou hermétiquement fermées.

(1) M. Eissler : The modern high explosives, p. 62.

Effets des récipients métalliques. — La rigidité et les vibrations puissantes de l'acier et du fer, spécialement quand ces métaux sont sous forme de parois minces, semblent être particulièrement favorables à l'explosion de la nitroglycérine et de ses composés. C'est ce qui résulte des expériences de sautages sous-marins que nous décrivons dans la quatrième partie de cet ouvrage.

Une force, insuffisante pour provoquer l'explosion d'une charge enfermée dans du papier ou du bois, peut suffire si l'enveloppe est métallique. Ainsi si l'on place une cartouche de dynamite au fond d'un trou creusé dans un morceau de bois, qu'on bourre ensuite avec 7 ou 8 centimètres de poudre noire, et qu'on mette le feu à celle-ci, la dynamite ne fera pas explosion. Mais si on répète la même opération dans du fer au lieu de bois, l'explosion aura lieu.

Si on exerce un choc sur un sac de cuir rempli de nitroglycérine, aucune explosion ne se produit ; elle a lieu au contraire avec le même choc, si la nitroglycérine est renfermée dans une boîte de fer-blanc.

C'est pourquoi le transport de la nitroglycérine dans des vases métalliques est si dangereux ; la dynamite, au contraire, peut être transportée sans risque, car sa forme solide permet de l'empaqueter dans des caisses en bois.

M. Mowbray cite un cas très-instructif d'explosion causée par vibration. Un mineur avait placé sous un rail et en contact avec lui, à 400 pieds environ du front d'attaque de Hoosac Tunnel (Etats-Unis), une boîte contenant 4 livres de nitroglycérine. Or, après seize coups de mines consécutifs tirés dans le tunnel, la boîte fit explosion. Ce résultat était dû, indubitablement, aux vibrations du rail ; comme on ne peut pas supposer que l'effet de ces vibrations eût été suffisant pour produire de la chaleur, on doit en conclure que l'explosion de la nitroglycérine a été provoquée par une transmission de choc. Il est probable que si l'huile eût été renfermée dans du bois ou du papier, elle n'eût pas fait explosion.

Effets de la congélation. — Il y a toujours du danger à exposer au feu une dynamite gelée. Si on place des cartouches gelées dans un four chauffé, sur un poêle ou une chaudière, ou qu'on les mette dans un vase sur le feu, jusqu'à ce qu'elles soient complètement dégelées, elles ne tardent pas à émettre des vapeurs. Dans 19 cas sur 20, il arrivera que la dynamite prenant feu brûlera, ou que la nitroglycérine s'évaporant la matière perdra sa force. Mais dans le vingtième cas, il y aura explosion. Si toute la dynamite est également exposée à la chaleur, comme l'évaporation commence longtemps avant le moment de l'explosion, elle s'affaiblit progressivement et l'explosion est relativement faible et se réduit souvent à une simple fusée.

Si au contraire une partie seulement est chauffée, l'effet peut être violent.

En général, on peut dire qu'il est toujours imprudent de dégeler les cartouches de dynamite, même dans un vase chauffé à l'eau.

§ II. — Dynamites à base absorbante active.

On a beaucoup discuté le rôle des absorbants actifs ; quelques ingénieurs comme Mowbray et André déclarent qu'étant donnée la rapidité d'action de la nitroglycérine, les absorbants eux-mêmes explosifs agissent trop tard pour produire un effet sensible. M. Mowbray, dans son traité sur la trinitroglycérine (1) dit à ce sujet :

« Vouloir augmenter l'effet de la nitroglycérine en la mélangeant « à des substances chimiques, telles que le nitrate de potasse ou de « soude, le chlorate de potasse, etc., avec addition d'une matière car- « bonacée, substances qui exigent un certain espace de temps pour « se transformer en gaz, c'est exactement comme si l'on voulait ac- « croître la vitesse d'un courant électrique en lui ajoutant celle d'une « locomotive.

« Dans les conditions habituelles des mines, le bourrage à l'argile « est insuffisant pour retenir la force explosive de la nitroglycérine « jusqu'à ce que ses retardataires voisins : résine, paraffine, salpètre, « chlorate, nitrate de baryte, etc., aient eu le temps de développer

(1) Mowbray's — On trinitroglycérine, p. 85.

« leurs forces. Et, pour en revenir à la comparaison avec le courant « électrique, la sonnerie télégraphique donne un signal à quarante « milles de distance avant que le premier son ait été expiré par le « sifflet de la locomotive. De même si l'on suppose qu'il faille l'effort « réuni de quatre hommes pour soulever un fardeau, l'absence de « l'un d'entre eux suffira pour inutiliser la force des trois autres. »

De son côté, M. André s'exprime ainsi [1] :

« On a fait de nombreuses tentatives pour remplacer la silice in- « combustible de la dynamite par des substances combustibles et « explosives. On avait pour objet d'augmenter la force de l'explosif, « d'assurer la complète combustion des matières et en même temps « d'éviter la formation de gaz nuisibles. Or il n'est pas possible d'at- « teindre le premier but ; il n'existe pas, en effet, deux substances « explosives capables de se transformer en gaz avec la même rapi- « dité. Il est bien évident que si l'on mélange deux substances pou- « vant exploser indépendamment l'une de l'autre, le composé « résultant n'aura pas une force plus grande que celle de l'explosif « le plus rapide, puisque la force retardée de l'autre n'a pas le temps « d'entrer simultanément en action. »

Ces raisons sont spécieuses, et d'ailleurs purement théoriques. La pratique, au contraire, conseille l'usage de sels explosifs.

Le mélange de 40 % de nitroglycérine avec les terres à infusoires est dénué de toute propriété explosive ; or si l'on mélange 40, 30, 20 et même moins encore de nitroglycérine avec certains sels explosifs, on obtient des composés qui peuvent détoner.

On peut maintenant se demander si ces absorbants agissent passivement, c'est-à-dire en retenant la nitroglycérine moins énergiquement que ne le fait la Kieselguhr, ou activement en participant à l'explosion et augmentant son effet.

Or les faits démontrent que l'introduction de ces absorbants augmente, et même considérablement, la force explosive, et condamnent ainsi la théorie de MM. Mowbray et André que nous venons d'exposer.

(1) André's — Oncoal-mining, p. 198.

L'explication en est simple.

« Quand la poudre noire, dit le professeur Charles F. Chandler, de
« Columbia College, New-York, fait explosion dans les conditions
« ordinaires, l'effet est lent, progressif, et produit une température
« beaucoup plus basse que celle des gaz de la nitroglycérine. Mais si
« l'explosion de la poudre est déterminée par celle de la nitroglycé-
« rine, elle se produit instantanément. La poudre devient détonante,
« et il se développe une plus haute température, une plus grande
« quantité de gaz et par suite une force plus considérable que si elle
« eût détoné seule. Conséquemment, la force développée par un
« mélange de poudre et de nitroglycérine est égale à la somme des
« forces produites par les deux explosifs. »

Et comme l'effet de la poudre sous l'influence de l'explosion de la nitroglycérine en plus grand que son effet ordinaire, on peut dire que l'effet total est plus grand que la somme des effets des deux substances explosant séparément.

Il résulte des expériences de Bunsen et de Schischkoff qu'en enflammant la poudre on utilise 32 % de son poids. C'est-à-dire qu'après l'explosion de la poudre noire, un tiers environ de son poids a été transformé en gaz : acide carbonique, oxyde de carbone, azote, vapeur d'eau ; le reste est un composé de corps solides non utilisés : sulfate de potasse, carbonate de potasse, hyposulfite de potasse, nitrate non décomposé et sulfure de potassium.

Or tous ces composés qui conservent l'état solide à la température de la chaleur blanche, prennent la forme gazeuse à une très-haute température, telle que celle qui est développée par l'explosion de la nitroglycérine.

Expériences de M. Drinker. — Afin de démontrer l'avantage des explosifs avec absorbants actifs, M. Drinker procéda, en 1877, à trois séries d'expériences comparatives, dans les usines de la « Atlantic Giant-Powder C°, » à Drakesville (New-Jersey).

Première série. — Les essais furent faits à l'aide d'un bloc de fer portant une cavité hémisphérique de 0,11 de diamètre dans laquelle pouvait s'appliquer un boulet en fer. Au fond de la cavité était ménagée une chambre à poudre, de 28 mil. de diamètre et 6 à 7 de profondeur, avec un petit conduit traversant le bloc et destiné au passage d'une mèche.

Voici les trois expériences qui furent faites et leurs résultats.

D'abord on tira $6^{gr},20$ de poudre noire ordinaire ; le boulet fut simplement soulevé sans être rejeté hors du mortier.

Puis on fit exploser $0^{gr},75$ de nitroglycérine avec une capsule à fulminate, la balle fut projetée à 24 pieds en hauteur verticale.

Enfin on chargea le mortier avec $6^{gr},20$ de poudre noire et $0^{gr},75$ de nitroglycérine ; l'explosion projeta la balle à 75 pieds de hauteur, c'est-à-dire que l'effet produit par le mélange de ces deux mêmes quantités d'explosifs à été le triple de la somme des effets produits séparément.

Seconde série. — Une seconde série d'essais fut faite au moyen d'un mortier de fer solidement encastré dans une fondation et incliné à 45°. Le projectile employé était une pièce cylindrique, de $0^{m},18$ de longueur et $0^{m},10$ de diamètre, portant à sa base une cavité où l'on plaçait l'explosif et la capsule en les maintenant avec une simple feuille de papier. Le fond du mortier était recouvert d'un disque d'acier de 7 c. m. d'épaisseur (fig. 7).

Fig. 7.

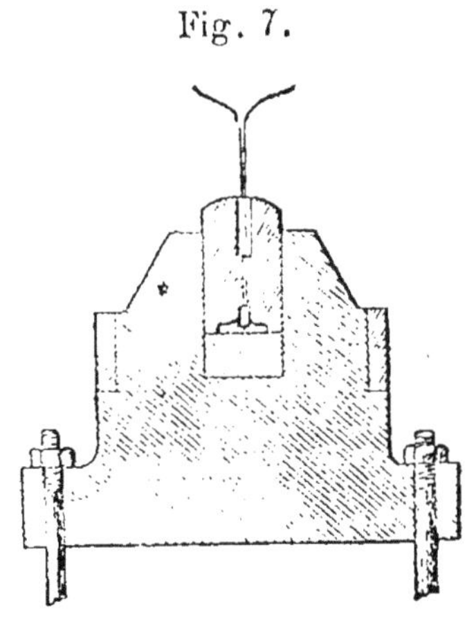

Les charges étaient tirées par l'électricité.

Voici quelques résultats :

1°	Une charge de $7^{gr},75$,	de dynamite n° 2,	a lancé le projectile à	$186^{m},00$
2°	— $3^{gr},00$,	de nitroglycérine,	—	$107^{m},40$
3°	— $7^{gr},75$,	de poudre de guerre,	—	$74^{m},40$
4°	— $7^{gr},75$,	de dynamite XX,	—	$76^{m},80$

Il faut remarquer que dans la charge n° 1, les $7^{gr},75$ de dynamite n° 2 renferment exactement 3 gr. de nitroglycérine, soit la charge n° 2. D'autre part la dynamite XX est un mélange de poudre de guerre avec 4 % de nitroglycérine.

Il est facile de voir que ces résultats confirment ceux de la première série d'expériences.

Mais on a objecté, non sans quelque raison, que l'épreuve au mortier ne porte pas sur la totalité de la force developpée. Et, en effet, pour qu'un projectile pût recevoir toute la force de l'explosif il faudrait que celle-ci fût appliquée pendant un intervalle de temps défini ; mais comme ce temps est, surtout dans le cas des explosifs, excessivement petit, il en résulte qu'une partie de la force est perdue à échauffer le milieu environnant.

La soudaineté de l'explosion qui ne convient pas pour donner à un projectile un maximum de vitesse, est au contraire très-favorable à des effets de rupture ou de propulsion puisque ces effets comportent avec eux l'idée d'un faible intervalle de temps. Or le mortier n'accuse pas les effets propulsifs,mais simplement l'action balistique.

Si maintenant, au lieu d'explosif, on fait usage de poudre noire, celle-ci agit lentement et la presque totalité de sa force est employée à mouvoir le projectile ; et comme on peut concevoir une certaine durée entre la mise en mouvement et la translation du projectile jusqu'à la bouche du mortier, la force d'impulsion primitive agit de plus en plus vivement à mesure que la combustion de la poudre se complète.

Dans la première série d'expériences de M. Drinker, ces objections avaient une grande valeur puisque, par la forme même du projectile, l'espace de translation se réduisait à un minimum ; c'est pour remédier à cet inconvénient que dans la seconde série, il fit usage d'un projectile cylindrique pénétrant de $0^m,15$ dans le mortier. Il faut, dans ce cas, un certain temps pour que le boulet soit sorti du mortier, et l'action des gaz peut s'exercer plus longuement et produire, par suite, plus d'effet.

Néanmoins et dans le but d'utiliser toute la force produite, M. Drinker reprit ses expériences avec un dynamomètre ou appareil écraseur.

Troisième série. — L'écraseur employé par M. Drinker pour cette dernière séri d'expériences comprenait un petit piston d'acier C, de

$0^m,17$ de longueur, avec une tête de $0^m,10$ de diamètre, et pesant $3^k,830$ (fig. 8).

La tête était surmontée d'une pièce cylindrique A, analogue au projectile en usage dans les expériences précédentes, et recevant à sa base une charge d'explosif avec capsule et amorce électrique comme dans le cas antérieur.

Fig. 8.

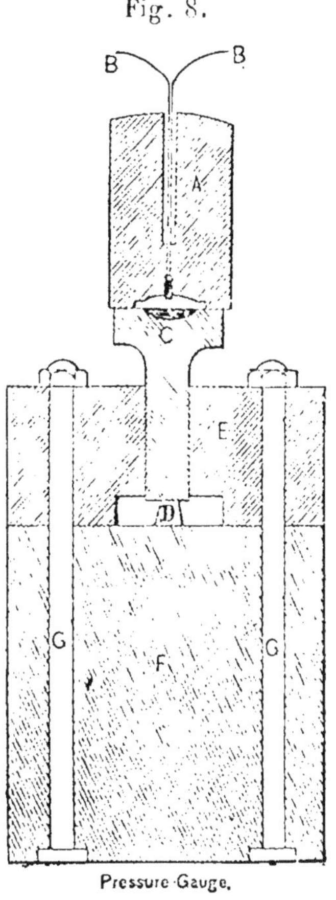

Pressure Gauge.

La pression exercée sur le piston était mesurée par l'écrasement d'un petit cône de plomb D posé entre deux pièces de fer E, F, solidement fixées et boulonnées. La hauteur du cône était mesurée avant et après chaque épreuve à l'aide d'une vis micrométrique donnant jusqu'aux centièmes de pouce ; son diamètre à la partie supérieure était invariablement de $2^{mil.},07$, et à la base de $2^{mil.},03$.

Les expériences suivantes furent faites en juin 1877 en présence d'une commission d'ingénieurs et de professeurs.

1° Le premier essai avait pour but d'établir une fois pour toutes l'effet produit par le détonateur employé dans tous les essais.

Il donna pour résultats :

Hauteur moyenne du plomb avant l'épreuve. . .	$2^{cm},36$
— après — . . .	$1^{cm},91$
Compression. . .	$0^{cm},45$

2° La seconde épreuve comprenait deux expériences : l'une (A) avec de la dynamite n° 1, à Kieselguhr et 75 °/₀ de nitroglycérine ; l'autre (B) avec la nitroglycérine seule, en dose égale à celle renfermée dans la charge précédente.

(A) Charge : 1gr,50 de dynamite n° 1.

Hauteur moyenne avant.	2cm,37
— après.	0cm,49
Compression	1cm,88

(B) Charge de nitroglycérine 1gr,125, soit 75 % de 1gr,50.

Hauteur moyenne avant.	2cm,37
— après.	0cm,45
Compression.	1cm,92

Ainsi :

La compression exercée par la dynamite n° 1 est. .	1cm,88
— la nitroglycérine seule .	1cm,92
Différence en faveur de la nitroglycérine.	0cm,04

Cette différence est faible, toutefois elle permet de constater une diminution appréciable de la puissance de la nitroglycérine quand elle est mélangée avec une substance inerte.

Une longue pratique indique que la plus grande quantité de nitroglycérine qui puisse être mélangée avec la Kieselguhr, sans donner lieu à une exsudation, est environ 75 % du poids total ; mais il y a atténuation réelle de la force que la nitroglycérine produirait si elle était enflammée isolément.

3° Essai d'une dynamite à base active et composée de :

Nitroglycérine pure.	75
Nitrate de potasse pulvérisé et desséché.	20
Sciure de bois desséchée	5

Charge 1gr,50.

Hauteur moyenne avant. . .	2cm,37
— après . . .	0 ,41
Compression .	1 ,96

Si l'on compare ce résultat avec celui du n° 2 (A), on remarque un avantage marqué en faveur de la dynamite à base active.

En variant les proportions de salpêtre et de sciure de bois, M. Drinker a trouvé que la plus favorable était celle de 1 sciure pour

3 à 4 salpêtre. Théoriquement, le rapport devrait être 1 pour 3, comme l'indique la formule suivante :

$$24\,(KO,AzO^5)+5\,(C^{12}\,H^{10}\,O^{10})=24\,(KO,CO^2)+36\,CO^2+50\,HO+24\,Az.$$

4° Essai avec une dynamite contenant 60 % de base active et de composition :

Nitroglycérine . . .	40
Salpêtre	48
Sciure de bois . . .	12

(A) Charge 1gr,50

Hauteur moyenne avant. . . .	2cm,36
— après	0 ,57
Compression .	1 ,79

Epreuve de comparaison avec la nitroglycérine seule :

(B) Charge $0^{gr},60 = \frac{40}{100} \times 1^{gr},50$

Hauteur moyenne avant	2cm,36
— après	0 ,83
Compression .	1 ,53

La différence est en faveur de (A) ; c'est-à-dire que l'addition de 60 % de substances actives a ajouté une grande force à la nitroglycérine.

Des expériences faites sur des poids variables de matières, ont montré qu'il faudrait 0gr,900 de nitroglycérine pour produire le même effet que le mélange n° 4 (A), celui-ci ne contenant que 0gr,600 de nitroglycérine.

5° Le cinquième essai fait sur cette quantité de 0gr,900 de nitroglycérine a donné, en effet, le résultat suivant :

Charge, 0gr,900 de nitroglycérine pure.

Hauteur moyenne avant. . . .	2cm,36
— après	0 ,58
Compression .	1 ,78

Résultat que l'on peut considérer comme identique à celui du n° 4 charge (A).

Essai fait avec la dynamite XX que fabrique la « Giant Powder C° » et qui contient 6 % seulement de nitroglycérine.

(A) charge, 1gr,50 de dynamite XX.

Hauteur moyenne avant. . . .	2cm,37
— après. . . .	0 ,85
Compression .	1 ,52

En répétant l'expérience avec la dose de nitroglycérine contenue dans les 1gr,50 de dynamite XX, on trouva :

(B) charge, 0gr,09 de nitroglycérine pure.

Hauteur moyenne avant. . . .	2cm,36
— après. . . .	1 ,70
Compression .	0 ,66

Comparaison :

(A)	Compression	1cm,52
(B)	—	0 ,66
	Différence en faveur de (A) . .	0 ,86

Il reste donc bien démontré que l'addition d'une substance explosive dans un composé à base de nitroglycérine augmente sensiblement la puissance de l'explosif.

7° D'autres expériences, faites par M. Drinker, avaient pour but de rechercher la loi de progression des effets produits par la nitroglycérine pure quand on augmente progressivement la charge. En voici les résultats, d'après l'écrasement observé sur des cônes de plomb de 2cm,36 de hauteur.

Charge de	0gr,200,	écrasement	1cm,03
—	0 ,400,	—	1 ,31
—	0 ,600,	—	1 ,53
—	0 ,800,	—	1 ,70
—	1 ,000,	—	1 ,85

Comme on le voit, l'écrasement n'est nullement proportionnel à l'accroissement des charges. Le fait, d'ailleurs, était évident *a priori*; car à mesure que la pression augmente, les molécules de plomb se serrent davantage les unes contre les autres et leur résistance à se rapprocher encore devient plus considérable. Pour avoir des observations plus précises, il serait préférable d'employer des cônes de plomb très-longs et moins épais.

7° Une dernière série d'épreuves très intéressantes a été faite par M. Drinker pour déterminer la différence des effets obtenus avec la poudre noire quand on la fait détoner au moyen d'une simple mèche Bickford sans capsule ou à l'aide d'une amorce électrique.

La poudre employée était la poudre de chasse américaine de la « Hazard Powder C° ».

(*a*) Charge de 1gr,50 de poudre tirée avec une simple mèche.

Hauteur moyenne avant	2cm,37
— après	2 ,22
Compression.	0 ,15

(*b*) Même charge tirée avec une amorce électrique.

Hauteur moyenne avant	2cm,37
— après	1 ,31
Compression .	1 ,06

On voit immédiatement la grande différence qui en résulte pour le second cas et l'avantage considérable que produit l'emploi des détonateurs.

L'écrasement 1,06 est les deux tiers de celui qui a été obtenu avec la poudre dynamite XX contenant 6 % de nitroglycérine.

L'avantage de cette dynamite ressort bien plus encore si l'on considère que son prix de fabrication est inférieur à celui de la poudre de chasse et, en outre, que cette dernière a beaucoup plus de force que la poudre ordinaire de mine.

Des intéressantes expériences qui précèdent, il faut déduire les conséquences suivantes :

1° A doses égales de nitroglycérine, les dynamites à base absorbante active sont bien plus fortes que les dynamites à absorbants inertes ou dynamites ordinaires, grasses ou sèches.

2° On peut prendre, approximativement, pour valeur de l'effet explosif d'une dynamite à base active, la somme des effets de toutes les matières explosives qui entrent dans sa composition.

3° Il y a toujours avantage à faire exploser une dynamite par la détonation d'une capsule ou amorce à forte dose de fulminate.

CHAPITRE II

Description des principaux explosifs à base de nitroglycérine.

Il serait difficile d'énumérer les innombrables modifications apportées à l'invention du célèbre ingénieur suédois Nobel; aussi nous contenterons-nous de passer en revue les principales.

La Suède est le pays classique des explosifs. Dès 1863, M. Nobel rendait pratique l'utilisation de la nitroglycérine dans les mines. Plus tard il inventait la dynamite à la Kieselguhr et diverses combinaisons de poudre et de nitroglycérine. Ses dernières inventions : la *nitro-gélatine* et surtout la *gélatine explosive* sont particulièrement remarquables; nous les étudierons en détail.

Les mélanges de nitroglycérine avec des absorbants eux-mêmes explosifs qui ont été fabriqués ou inventés en Suède, pendant ces dernières années, sont fort nombreux. Nous citerons :

La *sébastine* de Bœckman, et la *new-sébastine*, de Fahnejelm;

L'*ammoniakkrut*, d'Ohlson et Norrbin ;

La *séranine*, fabriquée par Bœckman, de Stockolm ;

La *dualine*, du lieutenant Dittmar ;

La *forcite*, brévetée par le capitaine J.-M. Lewin ;

La *virite*, la *vigorite*, la *nitrolite*, la *pétralite*, l'*extra-dynamite*, etc..

En Allemagne on fabrique, outre les dynamites Nobel, le *lithofracteur*, etc. ; en Autriche la *dynamite de Trauzl*, le *Rhexit*, etc.; en Angleterre, *poudre de Horsley*, la *glyoxyline* d'Abel, la *poudre explosive de Noble*, etc.; en Belgique les dynamites et lithofracteurs de Matagne, la *forcite*, et la *paléine;* aux États-Unis les dynamites dites *poudres d'Hercule*, de *Vulcain, Atlas, Œtna, Hécla*, de *Judson*, le *Rendrock*, la *forcite*, la *poudre explosive de Brain*, la *virite*, la *dualine*, etc..

En France la fabrication est limitée aux dynamites Nobel ; celles-ci jouissent d'une sorte de monopole qui les protège contre toute concurrence, au grand détriment des entreprises des mine et de travaux publics.

Gélatine explosive.

Il y a quelques années, Nobel imagina de former un composé absolument différent de sa dynamite ordinaire, en mélangeant du coton-poudre avec de la nitroglycérine, dans la proportion de 93 parties de cette dernière pour 7 de l'autre, et il obtint ainsi la substance appelée *gomme explosive*, *gélatine explosive*, ou *dynamite-gomme ;* composé gélatineux, élastique, de couleur jaune clair, et plus stable que la dynamite ordinaire, surtout au point de vue physique : car il ne donne lieu à aucune exsudation, même par pression. Il peut résister pendant quelque temps à l'action de l'eau. Enfin il est beaucoup plus puissant que la dynamite siliceuse et comparable, sous ce rapport, à la nitroglycérine pure.

En ajoutant à la dynamite-gomme une petite quantité de benzine, ou mieux de camphre (1 à 4 $^0/_0$), on la rend insensible aux actions mécaniques, de l'ordre de celles qui déterminent l'explosion de la dynamite ordinaire : telles que frottements, chocs de balles à courte distance, etc.. Sa puissance n'est pas diminuée sensiblement par ce mélange ; mais elle n'entre plus en jeu que sous l'influence de très-fortes doses de fulminate, ou bien encore sous l'influence d'une amorce spéciale, formée d'hydrocellulose azotique (4 parties), de nitrocellulose et de nitroglycérine (6 parties), amorce qui doit être sollicitée elle-même par une faible dose de fulminate.

On a évalué le travail du choc initial, nécessaire pour faire détoner la dynamite-gomme, à six fois celui qui serait exigé pour la dynamite ordinaire, toutes choses égales d'ailleurs : différence attribuable sans doute à la cohésion de la matière ; c'est-à-dire à la masse plus grande des parcelles au sein desquelles la force vive du choc, transformée en chaleur, détermine la première explosion, origine de l'onde explosive comme nous le verrons plus loin.

En raison de ces circonstances, la dynamite-gomme est bien moins sensible aux explosions par influence.

Toutes ces conditions sont très-favorables à son usage comme explosif de guerre. Cependant les espérances qu'elle a d'abord excitées sous ce rapport demeurent incertaines : la difficulté d'une fabrication régulière, et la nécessité d'amorces spéciales, qui ne réussissent même pas toujours à faire détoner à coup sûr la dynamite-gomme, s'étant opposées jusqu'ici à la généralisation de son emploi.

La dynamite-gomme n'absorbe pas l'eau ; elle blanchit seulement à la surface sous cette influence, par suite de la dissolution de la nitroglycérine, contenue dans la couche superficielle. Mais l'action ne va pas plus loin. Le coton-poudre, mis à découvert par l'action de l'eau sur la première couche de matière, étant insoluble, enveloppe tout le reste de la masse et peut la protéger pendant quelque temps ; la dynamite-gomme demeure ainsi inaltérée, même à la suite d'un séjour de plusieurs heures sous une eau courante. La force explosive a été trouvée la même après cette épreuve.

La densité de la dynamite-gomme est de 1,60 ; elle est donc sensiblement égale à celle de la nitroglycérine, ainsi qu'on pouvait s'y attendre, en raison de sa composition et de sa structure continue et sans pores. Cette densité est supérieure à la densité apparente du coton-poudre sec (1,00), ou humide (1,16) ; ce qui constitue un avantage réel.

La dynamite-gomme brûle à l'air libre, sans faire explosion ; du moins quand on opère sur de petites quantités et en évitant un échauffement préalable.

Chauffée lentement, elle détone vers 204°.

La force de la gélatine explosive est à celle de la dynamite ordinaire comme 19 est à 14, d'après M. Berthelot. Le capitaine Hess a trouvé, par des essais pratiques, le rapport de 78 à 56 (1).

Le général Abbot, des États-Unis, a constaté que la gélatine explosive est insensible aux explosions sympathiques ou par influence. Il plaçait une demi-livre de gélatine, en cartouches, à 5 pieds sous l'eau et faisait exploser une boîte contenant une livre de dynamite n° 1 à des distances de 15, 10, 5 et 3 pieds ; la gélatine restait intacte, tandis que la même quantité de dynamite n° 1, dans les mêmes conditions, faisait explosion. C'est un avantage considérable pour les mines sous-marines.

D'après M. Dupré, chef des essais au Bureau des explosifs de Londres, les gélatines explosives ont, en général, une tendance à laisser exsuder la nitroglycérine. Vers 30° C. les cartouches sont, le plus souvent, à demi-fluides, perdant ainsi le principal mérite de leur fabrication, c'est-à-dire « la conversion d'un liquide trop dangereux « à manier, par le fait que c'est un liquide, en une substance solide « relativement moins dangereuse parce qu'elle est solide (2). »

La gélatine explosive gèle entre 1° et 4° en cristaux blanchâtres et durs ; en cet état elle détone plus facilement. On peut tirer une balle de fusil sur la gélatine, à la température ordinaire, sans provoquer d'explosion ; mais si elle est gelée elle explose aussi rapidement que la dynamite ordinaire.

Pour l'insensibiliser et la faire servir aux usages militaires on la mélange avec 3 à 5 % de camphre. On a essayé aussi d'augmenter la quantité de collodion, mais il se produit un autre inconvénient : elle détone difficilement. Quand la dose de collodion dépasse 8 à 9 %, on est obligé d'employer un détonateur fortement chargé en fulminate.

On a essayé, mais sans résultats sérieux, de remplacer le camphre par la benzine, l'acétine, la triacétine, la nitro et binitrobenzine, l'acide picrique, la nitronaphtaline, etc..

(1) Berthelot : Sur la force des matières explosives. T. II, p. 222, 223 et 225.

(2) Seventh Annual Report (1882) of H. M. Inspectors of Explosives.

La composition d'une gélatine de guerre est :

Gélatine explosive.	96
Camphre.	4
	100

La gélatine explosive consistant en :

Nitroglycérine.	90
Coton-poudre soluble. . .	10
	100

Son apparence est gélatineuse, et sa couleur jaune clair.

Un mélange, de 10 parties de camphre et 90 de gélatine peut rester exposé toute une semaine à une température de 70° C. sans montrer de signes de décomposition ; on constate seulement une légère diminution de poids occasionnée par l'évaporation d'une partie du camphre et de la nitroglycérine.

Suivant M. Berthelot, une gélatine explosive maintenue pendant deux mois entre 40° et 45° avait perdu la moitié du camphre et un peu de nitroglycérine, sans autre altération.

La gélatine seule, détone vers 204° quand on la chauffe lentement ; mais si elle renferme 10 °/₀ de camphre, elle ne fait plus explosion : elle fuse.

La gélatine à 4 °/₀ de camphre exige, pour détoner, l'emploi de deux grammes de fulminate, ou bien un détonateur de coton-poudre, ou encore une amorce formée de 75 parties de nitroglycérine mélangées avec 25 de coton-poudre, comme on le fait en Autriche. Mais le plus puissant détonateur est celui que nous avons déjà indiqué plus haut : 60 °/₀ de nitroglycérine avec 40 de nitrohydrocellulose.

Expériences faites aux Etats-Unis (1). — La force considérable et la stabilité de la gélatine au camphre fraîchement fabriquée donnaient lieu de croire qu'elle pourrait être avantageusement employée au service des torpilles. Malheureusement de nombreuses expériences ont établi qu'elle se décomposait assez rapidement au contact de l'air et de l'eau.

(1) D'après le « Report of the Chief of the Bureau of Ordonnance, Navy department Washington (1882).

Pour étudier l'action de l'eau, divers échantillons furent mis dans l'eau distillée et maintenus à la température de 20 à 25° C. Après une vingtaine de jours, l'eau donnait une légère réaction acide. Au bout de deux mois, la réaction acide était notable ; les échantillons étaient devenus mous, leur teinte était claire et ils étaient recouverts d'une substance blanchâtre, analogue à la cire.

Quelques échantillons furent placés avec de l'eau distillée dans une étuve chauffée entre 45 et 50°. Du troisième au cinquième jour, l'eau devint acide. On la changeait aussitôt qu'on reconnaissait son acidité et vers le vingtième jour la décomposition commença ; elle était complète au trentième jour. En retirant la gélatine de l'étuve, la décomposition continuait, même en la faisant geler.

Les échantillons, après cette série d'épreuves, étaient recouverts d'une matière blanche et molle à la partie supérieure ; mais les parties touchant les parois de la capsule qui les contenait étaient restées grisâtres. L'intérieur de la masse était formée d'une substance blanche assez dure, et le fond de la capsule était rempli de nitroglycérine mise en liberté. Les échantillons, dont l'examen devenait dangereux, furent mis en contact avec des détonateurs contenant 35 grains de fulminate chacun ; l'explosion fut extrêmement violente et comparable à celle de la nitroglycérine isolée.

D'autres expériences furent faites dans le but de reconnaître la stabilité de la gélatine explosive emmagasinée dans les dépôts.

A cet effet on mit en caisses deux lots de gélatine, de composition:

Nitroglycérine. . . .	88,80
Coton-poudre soluble. .	7,20
Camphre.	4,00
	100,00

l'un des lots avait été fabriqué pendant l'automne de 1880, l'autre pendant l'automne de 1881. La matière était renfermée dans des cartouches de papier paraffiné et mise dans des caisses en bois de contenances variables, 10 à 35 livres, et dont le couvercle était disposé de façon à laisser circuler l'air à l'intérieur. Sur chaque caisse un papier-témoin indiquait les réactions acides.

D'autre part, des échantillons de deux livres prélevés sur la masse furent placés à l'air libre dans un second dépôt où on les examinait chaque jour. Ils donnèrent assez promptement des signes d'acidité, mais on ne put constater ni exsudation ni indices d'une décomposition rapide. Après avoir gelé en hiver, ils redevinrent pâteux au printemps. A cette époque, les échantillons de 1880 prirent une teinte foncée et ne tardèrent pas à accuser une forte réaction acide ; on les détruisit en juin 1882.

Les autres échantillons furent transportés dans un souterrain où la température était peu élevée ; là ils devinrent légèrement acides, sans indiquer toutefois un commencement de décomposition rapide. En septembre 1882, ils suintaient un peu la nitroglycérine qu'on enleva en les roulant dans une terre siliceuse.

Quant aux caisses, elles indiquèrent, dès le troisième jour de l'emmagasinage, une faible réaction acide ; mais rien de plus. On les examina en juin 1882. La gélatine de 1880 était fortement décomposée ; elle avait pris une teinte foncée parsemée de bandes grisâtres. Sa consistance était molle et sa surface recouverte de nitroglycérine. Cette gélatine décomposée fut lavée à l'eau jusqu'à ce que celle-ci cessât d'accuser une réaction acide ; puis on la plaça dans une caisse en bois et on la fit exploser à dix pieds sous l'eau.

La gélatine de 1881 était, lors de l'examen fait en juin 1882, très-molle, et sa surface laissait suinter la nitroglycérine. On la plaça dans un dépôt souterrain, à température froide ; et là, on l'examina chaque jour. Elle resta molle, et continua à donner des réactions acides sans montrer aucun signe de rapide décomposition. On la fit exploser pendant les mois suivants.

Expériences faites en Autriche par le capitaine Hess. — Ces expériences avaient pour but d'étudier l'effet du choc des balles sur la gélatine et la transmission d'explosion d'une charge à une autre.

1° *Effet du choc des balles.* — L'explosif était enfermé dans une boîte plate en fer de 5 mill. d'épaisseur, plaquée elle-même contre une cible en fer de 10 mill. On faisait usage du fusil Werndl épaulé dans un petit ouvrage en terre à 25 mètres de distance.

On essaya d'abord la gélatine à 4 % de camphre.

Un premier coup de fusil brisa le couvercle de la boîte et éparpilla la gélatine en petits morceaux. Ceux-ci, ayant été ramassés et réunis, furent remis dans la boîte ; trois balles consécutives furent tirées sans effet.

On continua le tir sur une gélatine contenant 1 % seulement de camphre. Pendant les huit premiers coups, la substance resta insensible ; mais au neuvième coup, il y eut une petite détonation résultant d'une explosion partielle.

On plaça ensuite dans la cible une gélatine à 4 % de camphre, mais gélée. Au premier tir, il y eut explosion et la cible fut brisée.

Le même fait se renouvela avec une gélatine gelée contenant seulement 1 % de camphre.

En interposant devant la cible une planche de bois, il n'y avait pas d'explosion.

Enfin une gélatine sans camphre explosait au premier coup de fusil en détruisant la cible.

De ces faits on peut tirer les conclusions suivantes :

1° La dynamite gomme ou gélatine explosive simplement posée sur une plaque de fer, et par conséquent considérée dans les plus mauvaises conditions, résiste au choc des balles quand elle est plastique et qu'elle contient 4 % de camphre.

2° Elle explose, au contraire, quand elle est gelée ; à moins qu'elle ne soit protégée par une planche de bois.

3° La gélatine posée sur du bois au lieu de fer, résiste au choc des balles si elle contient au moins 2 % de camphre.

Le camphre donne donc une grande insensibilité. Il restait à savoir si, même après l'évaporation du camphre, la gélatine restait insensible à la percussion. Pour s'en assurer, on soumit à l'évaporation à l'air, pendant 48 heures, et à une température de 40°, des petites plaques de gélatine placées sur un crible ; on fit ensuite l'essai avec la cible en fer : quatre balles furent tirées sans résultat.

L'expérience paraît concluante ; cependant d'autres expériences faites aux États-Unis semblent démontrer que la gélatine qui a perdu une partie de son camphre par évaporation devient plus sensible au choc des balles.

2⁰ *Transmission des explosions.* — La gélatine explosive est beaucoup moins sensible aux explosions *sympathiques* ou *par influence* que la dynamite ordinaire.

L'expérience a été faite de la manière suivante :

Des charges égales de gélatine, à 4 °/₀ de camphre, furent mises en présence, à 25 centimètres de distance, sur des plaques de fer encastrées dans des pièces de bois. Chaque charge pesait un kilog., et formait une masse cylindrique de 16 cm. de hauteur et 8 de diamètre. En faisant exploser l'une des charges avec une capsule au fulminate, la pièce de fer correspondante fut brisée ; l'autre charge fut projetée en morceaux, mais sans inflammation ni explosion.

En répétant l'expérience avec deux cartouches de dynamite ordinaire, l'explosion de l'une se transmettait toujours à l'autre.

Le général Abbot, des Etats-Unis, est arrivé aux mêmes conclusions pour les explosions sous-marines.

Mode d'emploi de la gélatine explosive. — Cette substance, malgré ses imperfections, a été préconisée comme explosif de guerre, dans quelques pays, tels que la Russie, l'Italie, les Etats-Unis, etc.

Outre qu'elle est toujours exsudante et qu'elle est loin d'être insensible aux chocs violents, elle présente encore le grave inconvénient de ne détoner que sous l'influence d'une forte charge de fulminate.

A l'air libre, avec 1 gr. de fulminate, elle n'explose pas ou bien elle n'explose qu'incomplètement : il y a dispersion complète ou partielle de la matière.

Les instructions militaires prescrivent l'emploi d'une amorce de 30 à 50 gr. de fulmicoton sec avec un détonateur de 1 gr. de fulminate de mercure ; on obtient alors une explosion complète, et l'effet produit est supérieur à celui du meilleur fulmicoton.

Lorsque l'on fait usage de la gélatine explosive dans les mines, il faut la recouvrir d'un bourrage à l'argile fortement tassé. Dans ces conditions, son énergie comparative peut être représentée par le nombre 146, celle de la dynamite n° 1 étant prise pour unité et égale à 100. Dans les mêmes circonstances, l'effet de la nitroglycérine est égal à 133 et celui du fulmicoton à 130. Ces quantités ont été calculées par la méthode calorimétrique. (Voir à la quatrième Partie, chap. I, page 200.)

Nitrogélatines.

Nous désignons, sous le nom de *nitrogélatines*, les explosifs provenant du mélange de nitroglycérine et de nitrocellulose, avec ou sans addition d'autres matières.

L'idée première de ce mélange est due à Sir Fred. Abel qui, sous le nom de *glyoxyline*, brevetait en Angleterre, le 24 décembre 1867, un explosif d'une fabrication relativement facile et d'un emploi pratique pour les mines. C'est un fulmicoton légèrement nitraté, puis imprégné de nitroglycérine.

Vers la même époque, M. Trauzl, en Autriche, avait tenté l'absorption directe de la nitroglycérine au moyen d'un fulmicoton rendu pâteux par l'addition de 15 p. 100 d'eau ; mais le produit ainsi obtenu ne se présentait pas dans des conditions pratiques. C'est plus tard seulement que M. Trauzl parvint à fabriquer la nitrogélatine appelée *dynamite de Trauzl.* (Voir la monographie, page 469.)

En 1868, M. Clark, en Angleterre, faisait breveter, sous le nom de *glycéro-pyroxyline*, un produit analogue aux précédents, mais préparé par des moyens différents. Il nitrifiait simultanément la glycérine et la cellulose, en traitant, par un mélange, en proportions convenables, d'acides sulfurique et nitrique, des fibres végétales imprégnées de glycérine.

Mais c'est M. Dittmar qui, sous le nom de *dualine*, a le premier fabriqué, en 1869, une nitrogélatine industrielle.

La dualine de Charlottenbourg, en Suède, présentait la composition suivante :

Nitroglycérine	50
Nitrocellulose de bois	30
Nitrate de potasse	20

En 1872, M. Beckman, en Suède, brevetait la *sébastine* qui est composée de nitroglycérine, de nitrocellulose, d'une poudre ternaire et de divers autres ingrédients. (Voir la monographie, page 470.)

Enfin, en 1876, M. A. Nobel donnait aux nitrogélatines leur forme actuelle en gélatinisant la nitroglycérine au moyen d'une nitrocellulose soluble, et agglomérant ensuite en pâte le produit ainsi obtenu au moyen de farine de bois et de salpêtre finement pulvérisé. C'est là l'origine des *gommes* et des *gélatines*.

La nitrogélatine Nobel, qu'on appelle encore *gélatine-dynamite*, se compose donc de nitroglycérine gélatinisée au moyen d'une nitrocellulose soluble et mélangée avec une poudre binaire.

La proportion des divers éléments varie selon les fabriques, ces éléments eux-mêmes peuvent être plus ou moins modifiés. Voici, par exemple, la composition de nitrogélatines fabriquées en Angleterre :

	No 1	No 2
Nitroglycérine gélatinisée.	65	45
Mélange sec	35	55

La nitroglycérine gélatinisée comprend :

Nitroglycérine. . . .	97,50
Nitrocellulose soluble .	2,50

Le mélange sec se compose de :

Nitrate de potasse. . .	75
Farine de bois. . . .	24
Carbonate de soude . .	1

Les nitrogélatines sont, sous beaucoup de rapports, préférables aux dynamites. Elles résistent mieux à la chaleur et à l'humidité; elles sont plastiques et laissent moins facilement suinter la nitroglycérine.

En outre, leur effet explosif est meilleur; à doses égales de nitroglycérine, une nitrogélatine a plus de force qu'une dynamite ordinaire.

Par contre, la nitrogélatine n'explose pas toujours complètement à l'air libre, quand on l'amorce avec un détonateur de fulminate ; il y a souvent dispersion d'une partie de la matière. Toutefois on en obtient de bons effets dans des mines bien bourrées.

Préparation. — La gélatinisation de la nitroglycérine se fait de la manière suivante. On prépare d'abord une nitrocellulose soluble en traitant du coton, préalablement purifié, par un mélange à poids égaux d'acide nitrique (densité 1,44) et d'acide sulfurique (densité 1,835).

Le produit obtenu est lavé, puis desséché à 5 p. 100 d'eau. On le mélange avec la nitroglycérine dans un bac en cuivre chauffé par la vapeur, ou au bain-marie, à la température de 70° C.

La nitroglycérine peut absorber jusqu'à 10 p. 100 de son poids de nitrocellulose soluble. Suivant les proportions du mélange, on obtient une gélatine plus ou moins pâteuse.

Pour faciliter l'opération et en diminuer les risques, on ajoute quelquefois une petite quantité d'alcool ou d'éther méthylique, ou encore d'acétone, de camphre, ou même de carbonate de soude.

L'incorporation de l'absorbant sec à la nitroglycérine gélatinisée se fait à la main, ou à l'aide de battes de bois ou en caoutchouc vulcanisé.

Postérieurement à l'invention de la nitrogélatine Nobel, il a été breveté une foule d'autres produits similaires qui n'en diffèrent que par les proportions et des variantes dans les éléments du mélange sec.

Telles sont la vigorite américaine, la forcite, la nitrolite, les dualines américaines, etc.

Dynamites sans flamme.

L'emploi des dynamites et nitrogélatines ordinaires présente des inconvénients dans les mines grisouteuses. Elles donnent, en effet, des fumées désagréables et l'excès de chaleur qu'elles développent par leur explosion peut enflammer des mélanges détonants.

Aussi, et quoiqu'à ce double point de vue elles soient moins dangereuses que la poudre noire (voir le résultat des expériences de la commission prussienne du grisou en 1884, quatrième Partie, chap. III, page 222), a-t-on dû renoncer complètement à leur emploi, surtout après les graves accidents survenus pendant le cours des années 1887 et 1888.

Les compagnies de dynamites se sont alors ingéniées à fabriquer des explosifs sans flamme. Les premiers essais ont porté sur la substitution du nitrate d'ammoniaque aux nitrates de potasse ou de soude dans la composition des substances explosives à base de nitroglycérine; on a reconnu, en effet, que les dynamites ammoniacales donnent peu de flamme, eu égard à la température relativement basse à laquelle se produit la décomposition du nitrate d'ammoniaque.

Ces explosifs, toutefois, n'ont eu qu'un médiocre succès, car ils perdent en force ce qu'ils gagnent en innocuité relative au point de vue des flammes dégagées.

Dernièrement, on a obtenu des résultats plus satisfaisants en mélangeant aux dynamites ou nitrogélatines certains sels qui retiennent en combinaison une partie de leur eau de cristallisation ; cette eau a la propriété de se séparer à une température peu élevée. Tels sont les sulfates de soude, de magnésie, d'alumine et de fer, les phosphates de soude et de magnésie, le carbonate de soude, le borax, les aluns, etc., etc. Parmi ces sels, ceux qui conviennent le mieux, et par leur bon marché, et par la manière dont ils se comportent en présence de la nitroglycérine, paraissent être le carbonate de soude à 10 équivalents d'eau, et le sulfate de magnésie à 7 équivalents d'eau.

C'est en se basant sur ces considérations que M. Muller, de Cologne, a breveté, en 1887, les *grisoutites*, ou mélanges de dynamites ordinaires avec 50 p. 100 de leur poids de l'un des sels énumérés plus haut. En particulier, la grisoutite ou carbonate de soude renferme environ 30 p. 100 d'eau ; il y a 25 p. 100 d'eau dans la grisoutite au sulfate de magnésie.

Ces explosifs donnent peu de flamme, mais, par contre, leurs effets sont très médiocres; et si l'on veut augmenter la proportion de dynamite qui entre dans leur composition dans le but de leur donner plus de force, la flamme reparaît.

La commission française des substances explosives a fait étudier tout spécialement la question par une sous-commission présidée par M. Mallard. Les expériences ont porté sur les matières suivantes :

Fulmicotons de guerre et de mine ; dynamite n° 1 ; dynamite à l'ammoniaque; dynamite-gomme; gélatine explosive; explosif Favier; hellhoffite; poudre pyroxylée du Moulin Blanc; poudre pyroxylée de Wetteren; tonite; grisoutites; bellite.

Le rapport du 5 juillet 1888 mentionne que les explosifs les plus recommandables au point de vue de la sécurité sont des mélanges binaires d'un explosif tel que la dynamite, le fulmicoton, la binitrobenzine avec le nitrate d'ammoniaque.

Ce dernier mélange est la *bellite*. (Voir la monographie, page 486.)

Le rapport supplémentaire de la même commission, du 8 novembre 1888, recommande :

1° Le mélange de 20 de dynamite et 80 de nitrate d'ammoniaque

2° — 15 de fulmicoton et 85 — —

3° — 9,15 de mononitronaphtaline et 90,85 de nitrate d'ammoniaque.

4° Le mélange de 20 de nitrate cupro-ammonique et 80 de nitrate d'ammoniaque.

5° La bellite.

Les quatre premiers mélanges constituent des explosifs trop faibles, la bellite paraît plus avantageuse.

La sécurité peut arriver à être complète si, concurremment avec des explosifs donnant peu de flamme, l'on fait usage des *cartouches à eau* Settle ou des *bourres de sûreté* Chalon. Dans les deux cas, l'explosif est enveloppé d'eau à l'état liquide ou solidifiée; et celle-ci arrête les flammes et les particules incandescentes avant qu'elles ne soient projetées, par l'effet de la détonation, en dehors du trou de mine.

CHAPITRE III

Fabrication des explosifs à base de nitroglycérine.

Une fabrique d'explosifs comprend un certain nombre d'ateliers séparés les uns des autres par des levées en terre, conformément aux règlements édictés en chaque pays sur la matière (Voir la 5e Partie : Législation des explosifs), ou abrités par des accidents de terrain.

Les différentes opérations sont les suivantes :

1° Préparation des matières absorbantes;

2° Fabrication de la nitroglycérine ;

3° Mélange de la nitroglycérine avec l'absorbant ;

4° Encartouchage ;

5° Emballage ;

6° Emmagasinage en dépôts ou poudrières.

Nous donnerons, comme type, la description de la fabrique de forcite, installée en Amérique, par MM. Sundstrom et Eissler, sur le modèle de l'usine de Baelen-sur-Nèthe (Belgique) qui est également destinée à la préparation des forcites.

La fabrique américaine, construite sur la rive S.-E. du lac Hopatcong, dans le New-Jersey, occupe une superficie de 180 hectares. Elle est située à proximité de deux grandes lignes de chemin de fer : le Delaware, Lockawana and Western Railway, et un embranchement du Central Railway à Kenvil. Elle comprend 31 constructions ou bâtiments divers reliés entre eux par 1,500 mètres de voie ferrée (fig. 9).

Le plan ci-contre, avec légende, indique la distribution générale et l'emplacement des ateliers, dépôts et réservoirs.

La force motrice est fournie par une machine de 25 chevaux qui met en mouvement les appareils à préparer les cartouches ; une chaudière fournit la vapeur nécessaire aux machines, aux appareils réchauffeurs et aux calorifères des divers ateliers.

Fig. 9

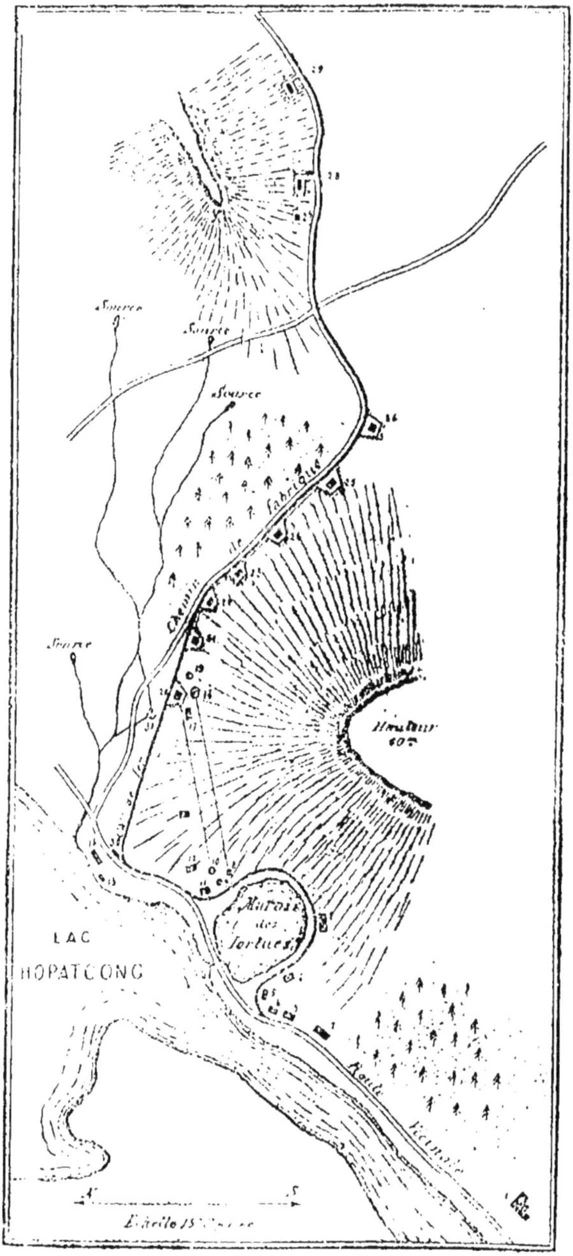

Légende explicative

1 — Maison de la direction
2. — Bureau et laboratoire.
3. — Écurie.
4. — Magasins.
5. — Atelier de menuiserie.
6. — Dépôt de nitrate.
7. — Maison des machines.
8. — Mélange des acides.
9. — Appareil de concentration.
10-18. — Réservoirs d'acides.
11. — Regagnage des acides.
12. — Magasin d'acides.
13-14 — Maisons d'ouvriers.
15. — Hôtel pour ouvriers.
16. — Préparation des matières.
17. — Glacière.
19-31. — Réservoirs d'eau.
20. — Atelier de nytroglycérine
21. — » de lavage.
22. — » de mélange.
23-24-25. — Cartoucheries.
26. — Atelier d'emballage.
27. — Maison de garde.
28-29. — Poudrières.
30. — Forge.

L'eau froide est fournie par un puits artésien et par plusieurs sources captées dans la propriété même de la compagnie.

Les différentes phases de la fabrication sont les suivantes : les acides mélangés dans le bac en plomb (8) *(voir le plan de l'usine et la légende annexée)* sont amenés par une conduite dans le réservoir en fer (18) à air comprimé d'où ils sont chassés à l'étage supérieur de l'atelier de nitroglycérine (20) et de là dans le bac de nitrification.

La nitroglycérine, une fois préparée, est transportée à l'atelier de lavage (21), puis à celui des mélanges où on la gélatinise avec une cellulose soluble ; on la malaxe ensuite, à la main, avec les absorbants qui ont été préalablement séchés et dosés. L'opération se fait dans des bacs en cuivre, à doubles fonds, chauffés à la vapeur.

La pâte de forcite, au fur et à mesure de sa préparation, est envoyée aux cartoucheries (23) (24) (25) où elle est moulée et découpée en boudins mesurant 12 à 13 centimètres de longueur.

Pour les pâtes peu plastiques, on emploie une presse à cartouches analogue aux machines à boucher les bouteilles, et composée d'une douille verticale en cuivre dans laquelle glisse un piston guidé que l'on actionne à la main par l'intermédiaire d'un balancier.

Quand la pâte est plastique, on remplace les presses à percussion par des presses rotatives. La matière est distribuée sur une petite vis d'Archimède qui la pousse dans un tube en bronze d'où elle sort sous une forme cylindrique. On la reçoit sur des plateaux en bois, dans des cannelures fendues transversalement à la distance qui correspond à la longueur des cartouches. On découpe les boudins au couteau en promenant celui-ci dans les fentes ménagées sur les parois des cannelures.

Dans l'atelier d'emballage (26), les cartouches sont enroulées dans des feuilles de papier-parchemin, puis mises dans des boîtes de carton qui sont emballées 10 par 10 dans des caisses en bois. L'emballage est une opération très importante ; chaque boîte doit être enfermée dans du papier goudronné imperméable et les parois de la caisse doivent être revêtues du même papier.

Les caisses contiennent 50 livres de forcite. Elles sont emmagasinées dans deux dépôts pouvant recevoir chacun 30 tonnes de matières explosives.

L'atelier de fabrication de la nitroglycérine mérite une mention particulière pour la simplicité de sa disposition et de ses appareils perfectionnés; celui que nous allons décrire est le type adopté par la compagnie de la Forcite (fig. 10).

Fig. 10

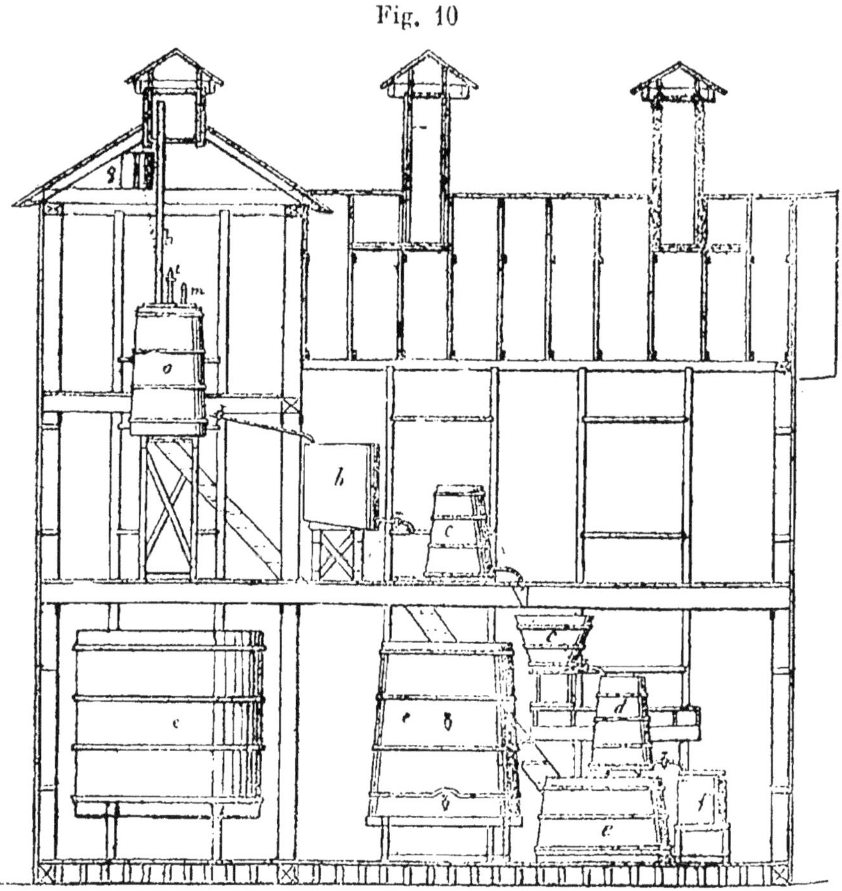

L'atelier est à deux étages; il est largement ventilé par trois petites cheminées d'appel. L'appareil à nitroglycérine *a* est un grand bac en plomb à doubles parois pour circulation d'eau froide. Les acides chassés par le monte-acides pénètrent par le conduit *m*. La glycérine emmagasinée dans le réservoir *g*, à indicateur de niveau, est écoulée dans le mélange des acides au moyen de l'injecteur à air *i* que l'on peut régler à volonté. Pour diminuer encore la température, qui tend à s'élever considérablement pendant la réaction, on fait circuler de l'eau froide dans des serpentins en plomb fixés dans le bac *a*. Les fumées acides s'échappent par un large tube en verre *h*. Deux hommes surveillent l'opération en consultant les thermomètres qui accusent les variations de température et en notant la couleur des fumées acides qui s'échappent par le tube *h*.

Quand la réaction est terminée, on vide le bac *a* dans un autre bac *b*, placé en contre-bas. C'est le séparateur. De là la nitroglycérine est conduite dans les laveurs à eau pure, puis à carbonate de soude, et finalement est filtrée dans le récipient *f*.

Tous ces appareils sont disposés au-dessus de grands réservoirs *e*, dits de sûreté, et constamment remplis d'eau. Au moyen de gros robinets en grès, on peut évacuer, presque instantanément, dans ces réservoirs, les liquides des vases *a*, *b*, *c* et *d*, si la moindre crainte d'explosion de la nitroglycérine, par suite de formation de vapeurs nitreuses, se manifeste.

Actuellement, on supprime le séparateur *b* afin de diminuer le nombre des manipulations et leurs dangers.

L'appareil de nitrification est alors modifié de la manière suivante (fig. 11) :

Il est cylindrique ou rectangulaire avec doubles parois entre lesquelles circule un courant d'eau froide. Celle-ci est fournie par un réservoir surélevé de 2 ou 3 mètres; elle entre sous pression par le robinet *k* et sort par le tuyau *l*.

Les serpentins de plomb qui sont disposés, soit horizontalement, soit verticalement, présentent un développement suffisant pour assurer le refroidissement de la masse liquide dans laquelle on injecte en outre de l'air froid par les conduites *pp* ; l'eau des serpentins arrive en *m* et s'écoule en *n*.

Le dessus du bac est recouvert d'une glace transparente qui permet de surveiller, concurremment avec les indications des thermomètres *tt*, l'introduction de la glycérine et le barbotage du mélange acide.

Quand l'opération est terminée, on écoule par le robinet S la nitroglycérine qui surnage et que l'on fait tomber dans la grande cuve à eau *e*. Puis, à l'aide du robinet de vidange V, on dirige dans un réservoir spécial les acides qui n'ont pas été employés. Finalement on fait tomber dans la cuve *e*, par le gros robinet V', le reste du liquide qui se compose d'acide et de nitroglycérine mélangés.

Le fond du bac est incliné pour faciliter le nettoyage.

Ces diverses manutentions sont contrôlées au moyen du tube indicateur de niveau *y y*.

Fig. 11

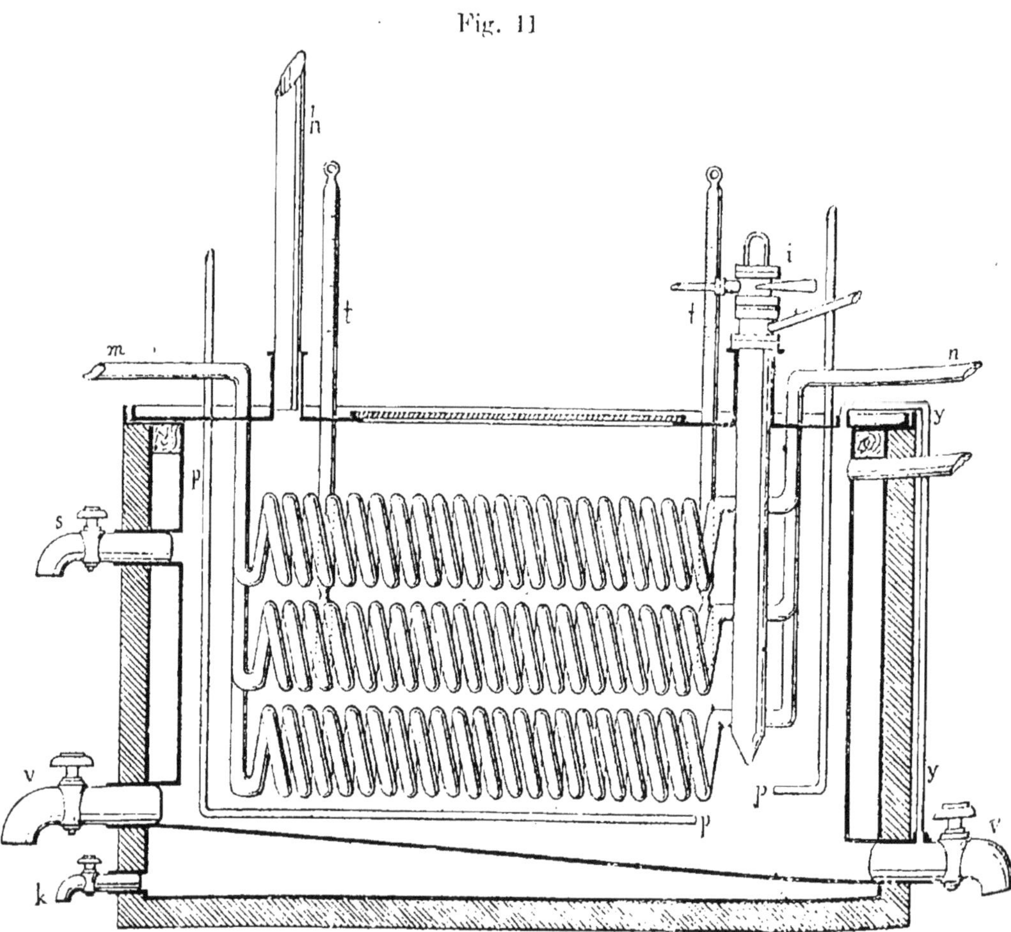

On procède, dans la fabrique même, à l'opération, dite du *regagnage*, qui consiste à séparer l'acide nitrique de l'acide sulfurique provenant du mélange des acides recueillis par le robinet V. On emploie à cet effet des tours de condensation ou cylindres en plomb garnis intérieurement de briques réfractaires avec mortier d'argile et de goudron, et remplis de morceaux de quartz. Les acides mélangés entrent par le haut; à la base, on injecte un courant d'air et de vapeur. On condense les vapeurs nitreuses qui s'échappent par la partie supérieure et on recueille l'acide sulfurique que l'on concentre ensuite par les procédés ordinaires.

Il est bon de faire ce regagnage le plus promptement possible; toutefois, si l'on est obligé de conserver, pendant quelque temps, en touries, les acides restants, il faut s'assurer préalablement qu'il n'est resté aucune trace de nitroglycérine : celle-ci pouvant se décomposer en présence d'acides forts, ou même par le fait seul d'un changement brusque de température, et provoquer des explosions.

Les divers ateliers qui servent à la fabrication des dynamites sont construits en matériaux légers, généralement en planches; ils doivent être séparés les uns des autres et en assez grand nombre pour qu'il n'y ait jamais plus de 3 ou 4 ouvriers dans chacun d'eux. Un règlement spécial détermine les mesures d'ordre et de précaution qui doivent être observées par le personnel. Tel est, par exemple, celui de la fabrique de Paulilles (France).

Fabrique de dynamite de Paulilles.

Règlement intérieur.

Art. 1er. — Tous les ouvriers doivent à leurs chefs une obéissance absolue. Ceux qui ne se conformeront pas scrupuleusement aux ordres donnés seront mis à l'amende, ou renvoyés de la fabrique, suivant la gravité de leur faute.

Art. 2. — Les contre-maîtres devront immédiatement faire un rapport au directeur sur ceux de leurs ouvriers qui commettraient un acte répréhensible.

Art. 3. — Les ouvriers ne peuvent entrer pour aucun motif, sans un ordre spécial, dans les ateliers où leur travail ne les appelle pas; ils ne pourront pas non plus entrer dans ceux où ils ont leur poste de travail, avant l'heure fixée pour l'ouverture, ni en sortir sans permission. Les ateliers sont ouverts et fermés aux heures indiquées, suivant la saison, par le directeur ; un avis spécial est affiché à cet égard. Les ouvriers ne seront pas admis une demi-heure après la prise du travail annoncée par la cloche. Ils devront tous avoir évacué les ateliers, cours, hangars, magasins et dépendances de l'usine dans la demi-heure qui suit l'annonce de la cessation du travail.

Art. 4. — Les chefs d'ateliers devront toujours se trouver dans la fabrique au moins une demi-heure avant l'heure fixée pour l'ouverture ; à eux seuls sont confiées l'ouverture et la fermeture de la porte des ateliers et la conduite du travail. Ils ne devront jamais souffrir que les ouvriers séjournent dans les ateliers ou bâtiments de l'usine, soit pour prendre leur nourriture, soit pour toute autre cause, en dehors des heures du travail.

Art. 5. — Les contre-maîtres et chefs d'ateliers devront toujours, avant l'entrée et après la sortie des ouvriers, vérifier l'état des ateliers qui sont sous leur surveillance immédiate ; ils devront également s'assurer que le thermomètre indique au moins 12 degrés centigrades, et que les appareils et tous autres outils sont propres, parfaitement nettoyés et en état de pouvoir bien fonctionner à nouveau ; enfin que tout est dans un ordre parfait.

Art. 6. — Quand un ouvrier s'apercevra qu'un appareil ne fonctionne pas comme il le devrait, ou que quelque instrument ne pourrait servir, il devra immédiatement en avertir chef son, pour connaître de lui quelle disposition il y aurait à prendre. Il appartient expressément au chef de fabrication de faire les réparations qui seraient nécessaires aux appareils ; les ouvriers ne devront jamais avoir aucun instrument de métal. Sont exceptés les contre-maîtres et mécaniciens désignés par le chef de fabrication.

Art. 7. — Les rebuts de coton, d'éponges, de résidus quelconques, après leur emploi dans les ateliers de dynamite, sont remis aux mains du chef de fabrication, qui décide s'il y a lieu de les conserver ou de les détruire.

Art. 8. — Les ouvriers devront toujours veiller à ce que les tables, les machines à cartouches ou instruments quelconques servant à leur travail soient en parfait état et sans la moindre parcelle de nitroglycérine ou de dynamite; les cartouches mal faites seront rigoureusement refusées. Les récipients de toute nature servant à la fabrication doivent toujours être soulevés et transportés avec le plus grand soin et ne jamais être traînés.

Art. 9. — Il est expressément défendu aux ouvriers de jouer dans l'enceinte de la fabrique, de faire des essais ou expériences quelconques, soit avec les instruments ou appareils, soit avec les matières en fabrication ou les matières fabriquées.

Art. 10. — Il est absolument interdit aux ouvriers ou employés d'introduire dans la fabrique, sous peine d'une amende très élevée, des allumettes, des capsules, du feu, des cigares, cigarettes, briquets ou engins métalliques, vins, liqueurs ou spiritueux.

Art. 11. — Pendant les orages, le travail est suspendu dans tous les ateliers; le chef de fabrication doit s'assurer que cet article du règlement est rigoureusement observé. Cependant, s'il y avait danger ou impossibilité absolue pour cette suspension de travail, il en serait référé au directeur de l'établissement, ou à défaut au contremaître de la fabrication.

Art. 12. — Il est absolument interdit aux ouvriers de sortir de la fabrique, soit un objet quelconque appartenant au matériel, soit des matières premières, soit des matières fabriquées ou acides. Tout contrevenant sera appelé devant le tribunal correctionnel.

Art. 13. — Tous les ouvriers et employés, à n'importe quel titre, dans la fabrique, devront supporter, à l'entrée et à la sortie de l'usine, la visite de leurs vêtements et de leurs sacs ou paniers.

Art. 14. — Les ouvriers employés dans les ateliers dangereux pourront être assujettis à changer de vêtements et à revêtir ceux que leur livrera l'administration. Ils ne devront porter que des chaussures sans clous. Les ouvriers dans les ateliers dangereux doivent faire connaître immédiatement au contre-maître ou au régisseur ce qu'ils peuvent observer d'inusité ou de dangereux dans l'aspect des matières en cours de préparation ou dans les actes et la conduite de leurs camarades.

Art. 15. — Dans le cas de réparations à faire à un bâtiment, toutes les matières explosives doivent être retirées avant de commencer les réparations, et le bâtiment ou la machine est remis par le contre-maître de cet atelier aux mains du contre-maître des bâtiments et machines.

Art. 16. — Les matières explosives ne doivent jamais être exposées en plein air; elles doivent être sorties des ateliers et transportées dans les magasins avant que le contre-maître ou les surveillants aient terminé leur ouvrage, chaque soir.

Art. 17. — Les ouvriers sont payés par mois, et le premier samedi qui suit le 1er de chaque mois. Chacun d'eux est porteur d'un carnet sur lequel sont inscrites jour par jour la solde et les retenues par le chef de fabrication. En cas de contestation, l'ouvrier doit s'adresser au contre-maître de la fabrication, qui prononce. Une fois le carnet réglé, les réclamations ne sont plus admises.

Art. 18. — Le contre-maître de fabrication est chargé de l'entretien de la pompe à incendie. Il la fera essayer au moins une fois par quinzaine et s'assurera qu'elle fonctionne bien.

Il s'assurera également que dans chaque atelier à nitroglycérine et à dynamite, cartoucherie, etc., existent toujours des seaux et baquets remplis d'eau froide ou chaude, suivant la saison, ou que les conduites d'eau, quand il en existe, fonctionnent bien.

Art. 19. — Il sera prélevé sur chaque préparation de nitroglycérine un échantillon après le lavage, et la neutralité sera contrôlée par le contre-maître de fabrication. La nitroglycérine ne sera mélangée aux autres composants de la dynamite qu'après que cette neutralité aura été vérifiée. Il sera fait mention de chacune de ces opérations sur un carnet *ad hoc* tenu par le contre-maître de la fabrication.

Art. 20. — Le laboratoire ne devra contenir que les échantillons journaliers soumis au contrôle et à l'analyse.

Les échantillons que l'on conservera, tant de nitroglycérine que d'autres matières explosives, seront déposés dans un magasin spécial, dit magasin d'échantillons, suffisamment isolé et fermé à clef.

Art. 21. — Aucune autre matière explosive que la dynamite ne doit être introduite dans les magasins à dynamite.

Art. 22. — Les mèches, amorces et capsules sont conservées dans un local spécial. Ce local n'est ouvert que sur l'ordre du directeur de l'établissement, qui en conserve la clef.

Art. 23. — Il est sévèrement défendu d'introduire dans la fabrique des personnes étrangères. Les contrevenants seront immédiatement renvoyés avec retenue du salaire qu'ils auraient à toucher au moment de leur renvoi. Toute personne étrangère à l'établissement qui voudrait communiquer avec un ouvrier ou employé, devra s'adresser au directeur pour faire appeler au bureau cet ouvrier ou cet employé.

Art. 24. — Personne n'est admis à visiter la fabrique, à moins d'être porteur d'une permission signée du directeur général de la société. Celles qui sont introduites avec cette permission devront se conformer au règlement et déposer avant d'entrer les allumettes, cigares, etc. Pendant leur visite, elles seront accompagnées d'un agent responsable qu'elles devront suivre. Elles signeront en entrant un registre tenu à cet effet, constatant le jour et l'heure de leur visite.

Art. 25. — Il est remis à chaque ouvrier, à son entrée au service de l'usine, un exemplaire imprimé du présent règlement, dont il devra prendre entièrement connaissance en présence du directeur et du chef de fabrication.

Art. 26. — L'exécution du présent règlement est confiée au chef de fabrication et au directeur, qui ne devront jamais transiger sur les négligences des ouvriers placés sous leurs ordres.

Dépôts de dynamite. — Les dépôts de dynamite sont, suivant les circonstances locales, enterrés à une certaine profondeur, ou établis à la surface du sol. Dans ce second cas ils sont entourées de levées en terre d'une épaisseur de 3 à 4 mètres au sommet, ou protégés par des accidents de terrains.

Nous donnerons seulement la description d'un dépôt enterré, conforme au modèle imposé par le gouvernement belge, et d'après les indications et dessins de M. l'ingénieur Chandelon, inspecteur général des fabriques de poudres et dynamites (fig. 11 et 12).

Le magasin est édifié au fond d'une excavation de 3^{m},80 de profondeur ; les murs sont en briques et mesurent 0^{m},30 d'épaisseur.

L'entrée est fermée par une double porte : l'une, intérieure, en forts panneaux de chêne ; l'autre, extérieure, en tôle de fer; chacune d'elles est munie d'une bonne serrure.

Dans l'épaisseur des murs sont ménagés, pour la ventilation, de

Fig. 11 et 12.

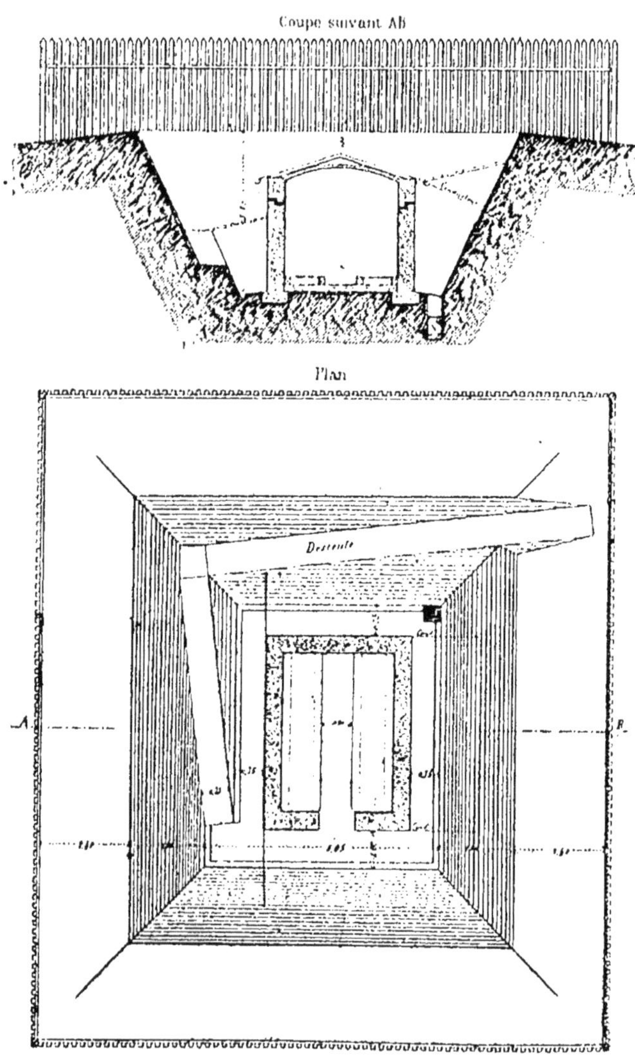

petits carneaux en chicane dont la disposition est telle qu'il est impossible d'y faire passer un objet quelconque.

La toiture est formée par une voûte légère en briques de 12 c m.

d'épaisseur ou, simplement, par un plafonnage en bois sur lattis, et par une couverture en tôle galvanisée.

Le sol, à l'intérieur du dépôt, est maçonné en briques recouvertes de ciment ; les caisses de dynamite reposent sur des chantiers en bois qui sont placés à 20 ou 30 c.m. au-dessus du sol. On range les caisses en deux ou trois piles entre lesquelles on ménage un passage de 0m,75 à 0m,80 pour la manutention.

L'excavation est limitée par des talus bien dressés et gazonnés, avec un chemin en pente douce permettant l'accès de l'extérieur. A la base, et tout autour du dépôt, un sentier de 0m,75, bordé de rigoles pour l'écoulement des eaux de pluie, dégage complètement la construction.

Les approches de l'excavation sont défendues par une forte barrière en bois goudronné.

Les paratonnerres à grandes tiges, dont l'efficacité n'est nullement démontrée, sont remplacés avantageusement par un système de conducteurs métalliques reliés à la toiture et pénétrant de quelques mètres dans l'épaisseur des talus. Ce système a l'avantage de ne pas attirer la foudre, d'être toujours en état de la recevoir sans danger en lui assurant un écoulement certain, et forme, avec la toiture métallique, un ensemble qui constitue un immense paratonnerre superficiel.

Les dépôts de dynamite, aussi bien que les poudrières ordinaires, sont d'ailleurs soumis à une réglementation spéciale et particulière dans chaque pays. On peut voir, dans le chapitre que nous avons consacré à la législation des explosifs, les diverses formalités exigées en France, en Autriche, en Angleterre et en Belgique, au point de vue de leur construction et de la manutention des explosifs qu'ils sont destinés à recevoir.

CHAPITRE IV.

Analyse des dynamites et nitrogélatines. — Epreuves de stabilité des explosifs à base de nitroglycérine

Les différentes substances qui entrent dans la composition des explosifs à base de nitroglycérine peuvent être classés de la manière suivante :

1° Substances explosives proprement dites :

Nitroglycérine et celluloses nitrées

2° Absorbants inertes et ne jouant pas de rôle dans l'explosion :

Kieselguhr, randanite, tripoli, terres argileuses, etc.

3° Absorbants chimiquement actifs que l'on peut subdiviser en :

(*a*) Absorbants de nature minérale :

Carbonate de chaux, carbonate de magnésie, etc.

(*b*) Absorbants de nature organique :

Charbon, sciure de bois, carbures d'hydrogène, etc.

4° Agents oxydants qui provoquent la combustion des absorbants organiques, pendant l'explosion :

Nitrates de potasse, de soude, d'ammoniaque, de baryte, chlorate de potasse, etc.

5° Matières ayant pour but d'augmenter l'effet explosif et en même temps de donner au produit certains avantages particuliers :

La paraffine, la stéarine, l'ozokérite, la dextrine, le soufre, les résines, etc.

qui modifient le pouvoir absorbant des mélanges et diminuent l'hygroscopicité :

le camphre, l'acétone, etc.

qui augmentent l'insensibilité des explosifs aux chocs.

§ I. — Analyse qualitative

Pour déterminer la nature des différents éléments qui entrent dans la composition d'un explosif, on réduit celui-ci en poudre ou, s'il est plastique, on le découpe en tranches minces.

Dans le premier cas, on le dissout dans l'éther qui dissout en même temps la paraffine, le soufre, la résine et le camphre.

On évapore ensuite la dissolution au bain-marie, à 30°. On reconnaît la présence de la nitroglycérine en faisant exploser au marteau, sur une enclume, une goutte du liquide huileux. Après complète évaporation de l'éther, l'huile explosive doit avoir un poids spécifique de 1,60 et ne doit pas donner d'odeur.

On décante avec soin la nitroglycérine et on filtre le résidu. Une partie de celui-ci étant chauffée jusqu'à l'ébullition avec de la soude, la résine se dissout et on peut la reconnaître.

En traitant une autre portion du résidu, après dessiccation, par l'eau régale, on transforme le soufre en acide sulfurique qu'on peut ensuite précipiter à l'état de sulfate de baryte.

On peut encore faire bouillir une petite quantité du résidu avec du sulfite d'ammoniaque ; le soufre se dissout, il se forme un polysulfite. De plus la paraffine se rassemble à la surface du liquide où l'on peut la recueillir.

La présence du camphre est décelée par son odeur.

S'il y a du goudron avec la nitroglycérine, il est aussi dissout par l'éther ; mais, par une simple addition d'eau, la nitroglycérine se précipite au fond du vase à expérience, tandis que le goudron remonte à la surface.

La présence des carbonates de chaux et de magnésie, ainsi que des matières argileuses est décelée dans leur dissolution par l'acide chlorhydrique, au moyen des réactifs ordinaires.

Enfin la partie insoluble peut contenir la Kieselguhr, la randanite, le tripoli, le charbon ou la sciure de bois. Toutes ces matières se reconnaissent au microscope ; la sciure de bois peut être dissoute par une dissolution de potasse caustique et précipitée ensuite par un acide.

Si l'explosif à analyser est une nitrogélatine, on la traite par un mélange de 2 parties d'éther et 1 d'alcool qui dissout la nitroglycérine et la cellulose soluble. On sépare la dinitrocellulose en ajoutant du chloroforme, puis on chauffe pour vaporiser l'éther, l'alcool et le chloroforme. On reconnaît la dinitrocellulose, ou cellulose soluble, à son inflammabilité quand elle a été desséchée et qu'elle ne contient plus que 5 à 8 % d'eau, ou par le dégagement de bioxyde d'azote qui se produit quand on la plonge dans une dissolution de sulfite de soude.

Pour distinguer les nitrates et chlorates, on traite le résidu par l'eau distillée et chaude. Ces sels se dissolvent et on constate leur présence par les procédés ordinaires.

La partie insoluble peut renfermer une trinitrocellulose : le fulmi-coton. Celui-ci se reconnaît facilement car il a conservé l'aspect du coton ordinaire ; on peut d'ailleurs déceler sa présence en traitant par une dissolution de sulfate de fer dans l'acide chlorhydrique : il se dégage du bioxyde d'azote.

La trinitrocellulose se distingue encore pas son inflammabilté qui est plus grande que celle des celluloses solubles et par ses propriétés explosives.

§ 2. — Analyse quantitative

(a) Dynamite ordinaire. — On traite 5 gr. de dynamite par l'éther qui dissout la nitroglycérine seulement. On passe au filtre et on lave celui-ci avec de l'éther jusqu'à ce qu'une goutte projetée sur du papier blanc ne laisse plus de tache grasse.

On évapore ensuite à 35°, au bain-marie, dans une capsule de platine. Comme il pourrait encore rester des traces d'éther, d'éther acétique ou d'humidité, on maintient la capsule pendant quelque temps sous une cloche où l'on fait le vide en présence du chlorure de calcium.

On peut ainsi déterminer exactement le poids de la nitroglycérine ; on obtient une vérification en pesant les matières restées sur le filtre, après dessiccation.

Il est bon de dessécher préalablement l'échantillon soumis à l'analyse ; l'eau qui se dégage est absorbée par le chlorure de chaux. Il serait dangereux d'employer à cet usage l'acide sulfurique, car la moindre parcelle d'explosif projeté dans l'acide pourrait amener une explosion.

On dose, par différence, l'absorbant inerte contenu dans la dynamite : Kieselguhr, randanite, tripoli, etc.

(b) *Nitrogélatines.* — On traite par un mélange d'alcool et d'éther qui dissout la nitroglycérine et la nitrocellulose soluble, puis on précipite cette dernière par le chloroforme. Par des évaporations et des pesées, on dose chacune des deux substances.

Si l'explosif contient du camphre, on le sépare au moyen du bisulfure de carbone qui dissout en même temps la résine, le soufre, la paraffine. En évaporant, le camphre se sépare et on le dose par différence de poids.

Quant aux autres matières, on commence par séparer les matières solubles dans l'eau. S'il y a un carbonate on le transforme en nitrate au moyen d'eau acidifiée par l'acide azotique.

On dose les chlorates de la manière suivante : On recueille, dans un tube d'analyse, une partie de la liqueur filtrée qui contient les sels solubles. On y ajoute quelques gouttes d'acide sulfurique et une petite lame de zinc ; on chauffe doucement, puis on verse un peu de nitrate d'argent qui précipite les chlorates à l'état de chlorure d'argent dont on détermine ensuite le poids. On en déduit le poids du chlore et celui du chlorate de potasse qui entrait dans la composition de l'explosif.

Pour doser les nitrates, on convertit l'acide nitrique de ces sels en ammoniaque par l'action de l'hydrogène naissant sur la solution alcalinisée : c'est le procédé Siewert. On peut aussi employer une des méthodes nitrométriques connues en faisant usage des nitromètres de Lunge, de Walter Hempel ou de Hampe.

Epreuves de stabilité.

Tout explosif doit présenter certaines garanties de stabilité afin de pouvoir être emmagasiné, transporté et manipulé sans danger.

L'explosif le plus stable est, naturellement, celui qui serait susceptible d'être conservé le plus longtemps dans un magasin ; mais ce mode d'examen est trop long et par conséquent impraticable. En général, on détermine rapidement le degré de stabilité en soumettant la matière, pendant un certain temps, à une température relativement élevée, 70 à 72° par exemple ; si, après cette épreuve, il n'y a eu ni décomposition violente, ni production importante de vapeurs nitreuses, on considère l'explosif comme suffisamment stable.

Les épreuves, telles qu'elles sont pratiquées au Bureau des Explosifs de Londres sur les dynamites et autres produits à base de nitroglycérine comprennent deux séries d'opérations : la séparation de la nitroglycérine et l'essai de son degré de pureté.

On commence par préparer un papier-réactif spécial. A cet effet, on traite 3gr. d'amidon blanc, bien lavé, par 265 gr. d'eau distillée ; on agite, on chauffe jusqu'à ébullition et on laisse bouillir doucement pendant 10 minutes. On mélange ensuite avec une dissolution, dans 265 gr. d'eau distillée, de 1 gr. d'iodure de potassium qui a été cristallisé dans l'alcool. Quand le liquide est refroidi, on y plonge pendant 10 secondes des feuilles de papier-filtre blanc, préalablement lavées à l'eau et desséchées, qu'on fait ensuite sécher à l'abri de l'humidité, des fumées et des poussières. On recoupe ces feuilles en plaquettes de 10mm., par 20mm., et on les conserve dans des flacons bien bouchés et à l'abri de la lumière.

Lorsque l'on veut se servir du papier-réactif, on fait d'abord une dissolution de caramel dans l'eau, à un degré de concentration tel qu'en l'étendant de 100 fois son poids d'eau, elle prenne une teinte égale à celle que prend la liqueur dite de Nessler qui renferme 0gr.000075 d'ammoniaque ou 0gr.00023505 de chlorure d'ammonium et 1640 centimètres cubes d'eau. Puis, à l'aide d'une plume d'oie bien nettoyée et imbibée dans cette solution de caramel, on trace des lignes sur des feuilles de papier-filtre blanc ; celui-ci est desséché et finalement découpé en bandes de même dimension que le papier-réactif. De ces bandes de papier-témoin, on ne conserve que celles sur lesquelles on distingue très-visiblement la trace brune laissée par la plume et disposée autant que possible vers le milieu de la longueur.

L'appareil (fig. 13) qui sert à séparer la nitroglycérine du produit explosif soumis à l'examen, se compose d'un flacon *a*, à large goulot fermé par un bouchon de caoutchouc que traversent un tube recourbé *c*, et un tube à filtrer *d*, celui-ci terminé en pointe. Le tube *d* doit pouvoir contenir 30 à 35 grammes d'explosif ; sa partie contractée est fermée au moyen de coton légèrement pressé, et son prolongement effilé pénètre dans un petit tube d'analyse *e* destiné à recevoir la nitroglycérine filtrée.

Fig. 13.

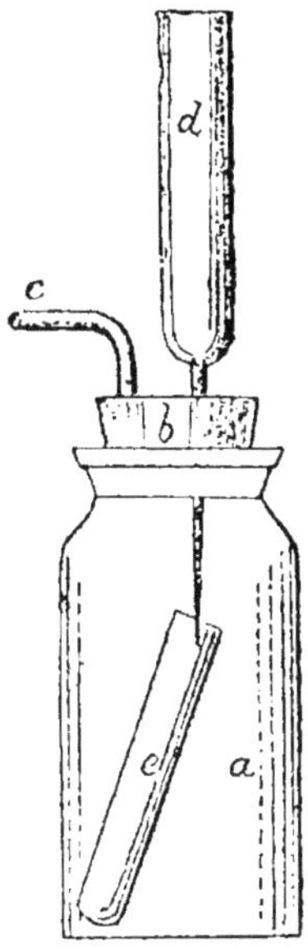

A l'aide du papier-réactif et de l'appareil que nous venons de décrire, on procède aux épreuves de stabilité de la manière suivante :

1° *Cas d'une dynamite ordinaire.* — On place dans le tube à filtrer 25 à 30 gr. de dynamite finement pulvérisée, puis on verse de l'eau. La nitroglycérine se sépare au fond du tube. On met alors le tube recourbé *c* en communication avec un aspirateur quelconque ; la pression diminuant dans le flacon, la nitroglycérine filtre et tombe dans l'éprouvette *e*. On doit prendre soin d'arrêter l'opération avant que l'eau n'ait commencé à filtrer à la suite de l'huile ; toutefois s'il a passé un peu d'eau on l'enlève à l'aide de papier buvard.

On porte ensuite le tube *e* avec 32 gr. de la nitroglycérine recueillie dans l'appareil à chauffer. C'est un bain-marie en cuivre ou verre (fig. 14) dont on maintient la température entre 70 et 72° au moyen d'un thermo-regulateur *r* et d'un thermomètre indicateur *t*.

Le tube *e* pénètre de moitié environ dans le bain-marie ; le bouchon qui le ferme est traversé par une baguette de verre. A l'extrémité de celle-ci est soudé un tube de platine auquel on suspend un papier-réactif qu'on a préalablement mouillé, sur la moitié de sa longueur, avec une dissolution très-étendue de glycérine dans l'eau. La partie inférieure du papier ne doit pas pénétrer dans le bouchon qui ferme le bain-marie.

Fig. 14.

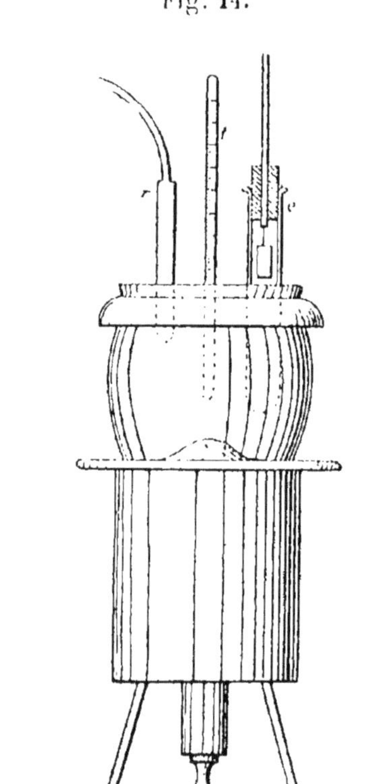

L'épreuve est terminée quand la ligne brunâtre qui se manifeste sur le papier, à la limite de la partie mouillée et de la partie sèche, présente la même teinte que celle du papier-témoin. La nitroglycérine est considérée comme parfaitement purifiée, lorsque le temps nécessaire pour obtenir la teinte-type ne dépasse pas 10 minutes.

La coloration qui se produit sur le papier-réactif est le résultat de la décomposition de l'iodure de potassium par les vapeurs nitreuses : celles-ci mettant l'iode en liberté.

Il est évident que l'on n'a aucun intérêt à préciser le moment, plus ou moins rapide, où commence à se faire la décomposition de la nitroglycérine. La question est, simplement, de savoir si cette décomposition se continue lentement ou rapidement ; et surtout, si l'effet d'une température élevée, maintenue pendant un certain temps, est susceptible d'amener une brusque et violente réaction.

2° *Cas d'une nitrogélatine.* — L'épreuve est plus simple lorsqu'il s'agit d'une nitrogélatine. On en mélange intimement 30 gr. avec 60 gr. de craie fine, et on l'introduit, dans un tube d'analyse, par petites portions qu'on presse les unes sur les autres en imprimant de légères secousses au tube. On fait ensuite usage du bain-marie précédemment décrit et qu'on chauffe entre 70 et 72°. La teinte brune du papier-réactif ne doit pas faire son apparition avant 10 minutes.

Quand il s'agit d'une nitrogélatine, il faut encore s'assurer qu'elle ne laisse pas exsuder la nitroglycérine. A cet effet, on en découpe, dans une cartouche, une rondelle, de hauteur égale au diamètre, qu'on fixe ensuite à l'aide d'une épingle, sur une surface bien unie. Après six jours d'exposition, dans une étuve maintenue constamment à la température de 24 à 26°, la rondelle ne doit pas s'être affaissée de plus d'un quart de sa hauteur; il faut en outre que sa surface supérieure soit restée lisse et polie en conservant des rebords nets et fermes.

Cette épreuve de résistance à l'exsudation de la nitroglycérine s'applique aussi bien aux nitrogélatines qu'aux gélatines explosives.

TROISIÈME PARTIE

Emploi des explosifs

CHAPITRE I.

Mode d'emploi des explosifs.

Emploi de la nitroglycérine et des dynamites. — Préparation de la cartouche-amorce. — Chargement des trous de mine. — Mèches. — Capsules. — Chargement sous l'eau. — Dynamites gelées. — Ratés.

1° *Emploi de la nitroglycérine.* — Quand on faisait usage de la nitroglycérine pour le sautage des roches, on préparait des trous de mines autant que possible verticaux ou au moins d'une faible inclinaison. Au moyen d'un entonnoir et d'un tuyau on déposait le liquide explosif avec précaution au fond du trou, puis on le recouvrait d'eau qui formait bourrage. On produisait ensuite l'explosion au moyen d'une capsule de triple ou quadruple force plongée dans la nitroglycérine et suspendue à une mèche imperméable.

Pour les roches fissurées, la nitroglycérine était enfermée dans un cylindre de tôle de même diamètre que le trou de mine et ouvert à sa partie supérieure.

De même dans le cas d'un trou de mine horizontal on plaçait la nitroglycérine dans une cartouche en tôle dont le couvercle était traversé par la mèche dans un joint parfaitement étanche ; on bourrait ensuite avec de la terre ou du sable.

Un des plus grands travaux de mine exécutés par sautages à la nitroglycérine est le percement du tunnel de Hoosac (États-Unis) par le docteur Mowbray ; ce tunnel, un des plus grands du monde, mesure environ 7,500 mètres de longueur. On employait l'un et l'autre des deux modes de chargement que nous venons d'indiquer ; toutefois des observations, faites avec beaucoup de soin, ont permis de constater que l'effet était de 30 p. 0/0 plus considérable quand la nitroglycérine était simplement versée dans le trou de mine au lieu d'être enfermée en cartouches de tôle. Cette notable différence doit être attribuée à la détente qui se produisait à la faveur d'une petite quantité d'air emprisonné dans les cartouches.

2° *Emploi de la dynamite.* — Les dynamites, comme les autres explosifs, sont d'un emploi bien plus facile que la nitroglycérine. Elles sont livrées au commerce sous forme de cartouches solides, plastiques ou non, mesurant de 20 à 25 m.m. de diamètre (dimensions les plus usuelles), et pesant de 90 à 100 grammes.

Tous ces explosifs détonent, comme la nitroglycérine, sous l'influence d'une capsule au fulminate de mercure auquel on met le feu au moyen de mèches.

Leur emploi comprend deux opérations: la préparation d'une cartouche-amorce, et le chargement du trou de mine.

I. *Préparation d'une cartouche-amorce.* — On commence par couper la mèche de longueur ; puis on introduit l'une de ses extrémités dans la capsule qui correspond à la qualite spéciale de l'explosif. La mèche doit pénétrer dans la capsule jusqu'à toucher le fulminate. On serre ensuite fortement la capsule sur la mèche, de manière à ce que celle-ci reste solidement emprisonnée.

Il faut avoir soin de couper nettement et normalement le bout de la mèche pour obtenir un bon contact avec le fulminate. De plus, en serrant la capsule sur la mèche, on doit opérer avec précaution et éviter tout mouvement brusque qui déplacerait la mèche et l'écarterait du fulminate.

Le coupage des mèches et leur serrage dans les capsules s'effectuent facilement et très-commodément à l'aide de la pince Vian à double cran (fig. 15).

La mèche et la capsule étant ainsi préparées, on ouvre une cartouche par un bout et on y enfonce les trois quarts de la longueur de la capsule, puis on ramène le papier de la cartouche sur la mèche autour de laquelle on le lie solidement, de telle sorte que celle-ci ne puisse plus bouger (fig. 16).

Fig. 15. Fig. 16.

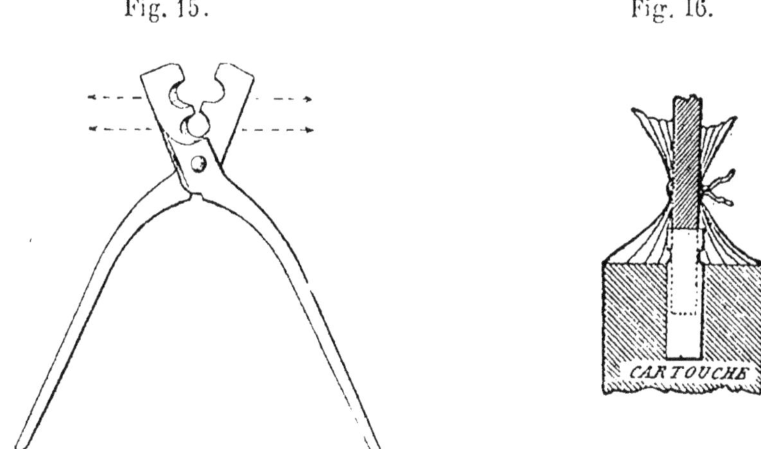

Il ne faut introduire la capsule dans la cartouche-amorce qu'aux trois quarts de sa longueur pour être sûr que la mèche ne touchera pas l'explosif. Ce point est très-important, car s'il y a contact entre la mèche et l'explosif, celui-ci peut brûler sans explosion en donnant des gaz nuisibles à la respiration ; tandis que les gaz résultant de l'explosion complète, sans combustion, ne sont pas malsains, et l'on s'y accoutume aisément.

Si la cartouche doit être employée dans l'eau ou dans un endroit boueux, il faut avoir la précaution de graisser le joint de la capsule avec la mèche afin que l'humidité ne puisse pénétrer jusqu'au fulminate. Quand on fait usage de dynamites ordinaires qui s'altèrent rapidement à l'eau, il est préférable d'employer des enveloppes de caoutchouc ou, mieux encore, des récipients étanches en tôle mince.

Quand on charge un trou de mine avec des cartouches de dynamite gelées, il faut avoir soin d'employer, comme cartouche-amorce, de la dynamite préalablement dégelée.

On peut encore, suivant Trauzl, se servir pour amorce de coton-poudre imprégné de nitroglycérine dans le rapport de 3 à 1 ou de 1 à 1, ou de fulmicoton chloraté ou nitraté. Ces amorces au fulmicoton sont très-avantageuses dans les mines inondées, et lorsqu'on n'a pas à sa disposition d'autre explosif que la dynamite ordinaire.

Le choix d'une cartouche-amorce convenable est des plus importants ; et certaines fabriques de dynamite livrent avec leurs produits des amorces spéciales. La fabrique d'Isleten (Suisse) avait adopté pour ses cartouches-amorces la composition suivante :

Nitroglycérine	56
Nitrate de potasse . . .	34
Charbon	6
Fulmicoton	4

Mais ce produit se comporte mal sous l'eau et ne donne de bons résultats que s'il est mis en feu peu de temps après sa pose.

II. *Chargement du trou de mine.* — Le trou de mine ayant été préparé dans des conditions qui varient suivant la nature des terrains et le résultat que l'on veut obtenir, on y introduit les cartouches en les serrant chacune séparément à l'aide d'un bourroir en bois de manière à remplir complètement le vide et à les mouler contre les parois.

Ce tassement doit être fait avec beaucoup de soin et il est d'autant plus facile que l'explosif est lui-même plus plastique.

Quand le remplissage du trou a été fait à la hauteur voulue, on introduit la cartouche-amorce, préparée comme nous venons de l'indiquer. On la dépose sur la charge, sans pression, pour ne pas s'exposer à déranger la capsule ; puis on verse quelques centimètres de sable ou de poussier de mine qu'on tasse légèrement. Au-dessus on achève le remplissage avec de la terre ou du sable en faisant toujours usage du bourroir en bois et procédant par petites quantités à la fois pour assurer l'efficacité du bourrage.

En général, la longueur du bourrage, comme nous l'indiquons dans une autre partie de cet ouvrage, doit égaler au moins une fois et demie la hauteur de charge.

Quand le trou de mine est vertical ou peu incliné, on peut, avec certains explosifs, se contenter de faire un bourrage à l'eau.

Mèches et cordeaux détonants. — Les mèches dont on se sert pour effectuer les sautages de mines à la poudre comme à la dynamite sont fabriquées au moyen d'un cordeau de poudre fine renfermée dans un double ou triple tissu. Elles sont blanches ou goudronnées.

Les mèches goudronnées conviennent particulièrement aux terrains humides ou légèrement mouillés et pour les sautages à l'air libre; les mèches blanches, qui sont plus économiques, suffisent dans les terrains secs et en galerie.

Quand on opère dans des endroits très-humides, il faut faire usage de mèches dites à ruban et goudronnées; on en trouve dans le commerce plusieurs catégories.

Pour des sautages sous-marins, comme dans les mines inondées, on emploie la mèche à gutta-percha, simple ou enveloppée d'un ruban goudronné.

Les mèches sont généralement livrées, par les fabriques, en barils contenant 250 rouleaux de 10 mètres chacun. Quand elles doivent être transportées dans les climats chauds et humides, on les emballe par 100 rouleaux dans des caisses garnies de zinc soudé à l'intérieur; on expédie de préférence les mèches à ruban goudronné doubles, les mèches dites *imperméables brevetées*, et les mèches à gutta-percha simples ou enveloppées d'un ruban goudronné. Ces dernières sont très-souples, résistent parfaitement à l'eau et rendent de grands services dans certaines circonstances.

On calcule qu'une mèche Bickford brûle à raison de 1 mètre, en moyenne, par minute.

Cordeaux détonants. — Le colonel Sebert, de l'artillerie française, a indiqué, pour remplacer les mèches, un nouveau mode de mise en feu pour les poudres et les explosifs. La transmission du feu aurait lieu presqu'instantanément au moyen de petits tubes en plomb chargés de coton-poudre pulvérulent; ceux-ci sont préparés au moyen de tubes ordinaires en plomb ou en étain, préalablement remplis de fulmicoton, puis réduits par l'étirage à un faible diamètre. Quand la matière employée pour l'enveloppe est le plomb, on la revêt d'une couche protectrice en chanvre. Ces tubes constituent les cordeaux détonants qui permettent de transmettre, avec une grande rapidité, une détonation provoquée par une capsule au fulminate.

Ces cordeaux peuvent être raccordés ensemble, de façon à obtenir telle ou telle longueur; ils peuvent être ramifiés et former des dérivations successives en nombre illimité. On peut même, en des points quelconques de leur parcours, établir des ramifications multiples capables de provoquer l'explosion de charges correspondantes.

On a proposé aussi la fabrication de cordeaux détonants à la nitromannite ; les expériences faites à la poudrerie de Sévran-Livry, par MM. Sebert et Fritsch, montrent que l'emploi de la nitromannite permettrait de faire usage de tubes plus fins qu'avec le coton-poudre. Toutefois, cette substance est douée d'une extrême sensibilité, et l'inflammation d'un tube peut faire détoner par influence d'autres tubes semblables placés à proximité.

Capsules au fulminate de mercure. — Les capsules spéciales pour dynamites comprennent différentes classes qui diffèrent entre elles par leurs dimensions et par le poids de fulminate qu'elles contiennent.

On peut les diviser en *courtes*, *longues* et *spécialement fortes*; le tableau suivant indique les dimensions les plus usuelles et la charge en fulminate par 1,000 capsules.

DÉSIGNATION	NUMÉROS	GRAMMES DE FULMINATE PAR 1000 CAPSULES	DIAMÈTRE intérieur EN MILLIMÈTRES	LONGUEUR EN MILLIMÈTRES
Capsules courtes	simple	260	5,2	16
	moyen	400	5,5	22.5
Capsules longues	simple	260	5,5	28
	double	400		
	triple	540		
	quadruple	660		
	quintuple	792		
Capsules spécialement fortes		1000 et au-dessus	5,5	35

Toutes ces capsules sont tirées au moyen de mèches quelconques. Nous indiquerons plus loin le mode d'emploi des amorces spéciales et détonateurs pour les sautages de mines simultanées par l'électricité.

Dans tous les cas, le choix de la capsule a une grande importance et l'on peut dire, d'une manière générale, qu'il y a toujours économie de temps et d'argent à se servir de capsules fortement chargées. De plus, étant donnés deux explosifs de même qualité, celui qui est enflammé avec la plus forte capsule donne généralement un plus grand effet.

Les capsules et les détonateurs sont livrés aux mineurs dans des petites boîtes en fer-blanc qui en contiennent 100, et celles-ci sont expédiées par caisses de 25,000 et de 50,000.

On prescrit, en Angleterre et en Allemagne, un emballage spécial pour le transport. Les capsules et leurs interstices, ainsi que les espaces compris entre eux et les parois de l'emballage, doivent être remplis de sciure de bois ou matière analogue. Les extrémités des détonateurs doivent porter sur de la ouate ou toute autre matière douce et élastique. L'emballage intérieur doit être placé dans une autre caisse avec un espace entre les deux, de 75 millimètres au moins, laissé vide ou rempli avec de la sciure de bois, de la paille ou autre substance analogue.

Chargements sous l'eau. — Si l'on doit faire sauter une roche sous l'eau, on perce des trous de mine à l'aide de perforateurs, manœuvrés de la surface, puis on place les charges renfermées dans des cartouches de tôle mince munies d'amorces et de conducteurs électriques.

Quand on fait usage de charges compactes, comme pour le déblaiement d'un chenal, le sautage d'un navire échoué, etc., on se sert de récipients en tôle à section circulaire ou rectangulaire et d'une capacité suffisante pour contenir la quantité totale d'explosif nécessaire. On peut encore se servir de sacs épais, en toile goudronnée, surtout si l'explosif est une nitrogélatine qui craint moins que les dynamites ordinaires l'action de l'humidité.

En général chaque opération sous-marine nécessite des dispositions spéciales, et c'est à l'ingénieur qu'il appartient de choisir celles qui conviennent le mieux dans des circonstances données. Nous donnerons plus loin quelques exemples de sautages sous l'eau, et l'indication générale des mesures pouvant servir de guide.

Dynamites gelées. — Quoique gelée, la dynamite conserve la même puissance explosive, mais elle est moins sensible au choc et exige par conséquent l'emploi de très-fortes capsules. Elle est peut-être aussi plus dangereuse à manier; aussi préfère-t-on la dégeler avant de la charger dans les trous de mine. Il faut rejeter absolument le mode ordinaire de dégel au bain-marie. Quelle que soit la perfection de l'appareil employé, l'opération est toujours dangereuse; elle a déjà causé de nombreux accidents qu'il est d'ailleurs facile de comprendre : ils sont dus, en effet, à une élévation de température presque toujours suffisante pour produire l'exsudation de la nitroglycérine.

Il suffit bien, comme on l'a dit, de 15 à 20° de chaleur pour amener le dégel d'une dynamite prise sous une faible épaisseur; mais dans les circonstances ordinaires et en faisant usage des appareils usuels à dégeler, on est obligé de chauffer pendant très-longtemps pour faire pénétrer la chaleur jusqu'au centre des cartouches. Or les parties externes, qui s'échauffent les premières, se dégèlent presque immédiatement; puis, le contact avec les parois du bain-marie se prolongeant, ces parties déjà dégelées s'échauffent peu à peu et finissent par laisser exsuder la nitroglycérine.

Si l'on ne doit employer que de faibles quantités de dynamite ordinaire, le mieux est de recommander aux mineurs de tenir les cartouches dans leurs poches pendant quelque temps : la chaleur du corps suffit pour les dégeler.

Si l'emploi doit s'en faire par grandes quantités, nous recommandons de renfermer l'approvisionnement journalier dans une chambre quelconque, souterraine ou non, chauffée avec un calorifère, à vapeur ou à air chaud, qu'il est toujours facile d'installer à peu de frais dans les chantiers.

La nitrogélatine, et autres explosifs analogues sont, à ce point de vue, moins dangereux que la dynamite ordinaire, car ils peuvent être chauffés impunément jusqu'à 60 et même 70° sans crainte d'exsudation de la nitroglycérine. On peut donc les dégeler dans les appareils usuels au bain-marie, ou même en les plongeant pendant quelques minutes dans l'eau chaude.

Les ratés et leurs causes. — Les ratés, aussi bien que les effets incomplets, sont occasionnés par l'une quelconque des causes suivantes :

1° La capsule est trop faible ou ne pénètre pas suffisamment dans la cartouche-amorce ;

2° Le bout de la mèche ne touche pas le fulminate dans la capsule ;

3° La cartouche-amorce ne repose pas sur la charge ;

4° La mèche est en contact avec la matière explosive ;

5° La mèche est de mauvaise qualité et s'éteint ou brûle avec une extrême lenteur ;

6° Les cartouches de charge remplissent mal le trou de mine ;

7° Le bourrage est insuffisant ou mal fait.

Quand, au lieu de faire explosion, l'explosif brûle simplement dans le trou de mine, les gaz qui s'en dégagent sont extrêmement malsains et fatigants à respirer.

L'utilisation d'un coup raté demande beaucoup de précautions ; en aucun cas on ne doit permettre aux mineurs d'effectuer le débourrage : cette opération étant des plus périlleuses. Quand on connaît exactement la longueur du bourrage, on peut l'enlever sur quelques centimètres de profondeur et placer une cartouche-amorce dans le vide ainsi dégagé. L'explosion de cette cartouche pourra, dans certains cas, provoquer la détonation de la charge restée intacte au fond du trou.

On peut encore perforer un autre trou de mine dans le voisinage du coup raté ; l'explosion provoquée par le nouveau chargement produit la détonation de l'autre. Toutefois il faut toujours préparer ce second coup au-dessus du premier, afin que l'outil de perforation ne soit pas exposé à rencontrer quelque suintement de nitroglycérine provenant de la charge ratée.

Quand on charge un trou de mine pratiqué dans un terrain humide, il faut presser avec un soin particulier les cartouches les unes sur les autres, de façon que l'eau ne puisse s'interposer et former des couches de séparation qui empêcheraient l'effet de la cartouche-amorce de se communiquer à toute la charge. Cette particularité a déjà causé de nombreux accidents, car la cartouche-amorce, en détonant, produit un bruit assez fort pour laisser croire que toute la charge a fait explosion, tandis qu'en réalité il est resté une ou plusieurs cartouches intactes au fond du trou. Dans ces circonstances, la perforation d'un trou de mine voisin peut devenir très-dangereuse.

Quand une explosion n'a produit qu'une partie de l'effet attendu, il faut s'assurer avec beaucoup de soin et de prudence qu'il n'est pas resté d'explosif au fond du trou, et, dans ce but, nettoyer celui-ci avec une baguette en bois. Cette précaution est à recommander spécialement quand on fait usage de dynamite n° 1.

CHAPITRE II

Tirage des mines par l'électricité.

Le procédé ordinaire de mise à feu au moyen de mèches ou cordeaux détonants présente de graves inconvénients. En premier lieu, les mines ne peuvent être tirées que l'une après l'autre ; il en résulte une perte de temps considérable et un effet souvent médiocre. En outre, s'il survient un raté, les opérations sont quelquefois paralysées pendant un temps assez long ; quant à effectuer le débourrage du trou de mine, c'est un travail extrêmement dangereux et qui est généralement défendu par les ingénieurs et les entrepreneurs.

Or le tirage par l'électricité permet d'effectuer des explosions multiples et simultanées dont l'avantage est de produire des effets importants, de réduire le nombre des trous de mines à perforer et de diminuer notablement le danger des débourrages. On peut donc compter, en adoptant le procédé de mise à feu par l'électricité, sur un travail meilleur et plus économique.

Toutefois, il importe essentiellement que la disposition des appareils et l'emploi du matériel soient rationnels et appropriés à chacun des cas particuliers qui peuvent se présenter.

Le matériel nécessaire pour le sautage des mines par l'électricité comprend :

1° Les amorces et détonateurs ;

2° Les fils conducteurs ;

3° L'exploseur, ou machine fournissant l'électricité.

I. *Amorces et détonateurs.* — En général on peut diviser les amorces électriques en deux classes distinctes, suivant qu'elles présentent une grande ou une faible résistance. Ce sont les amorces à *haute tension*, ou à *faible tension*. Les premières sont enflammées par le passage d'une étincelle électrique dans une matière combustible placée entre les extrémités de deux fils conducteurs ; les autres, par l'incandescence d'un fil de platine interposé entre les conducteurs et noyé dans une composition chimique explosive.

Les amorces à haute tension ont le grand avantage de pouvoir être utilisées sans le secours de batteries voltaïques : appareils encombrants et incommodes à déplacer. Il suffit de faire usage d'un exploseur portatif quelconque : machine électrique à friction, machine magnéto-électrique, dynamo-tension, etc.. Dans le cas où l'on dispose d'une batterie, il faut que celle-ci soit très-puissante. L'emploi de ces amorces permet de tirer un grand nombre de coups de mine à la fois. Mais elles doivent être parfaitement isolées : leur résistance variant beaucoup selon qu'elles sont restées plus ou moins de temps en magasin ou qu'elles ont été ou non exposées aux influences climatériques. Aussi leur essai, avant l'emploi, est-il difficile et même dangereux.

Les amorces à faible tension ont l'avantage de ne pas se détériorer aussi facilement et de résister aux influences atmosphériques. Leur résistance peut être considérée comme constante, et elles détonent sous l'action d'un courant de tension relativement faible. On peut facilement les essayer avant l'emploi aux mines. Elles doivent aussi être isolées, mais sans exiger autant de précaution que les premières. La règle est de les faire détoner à l'aide d'une batterie voltaïque.

Leur principal inconvénient est de ne pas offrir une garantie suffisante pour le tirage des mines simultanées : il se peut, en effet, que quelques amorces du circuit soient plus sensibles que les autres, et dans ce cas les mines correspondantes seules prennent feu.

En résumé, et en thèse générale, on doit préférer les amorces à haute tension pour les mines qui doivent être préparées longtemps à l'avance ; et les amorces à faible tension pour les opérations immédiates.

Les premières conviennent surtout aux mines et contre-mines militaires, les autres aux travaux de mines et d'abattage des roches. Nous nous occuperons plus particulièrement de ces dernières.

1° *Amorces et détonateurs à faible tension.* — Les *amorces* proprement dites, ou *fusées* servent à tirer des charges de poudre ; les *détonateurs* sont réservés pour les charges de fulmicoton ou de dynamite.

L'amorce anglaise à faible tension (fig. 17 et 18) comprend une capsule creuse, en bois de hêtre, qui porte deux petits tubes de cuivre avec deux fils métalliques aboutissant au fond de la partie creuse. Ceux-ci sont joints par un fil très-fin de platine, ou d'iridio-platine, mesurant 6 m.m. 35 de longueur et 0 m.m. 031 d'épaisseur, et présentant une résistance de 1,08 ohm à la température ordinaire, et 2,6 ohms à la température de fusion du platine. Le fil est enveloppé d'un petit flocon de fulmicoton, et le reste de la capsule est rempli de poudre noire qu'on maintient en place à l'aide d'une plaquette métallique.

Fig. 17 et 18.

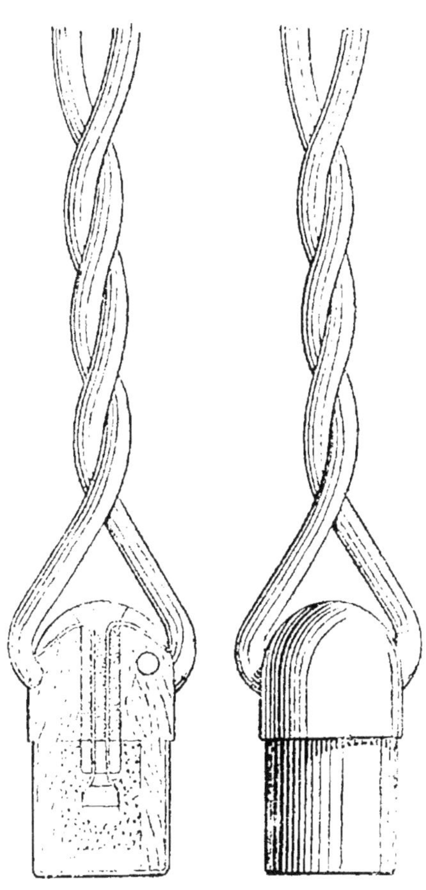

Dans les ouvertures tubulaires de cuivre sont soudés deux fils de cuivre isolés avec de la gutta-percha et qu'on relie aux fils conducteurs. Le courant électrique, qui passe par les conducteurs, porte au rouge le fil de platine ; le fulmicoton s'enflamme et la poudre prend feu.

Le détonateur, qui sert à tirer les charges de dynamite et autres explosifs, est une capsule disposée comme la précédente mais portant, en outre, un tube de cuivre rempli de fulminate. Ce tube est introduit dans la cartouche-amorce qui fait explosion en même temps que le fulminate.

Dans les deux cas l'exploseur est une *dynamo-quantité* ou une pile voltaïque.

L'amorce danoise, à faible tension, est particulièrement recommandée pour les mines sous-marines. Le fil à incandescence a un diamètre de $\frac{1}{150}$ à $\frac{1}{200}$ de millimètre ; il peut être porté au rouge par un très-faible courant : 0,05 à 0,07 ampère. Sa longueur est de 11 millimètres, le fil est en platine et argent ; sur une longueur de 2 m.m. on le met en contact avec l'acide nitrique qui le ronge en le laissant extrêmement fin.

L'amorce de la « Ingersoll Rock Drill C° » de New-York, se compose d'une capsule de cuivre A (fig. 19) contenant une forte charge de fulminate de mercure dans laquelle pénètre le fil de platine qui unit les extrémités des deux conducteurs E, D. Pour maintenir en place les conducteurs, ceux-ci sont emboutis dans une couche de soufre qu'on retient dans la capsule au moyen d'une saillie en bourrelet. Ces amorces sont vendues dans le commerce avec des longueurs de fils variant de $1^m,20$ à $2^m,50$; pour assurer un parfait isolement les fils sont recouverts d'une enveloppe de coton ou de gutta-percha, selon l'état sec ou humide des terrains où ils doivent être employés.

2° *Amorces et détonateurs à haute tension.* — Ces appareils diffèrent suivant les pays.

L'amorce anglaise se compose d'une capsule creuse en bois, munie de deux tubulures métalliques avec deux fils de cuivre qui pénètrent dans la cavité en traversant un cylindre de gutta-percha. Les extrémités des fils émergent légèrement et sont entourées d'un petit sac en papier d'étain qui renferme une composition fulminante ; le reste de la capsule est rempli de poudre noire fine qu'on maintient en place au moyen d'une feuille de gutta-percha (fig. 20 et 21).

Le détonateur ne diffère de l'amorce que par la substitution, à la

Fig. 20 et 21. Fig. 19

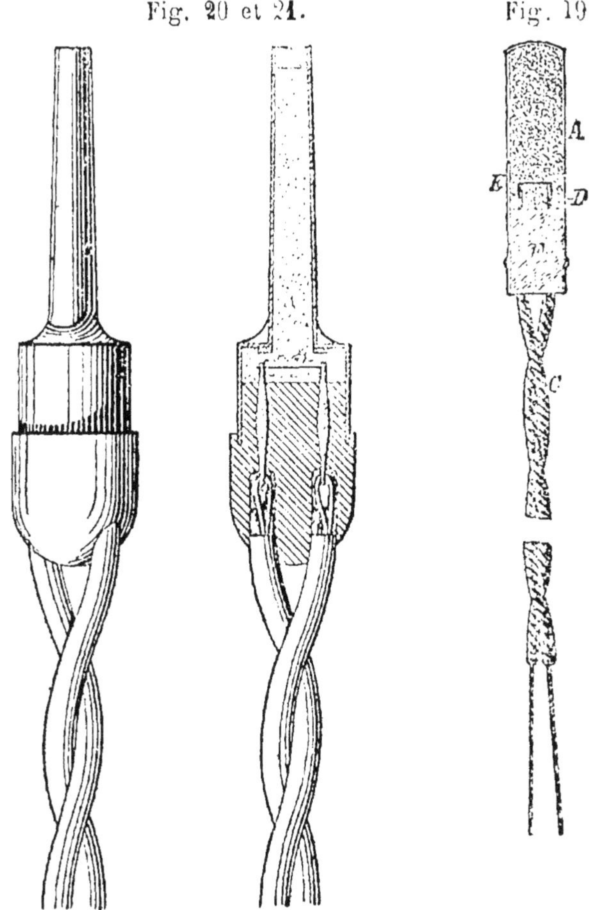

plaque terminale de gutta-percha, d'un petit tube de cuivre rempli de fulminate.

Il existe un assez grand nombre de types d'amorces à haute tension : telles sont celles de la « Laffin and Rand C° », de la compagnie française de dynamite Nobel, l'amorce autrichienne, etc.

L'amorce française (fig. 22) se compose d'un petit cylindre en mastic isolant qui maintient les extrémités des deux fils conducteurs ; celles-ci, écartées d'un quart de millimètre l'une de l'autre, sont noyées dans une petite cartouche en papier contenant une matière explosive, au-dessus d'une capsule à fulminate. L'étincelle, en jaillissant, enflamme la matière explosive et, par suite, fait détoner la capsule.

Fig. 22

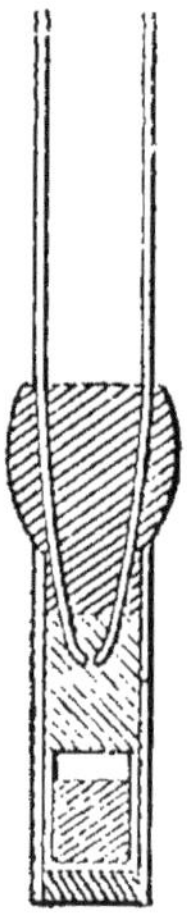

Dans l'amorce autrichienne, on s'est attaché surtout à obtenir entre les extrémités des fils une distance déterminée et invariable. Ces extrémités sont réunies par un fil mince que l'on coupe en son milieu à l'aide d'un petit sécateur qui écarte les deux bouts de la coupure à une distance invariable.

Il est, en effet, de la plus grande importance que tous les écartements des amorces soient les mêmes, afin que les résistances soient partout égales au passage de l'étincelle. Il faut aussi éviter que les deux fils se touchent, puisque dans ce cas l'étincelle ne pourrait pas jaillir.

La matière explosive, employée dans les amorces électriques, varie de composition suivant les cas. Nous citerons les principales :

1° Amorce Abel, pour faible tension ;

Sous-phosphure de cuivre . .	10	parties
Sous-sulfure de cuivre . . .	45	—
Chlorate de potasse	15	—

Cette composition convient avec l'exploseur magnéto-électrique.

2° Amorce Abel, pour moyennes tensions :

Fulminate de mercure :
Graphite en poudre :

3° Amorce Ebner, pour moyennes tensions :

Sulfure d'antimoine	44	parties
Chlorate de potasse	44	—
Plombagine	12	—

avec emploi de la machine électrique à friction.

4° Amorce Downe, pour moyennes tensions :

Cuivre métallique finement divisé. .	3	parties
Fulminate de mercure	1	—

5° Amorce au fulmicoton.

Les extrémités des fils sont noyées dans du fulmicoton en poudre.

II. *Fils conducteurs.* — Les conducteurs ont pour but d'amener à l'amorce toute la charge électrique de l'exploseur. Ce sont, par conséquent, des fils bons conducteurs de l'électricité et parfaitement isolés. On peut employer des fils de fer recuit, dans les galeries sèches; mais s'il y a de l'humidité, on se sert de fils en laiton bien recuit de $^1/_2$ millimètre, ou de fils de cuivre recouverts de gutta-percha. Le cuivre possède une conductibilité six fois plus grande que celle du fer.

Pour les mines militaires on fait souvent usage d'un câble comprenant une âme d'acier entourée de 6 filets de cuivre de $^1/^2$ millimètre de diamètre, isolés avec de la gutta-percha.

En tout cas il faut toujours tenir compte qu'une isolation parfaite est surtout nécessaire quand on se sert d'exploseurs à haute tension; tandis qu'avec les amorces à fil de platine il faut particulièrement que les conducteurs présentent une faible résistance, et par suite que tous les joints soient bien faits.

Il faut distinguer :

1° Les *fils d'accouplement* qui réunissent ensembles les diverses amorces ;

2° Les *fils conducteurs* qui comprennent : les conducteurs proprement dits et les fils de retour.

La jonction des premiers avec les amorces doit être aussi parfaite que possible ; il faut prendre garde qu'ils ne se touchent pas, autrement le courant passerait sans traverser l'amorce.

Pour unir les fils entr'eux, on dégage les parties métalliques sur 5 ou 6 centimètres de longueur ; puis, les bouts nettoyés et décapés avec soin sont roulés en torsade l'un sur l'autre, et recouverts ensuite de gutta-percha. Quelquefois on soude entr'eux les fils à unir, de manière à assurer un contact métallique parfait.

Au lieu de gutta-percha, on peut encore faire usage d'étoupes ou de bandes de toile trempées dans le goudron.

Quand toutes les jonctions sont établies, on place les amorces. Si l'explosif employé est de la poudre, on en remplit un sac jusqu'au tiers; puis, on y suspend l'amorce avec ses fils, on achève de remplir le sac, et on serre les fils à la fermeture, de manière à empêcher tout mouvement de retrait lors du bourrage et de la mise en place des fils conducteurs.

Ceux-ci, serrés dans des bobines, sont déroulés dans un angle de la galerie et amenés à l'exploseur sur des isolateurs en verre, porcelaine ou caoutchouc vulcanisé, ou simplement sur des poteaux ou des corbeaux en bois.

S'il s'agit de sautages à la dynamite, ou tout autre grand explosif analogue, on fixe le détonateur dans une cartouche-amorce qui repose directement sur la charge, avec ou sans bourrage. Les fils émergeant des trous de mine sont groupés par séries et reliés à l'exploseur.

On peut encore provoquer l'explosion simultanée de toutes les charges par influence. On fait détoner une ou plusieurs charges disposées à proximité des trous de mine dont on supprime ainsi les trop multiples communications avec l'exploseur. Dans ce cas, les cartouches-amorces doivent sortir en partie des trous de mine. Ce procédé a été employé avec beaucoup de succès, par le général Newton, pour le sautage du Flood-Rock, dans la baie de New-York..

Dans le cas de conducteurs noyés et pour éviter la déperdition qui résulterait d'un contact accidentel par suite du croisement des fils de signes contraires, on emploie la disposition suivante :

Le conducteur (fil positif) est un toron enveloppé de gutta-percha et recouvert d'une chemise de coton en torons croisés ; on le place dans un tuyau de caoutchouc. Celui-ci est renfermé dans une enveloppe métallique qui sert de fil de retour et qui est, à son tour, recouverte de gutta-percha, coton et caoutchouc. L'ensemble forme un câble suffisamment souple et donne un isolement parfait.

Pour les petites mines, on trouve dans le commerce des fils de cuivre de 0^{mm}.09 recouverts de gutta-percha. On vend aussi des câbles à deux conducteurs de cuivre de 0^{mm}.07 de diamètre, recouverts chacun de gutta-percha et d'une enveloppe de coton ; ils sont placés côte à côte et serrés ensemble par des effilés de coton. Ils sont enroulés autour d'une bobine en bois, à joues à tôle de fer, qu'on met en mouvement à l'aide d'une manivelle. Il y a toujours avantage à faire usage du câble à double conducteur qui ne tient pas plus de place qu'un seul fil et qui dispense d'établir des communications avec la terre ; on peut ainsi opérer rapidement et avec plus de sécurité.

Fig. 23 à 26.

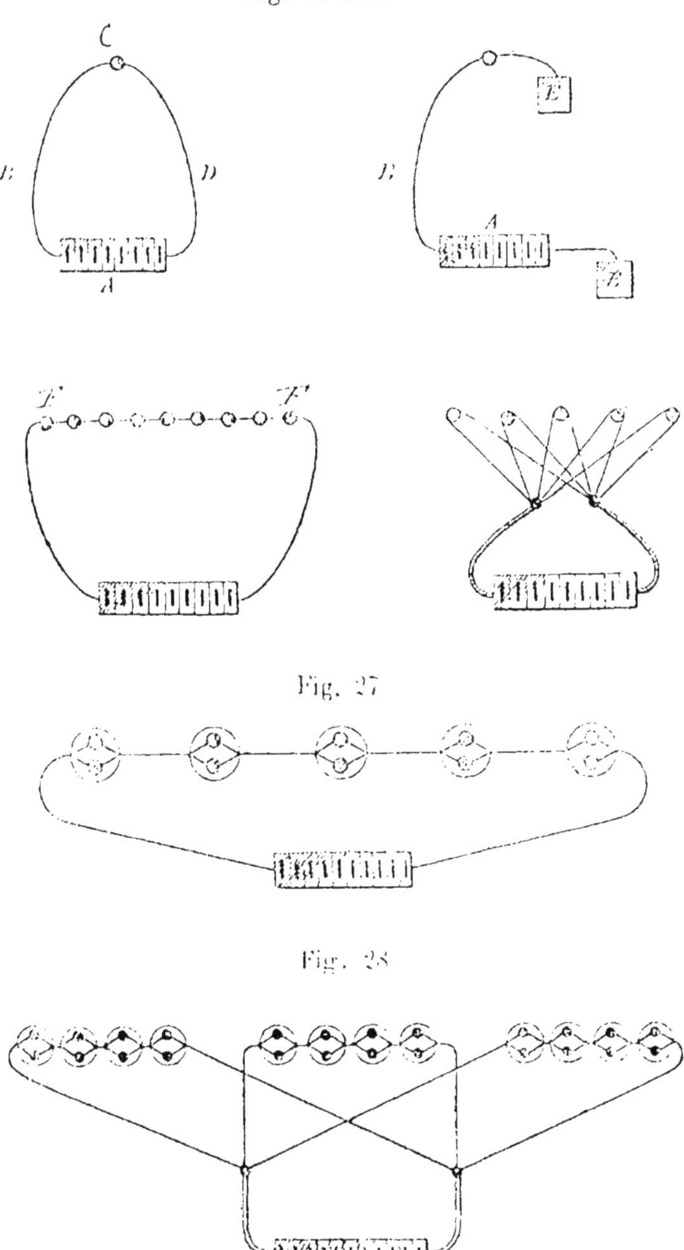

Fig. 27

Fig. 28

Installation des circuits. — Les circuits qui relient les charges à l'exploseur peuvent affecter l'une des dispositions suivantes :

1° *Circuit simple.* Les fils conducteurs et de retour vont de l'exploseur A à l'amorce C (fig. 23).

2° *Circuit interrompu.* Le fil conducteur va de l'exploseur aux amorces ; mais les fils de retour pénètrent en terre (fig. 24).

3° *Circuit continu.* Le courant passe de la première amorce F à la dernière F', et de celle-ci retourne à l'exploseur (fig. 25).

4° *Circuit divisé.* Chaque amorce est reliée par des fils spéciaux aux fils conducteurs et de retour de la batterie (fig. 26).

5° *Circuit continu avec amorces divisées.* Les amorces sont dédoublées et chaque paire est organisée en circuit divisé (fig. 27).

Ce système offre beaucoup de sécurité, et l'on n'a pas à craindre le raté de l'une des amorces.

6° *Circuit continu et divisé à la fois.* Dans ce cas les charges sont groupées, 4 par 4 par exemple. Chaque groupe est formé en circuit n° 5, et l'ensemble des groupes se rapporte à la combinaison n° 4 (fig. 28).

Les règles suivantes doivent servir de guide pour le choix du circuit qui convient le mieux :

(*a*) Quand on fait usage d'exploseurs à haute tension, il faut adopter la disposition du circuit continu avec amorces accouplées.

(*b*) Si les amorces sont à faible tension, ou à incandescence, on doit préférer le circuit divisé avec 2 amorces pour chaque mine, si toutefois la batterie est assez puissante.

(*c*) En général on peut, en toute sécurité, prendre la disposition du circuit continu toutes les fois qu'il y a deux amorces ou détonateurs par charge ; le circuit divisé sera préféré si chaque mine ne renferme qu'une amorce ou un détonateur.

(*d*) Dans certaines circonstances, on trouvera de l'économie dans l'emploi du circuit continu et divisé à la fois.

(*e*) On déterminera le choix du meilleur circuit en calculant le pouvoir de la batterie, comme nous le verrons plus loin.

Exploseurs ou appareils électriques employés au sautage des mines.

1° *Batteries voltaïques.* — On se sert de préférence des éléments Grove, Leclanché, ou de piles à bichromate.

On détermine par le calcul la quantité d'éléments nécessaires pour un nombre donné de détonateurs, et réciproquement.

Appelons :

E la force électrique en volts de chaque élément ;

L la résistance du liquide ;

R — des conducteurs principaux ;

r — des fils entre les charges ;

p — d'une amorce ou d'un détonateur ;

x — le nombre d'éléments exigés pour 7 détonateurs en circuit continu.

On la a formule ([1]).

$$0{,}8 \text{ ampères} = \frac{E\,x}{L\,x + r + R + p\,y}$$

On connaît E, L, r, R et p, si donc on se donne x on peut en déduire y et réciproquement.

Supposons, par exemple, 5 mines avec 2 détonateurs chacune ; on emploie la pile Grove et le circuit continu. La longueur des fils entre deux mines consécutives est de 10 mètres, la distance des charges à la batterie dé 100 m.

Résistance du liquide		$L = 0{,}2$
—	des fils entre les mines. .	$r = 0{,}015 \times 40 = 0{,}6$
—	des conducteurs principaux	$R = 0{,}015 \times 200 = 3$
—	d'une amorce	$p = 2{,}6$

La formule devient alors :

$$0{,}8 \text{ ampères} = \frac{x \times 1{,}956}{0{,}2\,x + 0{,}6 + 3 + 26}$$

d'où :

$$x = 13.$$

En ajoutant 50 0/0 pour les défectuosités et mécomptes possibles, on trouve que le nombre des éléments Grove nécessaires est de 20.

Supposons encore 4 mines, en circuit divisé, à 20 mètres de distance l'une de l'autre et à 100 mètres de la batterie, avec 2 détonateurs par mine disposés en circuit continu.

(1) Instruction in Military Engineering. London (1883, p. 55.

Calculons le nombre d'éléments Leclanché nécessaires.

On mettra dans la formule :

Résistance de la batterie. . .	$x \times 0,15$
— des fils.	$\frac{2 \times 20 \times 0,015}{4}$
— des conducteurs principaux.	$200 \times 0,015$
— des detonateurs	$\frac{2 \times 2,6}{4}$

L'application de la formule donne $x = 15$; et en ajoutant 50 0/0, on trouve qu'il faudra faire usage de 23 éléments Leclanché.

Il serait difficile d'entrer ici dans tous les détails d'installation d'un sautage par batteries; nous donnerons, plus loin, comme exemple, la description de l'appareil à batterie employé pour le tirage des grandes mines d'Hallet's Point, à New-York. Toutefois nous indiquerons quelques-unes des précautions à prendre quand on adopte ce système d'exploseur.

Il faut :

1° Employer des conducteurs aussi minces que possible ;

2° Disposer les batteries aussi près des mines que le comportent l'effet à produire et la sécurité des opérateurs ;

3° S'assurer que les amorces et détonateurs sont en parfait état;

4° Vérifier que tous les joints ont été bien isolés et solidement faits, soudés même si c'est possible ;

5° Faire l'épreuve préalable des fils, conducteurs, amorces, etc.

II. Exploseurs proprement dits. — Les exploseurs proprement dit sont de trois espèces:

(a) Machines électriques à frottement ;

(b) Machines électro-magnétiques ;

(c) Dynamos.

(a) Machines électriques à frottement. — Une des plus répandues est celle de Bornhardt. Elle est plus particulièrement en usage en France.

Elle se compose de deux plateaux F en caoutchouc durci ou ébanite, mis en mouvement par deux roues dentées et une manivelle *d*, et tournant entre des frottoirs R garnis de peaux de chat (fig. 29, 30, 31 et 32).

L'électricité qui se développe par le frottement est recueillie par

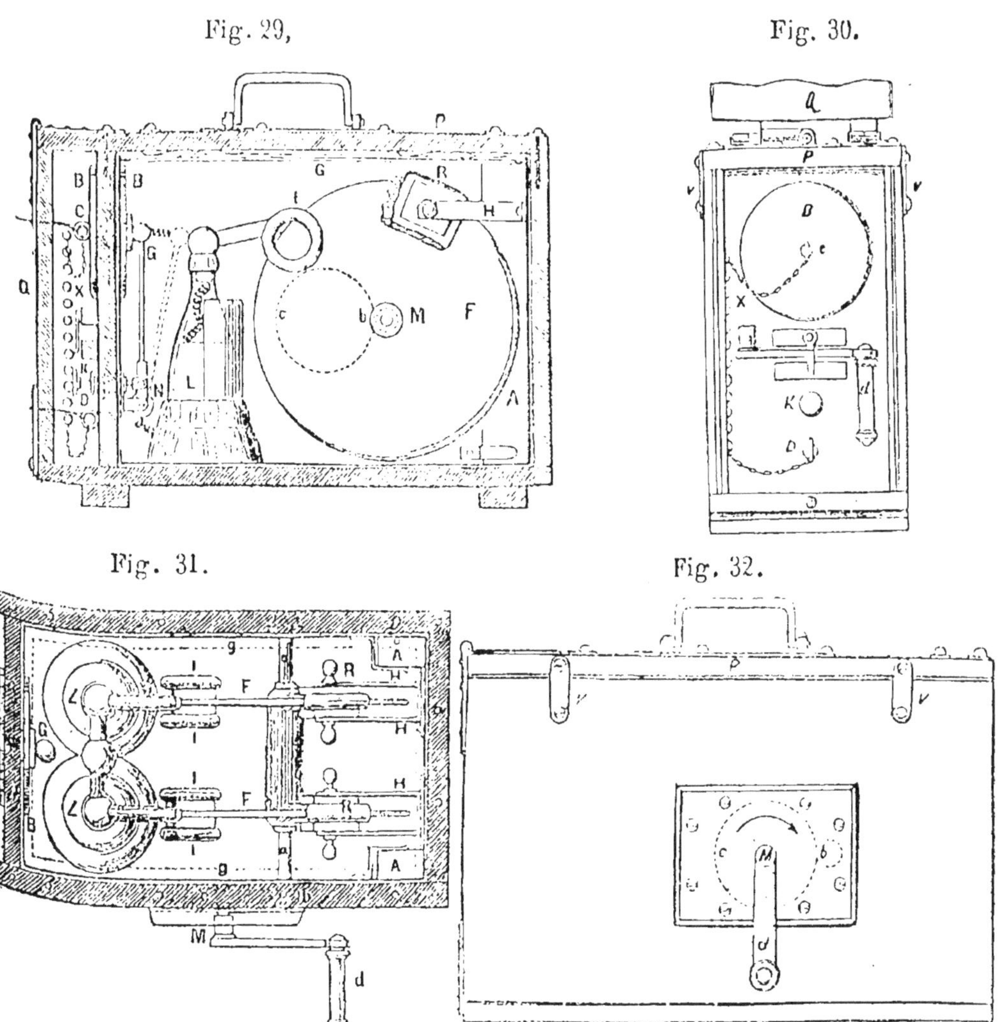

Fig. 29, Fig. 30. Fig. 31. Fig. 32.

les peignes collecteurs I et ensuite par les deux bouteilles de Leyde L.

Deux anneaux C et D qui correspondent aux deux armatures des bouteilles de Leyde sont destinés à recevoir les extrémités des fils conducteurs qui vont aux mines. Ces anneaux sont reliés à la baguette GN, formée de deux boules métalliques unies entre elles par une tige isolante d'ébanite, qui peut osciller autour du point N. Il suffit de presser le bouton K pour que la baguette vienne s'appuyer contre l'armature intérieure des bouteilles ; à ce moment l'électricité accumulée dans les bouteilles de Leyde passe par les fils fixés aux anneaux C et D, ce dernier étant relié à la boule N qui communique avec l'armature extérieure des bouteilles de Leyde.

Des disques isolants en ébanite B, B, empêchent toute déperdition de l'électricité.

Pour s'assurer du bon fonctionnement de l'appareil, on fixe aux anneaux C et D deux petites chaînes de laiton qui aboutissent aux extrémités d'une rangée de 15 clous de cuivre ; ces clous, fixés sur le côté extérieur de la boîte qui enveloppe la machine, laissent entre eux des espaces de 2 millimètres. Puis, on tourne la manivelle, à la vitesse de 2 tours par seconde. Au onzième tour on presse le bouton K. Si l'appareil est en très-bon état, l'étincelle doit jaillir ; on peut cependant doubler ou tripler ce mouvement jusqu'à production de l'étincelle, mais en général l'appareil est mauvais s'il ne donne pas de résultat après 20 révolutions du plateau.

Cette machine ne fonctionne bien que si elle est entretenue dans un état de sécheresse aussi grand que possible. Aussi, dans les travaux humides, lui préfère-t-on les appareils magnéto-électriques ou les dynamos.

(b) Machines magnéto-électriques. — Il existe un très-grand nombre de types de ces machines. L'une des meilleures et des moins coûteuses est la magnéto de la « Ingersoll Rock Drill C° » de New-York.

Elle se compose d'un aimant, en fer à cheval, entouré de fils de cuivre isolés entre les pôles duquel on fait tourner une armature ordinaire Siemens. Le courant électrique qui se développe est dirigé, par un mouvement spécial, au moment même où il atteint son maximum d'intensité, dans le circuit de sautage où il produit l'explosion des amorces interposées.

La magnéto dite N° 3 peut tirer 15 amorces immergées à la distance de 450 mètres. On l'emploie avec avantage quand on n'a pas plus de 12 à 15 mines à faire sauter.

La disposition de cette machine est la suivante :

Entre les pôles de l'aimant AA entouré de fils isolés est disposée une armature cylindrique B (fig. 33, 34 et 35). Celle-ci est mise en

Fig. 33 à 35.

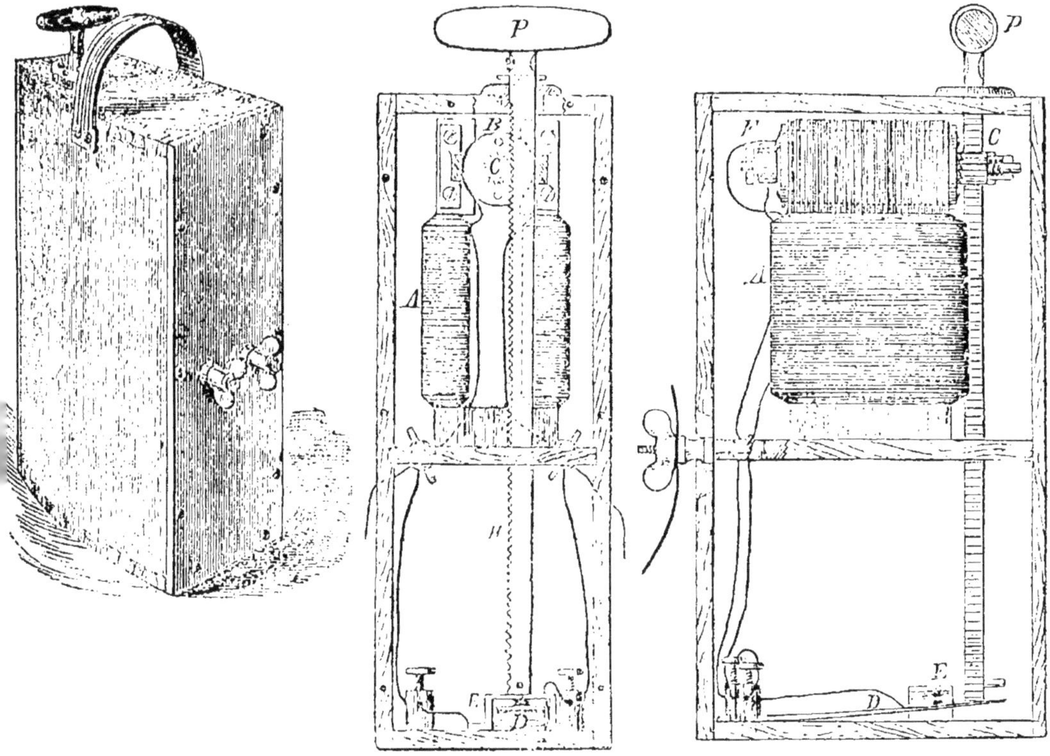

mouvement à l'aide d'un pignon C fixé sur l'arbre B et commandé par une longue crémaillière H à poignée P. En pressant sur cette poignée on fait descendre la crémaillère dont le pied vient pousser un ressort D et en même temps séparer deux petits taquets en platine restés jusqu'alors en contact l'un avec l'autre.

Un commutateur F est fixé sur l'arbre de l'armature.

Tout l'appareil est renfermé dans une boîte en bois sauf la poignée P et deux vis d'attache pour les fils conducteurs.

Pour se servir de cet exploseur, on commence par remonter la crémaillère ; les deux taquets se mettent en contact. Puis, on presse la poignée de manière à produire lentement une faible descente. Le mouvement s'établit et le courant se développe. On fait alors vivement descendre la crémaillère, et celle-ci, en arrivant au fond de la boîte, après avoir parcouru toute sa course et imprimé un rapide mouvement de rotation à l'armature, choque le ressort D et écarte l'un de l'autre les deux taquets. A ce moment le courant passe dans les fils de sautage et les amorces sont mises en feu.

Cet appareil est d'un bon usage ; toutefois il est essentiel de s'assurer, à chaque opération, que les deux taquets sont bien propres et que leur contact, lorsque la crémaillère est relevée, est parfait.

La machine magnéto-électrique de Bréguet, dite *coup-de-poing*, est d'un usage assez fréquent en France. Le petit modèle qui pèse 2 kil. 750 peut enflammer 2 ou 3 amorces Abel ; le grand modèle, du poids de 10 kil. 500 est garanti pour 12 amorces. Cet exploseur a l'avantage d'être facile à transporter et d'un maniement simple. On l'emploie avec un seul fil conducteur en établissant les deux communications de retour avec la terre ; mais il est plus commode d'employer des câbles à deux fils conducteurs.

(c) *Machines électriques dynamos*. — Les dynamos sont des machines électriques au moyen desquelles on développe un courant dans un circuit métallique fermé en faisant tourner une portion de ce circuit dans le champ d'action d'un aimant.

Nous décrirons la dynamo Browning, machine qui peut être armée en quantité ou en tension, d'où ses deux noms de *dynamo-quantité* et *dynamo-tension*.

1° *Dynamo-quantité*. — L'appareil se compose d'un électro-aimant A (fig. 36-37) entouré de 430 mètres de fil de cuivre, au-dessus duquel peut tourner une armature Siemens B. Le mouvement est donné à l'aide d'un pignon et d'une manivelle. Deux vis d'attache F et G destinées à recevoir les fils conducteurs et de retour, sont unies par un ressort ; et la communication ainsi établie entre ces deux points est interrompue quand on presse la borne H au moyen du bouton K.

Quand l'armature est en mouvement, son fil est traversé par un faible courant provenant de la petite quantité de magnétisme de l'électro-aimant ; ce courant à son tour développe du magnétisme dans l'aimant qui agit alors plus activement. Le commutateur E permet au courant induit de traverser les fils de l'électro-aimant.

Fig. 36. Fig. 37.

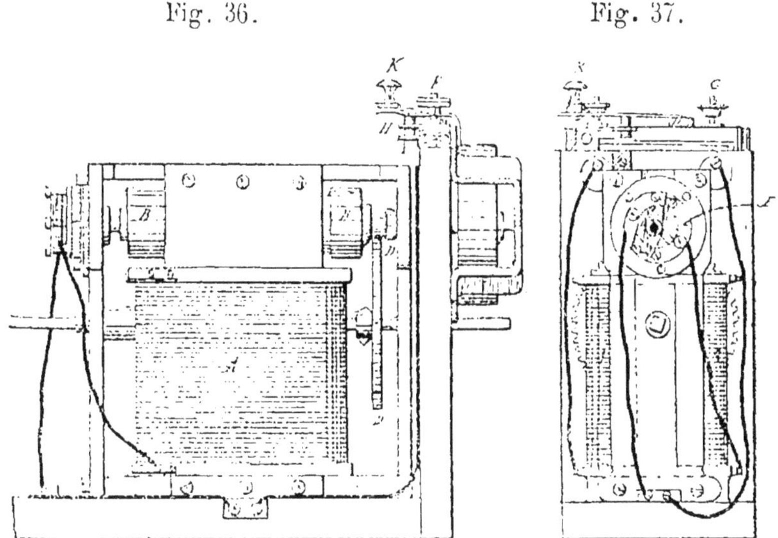

Avec 3 ou 4 tours on peut obtenir le maximum d'aimantation; si à ce moment on presse rapidement le bouton K, on interrompt la circulation du courant dans les fils induits; celui-ci est alors obligé de passer par la vis F dans le fil conducteur pour revenir ensuite par le fil de retour à la vis G et à l'électro-aimant.

Cet appareil, quand il est dans de bonnes conditions, peut tirer par incandescence 25 amorces électriques ou détonateurs.

On l'essaie, avant de s'en servir, au galvanomètre.

2° *Dynamo-tension* — La dynamo-tension diffère peu de l'exploseur précédent. La longueur de fil enroulé sur l'aimant est plus grande. De plus, un déclic automatique M fait passer le courant, au moment voulu, dans les fils conducteurs de sautage (fig. 38 et 39).

On tourne d'abord la manivelle, lentement, jusqu'à ce que l'on perçoive le bruit de la chute du déclic. On fixe alors les fils de sautage aux vis de serrage et on donne trois ou 4 tours rapides à l'armature. L'étincelle jaillit et enflamme les amorces.

Un mesureur d'étincelle S fixé à l'appareil permet de faire l'essai préalable ; on place ses pointes à 6 m.m. de distance. Il est de toute nécessité que la machine, les conducteurs et les amorces soient en parfaite communication.

Fig. 38 et 39.

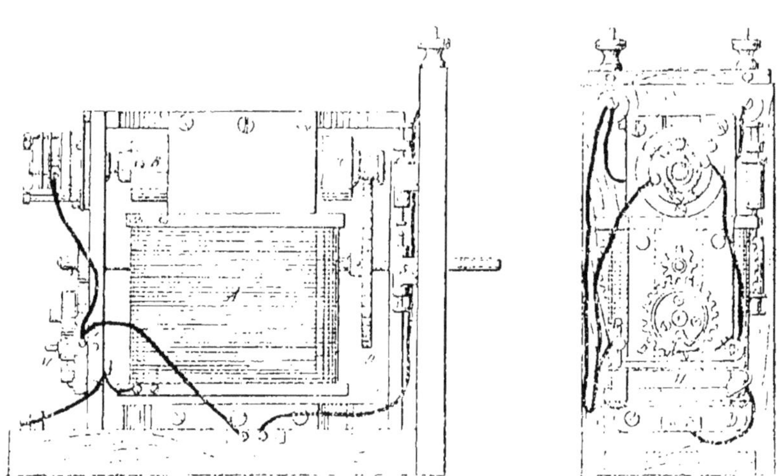

Quand tout fonctionne bien, on peut tirer 80 amorces en circuit continu, ou 60 en groupes de deux en circuit divisé.

Vérification des installations électriques. — Quand on a terminé la mise en place d'une installation électrique, il est nécessaire de faire l'épreuve de tous ses organes afin de s'assurer que le courant passera dans les conditions voulues.

Il y a donc lieu de faire les essais suivants :

1° Épreuve des exploseurs ;

2° Épreuve des amorces et détonateurs ;

3° Épreuve des fils conducteurs ;

4° Épreuve du sol ou de l'eau quand ceux-ci sont substitués aux fils de retour ;

5° Épreuve du circuit complet.

1° *Épreuve des appareils électriques.* — On fait usage d'un galvanomètre.

Si l'appareil est une batterie voltaïque, on commence l'essai en interposant une résistance égale au quart de celle que le courant pourrait traverser ; si c'est une machine magnéto-électrique, on essaie immédiatement toute la force du courant. Dans le cas d'un dynamo-tension, on reconnaît sa force à l'aide du mesurèur d'étincelle, annexé à l'exploseur.

On peut mesurer la puissance d'une batterie, à l'aide d'un galvanomètre ordinaire que l'on gradue de la façon suivante, indiquée par M. L. Maiche. On prend comme étalon une pile Daniell et on intercale dans le circuit le galvanomètre et une résistance variable (boîte de résistances). On observe les positions de l'aiguille pour diverses résistances ; le maximum de déviation correspondra à une résistance extérieure précisément égale à la moitié de la résistance totale. Si donc on divise 1 volt par le double de la résistance observée en ohms, on aura l'intensité correspondante en ampères, chiffre que l'on peut noter sur le point du cadran indiqué par l'aiguille du galvanomètre. On peut multiplier autant que l'on veut le nombre des déviations maxima et, par suite, les points de graduation, en faisant varier la distance des électrodes et la quantité dont elles plongent dans le liquide.

Par ce procédé, on obtient un galvanomètre gradué en ampères et suffisamment exact.

2° *Essai des amorces.* — On mesure la résistance de chacune d'elles, autant que possible.

On observera si les fils de cuivre sont bien fixés dans l'amorce, si les contacts métalliques sont bien établis et surtout si le fil de platine qui joint les extrémités des conducteurs, n'est ni trop fin ni trop épais.

Il est encore de la plus haute importance, dans le cas de mines simultanées, que tous les fils de platine soient de même grosseur ; ou, dans le cas de mise en feu par étincelle, que tous les écartements, au passage de l'étincelle, soient égaux.

3° *Épreuves des fils conducteurs.* — Les fils conducteurs doivent être essayés au point de vue de leur conductibilité et aussi de leur isolement, s'ils doivent être exposés à l'humidité.

Ce dernier essai se fait au galvanomètre, à l'aide d'un élément de pile, sur une longueur déterminée du fil plongé dans l'eau.

La meilleure matière isolante est la gutta-percha ; cependant cette substance, après un certain séjour dans l'eau, finit par s'imprégner d'humidité et n'oppose plus alors de résistance au courant électrique. Mais c'est surtout quand elle a été desséchée, après avoir été mouillée, qu'elle perd ses propriétés isolantes dans l'eau. On a indiqué la composition suivante, dite de Chatterton, qui paraît donner de bons résultats :

3 parties de Gutta-percha
1 — de Goudron
1 — de Résine

4° *Essai de la résistance opposée par le sol ou par l'eau.* — Pour reconnaître la résistance du sol, on détermine d'abord la résistance d'une batterie quelconque à travers un circuit fermé pris comme type, puis celle de la même batterie quand le même circuit est mis en communication avec le sol. La différence donne la résistance du sol.

La résistance diffère sensiblement suivant que le fil de retour communique avec la terre ou avec l'eau. Ainsi, pour ne citer qu'un exemple, une plaque métallique de $0^{m},1016 \times 0^{m},18415$ présente une résistance de 1 ohm dans l'eau salée et de 40 ohms dans la terre ordinaire.

5° *Essai du circuit complet.* — Quand on fait usage d'amorces au fil de platine on peut constamment, même pendant la durée de la manipulation, vérifier à l'aide d'un galvanomètre et d'une pile très-faible, si le courant passe dans tout le circuit, et s'il n'y a ni joint défectueux ni contacts mal établis, ou toute autre imperfection.

On peut encore, et dans tous les cas, se servir du galvanomètre et un élément de pile au bichromate. On note d'abord la résistance qu'un faible déplacement de l'aiguille de l'appareil indique comme trop grande, puis celle qui correspond à un petit mouvement de l'aiguille en sens contraire ; la moyenne des deux observations indique, avec une approximation suffisante, la résistance actuelle du circuit.

Installation improvisée pour sautage de mines simultanées. — Il peut arriver que l'on n'ait pas à la main les appareils électriques et le matériel nécessaires pour effectuer un sautage de mines simultanées, et que d'autre part la mise en feu par simples mèches soit, de tous points, désavantageuse ; on remédie à cet inconvénient en créant sur place une batterie et des amorces improvisées.

Batterie improvisée. — On découpe des plaques de cuivre et de zinc de 6 à 7 mil. d'épaisseur, 0m,20 de longueur et 0m,15 de largeur, auxquelles on soude des attaches en cuivre avec un enduit de poix chaude étendue sur le point de soudure. On accouple les plaques cuivre et zinc en accrochant l'une avec l'autre leurs attaches de cuivre, et on les maintient séparées en interposant une double bande de laine ou de feutre mouillée.

On fixe le tout ensemble avec du bitord en prenant bien soin que les deux métaux ne se touchent pas, et on constitue ainsi autant d'éléments de pile qu'il est nécessaire. Ces éléments sont placés dans une caisse en bois divisée en 10 compartiments rendus étanches par

Fig. 40 à 43.

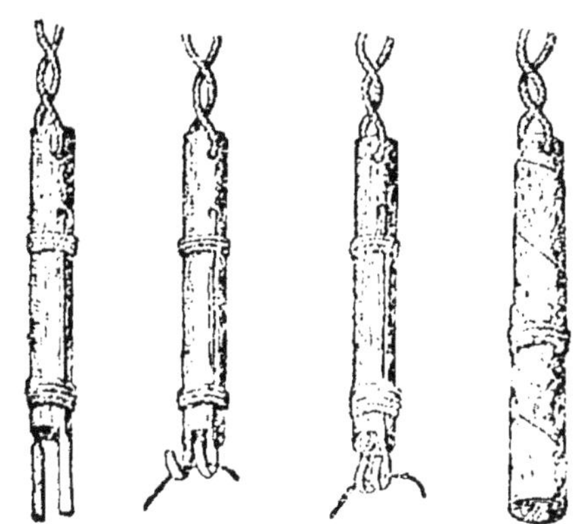

un enduit de goudron et que l'on remplit d'eau acidulée (8 parties d'eau pour 1 partie d'acide sulfurique) au moment de l'emploi (fig. 40 et 41).

Cette pile est d'un fonctionnement très-suffisant.

Amorces improvisées. — Une petite tige de bois est percée à sa partie supérieure de deux trous obliques, se croisant diagonalement, par lesquels on fait passer les deux fils conducteurs (fig. 42). Ceux-ci ont été préalablement recouverts de toile imbibée de goudron, afin qu'au croisement ils ne se touchent pas. En émergeant des trous, les fils descendent dans deux petites gorges où ils sont maintenus par deux ligatures ; leurs extrémités, qui dépassent la tige de 1 à 2 centimètres, sont applaties et recourbées, puis on les unit à l'aide d'un fil fin d'un métal quelconque. On enroule ensuite autour du bois un papier épais qui dépasse les bouts de fils de 1 à 2 centimètres de manière à former une sorte de cornet qu'on remplit avec une bonne poudre de chasse. On recouvre et on enferme la poudre avec une petite feuille de papier goudronné.

Quant aux fils conducteurs reliant les amorces à la pile, ils peuvent être de fer, acier, cuivre, laiton ; il faut les isoler du sol ou des parois de la galerie au moyen de pièces de bois. Si l'on opère dans un endroit humide, on les isole avec des bandes d'étoffe trempées dans le goudron.

Appareils électriques employés au sautage des rochers de Hellgate, à New-York. — Comme exemple des dispositions empolyées pour un sautage de grandes mines par l'électricité, nous donnons la description des appareils mis en œuvre par le général Newton.et ayant pour objet le sautage des mines simultanées pratiquées sur les rochers du Hellgate, dans le port de New-York.

L'appareil électrique comprenait un ensemble de 23 grandes batteries à immersion, composées chacune d'un certain nombre de batteries partielles. Celles-ci étaient formées de dix éléments de pile au bichromate renfermées dans une auge en bois. Les électrodes étaient de zinc et charbon,et le liquide, contenu dans des récipients de verre, était une solution de bichromate de potasse dans l'eau acidulée : les proportions étant d'un litre et demi d'acide sulfurique concentré, 4 1/2 d'eau, et 2^{kil},720 de bichromate.

Les dix électrodes zinc et charbon étaient suspendues à une barre de bois, et reliées en tension par de forts étriers en cuivre.

Les éléments extrêmes de chaque batterie partielle étaient munies de vis de serrage pour fils n° 10. A. G.

La force électromotrice d'un élément pouvait atteindre 1,98 volt et sa résistance ne dépassait pas 0,12 ohms.

Deux grands bâtis, construits dans la chambre des batteries, et, disposés l'un à l'Est, l'autre à l'Ouest, renfermaient chacun 48 batteries partielles ; ils étaient divisés en 24 compartiments contenant chacun deux batteries de 10 éléments.

Les barres de bois portant les électrodes étaient reliées à de longues tiges de fer auxquelles on pouvait donner un mouvement de rotation à l'aide de pignons et manivelle. Tout le système était équilibré avec des contrepoids convenablement disposés ; et il suffisait d'imprimer à la manivelle un mouvement d'un quart de tour pour faire plonger en même temps toutes les électrodes dans les récipients au bichromate.

Après l'essai définitif des piles, et les différents organes étant parfaitement disposés, on réunit l'ensemble en 23 grandes batteries ainsi réparties : le bâtis Ouest fut partagé en 7 batteries de 44 éléments chacune et 4 de 43, les 480 éléments du bâtis Est furent accouplés en 12 grandes batteries de 40 éléments.

Fig. 43 à 45.

On établit ensuite la communication des fils conducteurs et de retour reliés aux amorces des charges avec un appareil spécial de fermeture du circuit fig. (43, 44 et 45).

Cet appareil se composait de deux disques en bois placés l'un au-dessus de l'autre. Celui du haut pouvait descendre jusqu'à une petite distance du disque inférieur maintenu immobile. Le premier était traversé par 23 aiguilles ou chevilles de cuivre qui, après la descente, pénétraient dans 23 coupes de mercures fixées sur le second disque.

On relia par un fil les pôles négatifs de 23 batteries aux 23 chevilles de cuivre, et on introduisit une fourche à 8 fils entre les pôles positifs et les cuvettes de mercure.

Les amorces étaient reliées par groupes de 20 au moyen de fils d'accouplement, de 1 millimètre de diamètre, isolés à la gutta-percha; et ceux-ci étaient unis aux fils conducteurs et de retour, de 2 mil. de diamètre et recouverts de deux couches de gutta-percha, qui communiquaient avec les pôles des 23 batteries.

Chacune de ces batteries devait donc produire l'inflammation de 160 amorces.

Le groupe de 20 amorces devait présenter une résistance de 37 à 40 ohms à la température de l'eau (63° F).

Les communications étant ainsi préparées, on noya les galeries de mine. Puis, on réunit par faisceaux de 8 les groupes qui présentaient une résistance sensiblement égale, et on les fixa aux fourches à 8 fils. Chacun des nouveaux groupes ainsi formés fut ensuite rattaché, selon sa résistance totale, à une batterie de 44, 43 ou 40 éléments.

La fermeture du courant s'établit de la manière suivante :

Le disque supérieur de l'appareil précédemment décrit était soutenu par une corde au bout de laquelle était fixée une cartouche de dynamite, et celle-ci était munie d'une amorce électrique et de conducteurs communiquant avec une petite batterie à 600 mètres de distance En fermant ce circuit partiel au moyen d'un commutateur Morse, la corde se rompait, le disque supérieur tombait avec ses chevilles de cuivre sur le disque inférieur, et le courant passait simultanément dans toutes les mines.

L'appareil de fermeture du circuit employé pour effectuer le sautage des mines du Flood Rock, le 10 octobre 1885, est plus simple que le précédent. Il se composait de deux coupes + C et — C, (fig. 46) à moitié pleines de mercure, et dans lesquelles plongeaient

Fig. 46.

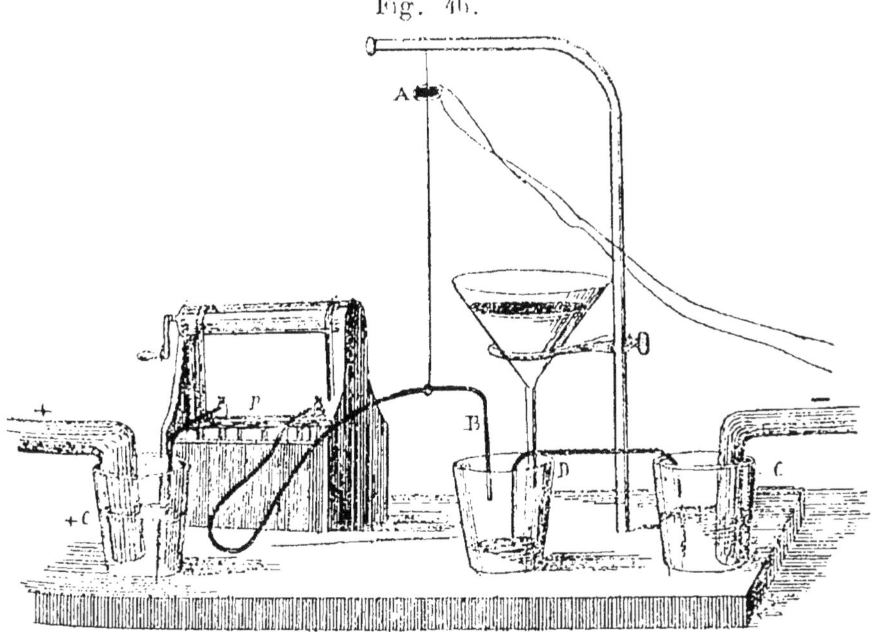

les deux faisceaux des fils positifs et négatifs. En mettant le mercure des deux coupes en communication électrique on faisait passer le courant dans toutes les mines. Dans ce but on électrisait du mercure dans une troisième coupe D au moyen d'une pile portative P ; l'un des fils conducteurs de cette pile pénétrait dans le mercure du vase + C, l'autre B était suspendu dans la coupe D au-dessus du niveau du mercure.

Le fil B était soutenu par une corde retenue elle-même à une amorce A.

La mise en feu de cette amorce faisait tomber le fil B dans le mercure et le courant était fermé.

En prévision du cas où l'amorce eût raté sans parvenir à rompre la corde de retenue, on avait disposé au-dessus de la coupe D un entonnoir plein de mercure qui se vidait peu à peu et pouvait faire monter le niveau jusqu'au fil B en un temps déterminé.

QUATRIÈME PARTIE

Travaux de mine.

CHAPITRE I.

Théorie générale des poudres et explosifs (1)

Combustion et détonation. — Classification des poudres et explosifs. — Détermination de la valeur explosive d'une poudre. — Calculs de la pression et du travail produits par le tirage d'un coup de mine.

Combustion. — Détonation.

Il faut distinguer entre les deux effets : combustion et détonation.

La combustion est produite par l'inflammation ordinaire ; elle est lente et se communique de proche en proche.

La détonation, au contraire, est provoquée par un choc violent ; c'est une combustion rapide, presque instantanée.

Dans le premier cas, la chaleur dégagée progressivement se perd peu à peu, et, si elle n'a pas le temps d'atteindre une intensité suffisante pour amener la décomposition des gaz produits, l'explosion n'a pas lieu. Quelquefois, cependant, il suffit que la poudre soit enfermée dans une simple enveloppe, pour que l'action soit concentrée et que la combustion se transforme en détonation (2).

(1) Consulter à ce sujet le savant ouvrage de M. Berthelot : Sur la force des matières explosives.

(2) MM. Roux et Sarrau établissent deux ordres d'explosion :

1° L'explosion de premier ordre ou *détonation*, provoquée par un agent détonant tel que le fulminate de mercure ;

2° L'explosion de second ordre ou *explosion simple*, produite par l'inflammation ordinaire de la substance.

Nous ne considérons qu'un seul ordre d'explosion : la détonation, car la pratique semble indiquer que l'*explosion simple* n'est en réalité qu'une détonation incomplète. P. C.

On peut donc établir la différence qui existe entre une combustion simple et la détonation proprement dite. Dans le cas d'une combustion, la chaleur produite se perd en grande partie par rayonnement, conductibilité, contact des corps voisins, etc. ; tandis que dans le cas de la détonation, la température considérable, subitement développée, n'a pas le temps de s'abaisser, de sorte que la vitesse moléculaire des gaz produits aussi bien que leur pression deviennent instantanément énormes.

De ce qui précède il résulte que si l'on mélange à un corps explosif, tel que la nitroglycérine, une substance inerte quelconque, celle-ci absorbe en pure perte une partie de la chaleur développée par la détonation et par suite diminue l'effet explosif.

Les effets de la détonation dépendent de l'intensité du choc initial et de la quantité d'oxygène contenue dans la substance.

Supposons le cas d'une détonation de poudre provoquée par une capsule au fulminate. Il faut distinguer trois périodes consécutives bien caractérisées :

1° *La déflagration*, ou production subite d'une grande quantité de gaz et de chaleur.

2° *La dissociation*, phénomène qui fait passer les gaz d'un état composé à un état plus simple avec absorption de chaleur.

3° *La détente*, qui amène une série de recombinaisons, lesquelles redonnent aux gaz, au fur et à mesure de l'accroissement de leur volume, une portion de la chaleur perdue pendant la dissociation.

Supposons que les gaz ou produits primitivement formés ne soient pas susceptibles de dissociation, c'est le cas des gaz simples ; alors la pression atteint immédiatement son maximum pour retomber presque aussitôt à zéro. C'est ce qui se produit avec certaines substances brisantes comme le chlorure d'azote, les fulminates, etc.

Si, au contraire, les produits de la déflagration sont assez complexes pour être susceptibles de dissociation, la pression suit une marche graduelle et ascendante dès que la détente se produit ; et le phénomène est complet. Tel est le cas des nitrogélatines et dynamites, du fulminate mélangé avec un azotate, et surtout de la poudre ordinaire.

L'étude des trois phénomènes ci-dessus énoncés est bien plus facile avec la poudre qu'avec la nitroglycérine.

En effet, dans le cas de la nitroglycérine, la pression initiale étant énorme, on obtient immédiatement *un effet brisant*. C'est ce qui explique la rupture des matières ou matériaux à la surface desquels on fait détoner cet explosif. Mais, si la substance est bourrée dans un trou de mine, la dissociation peut commencer à se produire, et la pression initiale se trouve diminuée. Il en résulte *un effet de fracture* ; la roche est déchirée et séparée. Puis, pendant la détente, il se forme des recombinaisons de gaz, HO et CO^2, lesquelles donnent de nouvelles quantités de chaleur, empêchant ainsi une diminution trop brusque de pression ; et l'action continue avec une intensité régulière.

Mais, il ne faut pas l'oublier, la nitroglycérine tend à agir, au début, en produisant une force brisante.

Tel n'est pas le cas de la poudre ordinaire. Les phénomènes de dissociation et de détente sont plus caractérisés ; par suite l'effet produit est moindre, mais plus régulier. Ceci se comprend facilement puisque la pression initiale, due à la poudre, est moindre, et que les composés formés sont plus complexes.

Comme cas intermédiaire entre la nitroglycérine et la poudre ordinaire, on peut citer les poudres chloratées. Les produits de leur décomposition ne sont pas simples, mais ce sont des binaires assez stables, K Cl, C O, $S O^2$, et qui ne peuvent être dissociés qu'à une très-haute température.

Nous avons dit que la détonation d'un explosif est produite par un choc brusque dont l'action se répète de proche en proche. La force vive du choc se transforme en chaleur qui provoque la décomposition de la substance explosive.

Or, l'intensité des effets partiels, et par suite l'effet total, dépend en partie de l'intensité du choc initial. Plus celui-ci est violent dans des circonstances déterminées, (car, ainsi que nous le verrons plus loin, l'action du choc sur un explosif n'est pas toujours suffisante, surtout quand il s'agit de nitroglycérine et de dynamite), et plus la transformation est rapide et la pression développée considérable.

Il y a donc un grand intérêt à faire détoner un explosif au moyen de fortes amorces, comme celles au fulminate de mercure. L'amorce agit, en définitive, non pas simplement pour enflammer, mais surtout pour produire le choc initial nécessaire à la détonation.

Les effets de la détonation dépendent encore, outre l'intensité du choc, de la quantité d'oxygène contenue dans les poudres ou explosifs. En effet, la déflagration est provoquée par la réaction entre les éléments combustibles et les éléments comburants de la substance. Dans une poudre noire, ces éléments sont constitués par un mélange de plusieurs corps : d'une part du soufre et du carbone qui sont les combustibles, de l'autre un azotate ou un chlorate qui doivent fournir l'oxygène, corps comburant.

Dans les explosifs à base de nitroglycérine, c'est un corps unique qui contient à la fois des éléments moléculaires comburants et des éléments combustibles.

L'oxygène joue le rôle de comburant dans presque toutes les poudres (1) ; il semble donc qu'il y ait le plus grand intérêt à l'employer en totalité. Par suite, si un explosif, après la détonation, laisse échapper de l'oxigène libre, il perd une partie de son énergie : il faut lui ajouter un combustible ; si au contraire la combustion est incomplète, faute d'oxygène, ou ajoutera un comburant. Ainsi, supposons que le cas de la nitroglycérine qui détone suivant la formule :

$$C^6H^2(AzO^6H)^3 = 3C^2O^4 + 5HO + Az^3 + O.$$

Il reste un excès de 3,50 % d'oxygène ; pour l'utiliser, on ajoutera un comburant comme le charbon, la sciure de bois, l'amidon, une cellulose azotique, un amidon azotique, du fulmi-paille, du ligneux nitrifié, de la nitro-saccharose, de la pâte de bois ou de papier, du son, de la farine, etc., etc.

La série des comburants étant, pour ainsi dire, illimitée, on s'ex-

(1) Certaines substances, comme le chlorure d'azote, quoique ne contenant pas d'oxygène, jouent le rôle d'explosifs. P. C.

plique l'immense variété d'explosifs à base de nitroglycérine brévetés depuis l'invention de la dynamite par Nobel.

Prenons maintenant le cas du coton-poudre :

$$C^{48}H^{18}(AzO^{6}H)^{11}O^{18} = 15C^{2}O^{2} + 9C^{2}O^{4} + 5,50H^{2} + 9H^{2}O^{2} + 5,50Az^{2}.$$

La formule nous montre que la quantité d'oxigène est insuffisante ; on ajoutera donc un azotate ou un chlorate. De là les poudres explosives au fulmicoton appelées *potentite*, ou fulmicoton nitraté, *tonite* ou fulmicoton au nitrate de baryte, *poudre de Schultze* aux nitrates de potasse et de baryte, *lithofracteur dynamital* au nitrate de soude, etc., etc.

Pourtant cette théorie n'est pas absolument justifiée par l'expérience. Ainsi, la poudre ordinaire, dans laquelle l'oxygène est en quantité insuffisante, produit des effets plus grands que la poudre noire où la combustion de l'oxygène est totale. Supposons, par exemple, une poudre composée de

Salpêtre.	84
Soufre	8
Charbon	8
Total . . .	100

Suivant la formule de détonation :

$$5AzO^{6}K + 3S + 8C = 3SO^{4}K + 2CO^{3}K + 6CO + 5Az.$$

la combustion est complète.

Or avec la poudre ordinaire dans laquelle on est obligé, pour des motifs particuliers, d'augmenter les proportions de soufre et de charbon, l'oxygène manque, et cependant l'effet est plus fort. Mais, s'il est vrai que, dans ce dernier cas, l'oxydation de C et S ne donne pas son maximum de chaleur, par contre il y a, à poids égal, plus de gaz dégagés et par suite une pression plus grande.

D'ailleurs, dans les poudres de mine, on cherche surtout à augmenter le volume de gaz. En diminuant le dosage en salpêtre on atteint ce but et en même temps on réduit le prix de revient.

On comprend donc que la théorie est insuffisante pour permettre d'établir une formule-type de poudre. Aussi est-on obligé, dans la pratique, d'opérer par tâtonnements, afin d'arriver à une poudre donnant des résultats déterminés.

On conçoit, en outre, qu'ayant trouvé le dosage qui convient dans un cas donné, il faille le modifier soit parce que le produit ainsi obtenu est trop couteux, soit parce qu'il émet des fumées nuisibles ou simplement gênantes, soit parce qu'il ne se prête pas facilement au bourrage, soit enfin parce qu'il ne se trouve pas dans de bonnes conditions de conservation ou que sa composition ne présente pas assez de stabilité.

Quant à ce qui regarde plus particulièrement les explosifs, il semble prouvé qu'outre l'avantage d'utiliser l'oxygène libre de la nitroglycérine, il y a intérêt à brûler le carbone à son minimum d'oxydation, c'est-à-dire à l'état d'oxyde de carbone.

La théorie de la détonation nous conduit à diviser les poudres et explosifs en trois catégories distinctes : *poudres brisantes*, *poudres fortes et rapides*, et *poudres fortes et lentes*.

(a). Poudres brisantes. — Ce sont des poudres à décomposition très-rapide, dont l'effet se produit par un broyage de la matière en contact.

La réaction étant instantanée, les gaz produits n'ont pas le temps de perdre leur chaleur et développent des pressions qui augmentent avec une extrême rapidité, si bien que les corps environnants, dont le déplacement ne peut s'effectuer assez vite, sont immédiatement broyés.

Comme poudres éminemment brisantes, nous citerons le fulminate, la nitroglycérine et le coton-poudre.

Mais si l'explosif, au lieu d'être pur, est mélangé avec une matière inerte, comme une dynamite à la Kieselguhr, cette matière absorbe une partie de la chaleur développée par la réaction et abaisse ainsi la température. Il en résulte une diminution de pression et de vitesse, une durée de réaction plus ou moins appréciable, et l'effet produit est une rupture en gros fragments.

C'est ce qui explique pourquoi une dynamite à 75 0/0 de nitroglycérine (Dynamite n° 1), développe une force bien moins brisante que ne le ferait la même quantité de nitroglycérine employée seule, sans mélange.

Les poudres brisantes, on le comprend aisément, peuvent être mises en œuvre sans intervention d'un bourrage quelconque.

(b) *Poudres fortes et rapides.* — Avec ces poudres, la décomposition est plus lente, mais la pression s'exerce encore rapidement. L'effet produit se traduit par des déchirements de la matière en contact, suivant la ligne de moindre résistance ; ou, si la matière est compacte, mais d'une ténacité insuffisante, par une dislocation sans projection.

Par suite de la rapidité de la réaction, la pression, agit au contact, avant que la matière n'ait eu le temps d'être projetée.

Il en résulte que l'on peut réduire le bourrage à fort peu de chose et ainsi diminuer la profondeur du trou de mine; et comme conséquence, il n'y aura aucun inconvénient à faire usage d'une poudre forte et rapide dans un terrain fissuré ou très-peu compact, en outre un deuxième coup de mine agira dans le même sens que le premier, augmentant ainsi son effet.

La dynamite et les explosifs à base de nitroglycérine, en général, appartiennent à cette classe de poudres. On les emploiera avantageusement dans les terrains fissurés, les bancs de silex, les tufs calcaires, les conglomérats, les roches dures et tenaces, etc.

Si le bourrage est inutile avec une poudre brisante, il est, avons-nous dit, nécessaire avec la dynamite. En effet le choc du fulminate agit immédiatement sur la nitroglycérine, mais son action est moins instantanée sur les autres corps, à base active, qui entrent, avec la nitroglycérine, dans la composition de l'explosif. Si donc on néglige d'opérer un bourrage, la nitroglycérine agit la première et son effet est prédominant ; et si, au contraire, on a bourré le trou de mine, l'action des autres corps a le temps de se développer et s'ajoute ainsi à celle de la nitroglycérine.

(c) *Poudres fortes et lentes.* — Dans le cas d'une poudre lente, la pression croît moins vite et dure plus longtemps. Aussi doit-on faire un fort bourrage et par suite des trous de mine profonds et inclinés.

S'il y a des fissures dans la roche où l'on opère, l'effet d'un premier coup de mine est contrarié, et le second ne produit pas d'effet sensible.

Le type de cette classe est la *poudre noire.*

On emploiera donc avec avantages les poudres fortes et lentes dans les charbonnages où il importe de débiter de la houille en gros fragments, dans les déblais peu résistants qu'il faut déplacer seulement ou projeter suivant la direction de moindre résistance, dans les terrains meubles qu'il suffit de désagréger pour laisser prise aux outils et excavateurs, et dans les autres travaux du même genre.

On conçoit que la décomposition n'étant ni instantanée, ni extrêmement rapide, les poudres lentes tendront à produire la dislocation des parois derrière lesquelles elles sont bourrées. En effet, la durée de la réaction devenant appréciable, les chaleurs dégagées se perdent partiellement par contact ; il en résulte que la pression varie et agit à la façon d'un levier pour détacher les matières par blocs.

On a cherché a augmenter la rapidité de décomposition de la poudre noire en opérant, dans la fabrication, un mélange aussi intime que possible de ses éléments constitutifs ; il est probable que si l'on pouvait arriver à réunir entre eux, à l'état de simples molécules, le salpêtre, le soufre et le charbon, la poudre serait plus vive et agirait à la façon d'un explosif de la seconde classe. Mais, si parfaits que soient les moyens mécaniques dont on dispose, la division de la matière a une limite, et celle-ci est assez grande pour qu'il y ait toujours une durée appréciable dans le phénomène de décomposition de chacun de ses éléments constituants.

C'est en cela, d'ailleurs, que consiste la grande différence entre la poudre noire et les explosifs chimiques. Dans ceux-ci, chaque molécule est un explosif par elle-même ; la durée de la réaction doit donc être très-rapide, sinon instantanée.

Mesure de l'énergie développée par un explosif. — Les différents effets produits par les substances explosives sont dus à la fois à la pression et au travail développés par l'explosion ou à la *force* et au *potentiel*.

On définit le *potentiel* :

Le travail maximum que l'unité de poids d'un explosif peut effectuer en supposant une conversion totale en gaz et une détente adiabatique indéfinie.

Le potentiel est proportionnel à la quantité de chaleur dégagée par l'explosif, celui-ci étant pris à la pression et température ambiantes, et ses produits supposés ramenés aux mêmes conditions.

Si on désigne par H le potentiel, Q la chaleur dégagée en calories, et E l'équivalent mécanique de la chaleur, on a :

$$H = EQ$$

en remplaçant E par sa valeur 425; cette formule donne le potentiel en kilogrammètres.

Les quantités de chaleur dégagées par tous les corps entrant dans la composition des explosifs ont été déterminées par M. Berthelot, à l'aide de son calorimètre à eau, ou de la *bombe calorimétrique* (1). Dans ce dernier appareil la combustion s'opère par détonation ; elle est ainsi totale et instantanée.

Dans le cas de la dynamite ordinaire qui renferme 75 °/° de nitroglycérine et 25 °/° de Kieselguhr, Q = 1290, et l'on a :

H = 548250 kilogrammètres,

ce qui correspond a une force de 7310 chevaux-vapeur.

La *force* est la pression, par unité de surface, des gaz de l'unité de poids de l'explosif occupant à la température de combustion, l'unité de volume.

Elle a pour mesure le produit du nombre de calories dégagées par le volume des gaz, ceux-ci étant ramenés à la température de zéro et à une pression uniforme.

Ainsi donc la valeur explosive d'une substance est caractérisée :

1° par sa force, ou pression exercée ;

2° par son potentiel, ou travail développé.

Or la pression résulte du volume que les gaz produits occupent à la température de l'explosion ; d'autre part, le travail dépend de la chaleur développée et de la vitesse de production des gaz. Il faut donc, pour définir l'effet explosif d'une poudre, déterminer :

1° le volume des gaz ;

2° la chaleur dégagée ;

3° la vitesse de la réaction.

Toutes ces études ont été faites par M. Berthelot et on en peut

(1) Berthelot. — Sur la force des matières explosives.

trouver les résultats dans son ouvrage sur la force des matières explosives.

En pratique, le travail maximum d'un explosif n'est guère que le tiers du potentiel déterminé théoriquement.

Mais ces calculs théoriques, outre leur grande difficulté, n'offrent pas une garantie suffisante; et l'on préfère mesurer les pressions au moyen d'appareils spéciaux qui permettent surtout d'établir la force comparative des divers explosifs, et qu'on peut classer en deux catégories suivant qu'ils sont fondés sur la méthode dynamique, ou la méthode statique.

Parmi les premiers, nous citerons les bouches à feu ordinaires et en particulier le *mortier-éprouvette* qui sert à mesurer le mouvement imprimé à un projectile.

Le mortier est en fonte ou en bronze, d'une seule venue avec la semelle sur laquelle il repose; son axe fait un angle de 45° avec le plan de la semelle. L'appareil est assujetti dans le sol au moyen d'un fort bâti de fondation et de boulons.

Supposons un mortier faisant un angle α avec l'horizon; le projectile est lancé à une distance horizontale C avec une vitesse initiale V. Désignons par H la hauteur maximum de la parabole décrite par le projectile; on a, théoriquement :

$$H = \frac{C \operatorname{tg} \alpha}{4}$$

D'autre part :

$$C = g \, V^2 \operatorname{Sin} 2 \alpha$$

Ou, dans le cas ou α dépasse 45°.

$$C = \frac{1}{g} V^2 \operatorname{Sin} (180 - 2 \alpha')$$

On en déduit, si $\alpha = 45°$;

$$V = \sqrt{g \, C}.$$

En remplaçant g, l'accélération due à la pesanteur, par sa valeur 9,78024, on a :

$$V = 3,127$$

On peut donc déterminer, à l'aide de la portée C, la valeur de la vitesse initiale.

L'essai des dynamites au mortier n'indique pas leur force brisante, mais simplement leur force propulsive; aussi cet appareil est-il très-avantageux quand on désire se rendre compte de la valeur industrielle d'un explosif pour travaux de mines et de carrières.

Voici, à ce sujet, quelques résultats que nous avons obtenus avec 10 grammes de chacun des explosifs suivants, en faisant usage d'un projectile pesant 30 kil. Les essais ont été faits avec des capsules au fulminate quadruple force et des mèches Bickford.

NOM DES EXPLOSIFS	VALEUR DE C.
Poudre dite Safety blasting.	2m,60
Lithofracteur de Matagne	20 ,30
Paléine, à 30 p. 100 de nitroglycérine	26 ,10
Paléine, à 40 p. 100 de nitroglycérine	31 ,20
Dynamite rouge et grasse de Hambourg.	31 ,40
Dynamite allemande à la cellulose	34 ,70
Forcite, à 64 p. 100 de nitroglycérine	39 ,00
Forcite, à 75 p. 100 de nitroglycérine	43 ,60
Nitrolite, à 75 p. 100 de nitroglycérine.	43 ,20
Dynamite-gomme, à 95 p. 100 de nitroglycérine	45 ,00

Citons encore, outre le mortier, les éprouvettes à ressort, à poids, à réaction ; les appareils électro-balistiques : *chronoscope* de Wheatstone, *chronographe électrique* de Martin de Brettes, *chronographe électro-balistique* de Le Boulengé, *chronographe* Noble, etc.

Les appareils fondés sur la méthode statique sont également fort nombreux. On en trouve une description complète dans le *Traité de la poudre*, déjà cité.

Le plus simple et le plus ancien à la fois est celui de Rumford (1792) qui cherchait par tâtonnement le poids capable de faire équilibre à la pression des gaz de la poudre ; le poinçon Rodman (1857) et l'éprouvette Uchatius (1869), qui sont basés sur la pénétration d'un disque de cuivre par un poinçon d'acier, sous l'impulsion de l'explosion.

Le *crusher*, ou *écraseur*, de la commission anglaise des matières explosives a été perfectionné par M. Berthelot, et il est actuellement employé par la commission des matières explosives et dans les expériences exécutées par l'artillerie de marine, en France.

Le *crusher* de M. Berthelot est une éprouvette en acier doux A, (fig. 47), fretté extérieurement, suivant le système de M. Schultz, par un fil d'acier de 0mm,8 de diamètre, enroulé sur le tube, sous une tension de 35 kil. Le frettage se compose de quinze rangs de fils.

Le cylindre est fermé à ses deux extrémités par les bouchons d'acier B, B', et le joint entre les bouchons et le tube est fermé par des obturations annulaires en cuivre rouge C, C'. Les bouchons sont vissés dans deux disques de fer forgé D, D', réunis eux-mêmes par six boulons E, E'.

Le *crusher* proprement dit comprend un petit piston *a*, une enclume fine *d*, et un petit cylindre de cuivre rouge *r* placé entre les deux. La cartouche est suspendue au milieu de l'éprouvette. L'inflammation est obtenue par l'incandescence électrique d'un fil métallique, tendu entre deux bornes *b*, *b'*; l'une de celles-ci est fixée au bouchon, l'autre est au bout d'une tige métallique *n* qui traverse le bouchon avec interposition de gomme laque isolatrice.

La base du piston, de section connue, reçoit la pression des gaz et la transmet par écrasement au cylindre *r* qui mesure 0m,013 de hauteur et 0m,008 de diamètre.

On gradue l'appareil par comparaison des résultats obtenus en opérant sur des poids croissants de matière explosive. Le rapport du poids de l'explosif en grammes au volume intérieur de l'éprouvette en centimètres cubes est ce qu'on appelle la *densité de chargement*.

La théorie des manomètres à écrasement (1), tels que le crusher décrit ci-dessus, a été examinée d'une manière approfondie par MM. Sarrau et Vieille.

Ils ont d'abord défini le tarage de l'appareil, en écrasant le cylindre progressivement et lentement, par quantités très-petites, jusqu'à ce qu'il supporte sans déformation permanente une charge déterminée.

(1) Berthelot — Sur la force des matières explosives. T. I, p. 50. Paris 1883.

On obtient ainsi une relation entre la charge finale, dite *force de tarage* θ, et la diminution de la hauteur du cylindre, c'est-à-dire l'écrasement correspondant Σ.

Fig. 47.

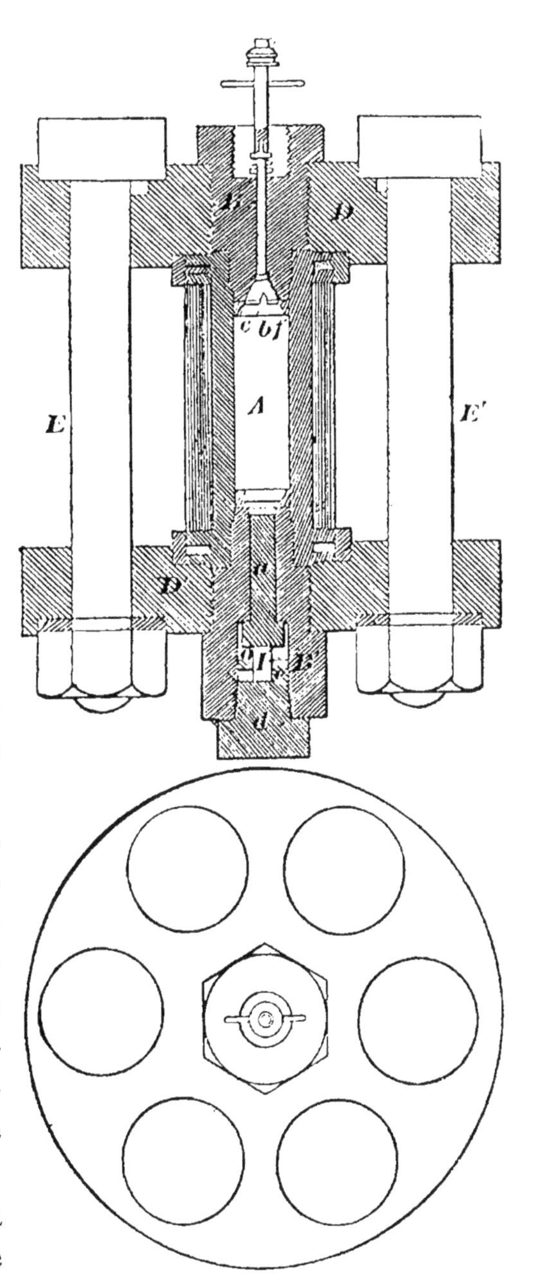

θ variant de 1.000 à 3.500 kil., on a sensiblement.

(I) $\theta = K_0 + K\Sigma, \quad K_0 = 541\,; \quad K = 535,$

les unités étant le millimètre et le kilogramme.

Cette relation établie, comment les indications qui en résulte pourront-elles être appliquées aux expériences? Deux cas limites se présentent :

1° Le développement de la pression est assez lent et la masse du piston écraseur assez faible pour que les forces d'inertie puissent être négligées ; dans ce cas, il y a sensiblement équilibre entre la pression développée par l'explosif et la résistance du cylindre. La pression maximum est alors égale à la force de tarage correspondant à l'écrasement observé ; elle est donnée par la formule (I).

2° Le développement de la pression est si rapide, que le déplacement du piston, opéré pendant le développement de la pression maximum, peut être regardé comme négligeable, le piston ayant d'ailleurs une masse suffisante : dans ce cas, le mouvement du piston sera envisagé comme effectué sous pression constante, dès l'origine et pendant toute sa durée.

Le calcul indique que la valeur de cette pression est égale à une force de tarage correspondant à la moitié de l'écrasement :

$$(2) \qquad p = K_0 + \frac{K\Sigma}{2}.$$

Dans la pratique, et pour un explosif donné, il s'agit de constater si l'appareil fonctionne à l'une ou à l'autre de ces limites, puis d'évaluer la pression maximum applicable aux cas intermédiaires. Il est dès lors nécessaire d'enregistrer la durée de l'écrasement, ainsi que la loi du mouvement du piston, et de comparer celle-ci avec les résultats indiqués par le calcul, pour le mouvement du piston écrasant le cylindre sous l'action d'une force qui soit fonction quelconque du temps. La théorie montre que le phénomène est réglé par le rapport entre la durée effective de l'écrasement, opéré sous la pression variable, et la durée τ_0 de cet écrasement, opéré par une force constante, agissant sur le piston sans vitesse initiale.

Cependant il est préférable de substituer à une correction toujours un peu douteuse, les données obtenues dans des conditions expérimentales voisines de l'une ou de l'autre limite. Citons quelques résultats.

Les auteurs ont trouvé, pour la poudre de guerre, que l'écrasement demeure le même lorsque $\frac{\tau}{\tau_0}$ varie de 4,8 à 251 ; variations qui dépendent du degré d'agrégation de la poudre (poussier, grain, galette, bloc comprimé). On est donc toujours au voisinage de la première limite ; c'est-à-dire que la formule (1) est applicable dans tous les cas. La pression maximum des gaz de la poudre, à la densité de chargement 0,70, a été ainsi trouvée égale à 3574 kil. par centimètre carré.

Le picrate de potasse en poudre, au contraire, s'est décomposé si vite qu'on n'a pu observer aucune valeur appréciable pour τ (exprimé en dix-millièmes de seconde). La pression maximum a été trouvée égale à 1985 kil., sous une densité de chargement 0,30. Le même sel, en blocs comprimés, a présenté une durée de combustion plus sensible : soit $0^s,0005$ à $0^s,0006$, et un moindre écrasement. C'est donc l'autre limite qu'il convient d'appliquer, et la vérification expérimentale en a été faite.

Avec le coton-poudre en poussière (densité de chargement 0,20), τ est également insensible et la pression maximum égale à 1985 kil.; le poids du piston ayant varié de 727 gr. à $42^{gr},70$.

La dynamite (densité de chargement 0,30) se décompose plus lentement que le coton-poudre, mais plus vite que la poudre noire ; la détonation étant produite à l'aide de fulminate, bien entendu. Aussi fournit-elle un cas intermédiaire, dans lequel la discussion des mesures est plus délicate. En employant des pistons de poids moyen, et même des pistons légers, il est fort difficile d'atteindre la limite inférieure (1) ; du moins avec une certitude comparable à celle des essais relatifs aux matières précédentes. Au contraire, vers la limite opposée (2), on est parvenu à rendre négligeable le rapport $\frac{\tau}{\tau_0}$ en donnant au piston une masse de 4 kil.; l'écrasement était alors presque double de ceux que l'on obtenait avec des pistons pesant $3^{gr},8$ et $6^{gr},9$. On voit par là que les cas limites ont été réalisés avec la dynamite, ainsi que les cas intermédiaires, en modifiant la masse du piston.

La pression maximum (piston de 4 kil.) a été trouvée égale à 2547 kil. par centimètre carré, pour la densité de chargement 0,30.

Avec un piston de poids moyen, c'est-à-dire pesant seulement $59^{gr},7$, toujours pour une densité de chargement égale à 0,30, la dynamite et la picrate donnent le même écrasement ; cependant les pressions maxima sont très-différentes.

Ce qui caractérise les expériences faites avec la dynamite, c'est que le calcul fait pour les pistons très-légers d'après la formule (1), et pour les pistons très-lourds d'après la formule (2), doit donner et donne en effet le même chiffre pour la valeur de la pression exercée.

Il convient de remarquer ici que les mesures obtenues répondent seulement à une certaine moyenne des pressions, moyenne susceptible d'être dépassée notablement sur certains points. En réalité, les gaz brusquement développés par la réaction chimique représentent de véritables tourbillons, dans lesquels il existe des filets de matière sous des états de compression très-différents, et une fluctuation intérieure. C'est ce que montrent les effets mécaniques produits, par ces gaz, sur les matières solides, et spécialement sur les métaux qui se trouvent creusés et sillonnés par place, comme s'ils avaient reçu l'empreinte d'un corps solide extrêmement dur.

La mesure des pressions initiales, dans les bouches à feu, manifeste également des irrégularités locales et des différences, parfois énormes, entre les pressions observées au même instant sur les divers points de la chambre où se produit la combustion de la poudre.

La pression n'est donc pas uniforme et elle peut varier d'une manière presque discontinue, aussi bien que le mouvement communiqué d'abord au projectile.

On voit, par cette théorie de M. Berthelot, que le crusher peut rendre de très-grands services dans l'étude des explosifs.

Néanmoins l'appareil est délicat, les calculs n'offrent pas toute la précision voulue, les formules elles-mêmes présentent un certain degré d'incertitude et l'expérience exige une grande habileté.

Pour remédier à tous ces inconvénients et déterminer à la fois, avec une certaine approximation, l'effet d'un explosif tel qu'il se produit réellement dans ses applications aux mines, MM. Kostersitz et Trauzl, officiers du génie autrichien, ont imaginé un appareil très-simple et qu'on peut manœuvrer facilement dans tous les chantiers.

Le crusher est renfermé dans un simple tuyau de plomb, de 0m,033 de diamètre intérieur et 0m,50 de longueur. Il se compose d'une pièce d'acier *d*, terminée par deux troncs de cône qui s'appuient sur deux cylindres de plomb, *c*, *c'*, de 0m,020 de hauteur (fig. 48).

L'explosif est renfermé dans une enveloppe, *a*, d'étain, qui mesure 0,031 de diamètre extérieur et contient une amorce électrique. Cette cartouche est disposée au-dessus du cylindre *c* dont elle est séparée par un petit disque en acier Bessemer de 3mm,3 d'épaisseur.

Toutes ces différentes pièces sont disposées dans une enveloppe en papier qu'on introduit dans le tube de plomb. Au-dessus et au-dessous on achève le remplissage avec un bourrage de sable ou terre et les deux extrémités sont bouchées par un tampon *g* d'argile.

Fig. 48.

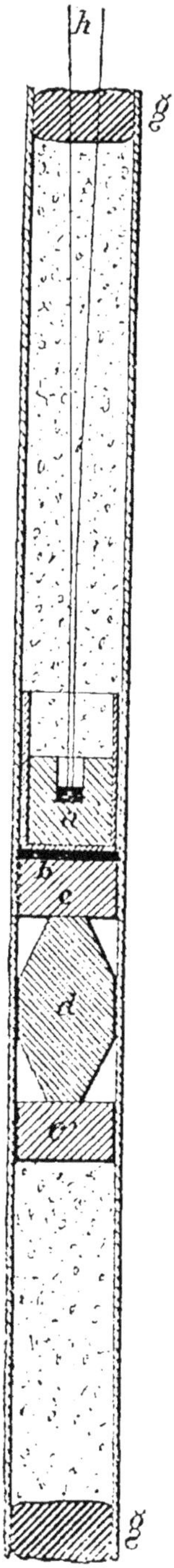

Le tuyau ainsi rempli, on l'enfouit dans le sol jusqu'aux deux tiers de sa hauteur, et on fait le tirage.

L'explosion brise le tuyau à hauteur de la charge, et l'action des gaz s'exerce à la fois sur les deux cylindres C,C', qui sont pénétrés par les deux troncs de cône de la pièce d'acier *d*.

En mesurant les impressions des deux poinçons on en déduit, par comparaison, la force des divers explosifs essayés.

L'appareil suivant, que nous avons établi sur le même principe que le précédent, permet de réaliser très sensiblement les conditions ordinaires d'un coup de mine et, par suite, d'apprécier avec assez d'exactitude la valeur comparative des explosifs au point de vue de leur emploi dans les mines.

Il comprend un tube en acier A de 35 mil. de diamètre intérieur et 40 à 50 cm de longueur, portant à sa partie inférieure une plaque d'acier B évidée en son centre et boulonnée (fig. 49).

L'explosif, 4 grammes environ, est placé en C, au-dessus d'un disque en acier D de 6 mil. d'épaisseur et 33 mil. de diamètre. Le petit piston à pointes E, en acier, mesure également 33 mil. de diamètre ; il est disposé entre deux paquets de 10 ou 12 rondelles de plomb de 2 mil. d'épaisseur et 33 mil. de diamètre.

On bourre avec de la terre ou du sable ; puis on place l'appareil, muni de sa mèche ou de conducteurs électriques, dans un trou percé dans le sol, en laissant dépasser un tiers environ de sa longueur.

La pénétration du piston dans les plaques de plomb permet d'apprécier la force de l'explosif.

On détermine d'abord la compression produite par l'explosion d'une capsule seule, et on la déduit de chaque compression totale.

Fig. 49 Fig. 50.

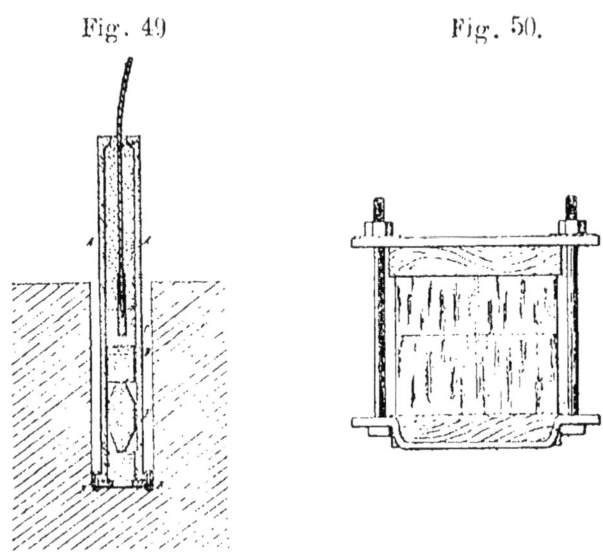

Il reste maintenant à comparer les effets d'un même explosif dans différentes matières. A cet effet on peut employer la méthode du capitaine autrichien Beckerheim, qui consiste à faire détoner de petites quantités d'explosif, 1 à 4 grammes, dans des matériaux découpés en blocs de mêmes dimensions, et à mesurer ensuite la sphère d'éclatement produite.

Les expériences ont été faites sur plomb, pierre, papier mâché, bois, argile, etc. Le capitaine Beckerheim employait deux blocs superposés de $0^m,20$ à $0^m,30$ de côté, $0^m,06$ à $0^m,10$ de hauteur ; le bloc inférieur portait une petite cavité de 1 c. cube que l'explosif remplissait complètement, le bloc supérieur était percé d'un simple trou pour le passage des fils communiquant avec une amorce électrique.

Les deux petits blocs étaient maintenus entre les plateaux d'une presse ; mais on peut faire les épreuves en remplaçant la presse par des plateaux en bois serrés au moyen de boulons et de plaques de fer, comme le montre la fig. 50.

Les résultats diffèrent dans une même matière suivant que celle-ci est homogène ou non, dure ou molle. De plus il arrive qu'un même explosif agit bien quand la matière est dûre, tandis qu'il produit peu d'effet si elle est molle ou peu tenace, et réciproquement.

Force comparative des différents explosifs. — Dans les chantiers où l'on emploie une grande quantité d'explosifs, on a intérêt à connaître la valeur industrielle de chacun d'eux comparée à un explosif connu, comme la dynamite ordinaire à 75 % de nitroglycérine.

Les deux appareils précédents, d'un usage simple et d'une construction économique, peuvent suffire. On fait les expériences en se basant sur le principe que l'effet maximum d'un explosif est celui qu'on observe quand la matière détone dans un espace entièrement rempli, c'est-à-dire dans un espace égal à son propre volume. Dans ce cas, la pression est sensiblement proportionnelle à la densité de chargement $\frac{P}{V}$ conformément aux principes de la loi de Mariotte que M. Berthelot a reconnue vraie pour le cas des explosifs.

Il résulte de là que les effets produits par divers explosifs de même nature sont d'autant plus grands que les poids spécifiques sont plus considérables.

Comparaison des explosifs au calorimètre. — Un des moyens les plus simples de calculer la valeur industrielle des explosifs est de les comparer à la dynamite ordinaire en les faisant exploser dans un calorimètre à eau. Le vase où l'on produit la détonation doit être suffisamment solide pour résister à l'explosion de 4 grammes de l'explosif.

On fait usage de détonateurs électriques et d'un exploseur quelconque.

Au moyen de deux thermomètres gradués en dixièmes de degrés, on mesure les températures de l'eau pendant 5 minutes avant l'explosion et 3 ou 4 après. La combustion est très-courte et l'augmentation de chaleur est de 1 à 2 degrés au plus.

Soit t la variation thermométrique observée.

Appelons :

V le volume d'eau, en centimètres cubes, du calorimètre ;

M la somme des masses réduites en eau du calorimètre, des thermomètres et du vase à explosion ;

Q la quantité de chaleur dégagée.

On a :

$$Q=t(V+M)$$

On peut en déduire la *température absolue de combustion* T, c'est-à-dire: la température que prendraient les produits gazeux si la chaleur absolue de combustion Q était employée à les échauffer sous volume constant à partir du zéro absolu, ou 273° au-dessous de zéro.

En effet, en désignant par C la chaleur spécifique des produits gazeux de la combustion, et supposant que la température de l'air ambiant soit de 20°, on aura :

$$T=\frac{Q}{C}+273+20.$$

Dans le cas d'une dynamite ordinaire à 75 % de nitroglycérine, on sait que :

$$Q=1290$$

$$C=0,220$$

On en déduit :

$$Td=6157^{\circ}$$

Pour le fulmi-coton, on trouve:

$$Tf=4850^{\circ}.$$

En déterminant la valeur Tc pour un explosif quelconque, on la comparera avec Td ; et l'on pourra ainsi se rendre compte, avec une approximation suffisante, des effets que peut produire cet explosif.

Calcul de la pression et du travail produits par le tirage d'un trou de mine chargé avec de la dynamite. — Supposons un trou de mine de 0m,03 de diamètre, chargé avec 1 kil. de dynamite n° 1, à 75 % de nitroglycérine.

La pression en kilogrammes exercée au fond du trou par les gaz résultant de l'explosion est déterminée par la formule de Vieille et Sarrau :

$$P = \frac{V_o\left(1 + \frac{Q}{273.\ c}\right)}{V - v}$$

dans laquelle, on représente par :

V_o le volume, réduit à 0° et à la pression 760, des gaz produits par l'unité de poids de l'explosif ;

Q le nombre de calories dégagées par l'explosion de l'unité de poids ;

c la chaleur spécifique. à volume constant, des gaz ;

V la capacité en centimètres cubes de l'unité de poids de l'explosif ;

v le volume occupé par les matières inertes de l'explosif.

Le volume des gaz produits par 1 kil. de nitroglycérine, ramenés à 0° sous la pression de 760 mil., est, suivant les expériences de Vieille et Sarrau, de 467 litres.

On peut donc prendre pour V_o :

$$V_o = 0{,}75 \times 467,$$

soit :

$$V_o = 350.$$

D'après Bunsen et Schiskoff, 1 kil. de dynamite n° 1 dégage 1290 calories.

La chaleur spécifique *c* est de 0,220, suivant les calculs de Sarrau.

Enfin, la densité de la dynamite étant égale à 1,500, on en déduit :

$$V = \frac{1}{1{,}500} = 0{,}666.$$

Si on évalue à 0,100 le volume occupé par la Kieselguhr ; on trouve en transportant toutes ces valeurs dans la formule précédente :

$$P = \frac{350\left(1 + \frac{1290}{273 \times 0{,}220}\right)}{0{,}666 - 0{,}100} = 13900 \text{ atmosphères.}$$

Pour transformer cette quantité en kilogrammes de pression par centimètre carré, il suffit de la multiplier par le poids d'une colonne de mercure ayant $0^m{,}760$ de hauteur et 1 centimètre carré de section ; ce qui revient à l'augmenter de $\frac{1}{30}$.

$$Pk = Pa\left(1 + \frac{1}{30}\right) = 14317 \text{ kilogrammes.}$$

En appliquant la formule à l'explosion du fulmicoton, et prenant :

$$Q = 1075 \text{ (Berthelot)}$$

$$C = 0{,}2314$$

$$V = \frac{1}{1{,}50} \text{ (Densité absolue 1,50)}$$

$$V_0 = 671 \text{ litres (Vieille et Sarrau)}$$

$$v = 0$$

on trouve :

P'a = 18135 atmosphères

P'k = 18740 kilogrammes.

L'explosion de 1 kil. de nitroglycérine pure donne :

P''a = 18533 atmosphères

P''k = 19151 kilogrammes.

CHAPITRE II

Tirage d'un coup de mine dans une roche. — Dispositions et dimensions des trous de mine. — Influence de la nature et de la forme des terrains. — Calculs des charges. — Emploi des explosifs dans les mines et travaux publics, dans les carrières et dans les charbonnages.

La préparation d'une mine comprend deux opérations :

1° Le percement du trou de mine ;

2° La mise en place de la charge.

Nous avons déjà vu comment on charge un explosif ; il nous reste à étudier la question du percement des trous de chargement.

Le problème consiste à déterminer, pour chaque trou de mine, la position et les dimensions qui conviennent le mieux, de façon à obtenir le meilleur résultat aussi économiquement que possible. Ce n'est pas tout, en effet, d'abattre les roches, dans un travail de mine, il faut encore que les dépenses soient réduites à un minimum ; et comme l'opération la plus coûteuse est celle qui consiste à perforer le terrain pour y introduire l'explosif, il en résulte que l'ingénieur et l'entrepreneur doivent s'attacher à déterminer la situation, l'inclinaison et les dimensions des trous de mine correspondant au maximum d'effet utile.

Or il n'existe pas de règles précises, et il ne peut pas y en avoir, car, quand bien même on arriverait à déduire des faits une série de formules, celles-ci ne pourraient être appliquées, dans des circonstances identiques, qu'à des matériaux de même nature. Les règles empiriques ont, toutefois, une certaine utilité ; mais c'est surtout le raisonnement, basé sur la pratique et l'expérience, qui doit guider le mineur dans l'installation convenable des trous à charger.

L'effet d'une explosion peut, entr'autres considérations, être influencé par :

1° La forme et la dimension de la roche ; le nombre et la position de ses faces dégagées.

2° La texture du terrain : dur ou tendre, mou ou consistant, cassant ou tenace. Il est bien certain que l'expérience acquise dans des sautages de roches dures comme les granits, les gneiss, etc., ne pourrait être appliquée à des opérations de mine dans le calcaire ou les schistes ;

3° La structure ; celle-ci pouvant être lamellaire, stratifiée ou fissurée, d'un clivage facile ou non, compacte, etc. ;

4° L'élasticité plus ou moins grande de la roche ;

5° Le dégagement que l'on veut produire, ou le volume et la forme que l'on désire obtenir par l'abattage ;

6° Le genre d'explosif employé ;

7° La nature de la mèche, de l'amorce et du bourrage ;

8° Enfin il y a lieu de considérer si les coups de mine doivent être tirés isolément ou simultanément.

Supposons une mine chargée de poudre. Lors de la mise en feu, les gaz développés agissent d'abord dans des directions radiales partant d'un point que nous supposerons, pourplus de facilité, le centre même de la charge. Puis, il se produit dans la roche une sorte de mouvement ondulatoire qui se traduit par des déchirures, et finalement la force ainsi développée cherche son expansion vers l'extérieur par le plus court chemin.

Ce chemin, dont la longueur est mesurée par la plus courte distance entre la charge et la face extérieure de la roche, est ce qu'on appelle la *ligne de moindre résistance.*

Si la ligne de moindre résistance est nulle, cas où l'explosif est simplement posé sur le sol, l'explosion produit un entonnoir *a b c d* en partie comblé par la chute des matières dégagées (fig. 51). Une seconde charge dans le fond du trou, se trouverait dans de meilleures conditions que la première et creuserait une excavation suivant $a'b'c'$; une troisième élargirait encore jusqu'en $a''b''c''$.

Fig. 52 Fig. 54. Fig. 53

Supposons maintenant un trou de mine vertical to, sous la surface du sol ; si la charge o n'est pas suffisante pour produire une dislocation du terrain jusqu'au sol, l'effet de l'explosion s'étend dans tous les sens à égale distance du centre de charge et produit une sphère ss de désagrégation ou de rupture (fig. 52).

Mais si la charge est assez grande pour que l'effet puisse se propager jusqu'à la surface du sol, il se forme à la base une sphère de rupture en forme d'ellipsoïde uu et un entonnoir $vxv'x'$ (fig. 53). En

Fig. 55 Fig. 54. Fig. 56

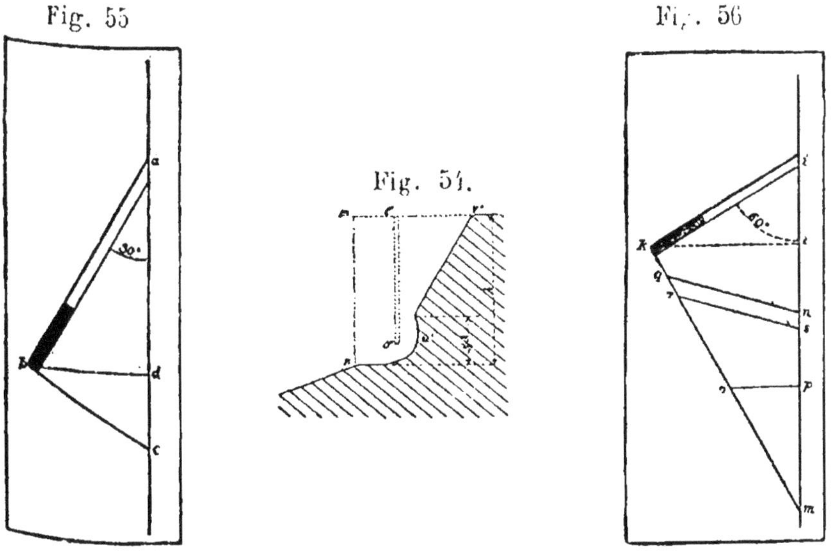

faisant l'expérience dans une roche dure, on distingue parfaitement la chambre uu et le cratère $vxx'v'$; ces formes sont moins visibles dans les terrains ordinaires parce que la terre détachée retombe le long des parois. On peut encore observer que la hauteur de la chambre uu est égale au tiers de la hauteur totale d'évidement h.

Enfin si le terrain présente une face verticale dégagée telle que mn (fig. 54), l'effet du trou de mine vertical $t''o''$ sera d'abattre cette face, l'autre côté conservant la forme d'un demi-entonnoir et d'un demi-ellipsoïde avec les mêmes hauteurs h et $1/3\,h$ comme dans le cas précédent.

Supposons maintenant [1] un trou de mine oblique tel que ab (fig. 55) dans une roche massive, non fissurée, avec une face verticale dégagée ac. En général, on obtient une rupture avoisinant les lignes ab et bc, cette dernière étant perpendiculaire à la première. L'expérience indique que le rayon de la sphère de rupture dépasse rarement la longueur ab, mais qu'elle peut atteindre cette limite quand on opère dans une roche très-tendre et que la ligne ab, c'est-à-dire la direction du trou de mine, fait avec la face dégagée ac un angle inférieur à 45°.

La ligne de moindre résistance est dans ce cas mesurée par la longueur $bd = ab$ Cos bad.

Si le trou de mine ef est incliné à 45° sur la face eg, la ligne de résistance fh a pour mesure :

$$fh = ef \text{ Cos} 45° = 0{,}707 \times ef.$$

ce qui correspond à son maximum de valeur.

Mais il peut arriver que la direction de la charge ik soit inclinée à plus de 45°; à 60° par exemple. Dans ce cas (fig. 56), il est probable que le bloc détaché sera, non pas le volume ikm, mais seulement une portion telle que $ikgn$.

Admettons maintenant une fissure ou déchirure telle que op, ou encore une autre face op précédemment découverte par un coup de mine ; il est probable que le bloc détaché sera $ikop$, pourvu que la distance ko ne soit pas plus grande que la profondeur ik du trou de charge.

De ces considérations, on peut déduire que :

1° Les trous de mine doivent, en général, être perforés sous un angle égal ou inférieur à 45°. Un angle plus grand, entre 45° et 90°,

(1) D'après M. Drinker : On Tunnelling.

n'est possible que s'il y a plusieurs faces découvertes ; et un plus petit, dans le cas seulement où la disposition de la roche est telle que la ligne de moindre résistance se trouve être inférieure aux trois quarts de la profondeur du trou.

2° La rupture se produisant toujours dans le voisinage de la ligne de moindre résistance, que celle-ci soit comprise dans l'intérieur du bloc détaché, ou qu'elle serve de limite à ce bloc dans le cas d'un angle de 90°, il est de toute nécessité de se rendre bien compte de la forme extérieure de la roche afin de chercher à obtenir le maximum d'effet utile.

(*a*) Supposons d'abord une roche telle que *gedb* (fig. 57). Si la

Fig. 57 Fig. 58

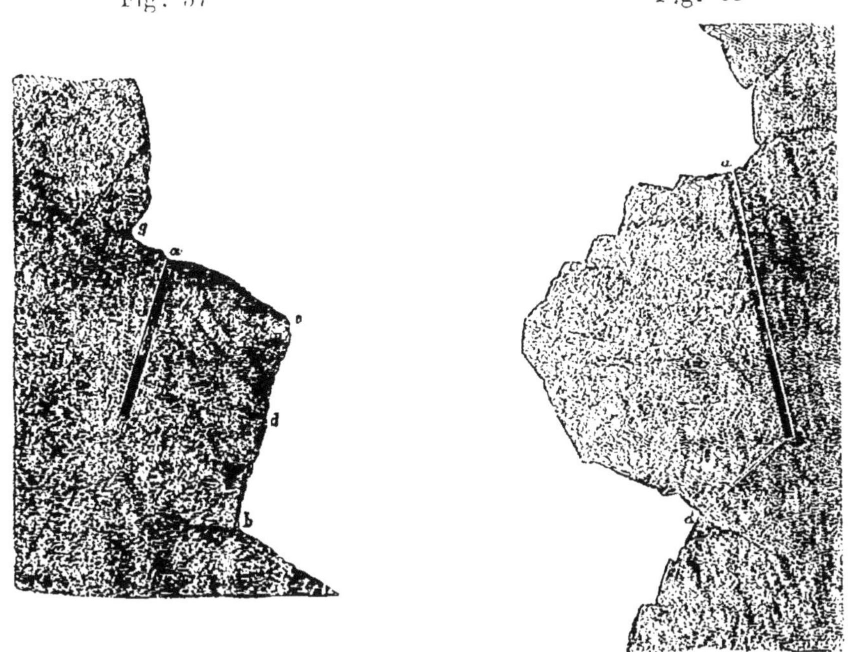

ligne *af* représente une ligne de charge parallèle à la face dégagée *eb*, la ligne de moindre résistance *cd* indique la direction de l'effet qui se produit. Or, il n'est pas nécessaire de prolonger *af* jusqu'à la hauteur du point *b*, car, dans la plupart des cas, on peut compter que la rupture se produira entre les points *f* et *b*.

De même on peut présumer que, si les circonstances sont favorables, le sautage du coup de mine produira également son effet entre les points *f* et *g*.

L'effet serait encore bien plus considérable s'il existait, dans le terrain, une première crevasse se dirigeant du point *g* parallèlement à *af*, et une autre prenant naissance en *b* et tournant dans une direction perpendiculaire à *af*.

(*b*) Supposons maintenant, comme dans le cas de la fig. 58, un retrait dans le terrain en *d*, le trou de mine étant dirigé suivant la ligne *ab*. On peut, dans ce cas, considérer *bd* comme la ligne de moindre résistance dont la valeur maximum serait égale aux trois quarts de la profondeur *ab*; c'est le cas où le trou de mine serait encore plus obliqué que ne le montre la figure, et alors l'effet de l'explosion serait d'autant plus grand que le trou de mine serait plus profond et la roche plus bombée.

(*c*) Si le terrain à faire sauter affecte la forme indiquée par la fig. 59, un trou de mine tel que *ab* sera très défavorable, surtout s'il est

Fig. 59 Fig. 60

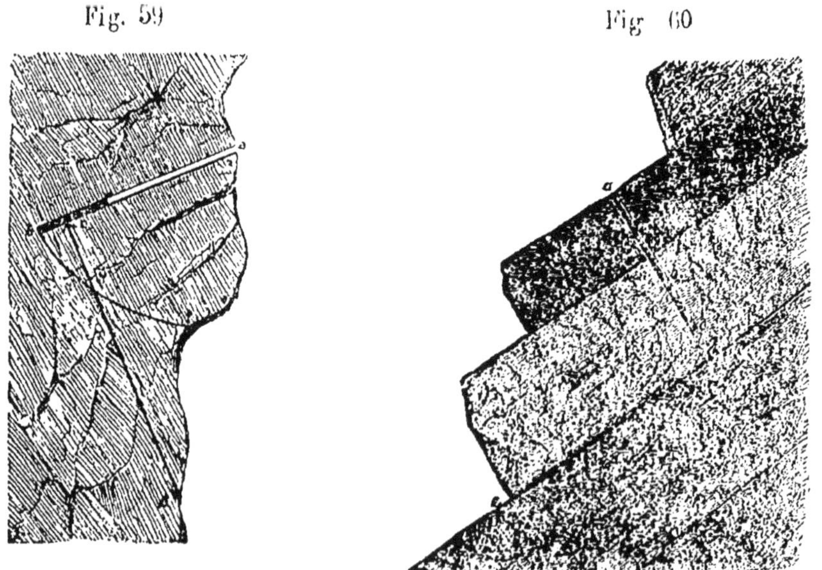

impossible de le placer plus haut que le point *a*. En effet la rupture tendra toujours à se faire dans le sens *abf*, au lieu de se diriger suivant la ligne de moindre résistance *cd* qui est presque verticale. D'ailleurs, l'effet de rupture ne pourrait aucunement se faire sentir jusqu'en *d* (en supposant toujours le cas d'une roche massive), puisque la distance *c d* est plus grande que la profondeur *a b* du trou de mine.

De même, un trou perforé par le point *a*, mais plus obliquement et à une plus grande profondeur, serait encore dans des conditions défavorables parce que la portion de terrain *d f* est trop épaisse.

Ainsi donc, avec une roche affectant cette forme (fig. 59), la ligne de moindre résistance est la perpendiculaire menée du milieu de la cavité *f* à la ligne de charge *a b*; et il est probable que l'effet produit ne s'étendrait pas au-delà du point *f*.

(*d*) Supposons le cas d'un terrain présentant des crevasses, des fissures ou des lignes de stratification. Celles-ci pourront toujours être utilisées pour obtenir un maximum de travail. En effet, on peut les considérer comme jouant le même rôle que des faces franchement dégagées et, qu'elles existent d'un côté ou de l'autre du trou de charge, il y a lieu de présumer que le coup de mine agira aussi bien en dedans qu'en dehors ; de sorte qu'il faudra prendre en considération deux lignes de moindre résistance dans l'un et l'autre sens.

Considérons, par exemple, le cas de la fig. 60.

L'effet du coup de mine se fera sentir très-probablement au-delà du fond *c* du trou de charge *a c*. Or la distance *c d* du point *c* au plan de stratification le plus voisin peut être prise comme première ligne de moindre résistance. D'autre part, l'effet du choc, vers l'extérieur, se traduira perpendiculairement à *a c* suivant une ligne *e d* qui sera la seconde ligne de moindre résistance.

Quant aux limites extrêmes de *c d* et de *c d*, l'expérience seule peut les indiquer. Dans tous les cas, la longueur de la ligne *e d* ne doit pas dépasser les trois quarts de *a c*.

S'il se présente des crevasses irrégulières ou des fissures en sens contraire, la question devient plus complexe ; on se préoccupe seulement de dégager le plus grand prisme possible.

M. Drinker indique les règles suivantes pour le cas de terrains à stratification régulière.

1° En général, les trous de mine doivent être dirigés perpendiculairement au plan de stratification.

2° La hauteur de charge, dans le trou de mine, doit être contenue dans la partie pleine de la roche : ce qui suppose, naturellement, que les strates ont une épaisseur plus grande que cette hauteur de charge. Si celle-ci traversait un plan de séparation de deux couches, il est probable qu'il y aurait une déperdition de force. C'est pourquoi un terrain à fissures ou crevasses courtes, ou à feuillets, quoique présentant plus de faces aux effets de l'explosion, se trouvera très-souvent dans des conditions plus difficiles pour l'attaque qu'une roche massive.

3° De ce qui précède, il résulte qu'une roche crevassée, laminée ou schisteuse, devra être attaquée non dans la direction des strates, mais plutôt dans une direction normale ou oblique suivant les cas.

En effet, si le coup est tiré parallèlement aux plans de stratification, son effet ne s'étendra guère au-delà des strates voisines, et le volume détaché sera faible. Si, au contraire, il est tiré normalement ou obliquement, l'effet sera bien plus grand quand bien même le trou perforé rencontrerait plusieurs stratifications.

Le volume dégagé étant, comme le prouve l'expérience, proportionnel au cube de la profondeur des trous de mine, il en résulte qu'il y aura toujours économie à abattre les masses principales par des coups de mine très- profonds, toutes les fois qu'il sera possible de le faire.

La profondeur à donner aux trous de mine dépend, en effet, de la nature des terrains. C'est ainsi que des roches à courtes fissures et très-plissées exigeront de préférence des trous peu profonds ; on les fera de profondeur moyenne pour des roches grossièrement fissurées et peu plissées, et de grande profondeur pour une roche courante et massive.

Il est bon de remarquer, à ce sujet, qu'il est facile de reconnaître *à priori* la nature d'un terrain. On distingue une roche ferme et cassante au rebondissement du marteau ; elle se perfore difficilement, mais se casse aisément. Tels sont les granits, trapps, gneiss, etc. Une roche ferme et tenace ne fait pas autant rebondir le marteau ; elle laisse une trace blanche quand on la raie à l'acier, se perfore facilement, mais casse avec difficulté. Exemples : les calcaires, porphyres, filons quartzeux, etc.

En tout cas et quelle que soit la nature du terrain, il faut toujours préparer un coup de mine de manière à assurer une face de dégagement pour les coups suivants.

3° *Attaque d'un terrain à stratification.* — En général, et aussi bien en théorie qu'en pratique, le premier coup tiré sur le front d'une galerie ou d'un tunnel est toujours le plus défavorablement disposé.

Si les strates plongent vers la face de dégagement (fig. 61), et par suite vers le mineur, l'attaque doit partir du toit. Ce cas est un des plus favorables qui puissent se présenter, car le mineur peut aisément recouper les couches perpendiculairement aux plans de stratification et manier facilement son outil de perforation.

Si les couches sont obliquées en sens contraire (fig. 62), la pre-

Fig. 61. Fig. 62

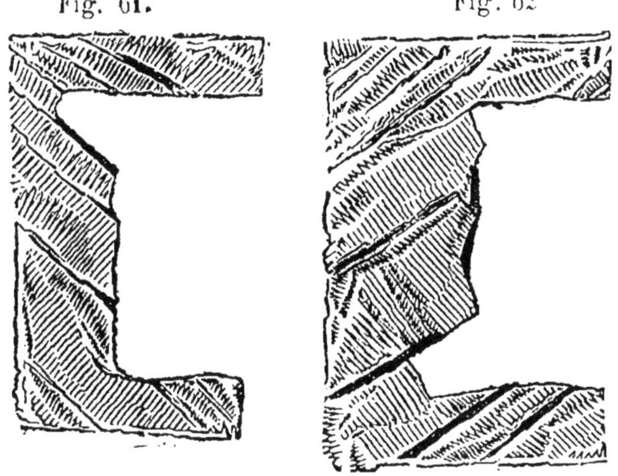

mière attaque doit être faite par le bas. Les coups suivants sont dirigés sous un angle plus grand que l'inclinaison des stratifications ; si celles-ci sont épaisses, les trous de mine doivent être perforés parallèlement aux plans des strates et par suite contrairement à la règle (2) indiquée plus haut.

Si la stratification est verticale et parallèle au plan qui passe par l'axe de la galerie, l'attaque doit avoir lieu de côté.

Enfin il peut se présenter quelques cas où l'attaque, pour être avantageuse, doit être faite au centre de la face.

Dimensions des trous de mine. — Le diamètre et la profondeur des trous de mine varient selon la nature et la disposition du terrain, et surtout selon l'effet que l'on désire obtenir.

Si l'on doit faire sauter plusieurs mines simultanément, la distance entre les divers trous doit être calculée de telle façon que la somme des effets à produire corresponde exactement à l'effet total désiré.

Théoriquement, on peut déterminer avec une certaine approximation la profondeur des trous de mine, leur nombre et leur distance; mais, dans la plupart des cas et en général, cette détermination est laissée à la pratique et à l'intelligence du mineur.

Voici quelques données s'appliquant au cas de murailles en maçonnerie ou de roches à pic.

En désignant par t la profondeur du trou, m la longueur de la ligne de moindre résistance, la pratique indique que l'on doit prendre :

$$t = m$$

$$t = \frac{3}{2} m$$

$$t = 2m$$

c'est-à-dire qu'il faut faire varier la valeur t entre m et $2m$, suivant que m est plus ou moins grand et tant que le diamètre du trou de mine ne dépasse pas 44 mill.

Supposons les diamètres les plus courants : 30 mill., 38 mill., 44 mill.

DIAMÈTRE DES TROUS DE MINE	30 millimètres	38 millimètres	44 millimètres
On prendra $t = m$ pour des lignes de moindre résistance égales à. . . .	1m,00	1m,20	1m,50
On prendra $t = \frac{3}{2}$ m pour des lignes de moindre résistance égales à. . . .	1 ,10	1 ,50	1 ,80
On prendra $t = 2m$ pour des lignes de moindre résistance égales à. . . .	1 ,50	1 ,80	2 ,15

Si la ligne de moindre résistance doit dépasser 2m,15, il faudra donner aux trous de mine un diamètre supérieur à 44 mill. Dans ce cas il sera souvent très-avantageux de creuser au fond du trou une chambre de mine d'une capacité suffisante pour recevoir toute la charge.

On pratique cette chambre par l'un des deux procédés suivants :

1° Au fond du trou de mine on fait exploser une petite charge de dynamite sans bourrage. La roche environnante est broyée, et il n'y a plus qu'à balayer les débris avec un courant d'eau pour dégager une cavité capable de loger l'explosif.

2° On perce deux trous parallèles et d'égale profondeur ; on charge l'un d'eux en le bourrant légèrement et on met en feu, l'autre restant à vide. Par l'effet de l'explosion la cloison de séparation des deux trous est brisée sur la hauteur de charge. En recommençant l'opération on arrive à former une chambre de mine ayant à peu près la contenance voulue.

Dans les grands travaux où la ligne de moindre résistance mesure de 3 à $4^m,50$, les trous de mine doivent être prolongés à $4^m,50$ et $6^m,00$, avec des chambres d'explosion suffisamment spacieuses. Dans ces conditions, il y a généralement avantage et économie à faire usage d'un explosif de faible puissance, voire même de la poudre ordinaire.

Dans tous les cas, et quelque soit l'explosif employé, il est toujours bon de faire, par dessus la charge, un bourrage quelconque, de terre de sable ou d'eau. L'effet en est plus complet.

L'expérience indique que la longueur b du bourrage doit être de une fois et demie à deux fois la hauteur de charge h (fig. 63).

D'autre part h varie entre $\frac{1}{3}$ et $\frac{2}{3}$ de la profondeur totale t.

Toutefois on achève généralement de remplir les trous de mine avec le bourrage ; celui-ci, en tout cas, ne doit jamais être moindre que la hauteur h.

Quand on opère par mines simultanées sur un front de taille, on espace les trous de mine d'une fois et demie à deux fois la longueur de la ligne de moindre résistance ; soit e la distance de deux charges.

On peut résumer, comme suit, toutes ces règles :

Fig. 63.

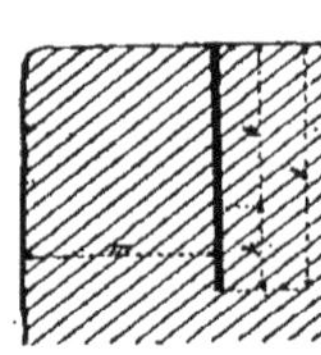

1° La profondeur t d'un trou de mine doit être comprise entre une fois et deux fois la longueur m de la ligne de moindre résistance.

$$2m \geq t \geq m.$$

2° La hauteur de charge est au plus égale aux deux tiers de la profondeur du trou de mine :

$$h < \frac{2}{3}t.$$

3° La hauteur du bourrage est au moins égale à celle de la charge.

$$b \geq h$$

4° La distance des trous de mine est moindre que deux fois la ligne de moindre résistance.

$$e \leq 2m$$

Il y a toutefois à distinguer le cas de coups de mine successifs et celui de coups simultanés. Dans le premier cas, on fait usage de mèches et capsules ordinaires, et l'on prend généralement.

$$e = m$$

Dans le second, on effectue le tirage par l'électricité, et l'on peut considérer, soit $e = \frac{3}{2}m$, soit $e = 2m$.

Calcul des charges. — Lorsqu'on fait sauter un coup de mine au moyen d'un explosif, un examen attentif, surtout si on opère dans une roche massive et dure, permet de constater une triple action. On distingue, en effet, dans le cas le plus favorable :

1° Une sphère de pulvérisation ou de *broyage*, ayant pour centre le point de percussion ;

2° Une sphère d'éclatement ou de *rupture*, autour de la première ;

3° Une sphère de *séparation*.

Ces trois actions sont plus ou moins visibles selon la nature de l'explosif.

Emploie-t-on, par exemple, une dynamite-gomme ou tout autre produit très-brisant, la sphère de broyage est nettement accusée : l'effet brisant prédomine.

Si au contraire on fait exploser une dynamite n° 3, l'effet brisant est peu considérable, c'est la sphère de séparation qui prédomine. On obtient un effet à tendances propulsives.

Quand on opère avec la poudre noire, les résultats sont encore différents. En effet, les gaz qui résultent de l'explosion se développent lentement, par suite, la roche se fendille peu à peu, et les crevasses formées s'étendent rapidement jusqu'au front découvert ; puis elles s'élargissent au fur et à mesure que les gaz agissent. En même temps ceux-ci poussent devant eux les fragments détachés et les projettent de tous côtés. C'est que la poudre n'est pas brisante, comme nous l'avons déjà expliquée, mais surtout très-propulsive.

La nitroglycérine, en explosant, donne peu de projections, parce que les gaz résultant de l'explosion se frayent instantanément un chemin par où ils s'échappent dans l'atmosphère.

Entre ces deux extrêmes : nitroglycérine et poudre, sont classés les explosifs modernes ; les uns se rapprochant de la nitroglycérine par leurs effets brisants, les autres plus analogues à la poudre par leur action propulsive. Les explosifs de la première catégorie seront préférés pour les usages militaires, pour la perforation des tunnels et puits de mine dont il importe de conserver intactes les parois, et en général pour les terrains où la perforation est longue et coûteuse. Ceux de la seconde catégorie, au contraire, seront réservés pour les travaux publics, l'élargissement des galeries, et les charbonnages et carrières où l'on cherche particulièrement à dégager des blocs volumineux.

Mais, outre la qualité de l'explosif, il est encore deux autres considérations qui influent sur l'effet produit. Ce sont :

1° Le poids de la charge employée ;

2° La résistance de la roche sur laquelle on opère.

On peut reconnaître *à priori* la résistance de la roche, reste donc à déterminer le poids de la charge devant produire un résultat donné.

Supposons un coup de mine tel que *ab* tiré dans une roche résistante à face verticale (fig. 64) si on chargeait à la poudre, le coup ferait canon, c'est-à-dire chasserait simplement le bourrage si celui-ci n'était pas suffisamment énergique, ou détacherait un bloc relativement petit. Avec une charge de dynamite, au contraire, il se dégage un bloc conique laissant dans la roche un vide *cbd* en forme d'entonnoir ou de cratère. Nous négligeons, dans ce cas, l'effet ellipsoïdal particulier produit à la base, comme nous l'avons vu précédemment. Or l'expérience indique que le rayon $ac = R$ du cratère est sensiblement égal à ab qui représente, dans ce cas, la ligne de moindre résistance $ab = m$.

Fig. 64.

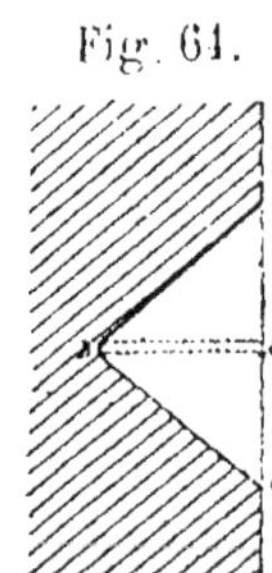

En supposant $ac = m = ab$, le volume de roche détachée par l'explosion est représenté par la formule :

$$V = \frac{\pi}{3} m^3$$

c'est-à-dire que le cône d'arrachement est proportionnel au cube de la ligne de moindre résistance.

Cette règle s'applique également au cas de trous de mine verticaux ou obliques.

Toutefois la proportionnalité ne paraît subsister que dans une certaine limite ; il semble que la profondeur du trou de mine joue un rôle fort important au point de vue du travail produit. Ainsi, d'après le professeur Kullmann, de Zurich, quand la profondeur du trou de mine croît de 1 à 10, le rayon de base du cône d'arrachement croît de 1 à 6 et le volume de celui-ci de 1 à 20. L'effet utile résultant de l'explosion peut passer de 1 à 6 avec une économie d'explosifs de 50 %, et une économie de perforation encore plus grande.

En supposant un trou de mine vertical ou sensiblement vertical, on calcule le poids P des charges par la formule :

$$(1)\ P = C m^3$$

P désigne le poids en kilogrammes ;

m la ligne de moindre résistance en mètres ;

C un coefficient qui varie suivant la nature du terrain et la qualité de l'explosif.

La valeur de C se détermine expérimentalement. On fait d'abord exploser une charge donnée, puis on varie peu à peu le poids de celle-ci jusqu'à ce qu'on obtienne un effet déterminé. Ce résultat obtenu on déduit C de la formule (1) en remplaçant P et *m* par leurs valeurs connues.

Il y a avantage à faire ces essais par tâtonnements en prenant pour ligne de moindre résistance la longueur d'un mètre. Puis, lorsqu'on a déterminé la valeur de C pour un terrain donné, on vérifie la formule, sur le même terrain, en faisant varier la ligne de moindre résistance.

En faisant usage de la dynamite n° 3, ce qui suppose que l'on cherche, non pas à broyer la roche, mais à la séparer, ou simplement à la dégager en la fissurant, on trouve :

C = 0,70 pour un grès dur ;

C = 0,45 pour un grès tendre ;

C = 0,36 pour des terrains moins résistants.

Si les faces des terrains à attaquer sont bien dégagées, la charge peut être réduite à :

$$P = \frac{1}{2} C m^3$$

De même, si au lieu d'employer un explosif faible, on fait usage d'une dynamite n° 1, par exemple, la valeur de C est plus petite encore et varie moins avec les diverses espèces de terrains.

Avec la dynamite-gomme, la valeur de C est encore moins variable ; ainsi, aux travaux du Saint-Gothard, C restait compris entre 0,10 et 0,25.

On peut encore employer les formules du major Vogel :

$$(2)\ P = C\,(m + R)^3$$

$$(3)\ P = C\left(m + \frac{2}{3}e\right)^3$$

La formule (2) est applicable aux mines isolées, l'autre aux charges simultanées tirées par l'électricité.

Les tableaux suivants, vérifiés en Amérique, peuvent servir de guide et seront consultés utilement pour les travaux à ciel ouvert.

LIGNE de moindre résistance en mètres m	PROFONDEUR du trou de mine en mètres t	CHARGE en kilogrammes P	OBSERVATIONS
Tableau A. — Travaux à ciel ouvert, pour roches de moyenne dureté et mines isolées.			
0,50	0,70	0,056	Avec des explosifs d'une force équivalente à celle des dynamites n° 3 et n° 4.
0,75	1,10	0,140	
1,00	1.50	0,340	
1,25	2,00	0,623	
1,50	2,30	1,020	
1,75	2,65	1,576	
2,00	3,00	2,438	
2,25	3,45	3,008	
2,50	3,80	4.990	
2,75	4,15	6,605	
3,00	4.55	8,617	
Tableau B. — Travaux à ciel ouvert, pour roches dures et mines isolées.			
0,50	0,70	0,056	Avec des explosifs de force équivalente aux dynamites n° 2 et n° 3.
0,75	1,10	0,198	
1,00	1.50	0,340	
1,25	2,00	0,708	
1 50	2,30	1.247	
1,75	2,65	1,860	
2,00	3,00	2.834	
2,25	3,45	4,000	
2,50	3,80	5.555	
2,75	4,15	7,427	
3,00	4.55	9.639	
Tableau C. — Travaux à ciel ouvert, pour roches de moyenne dureté et mines simultanées enflammées par l'électricité.			
0,50	0,70	0,085	Explosifs équivalents aux dynamites 3 et 4. Distance des trous égale au double de la ligne de moindre résistance.
0,75	1,10	0,283	
1,00	1,50	0,440	
1,25	2,00	0.992	
1,50	2,30	1,690	
1,75	2,65	2,721	
2,00	3,00	4,060	
2,25	3,45	5,782	
2,50	3,80	7,993	
2,75	4,15	10.535	
3,00	4.55	13,695	
Tableau D. — Travaux à ciel ouvert, pour roches dures et mines simultanées enflammées par l'électricité.			
0,50	0,70	0,113	Explosifs équivalents aux dynamites n° 2 et n° 3. Distance des trous de mine égale au double de la ligne de moindre résistance.
0,75	1,10	0,340	
1,00	1,50	0,623	
1,25	2,00	1.020	
1,50	2,30	1,889	
1,75	2,65	3,060	
2,00	3.00	4,649	
2.25	3,45	6,575	
2,50	3,80	8,617	
2,75	4,15	12.029	
3,00	4.55	15.525	

Disposition des charges pour l'attaque des terrains.— C'est la nature des matériaux et le résultat à obtenir qui doivent guider dans le choix des explosifs et la disposition des charges. Si, par exemple, on veut rompre des pièces de bois ou de fer, l'explosif est simplement appliqué sur une de leurs faces ; et comme il s'agit de produire un effet brisant, l'explosif le plus puissant est celui qu'il faut préférer.

Quand on attaque un terrain, on peut avoir pour objet, soit de produire beaucoup de déblais (mines et travaux publics), soit de détacher des blocs utilisables aussi gros que possible (carrières, charbonnages, etc.)

1° *Mines et travaux publics.* — Nous aurons, plus loin, l'occasion d'étudier en détail l'emploi des explosifs dans les tunnels, puits et galeries. Nous dirons seulement, ici, qu'il y a avantage, pour travailler vite et par suite économiquement, à perforer des trous de mine aussi profonds et d'un diamètre aussi faible que possible. Les charges devront être calculées et distribuées de manière que chacune d'elles produise son maximum d'effet : l'effet total recherché devant être précisément égal à la somme des effets maxima partiels.

Si la charge est importante, il y aura le plus souvent avantage à la loger dans une chambre, au fond du trou de mine ; particulièrement s'il s'agit de travaux en tranchées dans le calcaire ou les terres grasses.

2° *Carrières.* — Le travail de sautage dans les carrières a surtout pour but de ménager les matériaux en les détachant par gros blocs.

Supposons que l'on veuille séparer, dans une carrière de grès, un bloc *c d d' e* qui présente trois faces découvertes : soit *d d'* = 0^{m},80 (fig. 65).

Fig. 65

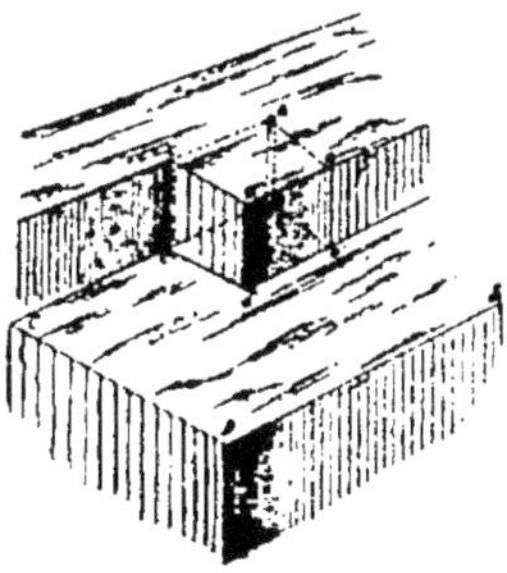

On disposera le trou de mine *a b* à 0^{m},90, par exemple, de la petite face, et à 1,00 de la grande ; on prendra *a b* = 0,80.

Le bloc *a c e d'* peut être détaché avec 400 grammes de poudre noire, ou avec 150 gr. environ de dynamite n° 2. Avec la poudre, le dérochement se fait nettement, tandis qu'avec l'explosif il y aura un peu de broyage autour du trou *a b*.

Si l'on veut simplement fissurer la roche pour en séparer ensuite les morceaux au pic, on fera usage de dynamite faible n° 2 ou n° 3. Ainsi, supposons un terrain tel que *c b d e* (fig. 66) qui présente une

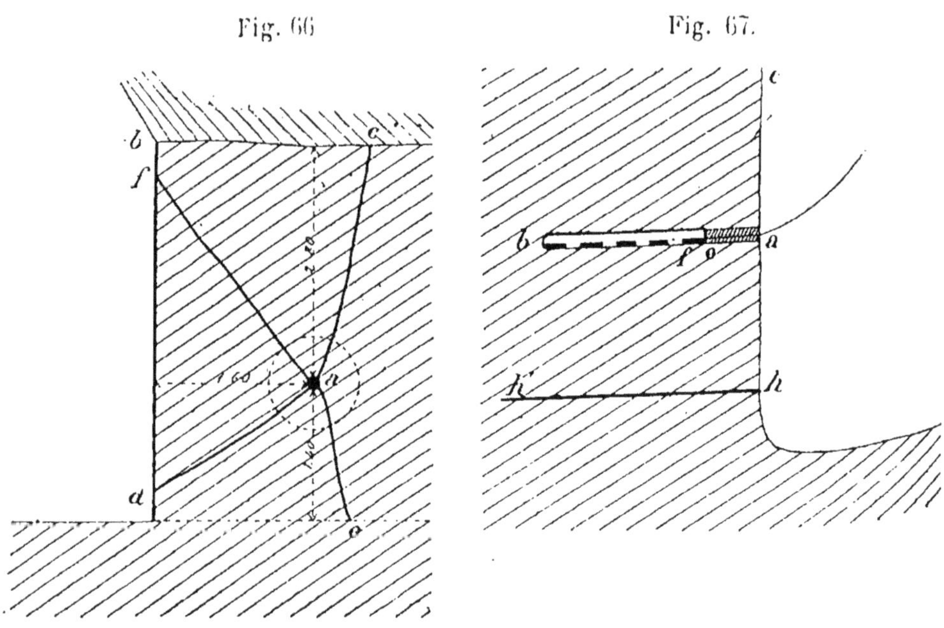

Fig. 66 Fig. 67.

face découverte *b d*, avec une longue fissure suivant *b c*.

On disposera la charge en un point *a* tel que la plus grande ligne de moindre résistance se trouve du côté de la face la plus libre *b c*, et la plus petite vers la portion massive *de* du terrain. Les trois lignes de moindre résistance étant respectivement égales à 2^m,80, 1^m,60 et 1^m,40, la profondeur du trou de mine 0^m,65, l'épaisseur du banc 0,70 ; on obtiendra avec une charge de 150 gr. de dynamite n° 2, des fissures telles que *a c*, *a f*, *ad*, *a e* et, autour du trou, une région de broyage de 0,40 à 0^m,45 de rayon.

En faisant usage d'une dynamite plus faible, la charge devrait être plus considérable pour obtenir ces mêmes effets, mais le broyage serait moindre.

3° *Charbonnages*. — La dynamite a été, jusqu'à présent, fort peu employée dans les charbonnages. On lui reproche surtout de trop broyer et par suite de produire trop de menus. La poudre, au contraire, détache le charbon en gros blocs ; mais elle a beaucoup d'inconvénients, et on lui préférera certainement les dynamites quand on saura mieux utiliser celles-ci.

M. l'Ingénieur Brull, de Paris, nous a indiqué une méthode de sautage à la dynamite qui permet d'obtenir l'abattage du charbon en gros blocs sans menus.

Soit *h h'* une ligne de havage (fig. 67), dans la face dégagée *c h*; on fore un trou de mine *ab*, de 5 à 6 centimètres de diamètre et 1m,60 à 1m,80 de profondeur, dans lequel on dispose 4 ou 5 cartouches de dynamite à une petite distance les unes des autres. On ne bourre que la partie antérieure *ac* du trou. La première cartouche *f* étant mise en feu, les autres détonent par influence ; et, comme la portion vide du trou de mine qui contient les cartouches forme une chambre de détente pour les gaz de l'explosion, il en résulte que l'effet de broyage se trouve très-notablement atténué. Le charbon est détaché en blocs plus ou moins gros, mais sans menus ou à peu près.

On peut donc utiliser les dynamites dans les charbonnages, et en obtenir d'aussi bons effets qu'avec la poudre ordinaire. Mais il y a d'autres raisons encore qui militent en faveur des grands explosifs : c'est, en premier lieu, leur plus grand rendement comme travail utile, ensuite la sécurité presqu'absolue qu'offre leur emploi dans les mines à grisou.

Notons d'abord que sur les 6.000 atmosphères de pression produites par la poudre de mine ordinaire, la moitié environ est perdue par suite du peu de résistance qu'offre le charbon. De plus, celui-ci est poreux, souvent fissuré, et laisse ainsi échapper les gaz résultant de l'explosion. De sorte qu'avec la poudre noire on n'utilise, dans les charbonnages, qu'un très-petit effet utile, quand bien même on prend la précaution de faire des trous profonds, nombreux, et à petites charges. Si, au contraire, on fait usage d'un explosif tel que la dynamite, il suffit de percer un petit nombre de trous qu'on bourre légèrement : souvent même on supprime tout bourrage. Toutefois, il faut augmenter les charges, et l'on doit calculer, pour la répartition des coups de mine, la plus grande distance compatible avec l'effet que l'on veut obtenir ; en outre, l'amorce doit être d'une force suffisante pour produire une explosion et non une simple combustion qui dégagerait des gaz nitreux gênants pour la respiration.

Enfin le tirage à la poudre donne souvent des coups de mine *crachants*, c'est-à-dire qu'une partie de la charge est projetée, enflammée, au dehors. Il en résulte un danger continuel dans les mines à grisou et dans celles dont l'atmosphère est chargée de poussières de charbon (1). Or, cet accident n'arrive jamais quand on fait usage d'une dynamite ou d'un explosif analogue. Le fait est prouvé par de nombreuses expériences faites en Allemagne pendant ces deux dernières années.

Les premières études d'abattage à la dynamite furent faites à la houillère Maria-Anna, près de Bochum, par M. Menzel. On put constater que, contrairement à ce qui se passe avec la poudre, il n'y avait jamais production de flammes ; quant au rendement, il était supérieur. La sphère de broyage était très-restreinte autour du trou de mine ; au-delà, l'ébranlement produit était considérable et la houille se laissait abattre en beaux et gros morceaux.

En 1884, M. l'Ingénieur C. Hirt fut chargé, par la commission prussienne du grisou, *d'étudier l'influence du tirage à la poudre sur les poussières charbonneuses et sur le grisou qui existent dans l'air des mines de houille*. Les recherches, faites à ce sujet, démontrèrent que les accidents étaient toujours produits par des coups de mine *crachants*. Partant de là, on songea à remplacer la poudre ordinaire par des explosifs plus brisants dont la conflagration fût assez instantanée pour qu'aucune parcelle ne pût être projetée en dehors du trou de mine avant d'avoir produit tout son effet.

Les expériences entreprises à la houillère Kœnig, près de Neunkirchen (Sarrebruck), et terminées en novembre 1885, ont prouvé que

(1) Le 7 juin 1885, dans la fosse houillère n° 1 de la compagnie Nœux (Pas-de-Calais) à la suite d'un sautage d'une mine, il s'est produit une inflammation de poussières charbonneuses sur une longueur de 150 mètres. Trois ouvriers, qui travaillaient sur ce parcours ont été tués. — P. C.

les grands explosifs modernes, dits brisants, peuvent être employés sans aucun danger dans une atmosphère chargée de poussières charbonneuses, et même mélangée de grisou dans une certaine proportion ; pourvu, toutefois, que ces explosifs ne soient pas mélangés avec des poudres neutres, que le bourrage de la mine soit composé de matières non inflammables, et surtout que la capsule soit assez forte pour assurer l'explosion complète de la cartouche.

Le coton-poudre, la dynamite-gomme, les nitrogélatines, ont donné les meilleurs résultats dans des mélanges gazeux où il entrait jusqu'à 10 % de grisou en même temps que des poussières de charbon.

En ce qui concerne la dynamite ordinaire à la Kieselguhr, on a trouvé de grandes différences suivant qu'on employait la qualité grasse ou la qualité maigre. La première est sans danger quand la proportion de grisou ne dépasse pas 7 %, même lorsque la cartouche explose sur le sol d'une galerie, à l'air libre : celui-ci contenant ou non des poussières de charbon.

La dynamite maigre, au contraire, enflamme le mélange gazeux dès que la proportion de grisou atteint 4 ½ %, si on la fait exploser sur le sol. Si elle détone au fond d'un trou de mine, il n'y a inflammation qu'à partir de 6 % de grisou.

Les nitrogélatines (dynamites n° 2 et n° 3 à la cellulose nitrée) essayées ensuite, se sont mieux comportées que la dynamite ordinaire. Elles n'ont jamais mis le feu à un mélange gazeux contenant des poussières et 5 % de grisou, soit qu'elles fussent tirées à l'air libre ou au fond d'un trou de mine avec bourrage.

Toutes les expériences de Neunkirchen ont été faites avec le plus grand soin. Après chaque tirage sans inflammation on s'assurait, au moyen de la lampe de sûreté, que la composition du mélange gazeux n'avait pas été altérée.

A la suite de ces remarquables résultats, la commission prussienne du grisou a établi des « *Principes pour l'exploitation des mines à grisou* » dont l'art. 19 est ainsi conçu :

« Le tirage avec la poudre noire ou d'autres explosifs à effet lent « doit être interdit dans les mines à grisou. On ne permettra que « l'usage de la dynamite ou d'autres explosifs à action rapide, se « comportant comme la dynamite vis-à-vis des poussières charbon- « neuses..... »

CHAPITRE III

Travaux de mines

Abattage de roches. — Percement de galeries et tunnels. — Fonçage de puits. — Sautage de grosses mines.

Nous examinerons rapidement les divers problèmes qui peuvent se présenter dans l'exécution des travaux de mines et des travaux publics ; et, comme il est impossible de donner des règles précises et applicables à tous les cas, nous indiquerons un certain nombre d'exemples pouvant servir de guide aux ingénieurs et entrepreneurs.

§ I. Abattage de roches.

S'il s'agit d'une roche à face verticale, on la dégagera par gradins droits et on la fera sauter graduellement par de fortes charges.

Si c'est un banc ou rocher, il y aura souvent avantage à pratiquer d'abord une large excavation à la base ; ou bien on tirera quelques coups de mine à la partie inférieure et on l'abattra ensuite avec de grandes charges.

Dans ce dernier cas, les trous doivent être perforés sous un certain angle ; on leur donnera 25 m.m. de diamètre et une profondeur de 60 centimètres. Leur inclinaison sera telle que la ligne de moindre résistance mesure $0^{m},45$ environ. Par ce procédé on diminue considérablement la résistance de la roche qu'on peut alors dégager avec des trous de mine creusés parallèlement à la face d'attaque.

L'expérience indique que le coefficient de charge pour des trous de

Fig. 68

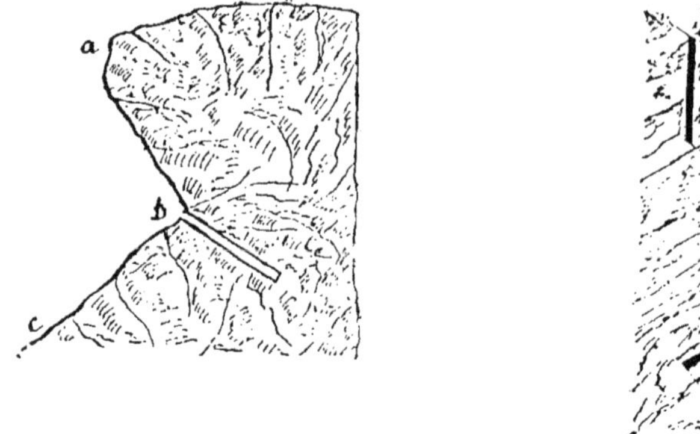

Fig. 69

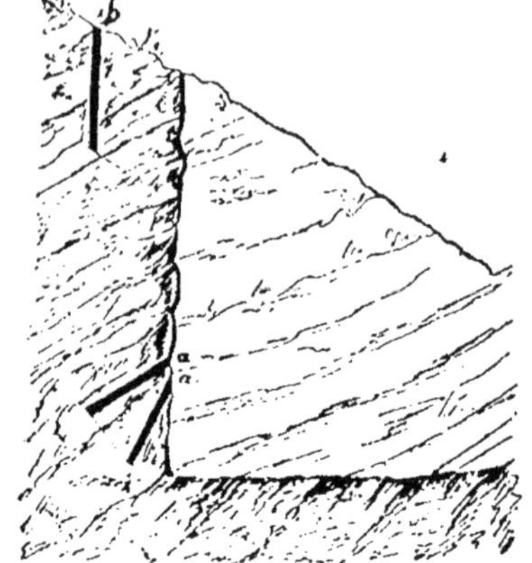

mines en dessous, est trois fois plus grand que pour des abattages par gradins droits.

Il faut encore mentionner que si l'on tire plusieurs mines simultanément, l'effet est plus grand que par tirages successifs.

Ce procédé d'attaque par la base ne serait pas applicable dans le cas d'une roche telle que *a b c* (fig. 68); outre qu'il serait très-difficile à mettre en œuvre, on trouvera toujours d'autres moyens plus simples et plus économiques.

Si l'on doit ouvrir une tranchée, pour chemin de fer par exemple, dans un terrain dur et sur une assez grande profondeur, on procèdera par gradins ; mais si le terrain est mou, on établiraune seule coupure de grande dimension.

Dans une carrière ou le long d'une muraille de rochers le travail est bien plus facile que dans l'étroit espace d'une tranchée; on peut en effet conduire l'attaque sur plusieurs points à la fois, et tandis que d'un côté les manœuvres dégagent les blocs à la pince après l'explosion, de l'autre on charge les déblais en wagons.

Supposons le cas d'une tranchée de 7 à 8 mètres de profondeur et un front d'attaque entièrement dégagé (fig. 69 et 70). On disposera deux rangées de mines à la base, *a*, *a*, *a*, *a*, et par l'explosion on produira une excavation sur toute la largeur de la face. On tirera ensuite par en haut des trous de mine *b,b,b,b*, et la portion de roche restée en suspens (fig. 71) sera abattue par des mines tels que *cc'*.

Fig. 70.

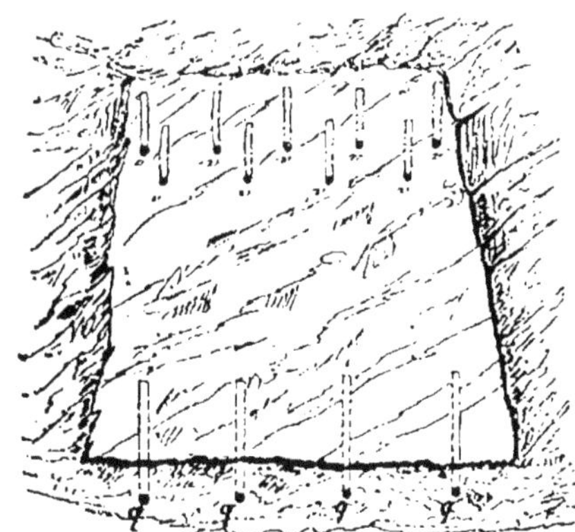

Fig. 71.

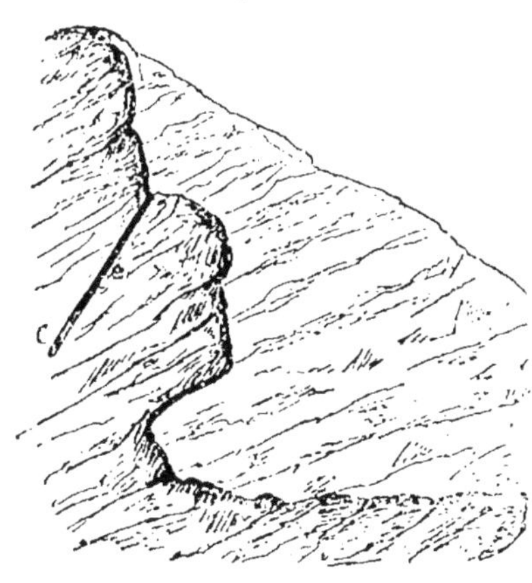

L'expérience démontre que les seuls coups de mine *c c c c* auront avantage à être tirés par l'électricité, c'est-à-dire simultanément, et au contraire les coups *a a* aussi bien que *b b* donneront plus de profit si on les tire isolément. On tirera d'abord les coups du milieu, puis les deux voisins et en dernier lieu les deux extrêmes. On conçoit en effet que les coups *a a* et *b b* tendent à dégager un bloc sur trois faces et que, dans ces conditions, le tirage simultané des mines *c c* produira un résultat analogue à celui que montre la figure 72.

Fig. 72.

En appliquant les principes énoncés au chapitre II, l'expérience indique, pour l'abattage des roches, les règles suivantes qui peuvent servir de base, en tenant compte toutefois de la diversité des matériaux :

1° Le calibre des trous de mine doit être de 20 à 25 m.m., ce qu suppose un fleuret de 16 à 23 mill.

2° Pour faire un travail rapide et obtenir beaucoup de déblai en peu de temps, il faut, en carrières, creuser des trous profonds et d'un faible diamètre, en les disposant d'après la conformation de la carrière, mais de telle façon qu'ils aient toujours la plus grande charge de pierre à enlever;

3° On pratique des chambres de mine où on loge la charge calculée d'après la ligne de moindre résistance.

Le système des chambres de mine est toujours avantageux, surtout en tranchées de chemin de fer, où une charge de 10 à 15 kilog., dans un seul trou de 4 à 5 mètres foré à bras, peut donner un déblai de 250 à 300 mètres cubes dans du calcaire dur, comme aussi dans les terres grasses, argiles ou marnes;

4° Dans les travaux de carrières et de charbonnages, où l'on a intérêt à détacher les matériaux par gros blocs, il faut des trous profonds; on emploiera, dans ce cas, soit des charges faibles et répétées, soit des charges n'occupant pas toute la capacité des trous de mine, et on disposera ceux-ci de façon à faire donner par l'explosif le plus de travail possible;

5° Les tableaux A, B et C, page 218, donnent des renseignements pratiques sur les charges et profondeurs de trous de mine;

6° La longueur de charge doit être de 1/3 à 1/4 de la profondeur du trou de mine, dans les cas les plus défavorables de rochers très-durs; de 1/4 à 1/5 dans les coups plus faciles avec une ou deux faces libres; de 1/6 à 1/8 dans la roche tendre avec deux faces libres et plus.

7° Pour les grandes mines, si l'on veut obtenir d'un seul coup un fort abattage, on emploiera de préférence des explosifs faibles en grande quantité et on augmentera la ligne de moindre résistance.

§ 2. Percement de galeries et tunnels.

Malgré le grand développement qu'ont pris les travaux souterrains depuis une quinzaine d'années et les perfectionnements apportés dans l'emploi des explosifs et des perforateurs, il est impossible de donner des règles précises pour le percement des tunnels et des puits. Chaque ingénieur adopte une méthode particulière, la sienne, qu'il considère comme la meilleure; aussi devons-nous nous borner à exposer les procédés employés dans les travaux les plus remarquables.

Quand il s'agit du percement d'un tunnel dans des roches stériles, on commence par creuser une petite galerie au toit dans les meilleures conditions possibles; il sera bon pour ce travail préliminaire de faire usage des plus forts explosifs.

Au contraire on emploiera des poudres faibles, dont la force variera avec le degré de dureté de la roche, si le tunnel doit traverser des minerais.

Si la perforation est conduite à la main en roche dure, on emploiera des fleurets d'acier de 22 millimètres; les trous de mine seront creusés à 40 ou 45 centimètres de profondeur s'il doivent partir isolément, et à 75 centimètres si le sautage se fait par mines simultanées.

Les données suivantes résultent d'un grand nombre d'expériences :

1° Un trou de mine doit être creusé en tenant compte de la position, de la nature et de la condition de la roche. Si celle-ci est fissurée, le trou de mine doit traverser la fissure, autrement l'explosion pourrait ne pas produire d'effet.

2° La ligne de moindre résistance doit être environ les deux tiers

Fig. 73

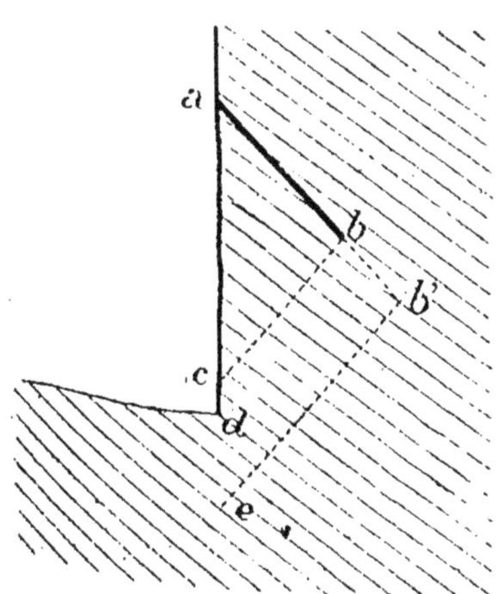

Fig. 76

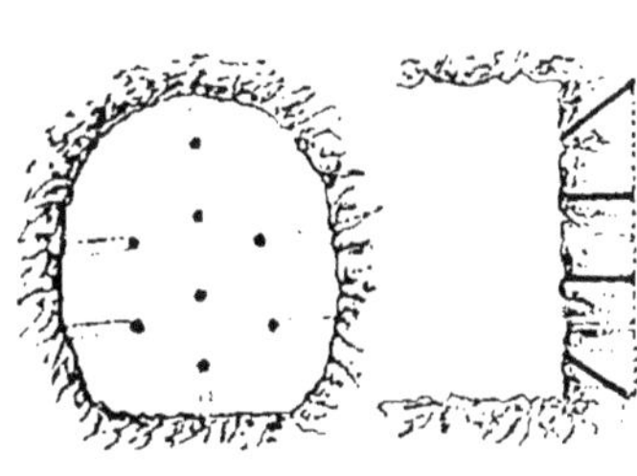

de la profondeur du trou; on pourra cependant la prendre plus grande dans le cas particulier de roche brisée ou détachée.

3° Le trou de mine doit faire un angle de 45 à 50 degrés avec le sol et sa profondeur *a b* doit être telle que la normale *b c* vienne percer le front d'attaque au-dessus du sol (fig. 73). Si le trou est trop profond, soit *a b'* par exemple, et que la normale *b' c* ne rencontre pas la face *a b*, une grande partie de l'effet résultant de l'explosion est forcément perdue.

4° La charge doit être calculée d'après la formule que nous avons déjà indiquée :

$$P = Cm^3$$

C variant selon la nature du terrain et la force de l'explosif.

Pour une roche demi-dure, par exemple, on prendra :

C = 0,36 avec une dynamite faible ;

C = 0,10 avec une dynamite n° 1 ;

C = 0,02 avec la gélatine explosive.

5° Le bourrage doit être fait aussi parfaitement que possible.

6° L'attaque d'un tunnel doit se faire par le centre.

Supposons d'abord le cas de perforation à la main :

On perce dans la partie centrale (fig. 74 et 75) trois trous inclinés les uns sur les autres ; quelques mineurs préfèrent un seul trou central, mais le résultat est moins complet.

Ces 3 premiers trous mesurent 0,75 de profondeur et les coups

Fig. 75 Fig. 74

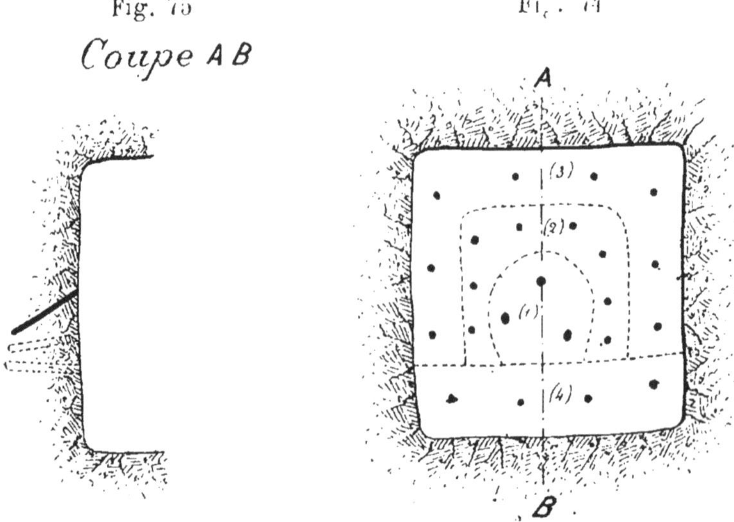

sont tirés simultanément par l'électricité ; il se produit alors un cône

fig. 76, de $0^m,20$ à $0^m,40$ de profondeur ; on les charge avec 85 à 140 grammes de dynamite et on enflamme par l'électricité.

S'il s'agit d'un tunnel de section moyenne, $1^m,85$ de hauteur par exemple, on peut faire usage de la perforatrice à air comprimé. On commence par percer, dans l'axe de la galerie, 3 ou 4 trous convergents qu'on charge d'explosif et qu'on tire par l'électricité. Une fois le vide central produit, on fait ensuite partir les autres coups (fig. 77), soit successivement, soit simultanément. Pour accélérer le travail, on perce deux trous à la fois.

Fig. 77.

Pour un tunnel à grande section, les méthodes sont extrêmement variables comme on en peut juger par les exemples suivants pris parmi les meilleurs travaux exécutés dans ces vingt dernières années.

1° Tunnel de Kônigshütte, Prusse.

Un tunnel fut creusé en grès dur, par M. l'ingénieur Hugo Münch, dans les mines de charbon de Kônigshütte (fig. 78 et 79).

La section rectangulaire mesurait $2^m,10$ de hauteur et 3 m. de

Fig. 78. Fig. 79.

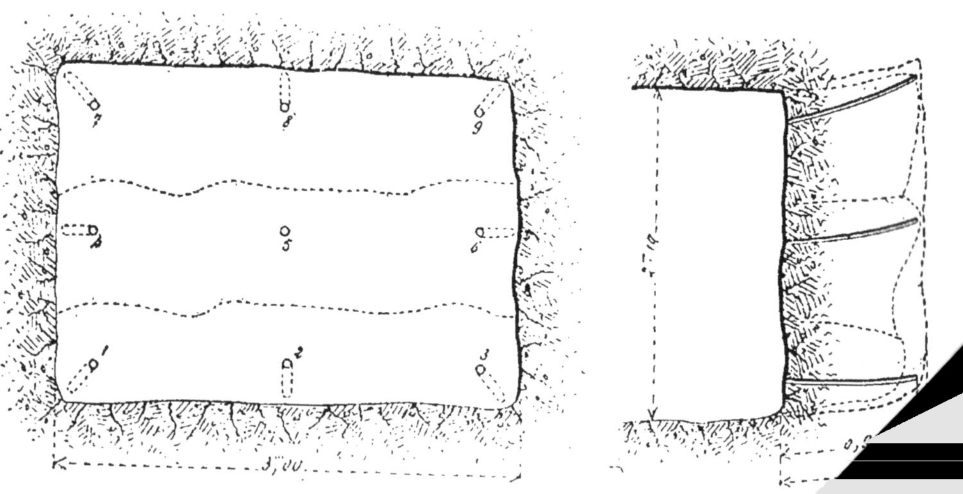

largeur. Neuf trous furent perforés, comme le montre la

0m,90 de profondeur, avec des lignes de moindre résistance variant entre 0m,85 et 0m,90.

Les trous numérotés de 1 à 6 furent chargés avec 150 grammes de nitrogélatine, les trois autres avec 140. On fit usage de mèches Bickford et de capsules au fulminate de mercure de quadruple force.

On tirait d'abord les coups 1, 2, 3, ce qui produisait un dégagement de 0m,75 en profondeur et 0m,60 en hauteur ; puis 4,5 et 6 dont l'effet élargissait le vide à 0m,90 et 1m,40. Enfin le tirage des coups 7, 8 et 9 achevait de dégager la roche jusqu'au toit de la galerie.

La consommation de nitrogélatine fut de 1500 kilogrammes.

L'emploi de la dynamite n° 1 eut exigé 280 gr. par coup, soit en tout 2520 kilogr. L'économie d'explosif fut donc dans le rapport de 3 à 5, et l'économie réelle de 10 %, en supposant les prix de marcs 4,50 et 3 payés en Allemagne pour les deux qualités.

2° *Tunnel de Pfaffensprung.* — Le tunnel de Pfaffensprung, sur le versant Nord de la ligne du St-Gothard, près de Wasen, fut exécuté en granit très-dur, sur 2m,20 de hauteur et 2m,50 de largeur.

L'attaque était faite par six mines tirées successivement et dans l'ordre même des numéros (fig. 80 et 81).

Fig. 80. Fig. 81.

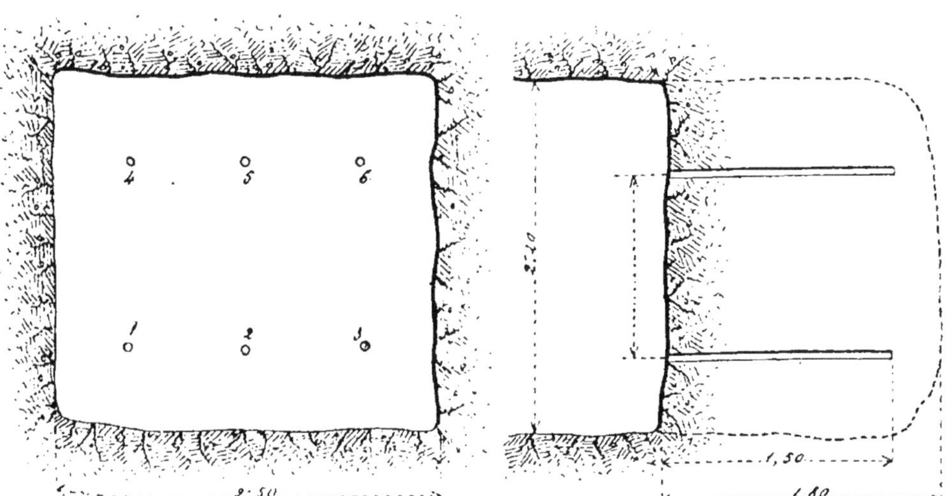

Les trous mesuraient 0m,073 de diamètre et 1m,50 de profondeur ; ils avaient été percés parallèlement à l'axe de la galerie.

Les charges se composaient de cartouches de nitroglycérine de 0m,070 de diamètre, 0m,100 de longueur et pesant 0k,500 chacune.

3° *Tunnel de Lugau* (Saxe). — Le tunnel percé en grès très-dur dans les mines de Lugau, mesure 1m,70 de largeur et 2m,15 de hauteur (fig. 82 et 83).

Fig. 82. Fig. 83.

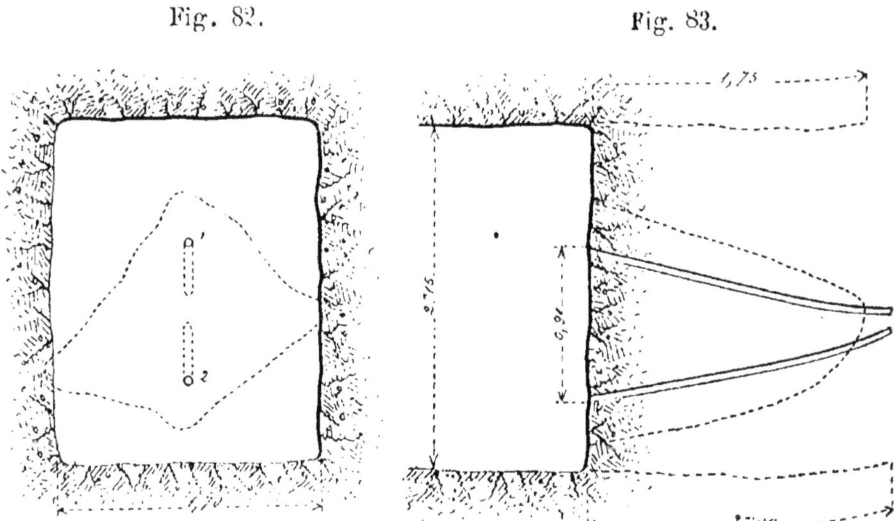

Deux trous de mine y furent tirés simultanément à l'électricité sur 2m. de profondeur, avec une ligne de moindre résistance de 1m,80.

La charge était de 0k,926 de nitrogélatine.

Le rocher fut broyé, comme le montre la fig. 82, sur une profondeur de 1m,75.

En général on préfère maintenant la nitrogélatine à la dynamite n° 1 pour les travaux de tunnels ; il faut toujours, dans ce cas, faire des trous de mine trés-profonds évalués de $^1/_2$ à $^2/_3$ de la largeur de la galerie.

4° *Tunnel du Saint-Gothard.* — Le percement du grand tunnel du St-Gothard fut effectué en cinq sections :

1° On commençait par forer une petite galerie G de 2m,25 sur 2m,50.

2° On pratiquait, un peu en arrière du front d'attaque de la galerie l'abattage de droite A (fig. 84).

3° Un troisième chantier plus reculé pratiquait l'abattage de gauche A'.

Fig. 84.

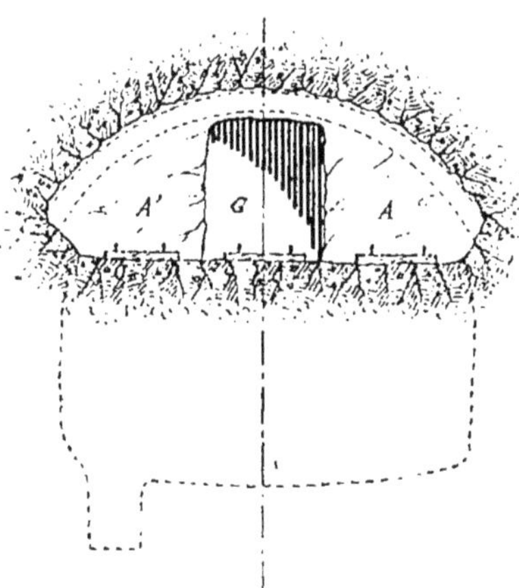

La galerie G et les deux abattages complétaient la partie supérieure du tunnel.

4° On creusait ensuite les cuvettes C, C' en un chantier à deux étages (fig. 85).

Fig. 85. Fig. 86.

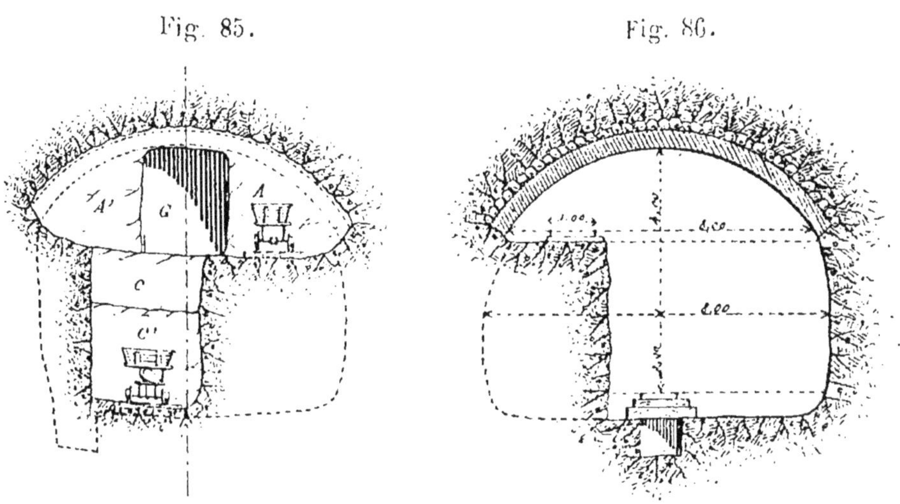

5° Enfin le travail était complété par l'enlèvement du strosse restant (fig. 86).

Tous les trous de mine furent percés au moyen de 25 à 30 perforatrices à air comprimé.

L'opération la plus importante était le percement de la petite galerie. Celle-ci fut attaquée aux deux extrémités Nord et Sud du tunnel, à Goschenen et Airolo.

Le nombre des trous sur le front d'attaque de Goschenen était de 24 comme le montre la fig. 87, et leur profondeur 1m,10 à 1m,20. Les coups étaient tirés au moyen de mèches de sûreté dont les extrémités étaient ramenées au centre pour l'inflammation.

A Airolo le nombre des trous d'attaque était de 21.

La fig. 88 montre leur disposition et l'effet des tirages de mine.

Les explosifs employés furent la dynamite et la nitrogélatine.

Fig. 87.

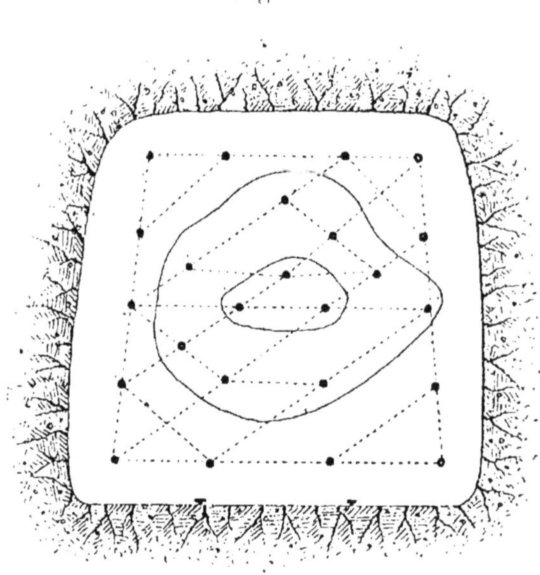

Du côté d'Airolo on consommait 26k,56 de dynamite ou 16k,68 de nitrogélatine par mètre courant d'avancement ; ce qui donne une dépense de 4k,28 de dynamite ou 2k,50 de nitrogélatine par mètre cube abattu, le mètre d'avancement correspondant à 6m3,20.

Les perforatrices employées étaient de différents systèmes ; ce fut d'abord l'appareil Dubois et François, puis ceux de Ferroux, Mac-Kean, etc.

Elles étaient supportées par un solide cadre en fer ou affût roulant

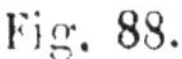

Fig. 88.

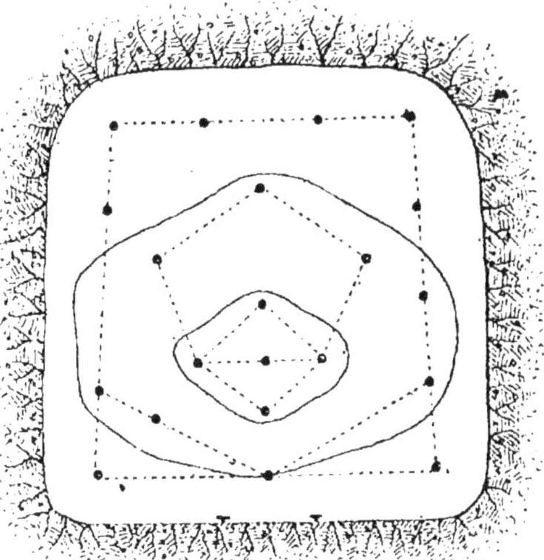

pouvant se déplacer et revenir en arrière pour l'explosion des mines et le relevage des déblais.

Dans les travaux moins importants, on remplace le cadre-affût par une colonne en fer, calée entre les parois, et autour de laquelle la perforatrice peut se mouvoir dans tous les sens (fig. 89).

Fig. 89.

Tunnel de Hoosac, Massachussets (Etats-Unis)

A l'entrée Ouest du tunnel de Hoosac, le travail fut conduit de la façon suivante :

Au centre furent percées deux rangées de trous, à 2m,70 l'une de l'autre, de 2m,70 à 3m,60 de profondeur, et inclinés les uns vers les autres. Les extrémités des deux lignes de trous étaient rapprochées jusqu'à 0m,90 (fig. 90 et 91).

Fig. 90.

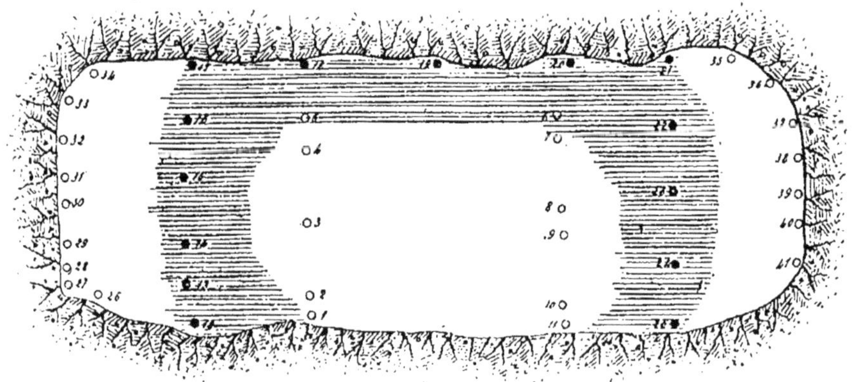

Fig. 91.

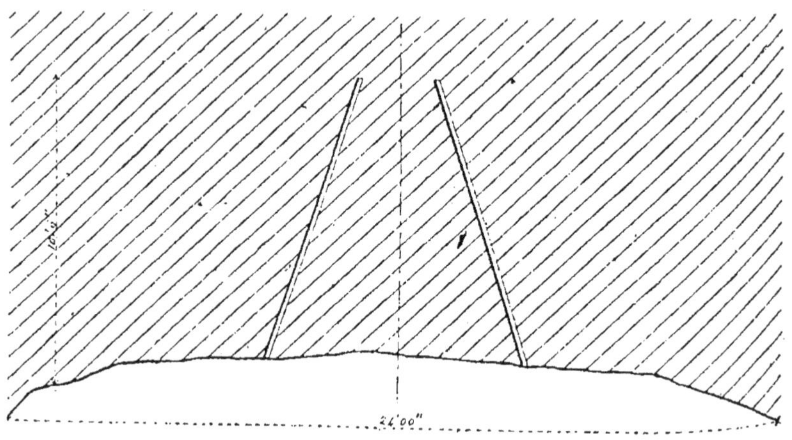

Ces trous numérotés dans la fig. 90 de 1 à 11, étaient chargés de nitroglycérine, et furent tirés simultanément au moyen de la machine électrique à friction de Mowbray.

Ce premier coup de centre produisit une excavation autour de laquelle furent disposées deux nouvelles lignes de trous numérotés de

Fig. 92.

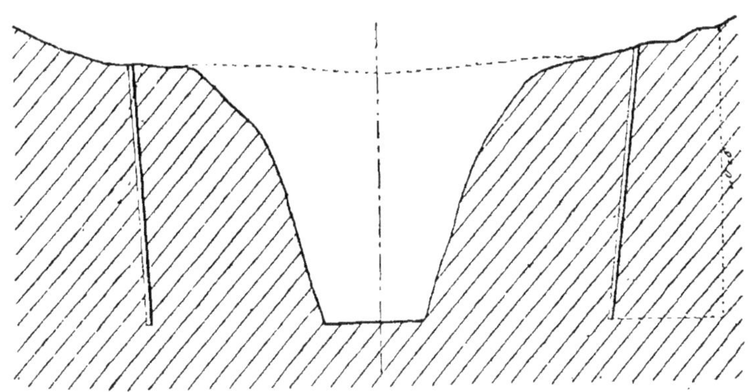

12 à 25 (fig. 90 et 92),et légèrement inclinés vers l'axe de la galerie.

Ces coups de côté furent chargés et tirés comme les précédents, ils produisirent un élargissement considérable de la première cavité, comme le montre la fig. 93,

Fig. 93.

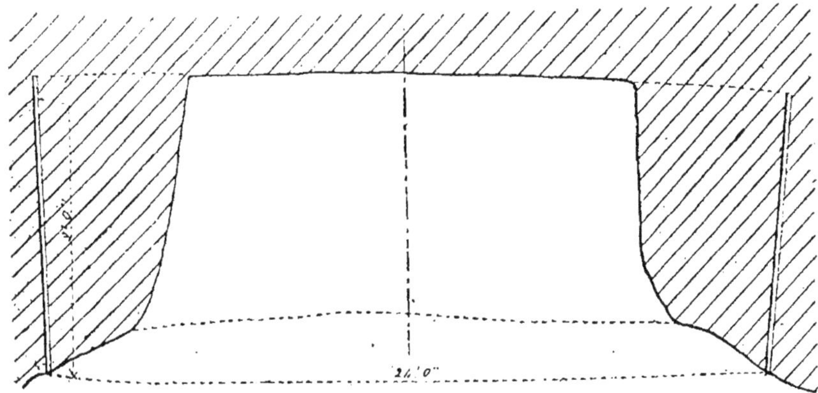

Enfin une troisième série de trous,numérotés de 26 à 41, était destinée à produire l'élargissement total du tunnel ; afin de préparer le travail du poste suivant, ces derniers trous étaient dirigés, en sens inverse des premiers, vers les parois de la galerie.

L'avancement était de $2^m,70$ par vingt-quatre heures.

Le tunnel mesure $2^m,25$ en hauteur et $7^m,20$ de largeur.

En même temps que l'on perçait la petite galerie, on abattait le reste dans deux chantiers dont le premier était à 150 mètres en arrière.

L'abattage des bancs, dans chaque chantier, était obtenu à l'aide de 6 trous de mine placés comme suit : deux à $1^m,20$ du front et creusés jusqu'aux parois de la galerie ; deux autres à $1^m,20$ en arrière des premiers et les deux derniers à $2^m,40$ du front, $2^m,40$ des parois, et $2^m,40$ l'un de l'autre. Tous ces coups, tirés simultanément par l'électricité, abattaient une tranche de $2^m,10$, sur toute la largeur du tunnel, et jusqu'au niveau de la voie.

§ 3. Fonçage de puits.

Le fonçage des puits s'effectue par des méthodes analogues aux précédentes. Si le diamètre du puits n'est pas grand, on se contente, pour pratiquer la rainure ou sous-cave, de forer un seul trou dont la profondeur varie avec la méthode de perforation employée et la nature de la roche.

Par l'explosion de quelques cartouches sous faible bourrage,

Fig. 94. Fig. 95.

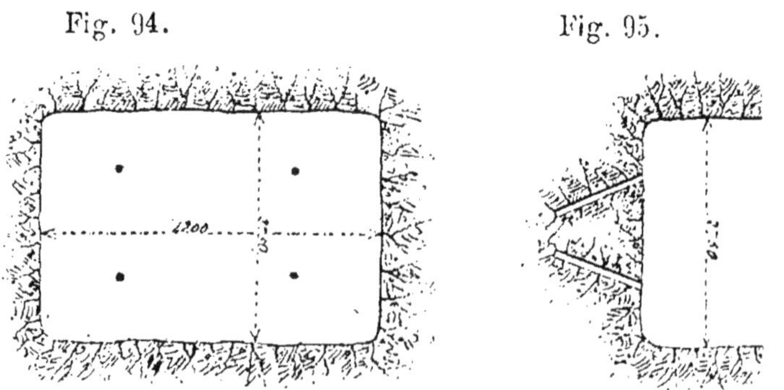

on produit une chambre de mine ; on remplit celle-ci avec une charge convenable, on bourre avec soin et on produit une seconde explosion qui déblaie généralement jusqu'au fond la sous-cave ou rainure. On achève de dégager les parements avec quelques coups sur les côtés.

Si la section du puits est importante, l'attaque du fonçage est faite par des coups de fond obliqués uniformément vers l'axe comme le montrent les figures 94 et 95.

Au puits Jules Chagot de Blanzy, la roche était du grès dur; l'attaque du fonçage était faite par 4 coups de fond, de 1m,50 de profondeur, dirigés suivant les arêtes d'un tronc de prisme quadrangulaire dont la grande base était inscrite dans un cercle de 3m,80 de diamètre et la petite base dans un cercle de 1m,20 de diamètre (fig. 96).

Fig. 96.

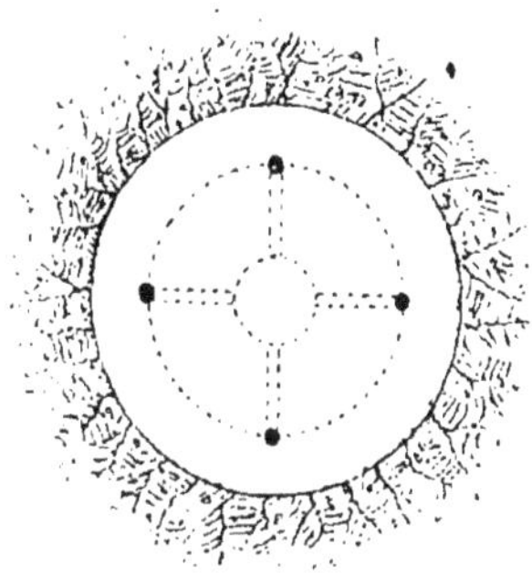

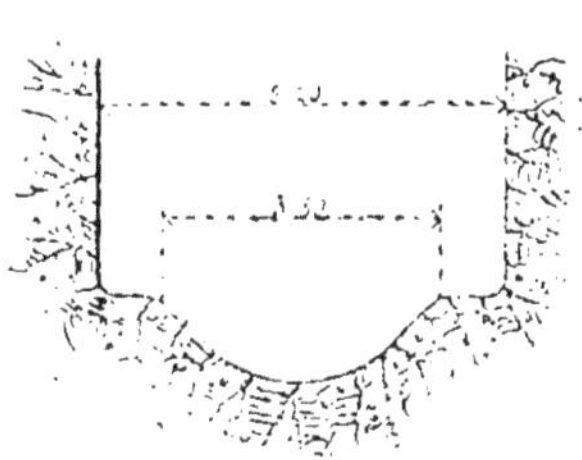

Chaque trou était chargé de 500 grammes de nitro-gélatine. Les coups de parement étaient tirés à la dynamite.

Généralement les trous de mine ont une profondeur égale à un tiers du diamètre du puits, et la hauteur de charge mesure 1/3 à 1/4 de la profondeur du trou.

On a quelquefois occasion, dans les travaux de puits, de mettre à profit, pour détruire certains obstacles, la propriété que possède la dynamite d'agir principalement sur son support. C'est ainsi que l'ingénieur Paulsen a produit la rupture d'une couche de silex extrêmement incommode pour le forage d'un puits artésien; la partie supérieure du trou ayant été soigneusement nettoyée, une cartouche de dynamite fut placée sur la roche à détruire et recouverte de terre glaise humectée. L'explosion rompit les silex sans endommager les parois du trou déjà tubées.

Quand on a à percer des puits profonds et de grande section, on fait usage de perforatrices mues par l'air comprimé. On fait agir à la fois plusieurs de ces appareils dont les affûts sont supportés par des étais calés contre les parois du puits (fig. 89). On creuse, par ce moyen, 20 ou 30 trous répartis sur toute la section. Pour effectuer le sautage, on fait d'abord partir un groupe de 8 ou 9 coups de mine au centre ; on enlève les débris, puis on fait partir les autres coups en deux ou trois fois, selon les effets produits par l'explosif.

Il n'y a plus qu'a régulariser au pic et à la pince les parois dégagées.

On réinstalle ensuite les perforatrices et on prépare de nouveaux sautages.

Si l'outillage dont on dispose le permet, on fore des trous aussi profonds que possible; puis on opère le sautage de mètre en mètre. A cet effet on remplit les trous de sable que l'on enlève ensuite, avant chaque opération, sur la hauteur voulue, pour le placement des charges nécessaires.

Sautage des grosses mines.

Dans les travaux publics importants, on a souvent avantage à faire sauter de grosses mines en accumulant l'explosif en charges compactes considérables. Dans ce cas on creuse une chambre de mine au fond d'une galerie, dont la longueur dépend de l'effet à produire, et qu'on pousse par ressaut afin d'éviter que la charge ne fasse canon. Les dimensions de cette galerie doivent être aussi réduites que possible mais suffisantes, toutefois, pour permettre à un homme de passer sans difficulté ; on prend généralement 1^m,50 à 1^m,60 pour la hauteur et 0^m,80 à 0^m,90 en largeur.

La charge est amoncelée dans une excavatiou pratiquée au fond de la galerie, amorcée avec des détonateurs et des conducteurs électriques, puis enfouie sous des sacs de terre ou de sable que l'on bourre jusqu'au toit. On maçonne ensuite, à partir de la mine, sur une longueur d'autant plus considérable que les ressauts de la galerie sont moins nombreux.

Nous citerons, comme exemple, le beau travail exécuté en 1884, par la Société de dynamite d'Avigliana [1].

Il s'agissait de faire sauter un monticule rocheux *a* D *f* C (fig. 97)

Fig. 97.

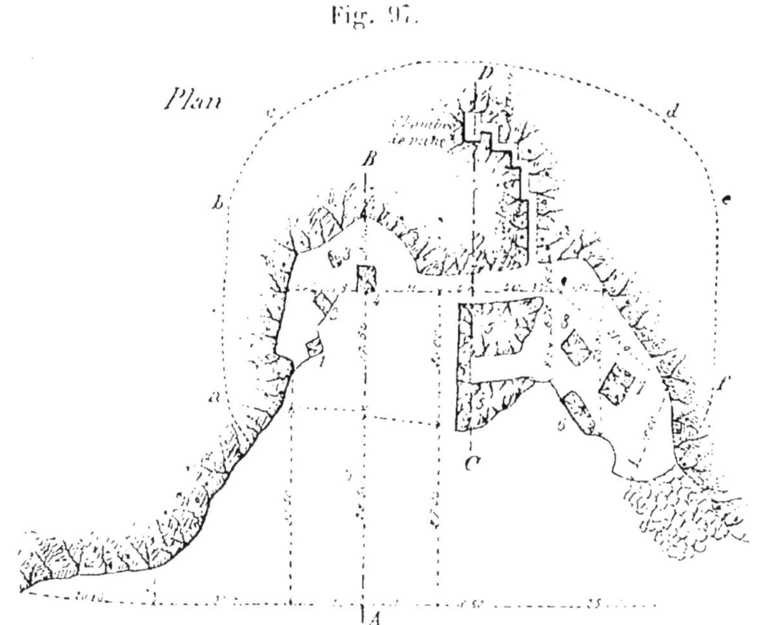

situé entre le phare et le port de Gênes. On avait préalablement excavé la partie antérieure sur 20 à 26 mètres de profondeur, en laissant seulement debout huit piliers comme supports. Dans la partie de gauche, les piliers 1, 2, 3, 4 étaient tellement affaiblis qu'ils résistaient à peine à la pression de la montagne surplombant. Cette portion visible dans la coupe E F (fig. 98), s'appuyait à gauche sur la montagne et à droite sur le grand pilier (5) du milieu. Dans le creux de la moitié de droite de la carrière, les piliers 6, 7, 8 soutenaient la montagne.

A une hauteur de 28 mètres (fig. 99) environ, on avait poussé la

(1) Emploi de la dynamite en Italie pour le sautage des grosses mines, *Echo Industriel*, Paris, 1884.

galerie d'accès horizontalement, mais en formant des zigzags, comme il est indiqué sur le plan. Ses dimensions étaient de 1m,50 de hauteur

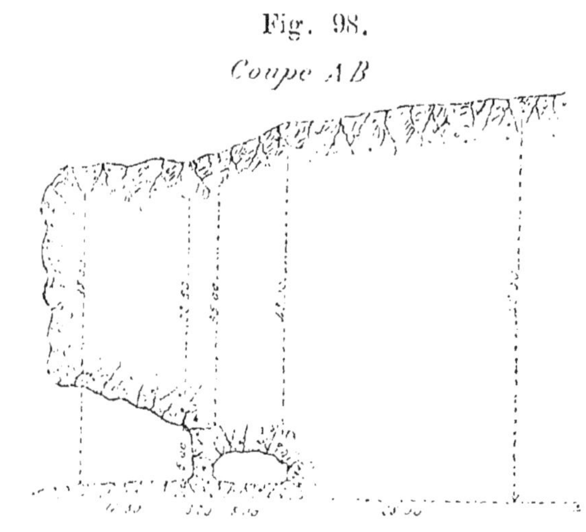

Fig. 98.

sur 0m,90 de largeur, et tous les angles étaient recoupés bien rectangulairement. Au bout de cette galerie on avait creusé un puits, de

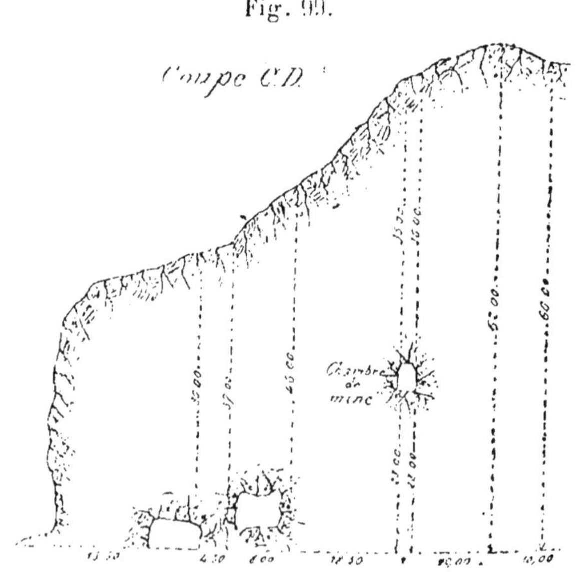

Fig. 99.

8 mètres de profondeur et 1 mètre de diamètre, qu'on avait élargi sur le sol, de façon à obtenir une chambre de mine de 5 mètres cubes environ.

Pour le chargement, on employait des sacs paraffinés renfermant 42 kil. de dynamite. Une chaîne d'ouvriers, échelonnés dans la galerie, faisaient passer les sacs, l'un après l'autre, à un chef mineur qui les plaçait dans la chambre de mine en les pressant les uns contre les autres. Après la pose d'une première couche de sacs, on disposa au centre une caisse de dynamite-gomme divisée en deux amorces qu'on mit en communication avec une mèche de gutta-percha et des conducteurs électriques. Cela fait, on acheva le remplissage avec une charge totale de 5000 kil. de dynamite. On plaça ensuite une série de sacs de sable pour boucher le vide existant dans la chambre de mine, et on acheva de remplir tout le puits de 8 mètres avec du sable. A la galerie, on étançonna avec de forts morceaux de bois et un chapeau en ciment. Ensuite on maçonna la galerie en pierres et ciment en plaçant à chacun des angles des verroux en bois, et ce bourrage fut poussé jusqu'au cinquième ressaut, à 10 mètres du puits.

Le résultat de l'explosion fut l'abattage de la montagne selon la ligne *a b c d e f*; le déblai fut estimé à 120000 mètres cubes de blocs et de pierres.

Aucune projection n'avait eu lieu.

CHAPITRE IV.

Explosions sous-marines

Chapitre 1. — Mesure des effets produits — Expériences du négèral Abbot sur divers explosifs

On doit au général Henri L. Abbot, du corps des ingénieurs militaires, aux Etats-Unis, une série d'expériences faites sur les explosions sous-marines.

« Quand en 1869, dit-il, (1), je commençai mes premières recher-
« ches, la destruction d'un navire par l'effet d'une explosion sous-
« marine était un problème relativement nouveau, et les lois géné-
« rales sur l'action des forces développées étaient inconnues ; aussi
« le sujet demandait-il une étude complète et systématique.

« Une série d'expériences furent alors entreprises dans le but de
« jeter quelque lumière sur les lois inconnues d'après lesquelles s'ef-
« fectue la transmission des forces à travers l'eau, et afin de détermi-
« ner les impulsions nécessaires pour produire la destruction d'un
« navire.

« En d'autres termes il s'agissait d'analyser expérimentalement et
« d'une façon aussi claire que possible : les lois de transmission du
« choc à travers le fluide, la valeur relative des divers explosifs com-

(1) Expériments and investigations to dévelop a system of submarine mines by H. L. Abbot. Professional Papers, n° 23. Corps of Engineers — 1884.

« parés, et finalement la résistance présentée par les meilleures « coques des navires modernes.

« Le problème de la destruction d'un navire de guerre devait être « ainsi assimilé à la discussion ordinaire des travaux d'ingénieurs.

« Les résultats obtenus sont d'une nature assez générale pour « qu'ils puissent être appliqués aux conditions nouvelles qu'il y a « lieu d'attendre des perfectionnements journellement introduits « dans chacune des branches de l'art naval.

« La théorie des recherches devant être basée sur des moyens de « mesure précis, il y avait avant tout à trouver un appareil capable « d'enregistrer avec soin les effets des explosions sous-marines. Ce « point obtenu, il devait être possible d'arriver à formuler des lois « générales sur la transmission des chocs et sur les effets divers pro- « venant de la variation des explosifs, des charges, des distances, « des directions, des profondeurs d'immersion, des modes d'ignition « et des masses des corps recevant le choc ».

L'appareil employé par le général Abbot pour mesurer l'intensité des explosions sous-marines est le *cercle dynamométrique* (fig. 100). Il se compose d'un fort anneau en fer, au centre duquel est fixée la charge explosive et sur lequel sont disposés six dynamomètres dirigés suivant des rayons.

Fig. 100.

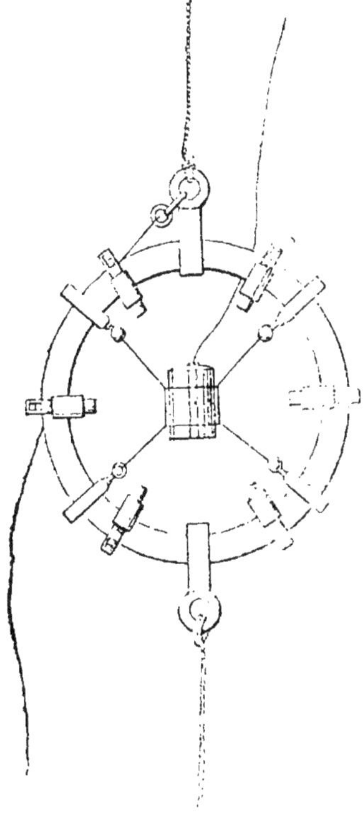

Le dynamonètre qui constitue la partie essentielle de l'appareil comprend une boîte A en acier (fig. 101) et un piston B également en acier dont la tige est guidée dans une pièce ajustée par un pas de vis avec la boîte. Celle-ci est vissée sur la tête d'une fourche clavetée sur l'anneau.

Les pressions transmises par l'eau s'exercent sur la tige du piston dont la base peut comprimer un cylindre de plomb E, maintenu verticalement au fond de la boîte par une petite saillie métallique.

Pour empêcher l'eau de pénétrer jusqu'au piston et modifier ainsi les effets produits, la tige est recouverte d'une rondelle en caoutchouc R ; de plus le piston est découpé sur son pourtour par quatre plans verticaux qui laissent des vides par lesquels l'eau, qui aurait pu s'infiltrer malgré toutes les précautions, peut pénétrer jusqu'au fond de la boîte.

En outre, et dans le but d'éviter un choc en retour du piston, celui-ci porte un double ressort CC, qui est maintenu par une bande de caoutchouc H (fig. 102), et dont les deux extrémités formant déclic s'engagent entre des dents taillées sur les parois de la boîte.

Fig. 101. Fig. 102.

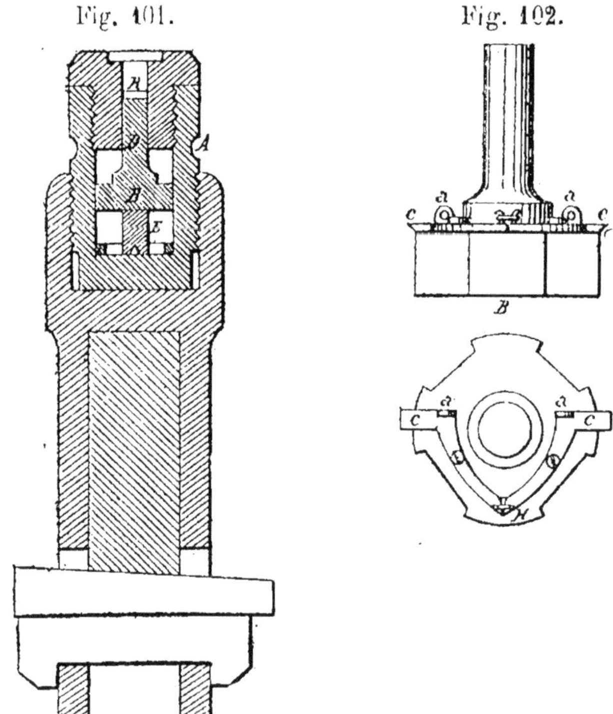

Pour mettre le piston en place ou le dégager, il suffit d'exercer une pression à l'aide d'une pince sur deux petits anneaux *a a* fixés sur les ressorts CC.

Toute pression exercée sur le piston est transmise aux cylindres de plomb E et, en mesurant l'applatissement de ces derniers à l'aide d'un instrument de précision, on peut avoir une idée très-précise de l'effet produit par l'explosion.

Au moment où l'explosion a lieu, il se développe une certaine quantité de gaz dont le volume dépend de la nature et du poids de la charge, et dont la rapidité d'action varie selon la composition de l'explosif et son mode de combustion. Ces produits gazeux rencontrant une résistance à leur libre expansion, exercent une énorme pression et mettent l'eau en mouvement suivant la ligne de moindre résistance qui est, en général, la verticale passant par le centre de la charge.

C'est la pression de l'eau ambiante, ajoutée à l'impulsion du premier moment, qui agit sur les dynamomètres.

Le résultat final de l'explosion est la projection violente d'une masse d'eau et de gaz dans l'atmosphère.

Le cercle dynamométrique employé par le général Abbot dans ses expériences se composait d'un fort anneau en fer forgé assez solide pour résister aux effets violents des explosions et assujetti par des attaches convenables.

Les essais furent faits avec quatre cercles mesurant intérieurement 3, 4, 5 et 8 pieds de diamètre ; les trois premiers avaient 4 $^1/_2$ pouces de largeur et 1 $^1/_2$ d'épaisseur ; le 4e 4 $^1/_2$ de largeur et 1 d'épaisseur.

Les dynamomètres étaient fixés dans des douilles munies de fourches qu'on serrait au moyen de clavettes sur l'anneau, deux d'entre eux étaient sur le diamètre horizontal passant par le centre de la charge, deux au-dessus de la charge et deux au-dessous, comme l'indique la fig. 100.

Le cercle était suspendu par un câble en fil de fer fixé à sa partie supérieure ; un câble de sûreté était attaché à la base pour être employé en cas d'acident (fig. 100).

La charge était soutenue au centre de l'anneau par quatre câbles en fil de fer galvanisé attachés eux-mêmes en des points diamétralement opposés.

Le cercle dynamométrique était maintenu dans une position verticale, à des profondeurs variables, au moyen de câbles reliés à une bouée en fer forgé de 4 à 5^{mm} d'épaisseur, 0^m,60 de diamètre et 1^m,20 de longueur. Les câbles mesuraient 25 mil. de diamètre. La tête de la bouée terminée en cône était rattachée au cercle avec interposition d'un dynamomètre.

Des expériences faites avec de fortes charges avaient bien vite démontré la nécessité de donner une certaine élasticité à toutes les parties du système ; et dans ce but on avait interposé dans les jonctions un tampon formé de cinq anneaux de caoutchouc de 25 mil. d'épaisseur.

De cette façon l'appareil a pu être projeté jusqu'à 50 pieds hors de l'eau sans souffrir la moindre lésion.

Voici quelles étaient les principales dimensions des appareils employés :

Poids du cercle de 3 pieds sans attaches			231	livres
—	4	—	301	—
—	5	—	381	—
—	8	—	416	—
Poids des attaches avec de grands dynamomètres			232	—
—	petits	—	205	
Poids de la bouée et du dynamomètre annexe			656	—

Toutes les expériences étaient faites en faisant détoner, au moyen d'un exploseur électrique, une capsule en cuivre renfermant 1gr,55 de fulminate de mercure.

Outre les six dynamomètres disposés sur l'anneau comme l'indique la fig. 100, le général Abbot en plaçait un septième au-dessous de la bouée, dans le plan vertical de la charge, et d'autres encore à des distances déterminées, afin d'étudier aussi complètement que possible la loi des transmissions.

Après un millier d'expériences exécutées sur près de cinquante matières explosives différentes, le général Abbot a formulé les observations générales suivantes : (1).

1° La dynamite n° 1, le fulmicoton comprimé, la forcite n° 1 et la gélatine explosive de Glascow conviennent pour les opérations sous-marines.

(1) Report upon investigations to develop a system of submarine mines for defending the harbors of the United States — papers n° 23, corps of engineers 1884) — Two addenda.

2° Il n'y a aucun avantage à multiplier les points d'ignition.

Une seule et forte détonation suffit pour faire produire à la charge tout son effet.

3° Pour assurer la détonation, on peut employer une petite charge de dynamite bien sèche et à l'état pulvérulent.

4° Il n'est pas nécessaire de renfermer la charge dans un recipient très-résistant, il faut au contraire éviter que celui-ci n'exige pas pour se briser une trop grande quantité de la force développée.

5° La chambre d'air de la bouée-torpille ne doit pas être plus grande qu'il ne faut pour obtenir simplement la flottaison.

6° Il n'y a pas lieu de craindre le danger d'une explosion par influence ou d'une contre-mine placée dans le voisinage, si l'appareil est construit assez solidement pour résister aux chocs des expériences elles-mêmes.

7° Il n'est pas besoin d'une grande profondeur d'eau ni d'une grande immersion de l'appareil pour obtenir l'effet complet d'une charge. Il suffirait de 3 à 5 pieds d'eau pour une charge de 100 livres d'explosif.

Comparaison des effets produits sous l'eau par les différents explosifs. — Les expériences faites à Willets Point par le général Abbot, pendant les quinze dernières années, portent à peu près sur tous les types d'explosifs employés aux usages civils et militaires.

Les essais étaient exactement les mêmes pour tous et consistaient à faire détoner des charges variables à 35 pieds sous l'eau dont la profondeur totale était d'environ 75 pieds.

En prenant comme terme de comparaison, et pour unité d'intensité 100, l'effet obtenu avec la dynamite n° 1, les résultats obtenus sont les suivants.

Composés de nitroglycérine	Intensités relatives
Explosive gélatine de Glascow (1884)	142
Forcite gélatine	133
Forcite n° 1	124
Explosive gélatine de Glascow (1881)	117
Dualine	111
Poudre d'Hercule n° 1	106

Rackarock supérieur	104
Dynamite n° 1	100
Atlas A	100
Atlas B	99
Rendrock à 60 %.	95
Forcite n° 3 à 40 %.	95
Fulmicoton comprimé	87
— granulé	87
— non comprimé.	87
Poudre de Vulcain n° 2.	82
Dynamite n° 2.	83
Poudre d'Hercule n° 2	83
Tonite de Californie	83
Dynamite mica n° 1	83
Poudre de Brugère.	81
Nitroglycérine	81
Poudre de Vulcain n° 1.	78
Poudre de Judson 3 F	78
Poudre électrique n° 1	69
Poudre de Désignolle	68

Le tableau graphique ci-contre met en relief les qualités relatives des différents explosifs qui ont donné lieu aux remarques suivantes (1).

1° La nitroglycérine pure ne donne pas de bons effets dans les explosions sous-marines.

2° L'idée généralement admise que la valeur d'une dynamite est proportionnelle à la quantité de nitroglycérine qu'elle renferme est absolument erronée.

Ainsi la forcite n° 3 à 40 %, l'Atlas B à 50, le Rendrock à 60, etc. sont aussi forts que la dynamite n° 1 à 75 % de nitroglycérine.

3° L'addition bien comprise d'une certaine quantité d'une base elle-même explosive augmente énormément l'effet de la nitroglycérine.

C'est le cas de la forcite, du rendrock, de la poudre de Vulcain et en général des dynamites à base active.

4° C'est une loi à peu près générale que, avec une base donnée, il y a économie à augmenter la proportion de nitroglycérine jusqu'à un certain point au-delà duquel l'avantage cesse complètement.

(1) Report upon investigations, etc. Addendum II, page 31.

C'est ce qu'indique clairement la courbe des bases inertes (voir le tableau ci-dessous). C'est entre 20 et 25 % de nitroglycérine que l'on peut fixer la limite utile d'explosibilité d'une poudre.

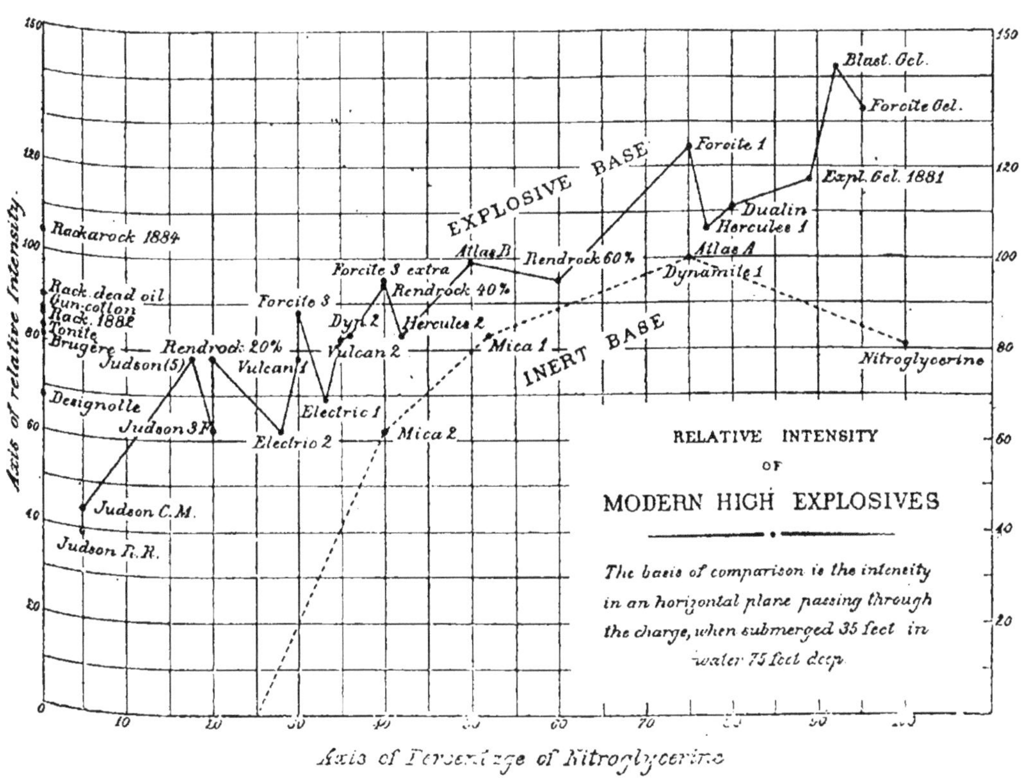

CHAPITRE V

Effets produits par les explosions sous-marines.

Quand une charge de poudre quelconque, de dynamite, de nitroglycérine, ou de fulmicoton, explose sous l'eau, il se produit deux ordres de phénomènes bien distincts.

Il y a d'abord formation d'une immense bulle de gaz qui, obéissant aux lois de la gravité, se précipite vers la surface en prenant une forme allongée. L'eau, violemment pressée, se soulève en donnant naissance à un large boursouflement ; puis, la bulle de gaz continuant son ascension, crève le sommet du cône liquide et se dégage dans l'atmosphère en repoussant violemment les premières couches d'air. Il en résulte une sorte d'appel à la suite duquel se précipite une colonne d'eau et de gaz mélangés ; et celle-ci retombe ensuite en pluie et écume blanche. Tous ces phénomènes sont subséquents et nettement caractérisés.

Le soulèvement de la surface qui caractérise la première période de phénomènes affecte généralement la forme d'un segment sphérique quand l'explosion est produite par la poudre ordinaire, et d'un cône à génératrices légèrement concaves dans le cas de dynamite ou de fulmicoton. La colonne liquide qui en émerge, appelée par une véritable aspiration a reçu le nom de *gerbe*, à cause de sa forme ; c'est un mélange d'eau, de gaz, et souvent aussi de débris provenant du fond.

Parallèlement à ce phénomène, il s'en produit un autre d'ordre intérieur. Les gaz, subitement produits par suite de l'explosion, pressent contre le liquide dans tous les sens, et leur expansion donne naissance à une onde élastique dont le mouvement se propage suivant des sphères concentriques ayant pour centre commun le point d'explosion. La vitesse de l'onde est d'environ 1400 mètres par seconde, mais sa force vive décroît avec une grande rapidité, et proportionnellement au carré des rayons.

On désigne sous le nom de *rayon dangereux* la distance horizontale imite à laquelle l'onde élastique est encore assez violente pour provoquer la rupture ou la destruction des corps voisins, et *sphère d'action* la sphère décrite du centre de charge avec ce rayon.

Pour nous rendre bien compte des effets de tous genres que l'on observe lors d'une explosion sous-marine, nous les diviserons en trois catégories :

1° Effets physiques;

2° — mécaniques;

2° — d'influence, ou *explosions sympathiques*.

1° Effets physiques.

Quand on produit une explosion sous l'eau le bruit de la détonation est considérablement assourdi.

Une forte torpille détonant à dix pieds de profondeur, et même plus près encore de la surface, fait entendre un son sourd et voilé qui, souvent, est difficilement perçu, même par un observateur placé à une courte distance. Mais si la couche d'eau est assez mince pour permettre aux gaz provenant de l'explosion de s'échapper instantanément, le son est beaucoup plus intense.

Des expériences du général Abbot, il résulte qu'une livre de dynamite, détonant à trois pieds sous l'eau, fait entendre un son bien plus bruyant que 500 livres submergées à 20 pieds de profondeur.

M. Abbot a remarqué qu'avec une petite charge de dynamite, voire même de poudre explosive, submergée à une certaine profondeur, on perçoit, avant de distinguer aucun trouble à la surface de l'eau, trois sons distincts ressemblant au bruit que produirait un choc sur un corps dur. Ces trois sons sont à peu près d'égale intensité, mais ils présentent cette particularité que l'intervalle entre le premier et le second est beaucoup plus grand qu'entre celui-ci et le troisième. Cette répétition n'est pas due à un écho, il n'y a certes pas à s'y méprendre. Il y a bien en réalité plus de trois sons produits, mais l'oreille peut difficilement en percevoir davantage ; et le fait a été prouvé en plusieurs circonstances.

Ajoutons que les impulsions sont sensibles au toucher ; en effet, si une personne se place dans un bateau voisin du lieu de l'explosion elle éprouve, en mettant la main à l'eau, des sensations analogues à celles que produiraient de petites secousses électriques.

2° Effets mécaniques.

Nous avons vu déjà qu'à la suite de l'explosion il se produisait un grand dégagement de gaz et que l'eau tendait à être repoussée suivant la ligne verticale de moindre résistance, en donnant naissance à un grand boursouflement et à une gerbe.

Or l'importance du jet produit dépend surtout, comme le son, de la profondeur à laquelle a lieu l'explosion. Voici, à ce sujet, le résultat d'expériences faites par le général Abbot.

Avec une charge d'un quart de livre submergée à 35 pieds d'eau, aucun trouble ne se produit à la surface, si ce n'est un dégagement de bulles de gaz qui dure quelques secondes.

Avec une demi-livre détonant à 6 pieds de profondeur, une colonne d'eau et de gaz est projetée à 20 ou 30 pieds en l'air.

Si la charge est d'une livre avec une immersion de 35 pieds, la bouée du cercle dynamométrique s'élève instantanément de deux pieds hors de l'eau, par l'effet d'aspiration que nous avons signalé ; puis, 12 secondes environ après la détonation, l'eau se met à bouillonner en s'élevant parfois de plusieurs pieds au-dessus de la bouée.

Si la charge n'est qu'à 25 pieds de profondeur, le bouillonnement commence un peu plus tôt et souvent il arrive que la bouée remonte de nouveau avec lui.

Avec une charge de deux livres à 35 pieds, le phénomène est analogue, et le bouillonnement se manifeste après 9 secondes environ.

Avec une charge de trois livres à la même profondeur, la masse d'eau et d'air fait son apparition, 5 secondes après l'explosion, sous forme d'un petit dôme ; quant à la bouée, elle s'élève de 5 pieds instantanément.

Si la charge est portée à 5, 8 et 10 livres, avec une submersion de 35 pieds, le soulèvement de la bouée est plus considérable, et celle-ci apparaît entourée d'une sorte de brouillard partant de la surface de l'eau. Le dôme fluide se montre au bout d'une ou deux secondes, et il dégage à son sommet un petit jet d'eau blanchâtre de 8 à 10 pieds de hauteur. Un bateau placé à 50 pieds du lieu de l'expérience éprouve des mouvements vibratoires assez forts pour déplacer de petits objets.

Avec des poudres explosives, les effets sont analogues à ceux des dynamites, mais moins intenses. Ainsi l'explosion de 25 livres de poudre ordinaire à 35 pieds au-dessous de la surface produit une émission de pluie fine qui monte à 1 ou 2 pieds au-dessus de l'eau. Comme dans les cas précédents, la bouée s'élève instantanément ; elle apparaît entourée d'un dôme blanchâtre de 10 pieds environ de hauteur.

Si la charge de poudre est de 50 livres à 5 pieds sous l'eau, le jet d'eau et de gaz s'élève jusqu'à 170 pieds. Si la profondeur de la charge est de 16 pieds, le jet mesure 40 pieds ; à 35 pieds il n'est plus que de 20 à 30 pieds. Enfin à 68 pieds de submersion, il ne se produit plus qu'un simple bouillonnement quelques secondes après l'explosion.

Un effet mécanique des plus curieux est celui que l'explosion exerce sur les poissons. Sous l'influence d'une charge, même faible, la surface de l'eau se couvre de poissons flottants ; et sous une charge plus forte, les poissons sont jetés hors de l'eau dans le voisinage de l'explosion. Celle-ci a pour effet de leur crever la vessie natatoire ; l'air qui s'échappe dans leur abdomen les allège, et les fait remonter jusqu'à la surface de l'eau, sans cependant les tuer immédiatement, car on les voit encore faire des efforts désespérés pour se remettre d'aplomb et nager.

Avec 5 livres seulement de dynamite, et à des centaines de yards de distance, l'effet se fait sentir sur le poisson appelé *manhaden* (1), ce qui montre la sensibilité nerveuse extraordinaire de cet animal, laquelle pourrait être comparée à celle du meilleur dynamomètre.

Quant aux poissons de la famille des harengs, ils sont projetés en l'air dans un rayon de plusieurs centaines de pieds, autour du lieu de l'explosion.

Un autre effet mécanique produit par l'explosion sous-marine consiste en une commotion qui se fait sentir à une distance assez éloignée. Ce mouvement de trépidation bien constaté résulte du fait de l'onde élastique qui transmet en tous sens le choc et le refoulement produits par l'expansion des gaz.

Le rivage, même à une grande distance, reçoit une secousse analogue à celle que produirait un tremblement de terre ; et dans la limite de la sphère d'action, tout obstacle s'opposant au passage de l'onde est détruit.

C'est sur cet effet qu'est basé l'usage des torpilles et mines sous-marines pour faire sauter des navires ou détruire des obstacles.

En général on peut dire que l'œuvre de destruction, produite par une explosion sous-marine, est accomplie presque exclusivement par l'onde élastique. Il est rare, en effet, que le dégagement violent des gaz agisse directement ; à moins, cependant, que l'obstacle ne se trouve précisément dans la direction de la verticale qui passe par le centre d'explosion. Toutefois, il est nécessaire que l'objet à détruire se trouve compris dans les limites de la sphère d'action de l'onde refoulée.

La détermination du rayon de cette sphère ou *rayon dangereux* se fait par l'expérience.

D'après la manière dont elles doivent opérer, les torpilles sont divisées en *torpilles fixes* ou *mines sous-marines* et *torpilles mobiles*.

Les premières sont destinées à effectuer des sautages de navires échoués ou de rochers faisant obstacle à la navigation, et à assurer la défense des ports et des côtes. Dans ce dernier cas, on les désigne sous le nom de *torpilles dormantes* quand elles reposent directement sur un fond, et *torpilles mouillées* quand elles sont maintenues d'une

(1) Poisson très-commun dans la baie de New-York.

façon quelconque entre deux eaux. C'est avec un chapelet de torpilles mouillées suspendues à un câble et reliées à des bouées qu'on rend inaccessibles aux navires l'entrée d'un port, la passe d'une rivière, etc.

Les torpilles mobiles sont destinées à l'attaque des navires de guerre. Elles sont ou remorquées, ou placées sur des canots porte-torpilles, ou automobiles, ou dirigées du rivage, ou enfin projetées à la main ou à l'aide d'un engin quelconque.

On les charge, suivant les cas, avec de la poudre à canon, des poudres au picrate, du fulmicoton comprimé, ou un explosif à base de nitroglycérine. Actuellement, beaucoup de marines militaires donnent la préférence au fulmicoton mouillé qui est moins dangereux à manier et dont l'effet diffère peu de celui que l'on pourrait obtenir avec une dynamite ou même la nitroglycérine.

Mais le fulmicoton paraît se décomposer ou, tout au moins, perdre une grande partie de ses propriétés explosives quand il est resté pendant quelques temps en contact avec une paroi rouillée.

Pour qu'un explosif, destiné au chargement des torpilles, donne de bons résultats, il faut qu'il soit :

1° D'une manipulation simple et sans danger ;

2° Facile à entreposer et à conserver ;

3° Inaltérable à l'air, à l'humidité, et à la chaleur climatérique ;

4° Susceptible de produire de grands effets sous un petit volume, ou sous un poids moindre que celui de la poudre à canon ;

5° Très-sensible à l'action de l'amorce, laquelle doit être simple et d'un effet sûr.

6° Aussi brisant que possible ; l'action des torpilles devant se produire surtout au contact.

Les fulmicotons, avec addition ou non de chlorates ou nitrates, les composés à base de nitroglycérine, et certaines poudres au picrate de potasse, remplissent plus ou moins ces conditions.

Des essais faits par le général Abbot, chef du service des torpilles aux États-Unis, il résulte que l'un des meilleures explosifs à l'usage des torpilles (1) est la *forcite* dont l'explosion sous l'eau donne un

(1) Voir le chapitre précédent.

résultat supérieur de 32 % à celui de la dynamite Nobel n° 1, dans les mêmes circonstances. La *forcite* a, en outre l'avantage d'être beaucoup moins sensible aux explosions par influence.

Il est encore essentiel qu'une torpille puisse agir à distance, quoique ne se trouvant pas, alors, dans d'aussi bonnes conditions qu'au contact.

De nombreuses expériences faites, pendant ces dernières années, en Angleterre, en France, et aux États-Unis, ont prouvé, en effet, que les torpilles ne donnent tout leur effet qu'au contact.

Les études remarquables des ingénieurs américains sont particulièrement concluantes ; une torpille, à enveloppe de tôle renfermant 45 livres de poudre à canon. appliquée contre le flanc d'un navire, à 12 pieds sous l'eau, ouvre une large brèche. Une charge identique, dans les mêmes conditions, mais éclatant à un pied de distance de la coque, ne produit que peu d'effet ; en augmentant progressivement la charge, on trouve qu'il faudrait l'amener à 100 livres pour faire brèche. D'autre part une torpille qui éclate sous la quille agit avec beaucoup plus de violence que celle qui fait explosion contre les flancs du navire ; et, comme dans le cas précédent, l'effet au contact est plus grand qu'à distance, si rapprochée que soit la torpille.

Il résulte de ces faits que la meilleure manière d'utiliser une torpille est de la glisser sous la quille, de l'y maintenir et ensuite de la faire éclater. La solution du problème suppose la solution d'un autre problème beaucoup plus complexe : la manœuvre d'un bateau-torpilleur sous-marin.

Mais, comme nous n'avons pas la prétention d'entamer ici une étude aussi difficile que celle des torpilles et mines sous-marines, nous terminerons ce rapide exposé en reproduisant quelques observations intéressantes, empruntées au général Abbot.

Un navire placé dans le voisinage d'une charge explosive peut être exposé à l'un des dangers suivants :

1° Si la coque se trouve dans la sphère d'action de l'explosion, elle risque d'être rompue par le choc initial transmis de molécule à molécule à travers le fluide.

2° Si la verticale tracée par le centre de la charge passe près de la coque, la résistance du navire étant, comme on peut le prouver, moindre que celle de l'eau ambiante, la ligne de moindre résistance est déviée de sa direction normale et traverse le navire ;

3° Si la charge d'explosion est considérable, comme dans le cas des mines sous-marines, la seule agitation des vagues peut être plus forte que le pouvoir endurant du navire, et même celui-ci peut être soulevé à moitié hors de l'eau et brisé.

Nous ajouterons que l'effet d'une torpille est absolument local ; en dehors d'une zône d'agitation nettement délimitée, la surface de l'eau reste parfaitement calme. C'est ce qui explique comment un bateau-torpilleur peut, avec une torpille de 16 kil. de fulmicoton, fixée à l'extrémité d'une hampe de 8m,50 de longueur, faire sauter un navire sans éprouver lui-même la moindre avarie.

3. Effets d'influence ou explosions sympathiques.

Les phénomènes d'explosions par influence, qu'on appelle aussi *explosions sympathiques*, ont vivement attiré, dans ces derniers temps, l'attention des officiers d'artillerie et de marine, en Europe comme en Amérique.

On connaissait déjà ou, tout au moins, on soupçonnait ces effets d'influence d'après le fait de poudrières sautant simultanément, quoique séparées par de grands intervalles ; mais c'est seulement depuis la découverte des explosifs à base de nitroglycérine que l'étude des explosions sympathiques a été l'objet de sérieuses recherches.

On sait qu'une cartouche de dynamite, en détonant, peut agir sur d'autres cartouches disposées à quelque distance sur un sol résistant, (un rail, une plaque de fonte, etc.) ou même simplement suspendues en l'air ou dans l'eau ; mais c'est surtout dans l'eau que les expériences sont concluantes et se prêtent à des applications du plus grand intérêt.

Les premières études d'explosions sympathiques sous l'eau ont été faites à Stowmarket, en Angleterre, par le professeur Abel qui opérait avec le fulmicoton comprimé ; elles ont été continuées en Amérique à diverses reprises avec des dynamites par le général Newton en 1876, et par le général Abbot depuis 1874.

On comprend en effet l'importance du problème au point de vue des travaux sous-marins et surtout au point de vue de l'attaque des côtes et des ports défendus par des lignes de torpilles submergées. Aussi les plus grands efforts ont-ils été faits pour arriver à préciser les conditions dans lesquelles ont lieu les explosions sympathiques et leur rayon d'activité.

Avant de rapporter les principaux résultats obtenus par les généraux américains, MM. Newton et Abbot, nous indiquerons sommairement la théorie la plus généralement admise pour expliquer ces singuliers phénomènes d'influence et telle qu'elle a été présentée par M. Berthelot dans son savant ouvrage sur les explosifs (1).

« Cette théorie repose sur la production de deux ordres d'ondes : « les unes, qui sont les ondes explosives proprement dites, développées au sein de la matière qui détone et consistant en une transformation incessamment reproduite des actions chimiques en actions calorifiques et mécaniques, lesquelles transmettent le choc aux supports et aux corps contigus ; les autres, purement physiques et mécaniques, et qui transmettent également les pressions subites tout autour du centre d'ébranlement, aux corps voisins et, par un cas singulier, à une nouvelle masse de matière explosive.

« L'onde explosive, une fois produite, se propage sans affaiblissement, parce que les réactions chimiques qui la développent en régénèrent à mesure la force vive sur tout le trajet ; tandis que l'onde mécanique perd continuellement de son intensité, à mesure que sa force vive, déterminée par la seule impulsion originelle, se répartit dans une masse de matière plus considérable. »

Supposons, en effet, l'explosion produite par une cartouche de dynamite dans un milieu quelconque. Au moment même de la détonation, les molécules situées dans le voisinage du centre de charge

(1) Berthelot. — Sur la force des matières explosives d'après la thermochimie, Paris 1883.

sont subitement déplacées et il se produit brusquement, et tout autour, un agrandissement de la cavité où reposait l'explosif ; puis, au-delà de cette chambre et à une distance variable avec le milieu ambiant, ces mouvements, si confus à l'origine, se régularisent et donnent naissance à des ondes qui sont caractérisées par des compressions et des déformations subites de la matière.

Ces ondes cheminent avec une vitesse extrême et une intensité qui va en décroissant en raison inverse du carré de la distance ; et quand elles arrivent à un point où le milieu est interrompu ou modifié, elles changent de nature et se transforment en un mouvement d'impulsion ; *c'est-à-dire qu'elles reproduisent le choc initial*. De sorte que si la modification du milieu, ou l'obstacle, est constituée par un corps explosif, celui-ci peut détoner et agir à son tour sur une troisième cartouche, celle-ci sur une quatrième, et ainsi de suite.

Telle est la théorie si remarquable de M. Berthelot et nous pouvons la résumer avec l'éminent chimiste en disant que « la matière « explosive détone par influence, non parce qu'elle transmet le mou- « vement vibratoire en vibrant à l'unisson [1] ; mais, au contraire, « parce qu'elle l'arrête et s'en approprie la force vive ».

A l'appui de cette théorie, il a été fait quelques expériences par le génie français, et particulièrement par M. le capitaine Pamart, dans le but de déterminer les conditions d'explosions sympathiques de la dynamite, quand celle-ci explose à l'air libre ou renfermée dans des boîtes. On faisait usage de dynamite contenant 55 °/₀ de nitroglycérine.

Première série d'expériences. — Deux charges de même poids étaient renfermées dans des boîtes en zinc d'une contenance totale de 5 kil. On faisait varier la distance entre les charges jusqu'à ce que l'explosion de la première entraînât celle de la seconde.

Avec des charges égales de 1 kil., il fallait placer les boîtes à 0m,90 l'une de l'autre.

(1) Théorie des vibrations synchrones, par M. le professeur Abel. Voir l'ouvrage déjà cité de M. Berthelot, tome I, p. 123, et le Traité sur la poudre et les corps explosifs, par J. Upmann et E. von Meyer, traduit par E. Desortiaux, p. 644. Paris 1878.

Pour des charges de	2 kil.,	la distance était de	1^m,75
—	3	—	2 ,75
—	4	—	3 ,50
—	5	—	4 ,50

De sorte qu'en désignant par :

P le poids des charges ;

D la distance à laquelle se produit l'explosion sympathique ; on aurait, pour ce cas particulier, la formule :

$$D = 0,90\,P.$$

Deuxième série. — On prenait constamment 5 kil. pour poids de la charge mise en feu, et on faisait varier le poids de la charge qui devait détoner par influence. Or, tandis qu'il fallait une distance maximum de 4^m,50 pour produire l'explosion d'une charge de 5 kil., elle se réduisait à 2^m,25 pour une charge de 1 kil.

Toutefois en remplissant de terre levide laissé dans la boîte par la charge de 1 kil., puis retournant la boîte de façon que la dynamite se trouvât au-dessus, l'explosion par influence se produisait à 4^m,50. C'est-à-dire que la détonation avait lieu comme si la boîte eût été remplie de 5 kil. de dynamite.

Troisième série. — Les expériences furent faites avec des charges à l'air libre. Dans ce cas, les distances d'explosion sympathique étaient moindres. Ainsi pour des charges de 1 kil., l'effet se produisait à la distance de 0^m,50 seulement.

Quatrième série. — Les expériences de cette série avaient pour but de reconnaître l'influence de la matière des boîtes. Or, cette influence est nulle quant à la boîte détonante ; elle est au contraire très-sensible quant à la boîte influencée.

Ainsi on a trouvé que, pour du bois, la distance à laquelle se produit l'explosion n'est que le tiers de celle à laquelle elle a lieu quand la boîte influencé est en zinc.

Mais les expériences les plus intéressantes ont été faites en Amérique par les généraux Newton et Abbot. Elles ont eu surtout pour but, comme nous l'avons déjà fait remarquer, l'étude des explosions sympathiques sous-marines.

M. le général Newton fut amené à faire des recherches sur les explosions par influence dans les circonstances suivantes :

Il avait été chargé, par le gouvernement des États-Unis, de faire sauter les récifs de la fameuse passe de Hell-gate, récifs qui, situés au nord du promontoire de Hallett's Point, obstruaient le passage principal du port de New-York, et causaient de grands obstacles à la navigation. Afin d'activer les travaux, il eût l'idée de mettre à profit le principe des explosions sympathiques, et fit faire préalablement des expériences par son second, le capitaine James Mercury, du corps des ingénieurs militaires, en septembre 1876.

L'explosif employé était la dynamite n° 1, sous forme de cartouches compactes.

Les charges étaient suspendues à une barre de fer par des tiges de sapin et tout le système immergé était maintenu en place, à une profondeur déterminée, au moyen de bouées. Chaque cartouche était renfermée dans une boîte imperméable dont la matière variait selon les essais : pâte de papier, caoutchouc, cuivre jaune, etc. ; le but des expérimentateurs étant de vérifier si la matière de la boîte avait une influence sur la propagation du phénomène explosif.

La détonation initiale était produite par une capsule au fulminate de mercure.

L'explosion des autres cartouches était rendue manifeste par les extrémités de baguettes en bois qui étaient rompues d'une façon particulière et facile à reconnaître.

Dans les expériences où l'explosion par influence ne se produisait pas, presque toujours la boîte était rompue et la nitroglycérine suintait de la cartouche restée intacte.

Le tableau suivant indique quelques-uns des résultats des expériences faites à Hallett's Point.

Charge initiale	CHARGES SECONDAIRES					RÉSULTAT
Poids en livres	Poids en livres	Nature de la boîte	Submersion en pieds	distance des charges en pieds	Pression moyenne en pieds	
1	1	Pâte de papier . .	6 à 30	18	262	Il y a toujours explosion.
0,5	0,5	Sac en caoutchouc.	6	12	290	Explosion.
0,5	0,5	— —	30	18	165	Explosion.
0,5	0,5	— —	4,5	18	165	Pas d'explosion.
1	1	Cuivre jaune recouvert de papier de 0,12 pouce d'épaisseur. . . .	4,5	2	5633	Explosion.
1	1	Cuivre jaune recouvert de papier de 0,12 pouces d'épaisseur. . . .	3	5	1569	Explosion.
1	1	Cuivre jaune recouvert de papier de 0,12 pouces d'épaisseur. . . .	4,5	7	980	Pas d'explosion.

Il résulterait de ce tableau que la nature de la boîte ou récipient contenant la dynamite exerce une très-grande influence sur la production des explosions sympathiques.

La colonne des pressions a été calculée en faisant usage de la formule du général Abbot.

$$P=\sqrt[3]{\left(\frac{6636(\delta+186)C}{(D+0,01)^{2,1}}\right)^2}$$

formule qui correspond à la dynamite n° 1 et dans laquelle :

C représente le poids de la charge explosée ;

δ — la submersion en pieds ;

D — la distance des manomètres écraseurs ;

P — la pression moyenne des 6 écraseurs par pouce carré.

Les recherches du général Abbot relativement aux explosions sympathiques furent conduites dans un autre ordre d'idées. Elles lui furent suggérées à la suite d'expériences faites, en 1874 par le gouvernement suédois et rapportées par les journaux de l'époque : une torpille chargée de 150 livres de dynamite avait provoqué l'explosion sympathique de deux autres torpilles similaires séparées les unes des autres par des distances de 200 pieds. Les trois charges étaient submergées à 10 pieds de profondeur.

Malheureusement les indications connues du public étaient incomplètes ; on ignorait la nature de la boîte contenant l'explosif, la qualité de la dynamite employée, son état pulvérulent ou compact, etc. Il était seulement permis de supposer que les torpilles étaient faites d'un matériel léger, car on savait que les officiers suédois qui d'abord faisaient usage de récipients en verre, après avoir reconnu que cette substance se brisait à 110 pieds de distance par l'explosion sympathique d'une simple charge de 15 livres de fulmicoton ou de dynamite submergée à 8 pieds, avaient adopté de préférence le laiton et le fer minces.

En somme les données manquaient de précision ; il était donc utile de reprendre les expériences des explosions sympathiques dont l'effet constaté pouvait remettre en question l'opportunité des torpilles sous-marines pour la défense des ports.

Après des essais préliminaires, le général Abbot fut amené à déterminer expérimentalement la résistance que les torpilles, en usage dans la marine américaine, pouvaient opposer aux explosions par influence.

Le général décrit ainsi ses travaux à ce sujet (1) :

« Dans le but de faire des épreuves précises sur nos propres tor-« pilles je fis détoner, le 30 octobre 1874, une charge de 100 livres de « dynamite n° 1 à 50 pieds de distance horizontale d'une torpille, « modèle 1872, en fer d'un huitième de pouce d'épaisseur, chargée « elle-même de 100 livres du même explosif. Les deux torpilles « étaient maintenues sous 32 pieds d'eau, à 8 pieds de fond. Quand « la première fit explosion, la seconde fut plissée, mais non brisée, « par le choc et il n'y eut pas d'explosion sympathique. La pression « moyenne calculée au moyen de ma formule était de 1348 livres.

(1) Report upon submarine mines. n. 23, 1881. New-York.

« Pour étudier l'effet du choc sur la matière des torpilles je fis tirer, « le 6 septembre 1877, 200 livres de dynamite n° 1 contenue dans « une torpille de fond ; une seconde torpille de même nature et ren- « fermant la même charge était placée à 80 pieds, à une profon- « deur d'eau de 19 pieds. Une troisième torpille en tout semblable « aux deux autres, mais sans charge, était disposée à la même dis- « tance que la seconde dans une autre direction. Le résultat fut l'ex- « plosion de la deuxième torpille, soit par l'effet d'influence à travers « l'eau, soit par le choc de fragments de fer projetés. La pression « moyenne, d'après ma formule, était de 1109 livres.

« Différentes autres expériences, faites de temps à autre, ont « démontré que, sauf le cas où le récipient est brisé, la dynamite « n° 1 en poudre est incapable de provoquer des explosions sympa- « thiques, même à des distances moindres que celles qui sont impo- « sées dans notre service de torpilles. Tel est le cas des expériences « suivantes :

« Une charge de 200 livres de dynamite n° 1 était tirée dans une « torpille de fond, la profondeur de l'eau était de 20 pieds. A des « distances horizontales de 20, 40, 60, 80, 100 et 120 pieds, étaient « maintenus au fond de l'eau des *détonateurs*, ou sphères creuses de « fer forgé de 1, 25 pouce d'épaisseur, exactement remplis avec « 8 livres de dynamite en poudre et hermétiquement fermés. Quoi- « que l'explosion de la torpille exerçât sur eux les pressions moyen- « nes respectives de 7718, 2925, 1658, 1109, 818 et 628 livres par « pouce carré, aucun d'eux ne fut brisé par le choc.

« L'épreuve fut reprise dans des conditions analogues, avec des « *détonateurs* suspendus au fond de l'eau à l'aide de flotteurs en bois, « à des distances de 30, 40, 60, 80, 100 et 120 pieds. Les pressions « produites par l'explosion étaient respectivement de 4376, 2925, « 1658, 1109, 818 et 628 livres ; aucun d'eux ne fut atteint.

« Dans une autre circonstance la torpille était chargée de 500 livres « de dynamite et submergée à 13 pieds de la surface, dans 20 pieds « d'eau. Un détonateur rempli avec 8 livres de dynamite, à 40 pieds « de distance, et soutenu un peu au-dessus du fond, ne fut pas affecté

« par l'explosion ; cependant il avait à résister à une pression « moyenne de 5150 livres par pouce carré. En outre, des boîtes à « amorces, formées d'étain épais et contenant chacune 1 livre de dyna- « mite pulvérulente, avaient été suspendues à un pied au-dessous de « la surface à des distances horizontales de 79, 94, 107, 110, 123 et « 132 pieds.

« Quoique soumises aux pressions respectives de 2087, 1640, 1368 « 1317, 1126 et 1021 livres par pouce carré, aucune ne fit explosion. « Les deux premières furent cependant fortement plissées, et la pre- « mière eût ses parois renfoncées mais non ouvertes. »

Ces expériences paraissent concluantes pour le général Abbot qui semble rassuré quant à un danger quelconque d'explosion sympathiques avec le modèle actuellement en usage pour les torpilles américaines.

Il est vrai d'ajouter que ce qui précède émane d'un rapport, officiel il est vrai, mais néanmoins livré à une certaine publicité ; et que des renseignements plus complets ne sauraient être divulgués.

En supposant donc que l'étude des explosions par influence reste encore à faire, nous croyons qu'il est du plus grand intérêt de les poursuivre et que l'avenir nous réserve à ce sujet de merveilleuses surprises (1).

(1) Des expériences faites récemment en Autriche par le capitaine Trauzl, ont démontré que des torpilles au fulmicoton peuvent faire explosion sous l'influence de contre-mines, disposées à grandes distances, et résistent au contraire quand elles sont chargées avec une nitrogélatine.

CHAPITRE VI

Application des explosifs aux travaux sous-marins.

Recépage des pieux et destruction des piles de ponts en bois et en maçonnerie. — Sautage des navires échoués. — Dégagement des passes dans les rivières et les ports.

§ I. — Recépage des pieux et destruction des piles en bois et en maçonnerie.

Le recépage des pieux est très-facile à exécuter au moyen d'un explosif. L'application diffère seulement selon la situation et l'enfoncement des pieux.

Si l'on veut recouper, en-dessous du lit de la rivière, des pieux dont la tête sort de l'eau, on perce en leur centre un trou qui pénètre jusqu'au point ou doit être opérée la section. A l'aide d'une baguette de bois (fig. 104) on descend au fond du trou une cartouche en fer-blanc contenant environ un demi-kilogramme de dynamite n° 1, on achève de remplir avec de l'eau, et on opère le sautage par l'électricité. Le bruit de la détonation est assez faible, et il s'élève un jet d'eau de 2 à 3 mètres de hauteur ; le pieu est recoupé exactement à la base du trou.

Avec cette charge convenablement disposée, on peut arracher un pieu enfoncé de $0^m,80$ à $1^m,00$.

Si les pieux doivent être recoupés de niveau avec le fond, on suspend la charge à un petit cerceau en bois que l'on descend avec une baguette jusqu'au point où l'on veut produire le recépage (fig. 105).

On opère le sautage à l'aide d'une amorce électrique et d'un exploseur portatif.

Fig. 104 Fig. 105.

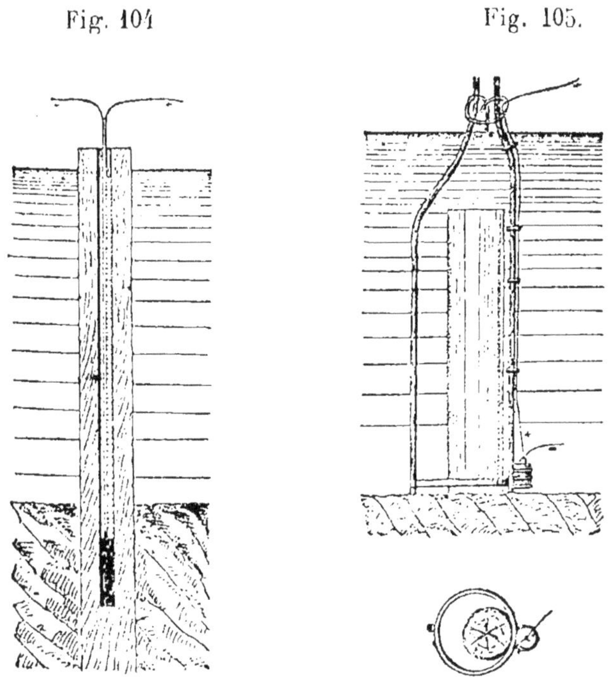

Ce procédé n'étant pas toujours d'une application facile, on peut encore opérer de la manière suivante : On fixe la cartouche à une longue baguette et on l'applique contre le pieu au point voulu en l'y maintenant immobile.

Pour des pieux mesurant 30 à 35 centimètres de diamètre, une charge de 500 grammes de dynamite n° 1 est suffisante ; cette charge doit être renfermée dans une petite boîte de fer-blanc parfaitement fermée et munie de conducteurs et d'amorce électriques. Si l'on fait usage d'une nitrogélatine capable de résister à l'eau et que le tirage ne doive pas être trop longtemps retardé, on se contente de la renfermer dans un petit sac de caoutchouc ou de toile goudronnée.

Lorsque l'on doit faire disparaître des pieux en bois brisés, mal recoupés, ou difficiles à attaquer par les moyens ordinaires, on emploie avantageusement la dynamite par charges compactes convenablement distribuées. On les place généralement de telle manière que chacune d'elles puisse agir sur deux ou trois pieux à la fois, comme l'indiquent les figures (fig. 106 et 107).

Supposons trois rangées de pieux distants de 0m,60 à 0m,70 ; les pieux étant à 0m,45 environ les uns des autres (fig. 106). On distribuera les charges *a*, *a*, *a* entre les pieux de chaque rangée.

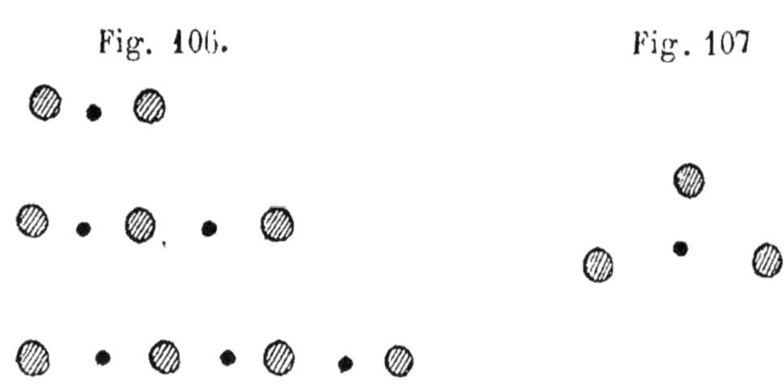
Fig. 106. Fig. 107

Avec la disposition indiquée par la (fig. 107), on placera la charge unique A à égale distance des 3 pieux à arracher.

S'il s'agit de détruire des piles en maçonnerie, des culées de ponts, etc., on fore des trous de mine verticaux que l'on tire successivement au moyen de capsules au fulminate et de mèches imperméables ; dans certains cas,on aura tout avantage à effectuer le sautage par mines simultanées en faisant usage de détonateurs et de conducteurs électriques.

Nous citerons, comme exemple, la démolition d'une pile de pont pratiquée à Kampen (Hollande) par M. Brunet, l'ingénieur français si connu par les multiples et curieuses applications qu'il a faites des sautages à la dynamite (1),

La pile du pont de Kampen ayant été affouillée, on résolut de la détruire. Pour y parvenir rapidement et économiquement, on pratiqua d'abord une série de trous de mine sur tout le pourtour, en ne conservant que la partie centrale (fig. 108); puis cette dernière fut démolie de la même manière. Il ne resta plus alors que le bétonnage limitée par la ligne A B C. La profondeur ne permettant pas de faire de nouveaux trous de mine, on tira des coups de dynamite en posant des paquets de cartouches dans les anfractuosités de la maçonnerie,

(1) Société de l'industrie minérale, — Comptes-rendus mensuels. — Novembre 1884. Communication de M. Brunet.

puis on enleva les gros blocs détachés par l'explosion à l'aide de grands paniers en feuillards que remplissaient les plongeurs. Enfin,

Fig. 108.

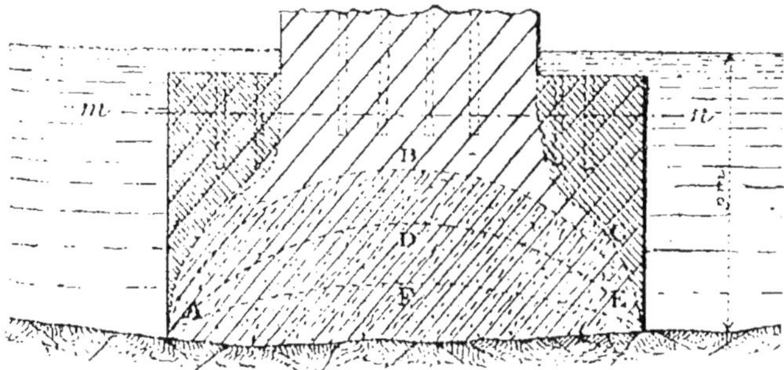

une drague à vapeur, amenée au-dessus de la pile, retira toute la partie désagrégée, et le niveau de la démolition s'abaissa jusqu'à la courbe A D E. Une nouvelle série d'opérations du même genre dégagea la tranche inférieure, et peu à peu on arriva à arraser la pile jusqu'au niveau du fond de la rivière.

La démolition totale dura 25 jours.

On aurait pu procéder plus rapidement, mais il fallait agir très-prudemment et ne tirer que de faibles charges pour éviter le contre-coup des détonations sur les maisons voisines, toutes construites sur des sables plus ou moins mouvants.

§ 2. — Sautage de navires échoués.

Quand un navire s'est échoué dans un port ou une rivière et que sa présence est un obstacle à la navigation, on le fait sauter au moyen de mines explosives convenablement disposées.

Tel est le cas suivant d'un navire en fer, de 60 mètres de longueur et 9 mètres de largeur, chargé de charbon et coulé en rivière (fig. 109). On commença par pratiquer des ouvertures dans le pont aux points *f* et *g*, au moyen de cartouches contenant un kilogramme d'explosif ; puis par les ouvertures dégagées on fit pénétrer des scaphandres qui placèrent les charges aux points voulus, soit à la main, soit en les faisant pénétrer au bout de tiges ou baguettes.

Les charges étaient au nombre de 23 :

2 de 9 kil. chacune de dynamite n° 1 renfermée dans une cartouche en étain de 5^{m},50 de longueur et 0,045 de diamètre ; total 18 kil.

13 de 5 kil. ; total 65 kil.

8 de 4 kil. ; total 32 kil.

En tout 23 charges avec un poids total de 115 kil., et distribuées de la façon suivante (fig. 109).

Fig. 109.

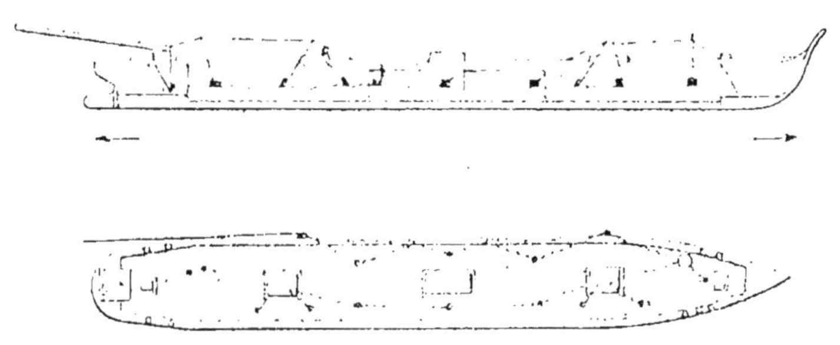

N°s 1 et 2. — Les deux longues cartouches sur le bordage à tribord ; 18 kil.

N°s 3, 4, 5, 6, 7, 8. — Six charges de 4 kil. au centre du navire ; 24 kil.

N°s 9, 10, 11. — Trois charges chacune de deux cartouches de 5 kil. dans la partie B ; 30 kil.

N° 12. — Une charge double à l'arrière, cartouches de 4 kil. ; 8 kil.

N°s 13 et 14. — Deux charges doubles de cartouches de 5 kil., dans la partie C ; 20 kil.

N° 15. — Une charge simple de 5 kil. à l'avant ; 5 kil.

N°s 16 et 17. — Deux cartouches de 5 kil. chacune sous la quille ; 10 kil.

Au total 17 mines avec 23 charges et 115 kil. d'explosif.

Toutes ces mines furent tirées simultanément au moyen d'amorces électriques, et le résultat fut la destruction complète du navire. Une heure après l'explosion les steamers circulaient librement.

Avec les progrès réalisés depuis cette époque dans la fabrication des explosifs, on trouve aujourd'hui plus d'avantage à employer, au lieu de dynamite n° 1, de la nitrogélatine ou un explosif indécomposable à l'eau.

Il peut arriver que le mât seul d'une épave obstrue la navigation; le travail est alors plus simple. Il suffit d'appliquer la charge contre le mât au point où celui-ci pénètre dans le pont.

En supposant un mât de 0,45 à 0,50 de diamètre, il suffirait d'une charge de 4 à 5 kil. d'un explosif équivalent comme force à la dynamite n° 1.

Si après la rupture du navire par petites explosions partielles, il est resté une épave, on la fait sauter avec une charge unique de 12 à 15 kil.

Il peut se faire que la pénétration dans la cale soit absolument impossible; dans ce cas on applique les charges à l'extérieur, d'un côté et de l'autre; et celles-ci sont données en kilogrammes par la formule :

$$P = C e^2 \sqrt{b}$$

pour les constructions en bois, ou :

$$P = C e^2 b$$

s'il s'agit de navires en fer.

b représente la hauteur de la muraille et e son épaisseur en centimètres.

Dans le premier cas, on prend :

$C = 0,00015$, pour des bois tendres.
$C = 0,00030$, pour des bois durs.

Dans le second, on fait :

$C = 0,006$, si on opère sur des plaques de fer massives.
$C = 0,003$, pour des plaques en tôle rivetées.

La distance entre les charges doit être de 5 à 7 mètres et celles-ci doivent être appliquées sur les couples en des points de la coque complètement dégagés à l'intérieur. Si le bateau est chargé, il faut, par suite, appliquer les cartouches contre la partie interne de la coque, pourvu toutefois que ce travail puisse être fait par les scaphandres.

L'exemple suivant est une application de ce procédé.

Près de Mohacz, en Hongrie, un bateau chargé de briques et mesurant 40 mètres de longueur, 11 de largeur, et 1m,60 de profondeur, était coulé au fond de la rivière. L'un des côtés étant ensablé, la coque était, par conséquent, assez peu accessible de l'extérieur.

Pour le faire sauter, on appliqua contre la coque onze charges à l'extérieur et cinq à l'intérieur ; chacune de 7,50 kilogrammes d'explosif renfermés dans des boîtes métalliques qui mesuraient 1m,20 de long et 0,076 de diamètre.

Le courant étant très-rapide en cet endroit, 1m,15 par seconde, on avait battu des pieux de 0m,153 de diamètre aux endroits où les plongeurs avaient à travailler pour attacher les charges.

Celles-ci étaient elles-mêmes protégées contre l'action du courant par des tuyaux en fer léger enfoncés de 0m,60 à 0m,90 dans le lit de la rivière (fig. 110).

Fig. 110.

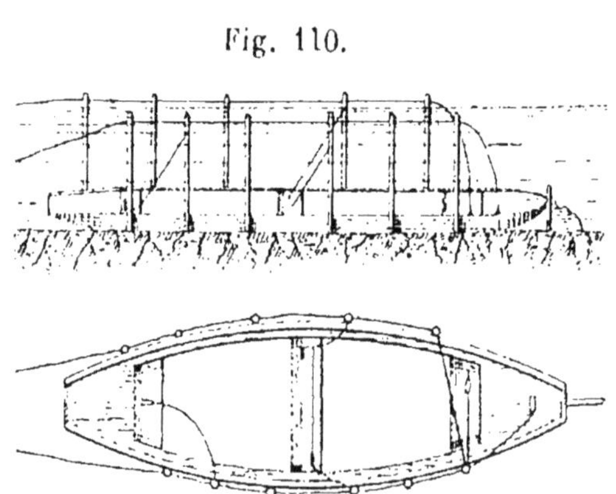

Les 16 charges munies d'amorces électriques furent enflammées simultanément ; leur explosion produisit instantanément la projection d'un jet d'eau de 18 mètres de largeur, 36 de longueur et 10 de hauteur. Le bateau fut complètement détruit, et même la sonde indiqua une cavité de plus de 5 mètres de profondeur creusée dans le lit de sable à l'endroit où gisait la coque.

L'effet avait été produit avec 120 kilogrammes d'explosif.

Un procédé plus simple, et quelquefois plus rapide, pour faire sauter un navire échoué, consiste à le briser en tronçons au moyen de petites charges convenablement distribuées. C'est le cas du steamer « Leader » que nous relatons plus loin.

L'expérience indique que dans les opérations sous-marines, il faut toujours employer de préférence un récipient solide et épais pour renfermer l'explosif ; l'usage de sacs en caoutchouc ne doit être fait que dans des cas exceptionnels.

En outre il faut prendre toutes sortes de précautions pour éviter les ratés ; le fil ou câble conducteur de l'électricité doit être recouvert d'une couche épaisse de gutta-percha, et le récipient contenant l'explosif parfaitement à l'épreuve de l'eau. On choisira de préférence un explosif sur lequel l'eau a peu ou point d'action.

Enfin il a été reconnu que le mieux est de diminuer autant que possible le nombre des charges; chacune doit être mise en place séparément et les fils conducteurs sont unis entre eux au-dessus de la surface de l'eau.

Sautage du steamer « Leader » échoué dans l'Escaut. — Le steamer « Leader », chargé de grains, s'était échoué, le 29 mars 1885, à l'entrée du port d'Anvers, entre Calloo et Lillo. Après des efforts infructueux pour le relever, il se brisa en deux tronçons. Le navire, construit en fer, mesurait 86 m. de longueur, 11 m. de largeur et 8 m. de creux ; il jaugeait 1100 tonnes de registre.

L'épave, quoique se trouvant en dehors de la passe navigable, occasionnait des remous dangereux pour les navires à faible vitesse ; en outre, le jeu des marées produisait des affouillements dans le lit du fleuve tout autour du navire, et les sables entraînés allaient se déposer dans la passe, à 300 mètres en amont. Il y avait donc de puissants motifs pour détruire, au plus vite, cet obstacle à la navigation.

Le commandant des pontonniers, M. Simonis, et le commandant des artificiers militaires, M. Collard, furent chargés de l'opération.

Après avoir résolu de procéder au sautage par parties, il restait à déterminer si l'on emploierait les explosifs par charges compactes ou par charges allongées.

Déjà, en 1878, ces officiers avaient fait sauter, avec le plus grand succès, le steamer « Cambrian » échoué sur le banc de la *Pipe de Tabac*. Au moyen de charges compactes on arrachait des portions entières de murailles et de cloisons, qu'on réduisait ensuite en menus fragments avec de petites charges allongées. Le « Cambrian » était en fer, de construction déjà ancienne et chargé de grains.

Plus tard, en 1882, on essaya encore le système des charges compactes pour faire sauter le S. S. « Archiduc Rodolphe » coulé en face des bassins ; mais les explosions ne faisaient qu'ouvrir des trous dans les bordages. On procéda alors par charges allongées de 2 à 3 mètres, pesant 6 kil. au mètre courant; qu'on appliquait contre les murailles.

Ces expériences démontrent qu'il y a lieu, suivant le cas, d'employer un système ou l'autre. Les charges compactes sont plus faciles à manier et à placer ; mais elles doivent être aussi fortes que possible, et il faut les renfermer dans des récipients en tôle épaisse et résistante. Toutefois, on ne dépasse guère le poids de 25 à 30 kil. par charge.

Il faut encore que toutes les charges explosent simultanément ; quant à leur nombre, il est limité par les difficultés plus ou moins grandes de mise en place, par leur poids, et par le voisinage de constructions habitées qu'une commotion violente pourrait endommager.

D'autre part, les charges allongées sont difficiles à préparer et surtout à appliquer convenablement aux endroits voulus. On les préfèrera dans les cas de coque très-solide et lorsque le chargement offre lui-même une grande résistance (cas du S. S. « Archiduc Rodolphe » dont la coque était en acier de construction récente et dont le chargement se composait de rails et matériel de fer). On emploie également les charges allongées pour fragmenter les débris d'un sautage.

Dans le cas du « Leader » les officiers belges se décidèrent à employer le système des charges compactes.

Les deux parties du navire s'étaient séparées ; l'arrière avait glissé latéralement vers l'aval, d'environ 14 mètres. Elles étaient échouées en travers du fleuve, inclinées sur babord, l'avant dirigé vers la rive gauche. L'un des tronçons mesurait 38 m. de longueur, l'autre 48 mètres.

La fig. 111 indique le plan d'ensemble du steamer.

Fig. 111.

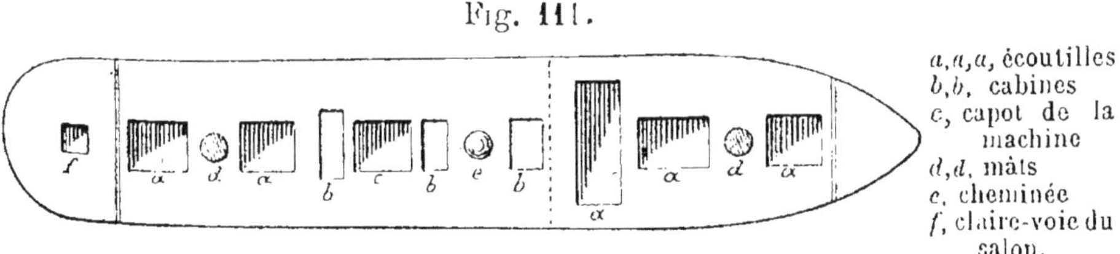

On commença l'attaque, le 16 avril 1885, par le tronçon d'arrière qui présentait le plus d'obstacle à la navigation. Les charges furent réparties, vers les parties les plus résistantes, de la façon suivante (fig. 112) :

Fig. 112.

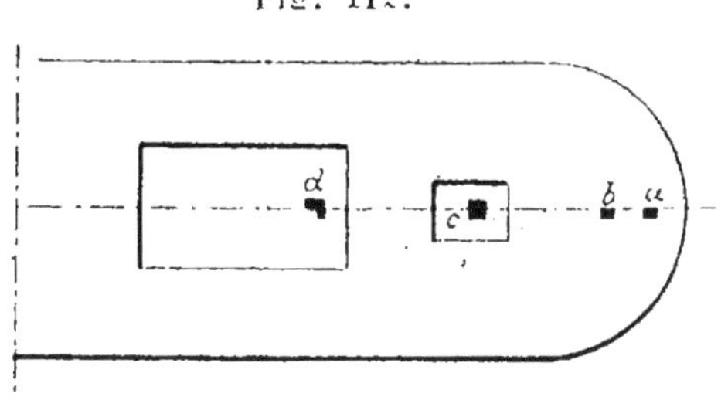

(a) — 26 kil. de dynamite-gomme contre l'étambot, tout près de l'hélice.

(b) — 24 kil. de dynamite à la cellulose, à 1 m. de la charge précédente.

(c) — 24 kil. de dynamite-gomme dans le fond, par la claire-voie du salon.

(d) — 23 kil. de dynamite-gomme par l'écoutille de chargement.

Le ponton de travail ayant été écarté à 100 mètres de distance, on mit le feu aux charges. La projection fut presque nulle : ce qui montre que l'action explosive fut bien utilisée.. Il se produisit un immense bouillonnement entraînant un foule de débris.

On put constater comme résultat de ce premier tirage, que le spardeck était détruit, et que l'arrière s'était enfoncé dans le lit du fleuve.

Le 17, nouveau sautage de 3 charges (fig. 113)

Fig. 113

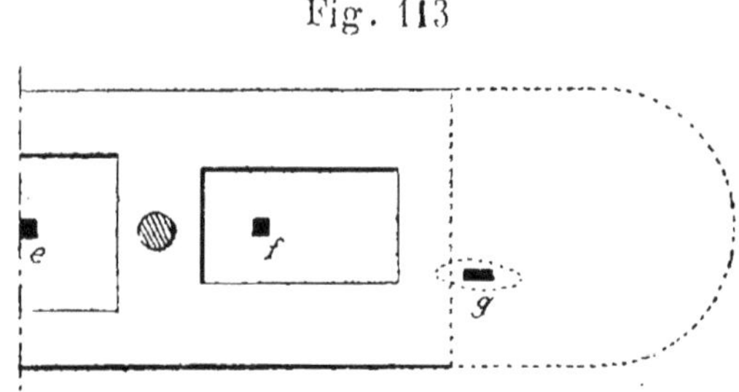

(e) — Deux récipients de 10 k. et un de 6 k. à 1 m. de profondeur par l'écoutille de chargement.

(f) — Deux récipients l'un de 10 k. l'autre de 25 k. à 7 m. de profondeur par la seconde écoutille.

(g) — Deux récipients de 10 k. et un de 6 k. dans les débris du spardeck.

Les 4 récipients de 10 k. chacun, n'étaient pas pourvus de conducteurs électriques ; leur explosion se produisit *par influence*.

L'effet produit fut la démolition d'une partie des murailles et la chute du pont des gaillards en fer.

Le 18, on tirait 3 charges :

25 k. à l'intérieur, contre la quille.

25 k. en arrière du mât, par l'écoutille de chargement.

25 k. en avant du mât, par la seconde écoutille.

A la suite de ces explosions, il ne restait plus de visible, à mer basse, qu'une longueur de 21m,50 sur les 48 m. du tronçon arrière.

Le 20 avril, on tirait 4 charges de 10 k., le long de la muraille babord, vers l'arrière, à des profondeurs de 7 à 8 mètres.

Le 21 et le 22, on pratiquait avec 5 kil. d'explosif une ouverture dans la cabine du mécanicien afin de pouvoir pénétrer dans la cale, puis on descendait dans celle-ci 2 charges de 9 k. et 1 de 5 k. On tirait en même temps une charge de 40 k. descendue par le capot de la machine à 7 m. de profondeur, et une autre de 6 k. à 6 m. de distance.

Le 23, il ne restait plus que 2 m. de pont avec 8 mètres de muraille babord.

leur destruction fut entreprise sous la direction du capitaine du génie Edward Maguire.

Des trous de mine de 0m,80 à 1m,20 furent creusés en différents points au moyen du perforateur Ingersoll.

Malheureusement on n'employa que des quantités insuffisantes de dynamite n° 1 et n° 2 et les effets produits ne furent pas aussi complets qu'il y avait lieu de l'espérer.

(c) *Sautage des roches Tower et Corwin, dans le port de Boston.* — La destruction des récifs Tower et Corwin, dans le port de Boston, fut menée à bonne fin, en 1869, sous la direction du Major-Général J. G. Foster, de l'armée des États-Unis.

Ces récifs qui mesuraient, l'un 15 m. de longueur par 7m,50 de largeur, et l'autre 5m,50 dans sa plus grande largeur, s'élevaient à 5 m. environ au-dessous de la ligne moyenne des basses eaux (fig. 120).

Fig. 120

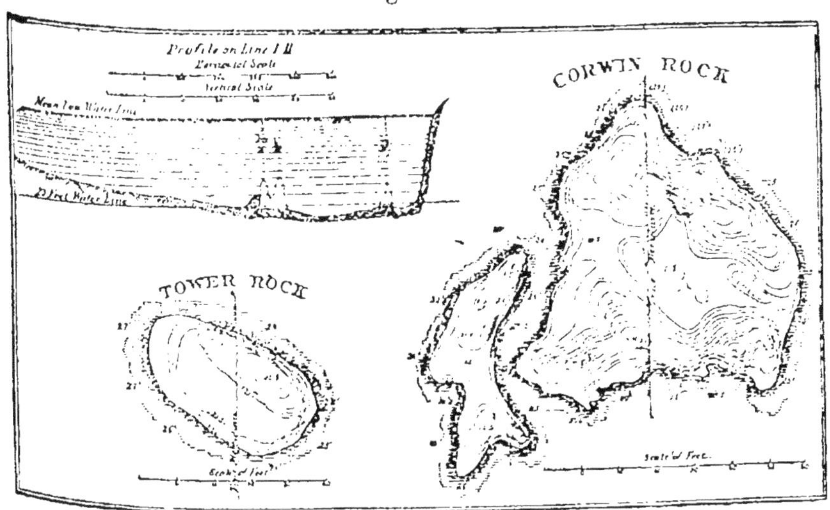

Le sautage fut effectué par coups successifs ; le bateau de travail était amené au-dessus de la roche et l'on procédait aux diverses opérations que nous avons décrites précédemment.

Le perforateur était un appareil à percussion et rotation combinées et les tiges de levage étaient mises en mouvement à l'aide d'une machine à vapeur qui battait de 60 à 80 coups à la minute ; afin d'assurer la stabilité contre les effets de trépidation et des courants sous-marins, l'appareil était porté sur un tripode que retenaient trois chaînes en fer fortement amarrées au fond de l'eau (fig. 121).

Fig 121

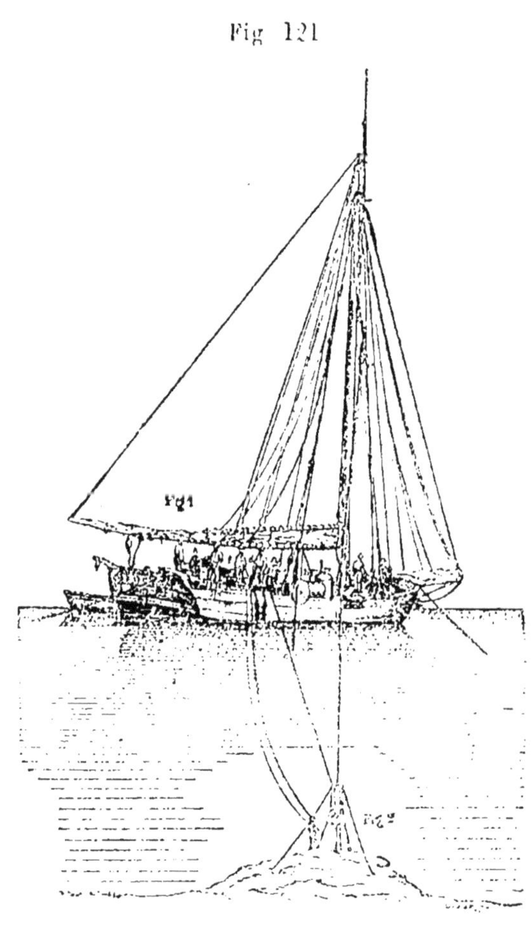

Le travail exigeait une surveillance continuelle du scaphandre, au moins dans les débuts de l'opération, pour rectifier la direction du fleuret en changeant la position des pieds du tripode, régulariser le mouvement de percussion, remplacer un fleuret ébréché ou cassé, nettoyer le trou de mine obstrué, etc.

En outre et afin de pouvoir suivre hors de l'eau les divers mouvements, la barre de levage portait, hors de l'eau, deux anneaux en saillie dans lesquels était ajustée une baguette de bois indicatrice. Celle-ci était constamment sous la main d'un homme, assis sur un petit échafaudage convenablement disposé, et donnait au toucher la répétition exacte de tous les mouvements du fleuret.

La distance de la machine motrice à la roche étant assez considérable, la ligne de levage avait une tendance à rebondir ; on remédia à cet inconvénient de la façon suivante : entre les deux plateaux A et B du tripode (fig. 122), était placé un contre-poids C monté sur deux branches *a a*, et soutenu sur la barre de percussion au moyen d'une pointe d'arrêt qui la traversait. Ce poids C montait ou descendait avec la barre, mais son ascension était limitée par un arrêt D E fixé à deux pieds du tripode en passant entre les deux branches *a a*.

Quand l'effet du rebondissement tendait à se produire, l'arrêt D E y faisait ainsi presque immédiatement obstacle.

Fig. 122,

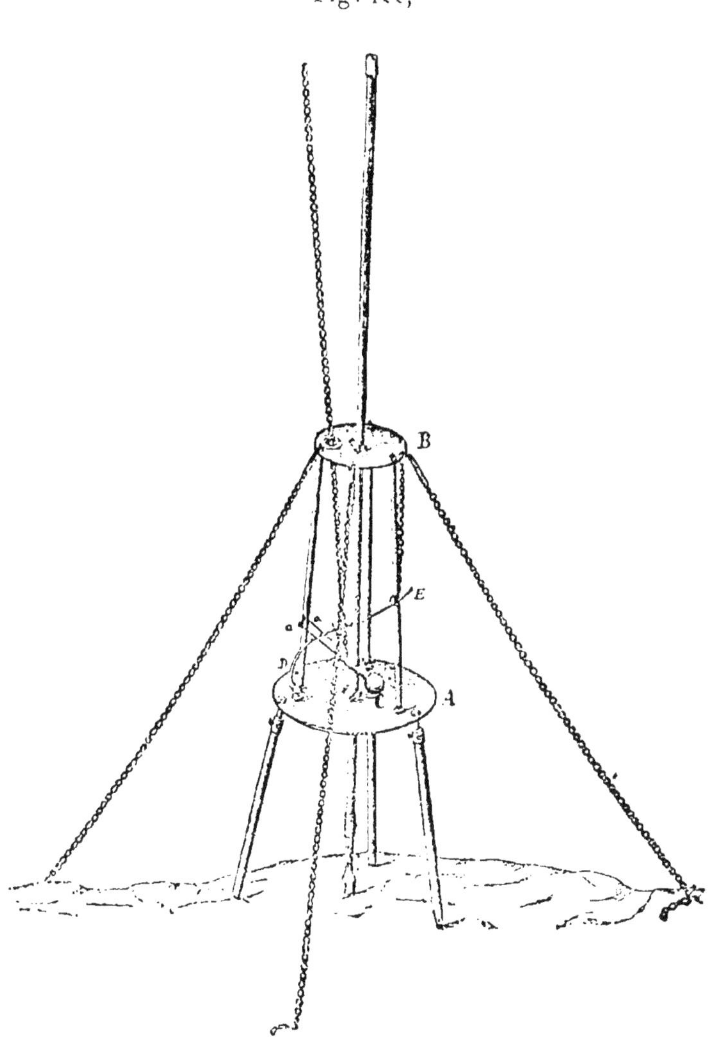

La barre de percussion portait à diverses hauteurs des trous dans lesquels on introduisait la pointe supportant le poids C ; celui-ci pouvait, de cette façon, être remonté à mesure de l'avancement du trou en perforation.

L'appareil fonctionnait très-régulièrement, malgré un courant de plus de 4 milles à l'heure au-dessus de Corwin Rock ; il est à noter, d'ailleurs, qu'un courant un peu fort n'est pas sans présenter quelques avantages et entre autres celui d'un nettoyage constant du trou de mine, ce qui évite les pertes de temps et les arrêts de machines.

Une fois le trou de mine perforé et bien nettoyé, un scaphandre y déposait la charge contenue dans un sac en caoutchouc avec une amorce électrique.

L'explosion dégageait une partie de la roche ; après quoi on enlevait tous les déblais produits et on procédait à une nouvelle opération.

Après quelques expériences d'essai, on était arrivé à fonctionner simplement et avec une grande régularité, et cela quel que fût l'état de la mer.

Au début on employait la poudre de mine ordinaire ; mais elle était trop faible, et on la remplaça par la poudre de chasse Dupont mise en cartouches de 3 à 10 k. Les résultats n'étaient pas encore suffisants, on essaya la *Patent Safety Blasting-powder* dont la composition est :

Chlorate de potasse. .	50
Résine	50
Total	100 en poids

L'effet produit fut doublé.

Finalement, et après de nombreuses expériences, on adopta cette poudre mais modifiée suivant la formule suivante :

Chlorate de potasse. .	80
Résine	20
Total	100 en poids

Les cartouches étaient des tubes de caoutchouc dont l'ouverture, fortement serrée autour des fils conducteurs de l'électricité, était en outre recouverte d'une matière imperméable ; elles étaient parfaitement étanches.

(e) *Sautage du récif de Black-Tom dans le port de New-York.* — Ce travail, commencé le 2 Mai 1882, a été terminé le 21 Août de la même année.

Dans l'espace de 283 jours on a perforé 1736 trous de mine mesurant ensemble 5297 mètres ; 1629 d'entre eux ont été chargés d'explosifs et 1542 seulement ont fait explosion.

La profondeur moyenne de ces trous était de $3^m,10$; leur distance $1^m,20$.

La surface de roches soumise à la perforation était de 2985 mètres carrés et le volume enlevé de 3924 mètres cubes.

Le poids total de dynamite consommé fut de 9269 kilogrammes.

Les autres matériaux employés pour mener l'opération à bonne fin furent :

100 tonnes de charbon ;

$178^k,70$ d'acier ;

35 k. de fils conducteurs.

La dépense totale a été de 15500 dollars environ.

Les trous de mine furent perforés avec des fleurets dont les plus gros mesuraient $0^m,095$ de diamètre et les plus petits $0^m,063$.

La manœuvre était faite avec les appareils Saunders.

Ces appareils méritent une mention spéciale,car ils ont fait faire un très-grand progrès à l'art des travaux de mine sous l'eau.

L'inventeur, M. William L. Saunders, s'était proposé un quadruple but :

1° Soulager le fleuret des frottements occasionnés par le sable ou la vase à travers lesquels il est obligé de passer avant d'atteindre la roche ;

2° Opérer le nettoyage à mesure que la perforation avance ;

3° Préserver le trou de mine des chutes de sable ou de vase ;

4° Faciliter la mise en place des cartouches de charge.

L'appareil (fig. 123) comprend un long fourreau métallique, à sections télescopiques, à travers lequel passe la barre qui porte le fleuret, et terminé à sa partie inferieure par un manchon conique. Celui-ci supporte un tube cylindrique *b' c'* ; en outre il est muni d'un ajutage latéral D à la base duquel est dirigée la pointe effilée et recourbée *e* d'un tuyau E à courant d'eau ou de vapeur.

Le fourreau est traversé par une conduite *c* qui aboutit à l'extrémité du fleuret et par laquelle on peut diriger un courant d'eau continuel.

En descendant l'appareil au fond de l'eau, le tube $b'c'$ pénètre immédiatement avec le fleuret jusqu'au roc en traversant la couche de sable ou de vase qui le recouvre. Là, il s'arrête, tandis que l'outil de perforation continue à descendre, et celui-ci peut travailler à l'abri de tout contact avec les couches de fond en même temps qu'il est guidé ; le tube $b'c'$ l'obligeant à retomber et frapper constamment au même point.

Fig. 123.

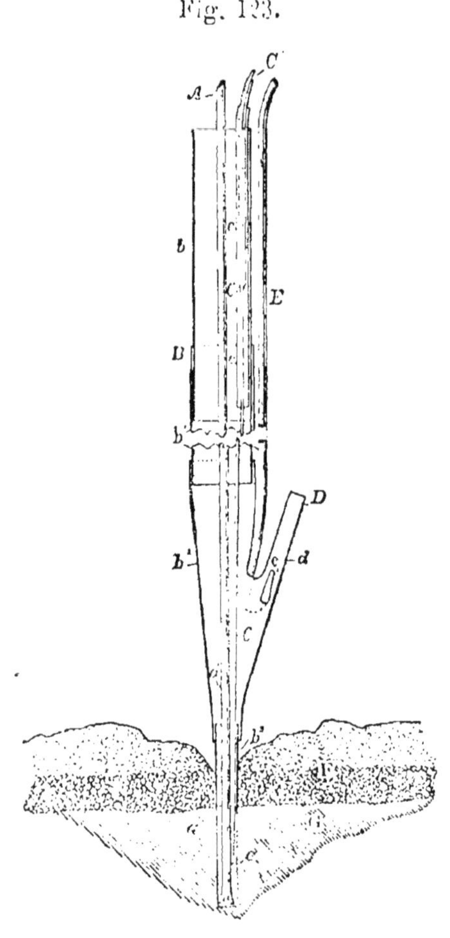

Cette ingénieuse installation permet, en outre, de sortir et remettre en place la ligne de levage sans la moindre difficulté.

Aussitôt que le fleuret commence à perforer, on fait arriver par le tube c un courant d'eau qui fait remonter les matières broyées ou désagrégées et les pousse vers l'ajutage D d'où elles sont ensuite chassées et rejetées extérieurement par l'action de la vapeur ; le bec c et la pièce D jouent ainsi le rôle d'injecteur et agissent dans d'excellentes conditions.

Le fonctionnement de tout le système est rapide, simple et économique ; il permet de supprimer le travail onéreux des scaphandres.

Quand le trou est terminé, on retire la barre de percussion et on introduit la charge par le fourreau B ; on s'assure qu'elle est bien en place au moyen d'un fil plongeur gradué, et on la recouvre de sable ou toute autre matière qu'on fait tomber par la même voie.

M. Saunders employait, dans ses travaux de perforation sous-marine un radeau flottant installé comme l'indique la fig. 124, et qu'on pouvait à volonté élever ou abaisser selon les circonstances. Les appareils perforateurs, du système Ingersoll, étaient portés sur des affûts de forme spéciale ; on les soulevait à volonté hors de l'eau au moyen de poulies et cabestans convenablement disposés.

Il est à remarquer que, dans beaucoup de cas, la simple injection d'eau par la conduite c suffit pour faire pénétrer sans effort le tube $b'c'$ jusqu'au roc à travers la couche de fond (fig. 123).

Fig. 124.

Au récif du Black-Tom le rocher était recouvert d'une couche de gravier mesurant 1m,80 d'épaisseur ; l'appareil la traversait par l'effet de son propre poids combiné avec l'action de l'eau lancée à la base du tube de protection.

(*f*) *Travaux de Port-Natal*. — Lorsqu'on doit faire des sautages de roches dans des endroits où les mouvements de marée sont considérables, il est presque impossible de pratiquer des trous de mine à l'aide d'appareils installés sur un radeau ; et la difficulté augmente encore si l'on est en pleine mer. Pour y arriver on pourrait faire usage de caisson, mais cette installation est très-couteuse et, en outre, n'est pas toujours réalisable.

Toutes ces difficultés ont été surmontées par les procédés de M. Schram employés aux travaux de Port-Natal.

La figure 125 indique la disposition des appareils.

Le travail de perforation est exécuté par des scaphandres à l'aide de perforatrices Schram à air comprimé.

Sur un radeau ou ponton est installée une machine à air comprimé. Celui-ci est pris dans le réservoir D pour être envoyé d'une part à la perforatrice et de l'autre à un réservoir plus petit E, d'où part le tube à air destiné au scaphandre (fig. 125).

Fig. 125.

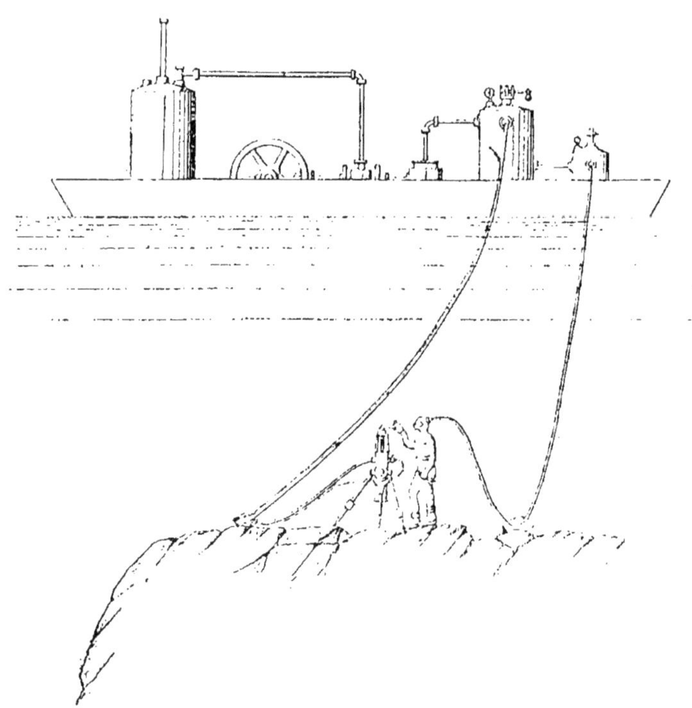

Le tube de communication entre les deux réservoirs porte une soupape établie de telle façon que la pression de l'air dans le second soit un peu plus grande que celle qui est nécessaire au scaphandre, et cette pression est maintenue au degré convenable au moyen d'une soupape de sûreté très-sensible. On peut aussi obtenir ce dernier résultat par une manœuvre à la main.

La perforatrice est soutenue sur un tripode dont les différentes parties sont construites de façon à se remplir d'eau ; il en résulte un très-petit déplacement, relativement au poids de l'appareil, et l'eau elle-même contribue à la stabilité du système.

L'air comprimé, après usage, pourrait être rejeté dans l'eau même, mais M. Schram préfère le renvoyer au-dessus de la surface de l'eau, afin d'éviter les remous et l'agitation qui pourraient amener une perturbation dans le travail ; d'autre part, pour éviter les complications de tubes flexibles isolés, ceux-ci sont réunis jusqu'à leur sortie de l'eau.

Avec ces perfectionnements, on a pu opérer sous l'eau aussi bien qu'à l'air libre, malgré les mouvements de la marée et les oscillations du ponton.

Une fois les trous de mines forés, on les charge de dynamite et on fait sauter toutes les mines simultanément par l'électricité.

M. Schram a modifié également le système adopté pour les perforations en rivières où le courant est plus ou moins considérable. Au lieu du tube servant à guider les barres de levage, il emploie simplement deux tôles de fer ou une cornière *p p*, dont le sommet *r* partage le courant, et qui protègent ainsi très-efficacement la barre *s* ; cette disposition permet de retirer facilement la barre de levage hors de l'eau (fig. 126).

On croyait que les vibrations d'une longue barre ne pouvaient être atténuées que par l'emploi d'un tubage servant de guide, mais l'expérience a indiqué que l'eau elle-même, pourvu qu'elle ne soit pas en mouvement, et c'est le cas de la disposition indiquée par la fig. 126, guide suffisamment la barre et la préserve de toute vibration nuisible.

Fig. 126.

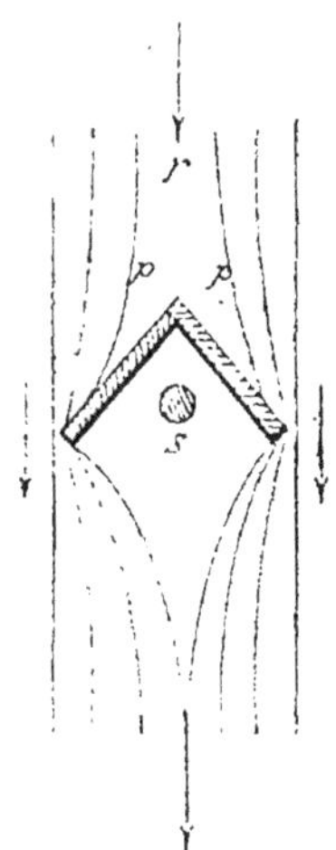

§ 4.— Sautage de grandes mines sous-marines.

Les opérations que nous venons de décrire s'appliquent à des cas particuliers et, en général, à des travaux relativement peu importants ; elles deviennent impraticables, et surtout trop coûteuses, quand il s'agit de grands travaux. Il faut alors employer une des deux méthodes suivantes s'appliquant aux sautages de roches de dimensions moyennes ou à la destruction de grands récifs.

1° *Roches de dimensions moyennes.* — La méthode consiste à perforer simultanément des trous de mine verticaux, sans l'intervention de plongeurs, au moyen d'appareils manœuvrés au-dessus de l'eau et protégés contre les courants à l'aide d'une cloche métallique ouverte à ses deux extrémités.

Ce procédé a été appliqué par le général Newton, des États-Unis, au sautage de divers bancs rocheux, à l'entrée du port de New-York, et en particulier du Pot-Rock.

Fig. 127.

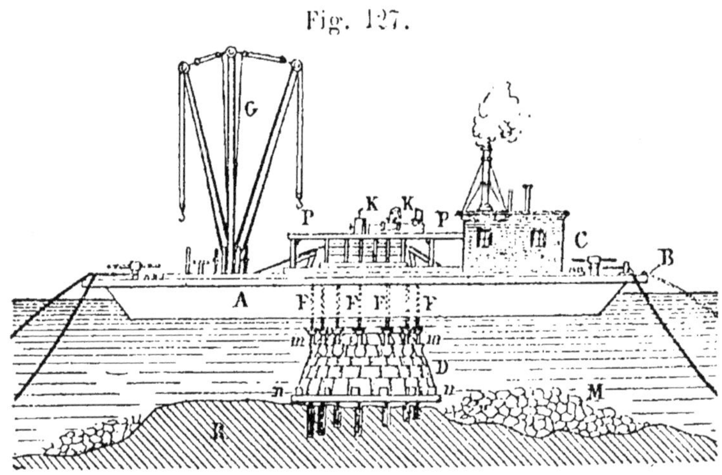

Les appareils sont installés sur un bateau plat A (fig. 127), protégé extérieurement contre toute collision accidentelle par une armature de fer en saillie B. Le pont est ouvert, sur un diamètre de 9m,60, en forme de puits dans lequel sont disposés les moteurs, treuils et perforatrices qui actionnent de longs fleurets F. Ceux-ci sont logés dans des manchons qui traversent un dôme en tôle de fer rivée et boulonnée et dont le diamètre mesure 9m,60. Ce dôme, ouvert à ses deux extrémités, peut être manœuvré, du pont du bateau, à l'aide de chaînes et de grues G.

On commence par amener le radeau au-dessus du rocher qui doit être attaqué ; puis, on descend le dôme dans l'eau jusqu'à une faible distance du fond. Quand sa position a été bien déterminée, on l'installe d'aplomb en manœuvrant un certain nombre des 12 pieds à vis P qui traversent un large collier en fer boulonné à sa base. Cela fait, on met en place tous les fleurets; chacun d'eux, du poids de 350 kil., est relevé par la perforatrice correspondante qui est établie sur le bateau et qui permet de le soulever pour le laisser ensuite retomber de tout son poids sur le rocher. En battant ainsi un certain nombre de coups, on arrive à percer assez rapidement des trous de mine de $0^m,15$ de diamètre. Quand le travail de perforation est terminé, on démonte les fleurets, et on fait descendre sous la cloche des scaphandres qui chargent les trous de mine et relient les mines par des fils conducteurs à un appareil électrique. Il n'y a plus alors qu'à remonter la cloche, éloigner le bateau et produire l'explosion.

C'est ainsi qu'on a pu détruire une portion du Pot-Rock et le recouper à la profondeur de 8 mètres d'eau à marée basse.

2° *Sautage de grands récifs.* — Pour les rochers ou récifs présentant une superficie considérable, le général Newton a employé le système des galeries sous-marines. Sur la partie la plus élevée du récif on construit un bâtardeau. On creuse ensuite un ou deux puits auxquels viennent aboutir une série de galeries se recoupant et laissant entre elles des piliers, de dimensions variables, destinés à supporter le toit de l'excavation. Dans ces piliers, comme dans le toit, on perce de nombreux trous de mine que l'on charge avec une dynamite quelconque ou tout autre explosif; on fait ensuite exploser simultanément toutes les mines à l'aide de fils conducteurs et d'une batterie électrique.

Cette méthode a été appliquée avec le plus grand succès au sautage des récifs de Hallet's Point et du Flood Rok, dans la passe de Hell-Gate, à l'entrée du port de New-York. Le dernier de ces travaux, de beaucoup le plus important, qui vient d'être récemment terminé, peut servir de modèle à tous les travaux du même genre qui pourront être entrepris à l'avenir. Il nous a semblé intéressant, et surtout utile, d'en donner une description aussi complète que possible ; toutefois nous examinerons d'abord un sautage, moins important il est vrai, mais qui présente cette particularité d'avoir été exécuté à l'aide de poudres de mine ordinaires et dans une période de temps relativement restreinte.

Sautage du Blossom Rock à l'entrée du port de San-Francisco.

Le Blossom Rock est un récif de 150 pieds de longueur et 100 de largeur, situé entre la ville de San-Francisco et l'île de Yerba-Buena, au milieu de la passe qu'il rétrécissait considérablement.

Son sautage a été effectué, en 1870, par l'ingénieur Von Schmidt.

On avait creusé, dans l'épaisseur du rocher, à 9m,45 au-dessous des basses eaux, une vaste chambre de mine dans laquelle on fit sauter, à l'aide de détonateurs Abel et d'une machine magnéto-électrique un certain nombre de barils de poudre (fig. 128).

Fig. 128.

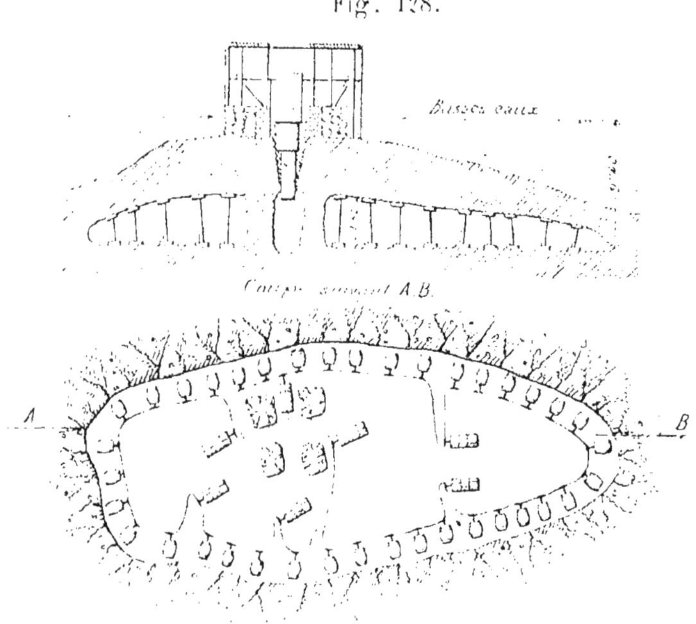

Pour exécuter ce travail on descendit, sur la partie la plus élevée du récif, un caisson en tôle, de 2m,70 de diamètre et 3m,90 de hauteur, portant à sa base un rebord métallique qui retenait une grosse toile à voile. Sur cette toile furent coulés des sacs de sable destinés à assurer l'étanchéité du caisson. Celui-ci ayant été mis à sec, au moyen de pompes, on creusa dans le rocher un puits avec cuvelage métallique de 1m,80 de diamètre et 5m,10 de profondeur ; puis on évida une vaste chambre de mine de 42 m. de longueur, 18 de largeur et 3m,50 de hauteur, en soutenant le toit au moyen de boisages et de quatre gros piliers ménagés au-dessous du caisson.

L'explosif employé était une poudre de mine ordinaire, au nitrate de soude, contenue dans 38 barillets de bois, d'une contenance moyenne de 60 gallons, et dans 7 fûts en fer riveté. L'intérieur des barils était goudronné et, au centre de la poudre, on avait placé un tube en plomb, troué sur toute sa hauteur et de distance en distance (fig. 129), et portant un détonateur Abel au milieu de poudre fine. Chaque

Fig. 129. Fig. 130.

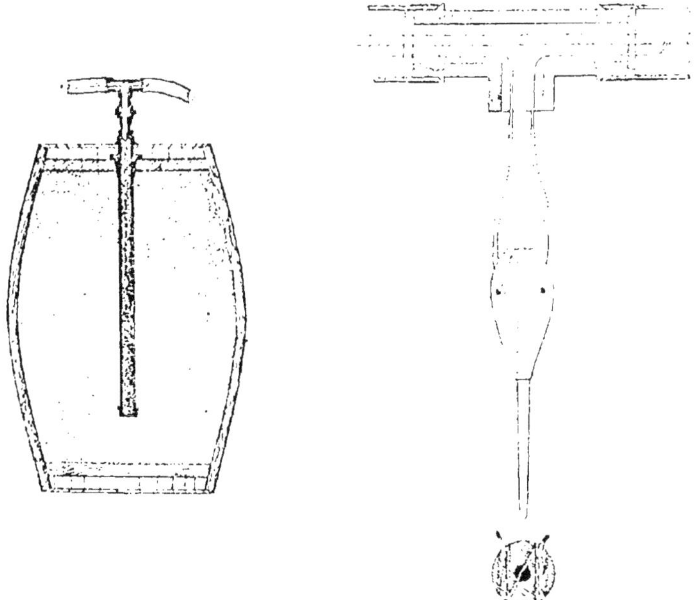

détonateur portait deux fils reliés, dans l'intérieur d'un tuyau étanche (fig. 130), aux fils conducteurs de l'électricité. Celle-ci était fournie par une machine magnéto-électrique de Beardsley, installée à 250 mètres environ du Blossom Rock.

Le fil de retour était plongé dans l'eau.

Toutes les dispositions ayant été prises et les fils conducteurs mis en place, on laissa l'eau pénétrer dans la chambre de mine jusqu'aux deux tiers de la hauteur, puis on fit passer le courant. L'explosion eut lieu le 23 avril 1870.

La quantité totale de poudre employée était de 43000 livres.

Le résultat final, après dragage des débris ne fut pas exactement celui que l'on attendait : le rocher ayant été dégagé à la profondeur de 7m,10 seulement au lieu de 9. Nous pensons que les causes doivent en être attribuées :

1º A l'insuffisance de l'effet explosif de la poudre ;

2º A la trop grande épaisseur laissée au toit de la chambre ; deux ou 3 mètres eussent suffi au lieu de cinq ;

3º A l'agrandissement insuffisant de l'excavation ;

4º A l'erreur commise en ne laissant pénétrer l'eau qu'aux $^2/_3$ de la hauteur, dans la chambre de mine. Si on eût effectué une immersion complète, le bourrage eût été meilleur et l'effet produit plus grand.

Sautage des rochers de Hallet's Point.

Le plus grand obstacle à la navigation entre l'Atlantique et New-York, en cotoyant Long Island, est une masse de rochers située à Hallett's Point.

Ces rochers pénètrent dans la East River en s'avançant vers Ward's Island qui occupe en ce point les trois cinquièmes environ de la largeur du fleuve, en outre leur voisinage immédiat est parsemé de rocs et récifs dangereux. Il en résulte une passe trop étroite pour la navigation et les vagues qui déferlent s'y engouffrent avec tant de bruit qu'on lui a donné les noms significatifs de *Whirl gate* (porte des tourbillons), *Hurl gate* (porte du vacarme) et en dernier lieu *Hell gate* (porte d'enfer).

La première mention d'un programme de travaux à exécuter fut faite en 1848 par les lieutenants Davis et Porter, de la marine des

Etats-Unis, qui, dans un rapport officiel, donnaient la description et la direction des courants de marée en ces parages, signalaient les divers rocs faisant obstacle à la navigation et finalement recommandaient le sautage de Pot Rock, Frying Pan et Way's Reef, (les deux premiers Pot et Frying Pan sont des rochers plus ou moins aigus, les autres sont des récifs). Le lieutenant Porter indiquait en outre la nécessité de faire disparaître une partie de Hallett's Point.

A cette époque, l'art des mines sous-marines était encore en enfance, et il est probable que les travaux en question n'eussent été que difficilement exécutés sans les progrès réalisés, en ces derniers temps, dans la fabrication des explosifs. On faisait alors usage de sacs de poudre qu'on plaçait à même sur le rocher et qu'on enflammait au moyen de l'étincelle électrique ; un tel procédé, suffisant dans le cas d'un rocher à surfaces accidentées, devenait sans effet pour une surface nivelée et plus ou moins uniforme.

En 1852, le Congrès vota une subvention de 20000 dollars pour effectuer le sautage des récifs de la passe de Hell-gate et le major Fraser, du corps des ingénieurs militaires, commença le travail ; 18000 dollars furent dépensés pour abaisser le sommet de Pot Rock de $5^m,50$ à $6^m,20$; puis les travaux furent abandonnés, pour être repris en 1869 par le général Newton.

Le programme comprenait le sautage des récifs Diamond, Coenties, Pot Rock, Frying Pan, situés au milieu de la passe, et de Hallett's Point.

On commença par attaquer le Diamond au-dessus duquel fut amené un radeau portant les machines et appareils de perforation. Ceux-ci, au nombre de 21, fonctionnaient simultanément à travers une ouverture de $9^m,60$ de diamètre pratiquée au centre du radeau. Un grand nombre de trous furent creusés par ce procédé ; ils mesuraient $2^m,10$ à $3^m,90$ de profondeur et un diamètre de $0^m,114$ à la partie supérieure et $0^m,090$ au fond. Les charges de nitroglycérine variaient de $13^k,60$ à 16 kilogrammes.

Les opérations furent continuées en 1871 sur Coenties. On y creusa 93 trous de mine chargés de nitroglycérine, et 17 coups de surface furent tirés en même temps. En 1870 on tira à nouveau 307 coups de mine en profondeur et 39 de surface, avec une consommation totale de 7770 k. de nitroglycérine.

En 1872, ce fut le tour de Frying Pan, avec 17 coups de mine en profondeur et 11 en surface; puis, en 1875, Pot Rock.

Mais le travail le plus important fut celui de Hallet's Point qui fut commencé dès 1869.

Les récifs de Hallet's Point présentent l'aspect d'une demi-ellipse irrégulière dont le grand axe, qui longe le rivage d'Astoria, mesure 232 m. et le petit 90 environ. Outre le danger qu'ils présentent par leur peu de profondeur, leur voisinage est redouté à cause des tourbillonnements qui maintiennent les flots dans un état d'agitation continuelle.

Les opérations commencèrent au mois d'août 1869. On construisit un bâtardeau en bois, fortement attaché aux rocs par des boulons traversant la charpente. Le bâtardeau fut épuisé par la pompe en octobre, et le creusement d'un puits fut entrepris. Ce puits devait dépasser le fond de la rivière, d'une profondeur de 12 mètres; il devait permettre d'ouvrir, sous les eaux, des galeries sur une superficie d'un hectare et demi, en ménageant une série de piliers pour soutenir un toit de $2^{m},50$ à 4 m. d'épaisseur.

En juin 1870, les travaux furent interrompus, les fonds alloués étant épuisés. A ce moment on avait enlevé 484 yards cubes de rochers, au prix de 5 dollars 75 cents le yard.

A la fin de juillet les travaux furent repris, et, pendant l'année fiscale, le puits fut poussé jusqu'à la profondeur voulue. Les orifices de dix tunnels furent ouverts à des distances de 15 à 38 mètres. Deux des galeries transversales furent également ouvertes (fig. 131).

L'année suivante, le forage à vapeur remplaça en partie le forage manuel et le travail avança rapidement; avec 6 perforatrices Burleigh on arrivait à faire par mois $67^{m},50$ de galeries. On employa aussi la perforatrice à diamant.

Une fois les trous de mine creusés, on faisait sauter le roc; puis on chargeait les débris sur des wagons qui se rendaient par une voie ferrée au puits d'extraction, d'où on les enlevait.

Il restait à faire sauter le récif ainsi divisé en pleins et vides comme les mailles d'un vaste filet. A cet effet chaque pilier fut perforé de trous de mine en nombre suffisant pour déterminer sa rupture et son

Fig. 131.

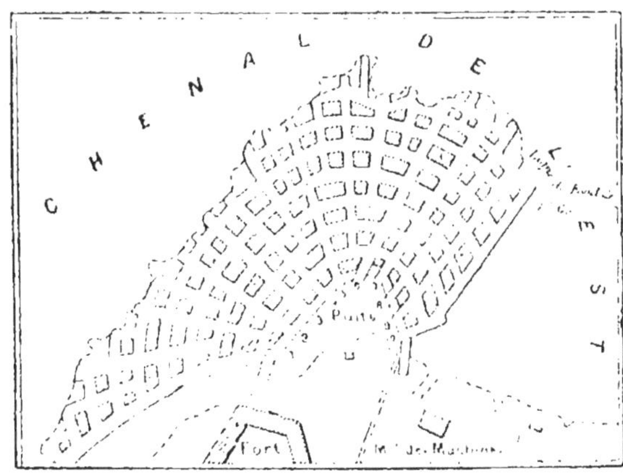

éboulement complets, et toutes les charges furent mises en relation avec les pôles de batteries électriques de manière à produire une explosion générale et simultanée.

Fig. 131 bis.

En opérant sur chaque pilier avec un nombre restreint de charges, une ou deux par exemple, ce qui supposait un maximum pour les lignes de moindre résistance, on risquait de produire un choc d'une très-grande violence. Aussi le général Newton préféra-t-il multiplier le nombre des coups de mine et diminuer les poids des charges, de façon à réduire à son minimum l'effet des vibrations des ondes explosives transmises à travers le récif.

D'autre part, comme les tunnels rayonnaient tous vers le puits, du côté d'Astoria, où s'élevaient un grand nombre de constructions, on pouvait redouter un effet explosif d'accumulation vers ce point central. Dans le but d'éviter ce danger, les charges furent calculées et réparties de telle façon que le premier effet de l'explosion fut de rompre le toit et former ainsi une sorte d'évent aux ondes explosives.

Enfin, pour prévenir l'accumulation des débris vers le puits, par suite d'une explosion concentrique, les charges de la zone extérieure étaient plus fortes que celles des autres galeries; et de la sorte, les matériaux soulevés par l'explosion devraient retomber sur place sans être poussés vers le centre.

Toutes ces précautions furent justifiées; toutefois il y eut une projection de quelques débris de roches du côté de la passe de la rivière, effet particulier qu'on peut considérer comme résultant d'une *explosion de dispersion*.

Les explosifs employés furent la nitroglycérine et ses dérivés ; on fit usage aussi d'une certaine quantité de poudre à canon dans les parties molles. La nitroglycérine était préférée pour les fronts d'attaque des tunnels dans lesquels on produisait d'abord l'abattage de la partie centrale ; après quoi les trous de mines étaient percés tout autour de la cavité ainsi obtenue, puis tirés séparément afin d'éviter les ébranlements que n'aurait pas manqué de produire une trop forte explosion.

En prenant pour unité le coût total de sautage et déblaiement d'un mètre cube de roche, les dépenses partielles peuvent être réparties dans les proportions suivantes :

Travail de sautage.	0,4600
Travail de transport des déblais au puits	0,1700
Travail d'extraction	0,0328
Travail de décharge	0,0203
Travail d'épuisement des eaux infiltrées	0,1037
Travail pour divers	0,2132
Total. .	1,0000

Pour recueillir les infiltrations d'eau, l'un des tunnels, le n° 4, (fig. 131) et la galerie extérieure furent creusés un peu en contre-bas des autres, afin de servir de rigoles d'écoulement jusqu'au fond du puits, d'où l'on faisait l'épuisement au moyen de pompes constamment en mouvement.

Une fois les travaux de préparation achevés, les piliers et le toit furent attaqués par une série de trous de mine. Les charges du toit devaient produire une rupture complète et simultanée, et les lignes de moindre résistance étaient supposées égales à la moitié de la distance entre le centre de charge et la face externe ; hypothèse justifiée par la perfection du bourrage à l'eau.

La charge moyenne, pour rompre et abattre 1 m. cube dans le travail de préparation, ayant été de 440 grammes, on en avait déduit la formule :

$$(1) \quad P = 0{,}62\ m^3$$

qui fut appliquée pour les mines percées dans le toit au-dessus des vides des tunnels et galeries.

Quant aux charges du toit au-dessus des piliers, on les déterminait en faisant varier le coefficient numérique dans la formule (1), de 0,62 à 0,97, à mesure qu'on s'éloignait du puits.

Pour les piliers, on calcula les charges d'après le volume total à déblayer et à raison de $0^k,890$ par mètre cube ; leur destruction complète étant considérée comme un point capital. Par exception, les piliers de la dernière zone furent chargés à raison de $1^k,185$ par mètre cube, dans le but de provoquer une plus forte explosion vers la périphérie extérieure et attirer les ondes explosives dans cette direction ; au contraire, ceux de la zone extérieure, la plus rapprochée du rivage et la moins enfoncée sous l'eau, furent chargés avec le strict nécessaire de poudre afin d'éviter un effet d'influence trop directe sur l'atmosphère ou du côté d'Astoria.

Le volume total des piliers et du toit à faire sauter était de 48235 m. cubes pour lesquels on employa :

Dynamite. . . .	13125k,00
Poudre de Vulcain .	5376 ,50
Poudre de Rendrock	4140 ,25
Total du poids des explosifs consommés .	22641 ,75

soit une moyenne de 0k,470 par mètre cube de roche.

Le nombre des trous de mine percés fut de 4427, à une profondeur moyenne de 2m,75, avec des diamètres variant de 0,05 à 0,076, et à des distances de 1m,80 à 3 mètres. On fit usage de 13596 cartouches à enveloppes d'étain ; 87 % d'entre elles mesuraient 0m,558 de longueur et les autres 0m,280 seulement. Pour établir un bon remplissage dans les trous de mine, dont la capacité était légèrement conique, les boîtes-cartouches avaient des diamètres variant de trois en trois millimètres, entre 0m,035 et 0m,063. Pour obtenir leur fermeture étanche, une des extrémités était obturée par un écrou recouvert de rondelles de caoutchouc. L'autre bout était enveloppé par quatre tours de fils de cuivre soudés à la base, et disposés avec saillies, de telle sorte que ces fils faisaient ressort contre les parois du trou de mine et empêchaient les cartouches de tomber brusquement au fond.

Il ne restait plus qu'à placer les cartouches-amorces. Celles-ci avaient été renfermées dans des tubes en cuivre, ce métal étant préférable à l'étain qui s'oxyde au contact de l'eau salée. Chacune d'elles contenait 310 gr. d'explosif avec une capsule chargée de 20 grains de fulminate ; les fils conducteurs de l'électricité étaient reliés par un fil de platine de 0mm,025 d'épaisseur et 7 mil. de longueur.

Des fils d'accouplement en cuivre, de 1 mil. de diamètre, isolés à la gutta-percha, reliaient les diverses amorces de 20 en 20 ; ils étaient unis aux fils conducteurs et de retour, en cuivre de 2 mil. recouvert de gutta-percha, qui communiquaient avec les pôles de 23 grandes battteries. Chacune de celles-ci devait produire l'inflammation de 160 amorces réparties en 8 groupes de 20 ; et leur ensemble comprenait 960 piles au bichromate de potasse. Nous avons déjà eu l'occasion de décrire en détail la disposition générale des piles et de l'appareil de fermeture du courant (2e partie, chapitre II) ; nous n'y reviendrons donc pas.

C'est le 24 septembre 1876 qu'eut lieu l'explosion. On l'attendait, à New-York, avec une certaine anxiété car, malgré toutes les minutieuses précautions prises par le général Newton, on redoutait l'influence qu'une aussi terrible détonation pouvait produire sur les constructions et les édifices. Or, on n'eut aucun accident à constater ; c'est à peine si l'on ressentit une légère secousse à New-York et à Brooklyn. Sur l'emplacement du récif, l'eau fut soulevée à des hauteurs variables qui atteignirent jusqu'à 37 mètres. Il n'y eut pas une vitre de brisée dans les quelques maisons rapprochées du récif ; le seul dégât constaté fut la chute d'un plâtras de plafonds dans trois habitations situées l'une à 135 m., et les deux autres à 180 m. de Hallet's Point.

La dépense totale fut de 1940.000 dollars.

Il y a lieu, par l'expérience de ce grand travail, d'établir les principes suivants :

1° On peut tirer, dans une opération de sautage sous-marin, une quantité illimitée d'explosifs, distribuée en petites charges dans un grand nombre de trous et avec un simple bourrage à l'eau, sans qu'il y ait à redouter aucun danger pour le voisinage ;

2° On peut faire détoner simultanément un nombre pour ainsi dire illimité de mines, par le simple passage du courant électrique d'une forte batterie voltaïque à travers les fils de platine d'amorces au fulminate.

Destruction des récifs de Flood-Rock. — Le sautage le plus important, exécuté jusqu'à ce jour, est celui du Flood-Rock.

L'écueil ainsi nommé présentait une superficie de 4 $^1/_2$ hectares environ, soit le triple de Hallet's Point ; les rochers restaient au-dessous de l'eau même à marée basse, mais à une pr[illegible]deur insuffisante pour laisser aux navires un passage commode. Le courant, en ces parages, atteignait jusqu'à 8 et 9 milles par heure et les tourbillons rendaient la navigation fort difficile.

Pour effectuer le sautage du Flood-Rock, on l'a miné sur toute son étendue. On creusa deux puits P P (fig. 132), de 20 mètres de profondeur au-dessous des basses marées moyennes et pénétrant dans le rocher jusqu'à la ligne de dérasement projetée. Ces deux puits étaient compris dans l'enceinte d'un bâtardeau fondé sur le rocher et mesuraient en section l'un $3^m,00 \times 3^m,60$, l'autre $3^m,60 \times 3^m,60$.

Fig. 132.

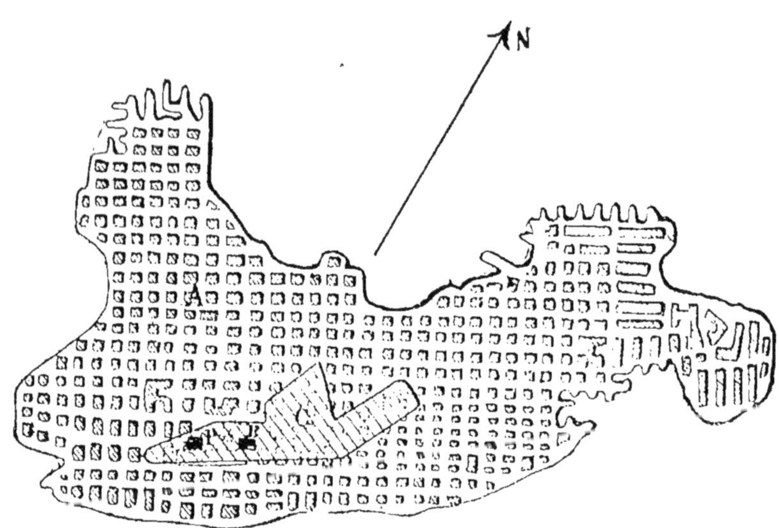

En partant de ces puits, on perça des galeries longitudinales et transversales à trois étages différents ; les débris et matériaux, provenant des excavations, étaient rejetés autour de l'orifice des puits de manière à établir sus le Flood-Rock, au fur et à mesure des travaux, une sorte de plate-forme C (fig. 132), dépassant le niveau des hautes marées. Sur cette plate-forme on installa les bâtiments des machines et constructions accessoires (fig. 133).

Les galeries étaient au nombre de 24 dans le sens parallèle au courant, et de 46 dans le sens perpendiculaire ; la plus longue, parmi les premières, mesurait 360 mètres de longueur, et parmi les secondes, 190 mètres. Leur longueur totale était de 6500 mètres.

Les piliers soutenant le plafond de cette vaste excavation étaient au nombre de 467 et mesuraient en moyenne 5 mètres de côté. Les abattages étaient faits au moyen de trous de mine de 75 mil. de diamètre et $2^m,70$ de longueur moyenne, et les sautages successifs donnèrent plus de 40000 mètres cubes de débris.

Sur le seuil de chaque galerie on avait établi une voie ferrée, d'un développement total de 9 $^{1}/_{2}$ kilomètres, avec traction par chevaux, pour amener jusqu'aux puits les matériaux d'abattage.

Fig. 133.

Sur une surface d'un hectare environ, la poursuite des travaux fut quelque temps compromise par d'abondantes filtrations d'eau ; et il fallut, pour y remédier, installer trois grandes pompes à vapeur qui épuisaient 3600 litres par minute. En outre, et pendant tout le cours des travaux, on cherchait à s'opposer aux infiltrations en tamponnant les fissures avec des solives et des coins en bois : la pression considérable de l'eau s'opposant à l'emploi du ciment.

Les travaux préliminaires étant terminés, on commença la préparation du sautage. Les piliers furent perforés, à la base et au sommet, pour recevoir les charges d'explosifs. Les trous de mine avaient en moyenne 0m,12 de diamètre et 2m,70 de longueur ; ils étaient situés à des distances variant de 1m,20 à 1m,50. Leur inclinaison était calculée de façon à ce qu'ils recoupassent autant que possible les stratifications du terrain.

Le plafond, dont l'épaisseur mesurait de 4 à 6 mètres (au sautage de Hallet's Point, elle variait de 2m,50 à 4 mètres seulement) fut également percé de trous de mine.

Les explosifs employés furent :

109000 kil. de rackarock
34000 kil. de dynamite ordinaire n° 1.

Ils étaient contenus dans 40000 cartouches remplissant 13286 trous de mine.

Les trous percés dans le plafond et les piliers des galeries furent bourrés avec des cartouches de rackarock munies de détonateurs à dynamite, et la partie antérieure de chaque trou fut fermée par une cartouche de dynamite ordinaire dépassant l'orifice de 0m,15 environ.

Les cartouches de dynamite, à enveloppe de cuivre rouge, mesuraient 0m,45 de longueur et 0m,056 de diamètre et pesaient 3 kilogrammes. Elles contenaient un détonateur ordinaire au fulminate de mercure. On les avait plongées dans du goudron et roulées ensuite dans du sable ; et ce vernis protecteur avait pour but d'éviter les corrosions qui n'auraient pas manqué de se produire sous l'action de l'eau de mer, soit après l'inondation des galeries, soit par l'effet des infiltrations continuelles. Chaque cartouche portait à sa base quatre griffes métalliques destinées à la maintenir en place contre les parois des trous de mine, et était fermée par un couvercle métallique.

Les cartouches de rackarock étaient de 0m,60 de longueur et 62 mil. de diamètre. Elles étaient remplies sur place et munies d'une amorce à dynamite n° 1 qu'on faisait exploser à l'aide d'un détonateur ordinaire à fulminate. On les recouvrait avec un couvercle qu'on soudait à l'aide d'un alliage fusible à la température donnée par un jet de vapeur.

En 1876, lors de la destruction du récif de Hallet's Point au moyen de 23 tonnes d'explosifs, on avait fait sauter la plus grande partie des charges par un contact électrique direct avec 5000 amorces. Or l'application de ce système au Flood-Rock eût exigé une énorme quantité de conducteurs en compliquant singulièrement l'opération du sautage.

Le général Newton a obvié à ce grave inconvénient en faisant sauter les 13286 charges des galeries par *explosions sympathiques*, après avoir préalablement déterminé, par l'expérience, les charges spéciales qu'il convenait de donner aux cartouches destinées à être enflammées directement. C'est ainsi qu'on a pu réduire à 600 le nombre total des amorces à mettre en feu par le passage du courant électrique.

A cet effet, on avait disposé dans les galeries, d'un pilier à l'autre, des madriers distants entre eux de 7^m,50 et éloignés de 4 mètres au plus des cartouches de dynamite émergeant des trous de mine (fig. 134) ; chaque solive portait un paquet de deux cartouches de dy-

Fig. 134. Fig. 135.

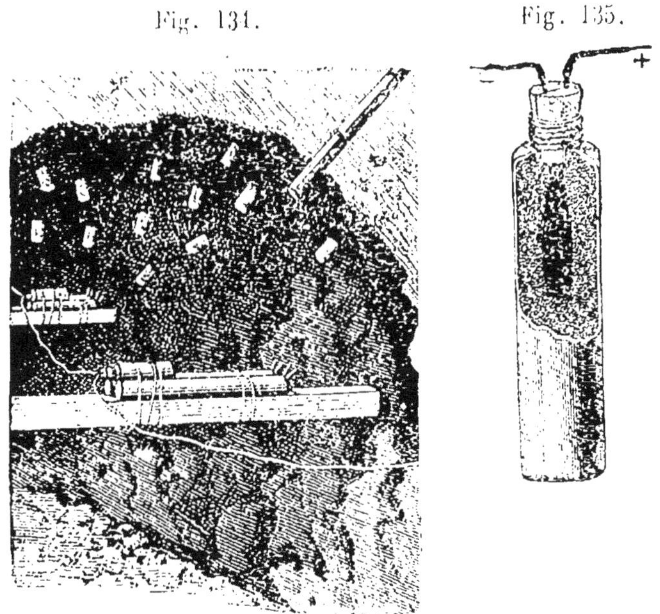

namite, analogues aux précédentes, et une amorce électrique. Celle-ci (fig. 135) était un cylindre de laiton, de 0^m,220 de longueur et 0^m,014 de diamètre, rempli de dynamite ; il contenait un petit tube de cuivre chargé avec 2 grammes de fulminate, et emboîté avec l'extrémité de l'amorce électrique proprement dite. Les deux fils conducteurs, noyés dans une couche de soufre, étaient réunis par un fil mince de platine. L'ensemble était recouvert d'une enveloppe de gutta-percha (fig. 136).

Les amorces étaient disposées en 24 circuits continus, comme le montre la fig. 137, indépendants les uns des autres et comprenant

Fig. 136. Fig. 137.

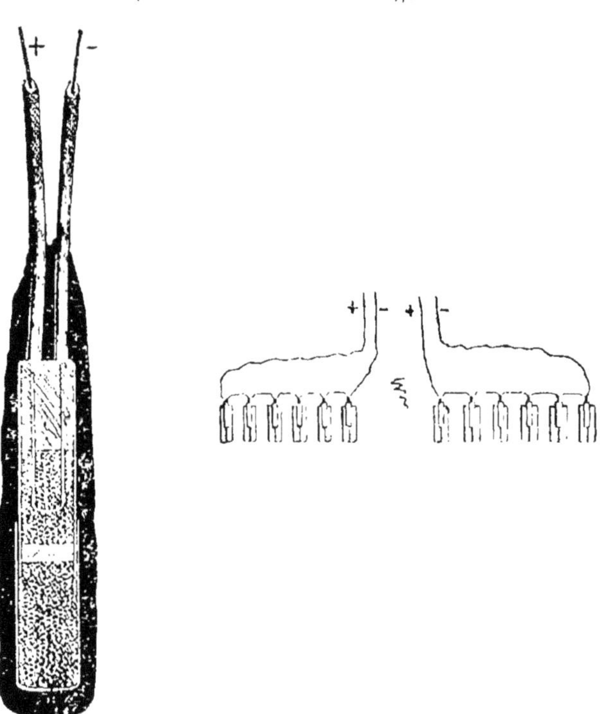

chacun 25 amorces. Les deux réseaux formés par les fils positifs et négatifs étaient mis en communication avec les pôles d'une puissante batterie de 60 piles installée à Hallet's Point ; et la fermeture du circuit était produite à l'aide de l'ingénieuse disposition que nous avons déjà eu l'occasion de décrire (2e partie, chapitre II).

L'explosion eut lieu le 10 octobre 1885, à 11 h. 16 du matin. L'eau s'éleva en une masse bouillonnante mesurant plus de 400 mètres de longueur et 250 de largeur, avec des hauteurs variables atteignant jusqu'à 60 mètres. Du sein de ce geyser s'éleva ensuite une traînée de gaz, nitreux et sulfureux, colorés de teintes diverses.

Des observations spéciales ont permis de noter trois secousses successives, pendant une durée totale de 45 secondes, qui d'ailleurs n'ont causé aucun dommage.

Le bruit de la détonation qui s'est fait entendre très-loin a duré 40 secondes.

On estime à 1.800.000 mètres cubes la totalité des déblais formés et qu'il y a lieu d'enlever à la drague ; après cette opération, qui prendra certainement plusieurs années, la passe sera dégagée sur une profondeur de 8 mètres au-dessous des marées basses (fig. 138 et 139).

Fig. 138 et 139.

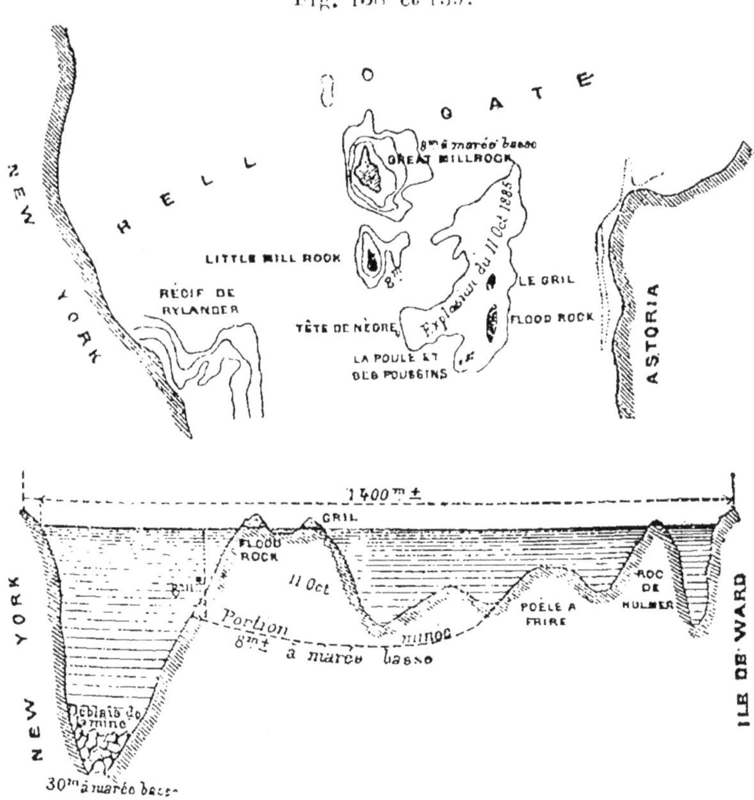

On estime à un million de dollars (5.250.000 francs) le coût total des dépenses nécessitées pour le sautage du Flood-Rock. Il a été dépensé 2kil,150 d'explosifs, par mètre cube de déblai, pour l'établissement des galeries préparatoires de 1m,20 × 1m,80, et 0k,834 pour leur élargissement.

CHAPITRE VII.

Emploi de la dynamite pour les usages militaires.

Les explosifs modernes, dynamites et fulmicotons, ont reçu de nombreuses applications dans les services du génie et de l'artillerie.

Les ouvrages spéciaux donnent des renseignements très-complets sur les opérations militaires, et rendent compte des expériences exécutées depuis 1870, par les officiers du génie, à l'aide du coton-poudre et de la dynamite-gomme. Nous nous bornerons, étant donné le cadre limité de cet ouvrage, à indiquer brièvement quelques-unes de ces opérations, et nous essaierons de montrer le rôle considérable que sont appelés à jouer les nouveaux explosifs dans l'artillerie de terre et de mer.

§ I. — Génie militaire.

Les sautages de mines, exécutés par le génie militaire, peuvent être divisés en deux classes, suivant qu'ils sont *prémédités* ou *précipités*.

Dans le premier cas, les travaux préparatoires sont conduits avec toute la perfection possible, et l'on se propose surtout de n'employer que les quantités strictement nécessaires d'explosifs. Dans le second cas, au contraire, il faut opérer rapidement et produire le maximum d'effet possible ; le facteur principal est l'économie de temps, tandis que la question de frais et de dépenses n'est qu'accessoire.

En général, pour les sautages prémédités, on fait usage de la poudre noire qui est plus propulsive, moins destructive, et moins coûteuse que les grands explosifs. Pour des démolitions et destructions précipitées, on préfère le fulmicoton ou les dynamites qui sont plus brisants, occupent moins de volume, et sont plus faciles à transporter et à mettre en place.

Un explosif destiné aux usages militaires doit satisfaire à certaines conditions. Il doit être :

1° Très-brisant ;

2° Insensible aux chocs des projectiles ;

3° Plastique ;

Fig. 140.

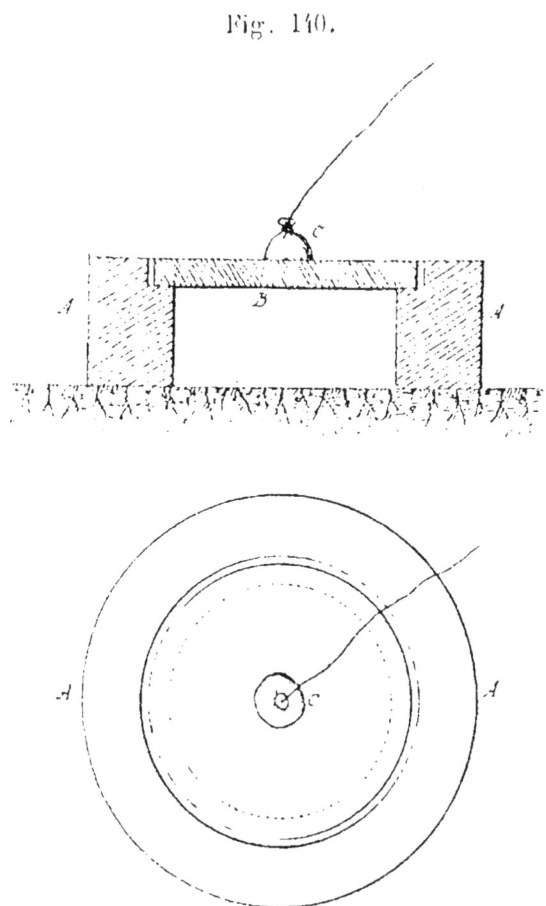

4° D'une manipulation simple et sans danger ;

5° D'un amorçage facile ;

6° Aussi stable que possible. Il faut que l'on puisse le conserver sans altération, même dans des endroit humides.

Quelques expériences, faciles à réaliser, et les épreuves ordinaires de stabilité, permettent de vérifier, avec une approximation généralement suffisante, si toutes ces conditions sont remplies.

Pour reconnaître la *force brisante*, on peut faire usage du petit appareil suivant : c'est un anneau en acier A, de 5 à 6 centimètres de diamètre intérieur (fig. 140) de 15 mil. d'épaisseur et 4 à 5 cm. de hauteur, muni d'une gorge sur laquelle on place une rondelle de fer B de 5 mil. d'épaisseur.

On pose la charge d'explosif, 6 à 8 grammes, au centre de la rondelle, et on la fait sauter à l'aide d'une mèche Bickford et d'une capsule au fulminate. L'explosion fendille la plaque de fer en la déformant comme l'indique la fig. 141.

Fig. 141.

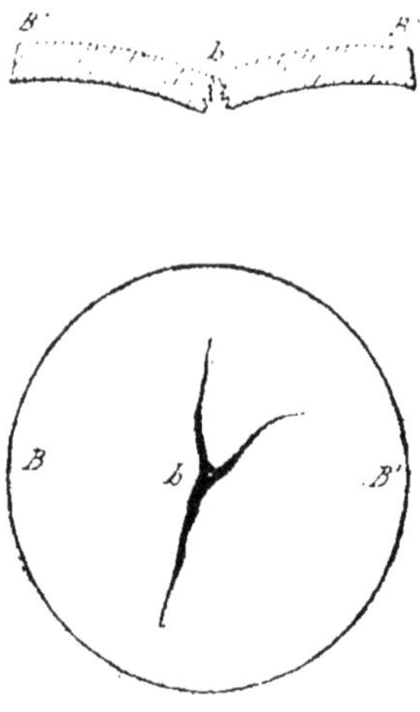

Cet essai n'est qu'approximatif; cependant il suffit dans beaucoup de cas, surtout s'il s'agit d'expériences comparatives et rapides. Pour des épreuves plus rigoureuses, on fait usage de l'appareil écraseur de M. Berthelot (fig. 47, page 193).

Les principales opérations de sautages précipités qu'exécute le génie militaire sont : l'abattage des arbres, la rupture de pièces de bois et de fer, la démolition de portes, ponts et maçonneries, la destruction de rails, tabliers de ponts en fer, canons, etc.

1° *Abattage des arbres.* — Nous indiquerons plus spécialement, au chapitre suivant, le mode d'emploi des explosifs pour l'abattage des arbres et l'arrachage des souches.

On dispose la charge, soit en collier autour du tronc, soit sur l'un des côtés, soit dans des trous percés horizontalement à l'aide d'une tarière, à la hauteur où l'on veut obtenir une section.

Supposons le cas où l'on fait usage de fulmicoton ou de dynamite-gomme.

Si la charge est placée autour de l'arbre, on détermine son poids par la formule :

$$P = 0{,}0014\,d^2$$

dans laquelle P représente le poids cherché en kilogrammes, et d le diamètre de l'arbre, en centimètres, dans le plan de section.

Pour une charge disposée latéralement :

$$P = \frac{5}{4}\,0{,}0014\,d^2$$

Si l'explosif est bourré dans un trou horizontal, on prend :

$$P = 0{,}0002\,d^2.$$

Ce dernier mode d'opérer est, de beaucoup, le plus économique, au point de vue de l'emploi de la dynamite. On fore un ou plusieurs trous, selon l'importance de la charge, et celle-ci doit toujours pénétrer jusqu'à la partie centrale de l'arbre (fig. 142 et 143).

Fig. 142 et 143.

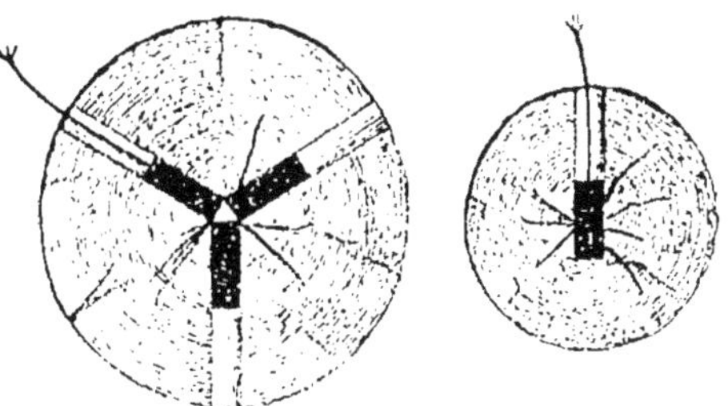

2° *Rupture de pièces de bois et de palissades.* — Pour rompre des pièces de bois en grume, ou légèrement équarries, on procède dans les mêmes conditions que précédemment.

S'il s'agit d'une pièce de section rectangulaire, on dispose la charge en forme de boudin aplati occupant toute la largeur du bois, et on la calcule à l'aide de la formule :

$$P = 0{,}0003\,e^2\sqrt{b}$$

dans laquelle b et e représentent la largeur et l'épaisseur de la pièce en centimètres, et P le poids en kilogrammes.

Pour détruire une palissade, de 25 mil. d'épaisseur par exemple, on place les charges au pied des piquets sur le sol, et on les calcule à raison de 1^k,125 par mètre courant. Si la palissade est faite en rails, de fortes dimensions, la charge est de 10 kil. par mètre.

3° *Démolition de portes.* — Pour briser une porte cochère, par exemple, on emploie 18 à 20 kil. de fulmicoton ou de tout autre explosif de force équivalente. La charge, renfermée dans un sac, est suspendue au milieu de la hauteur, au moyen d'un crochet et d'un pic ou d'une pioche violemment enfoncée dans l'épaisseur du bois (fig. 144). La charge de poudre susceptible de produire le même

Fig. 144.

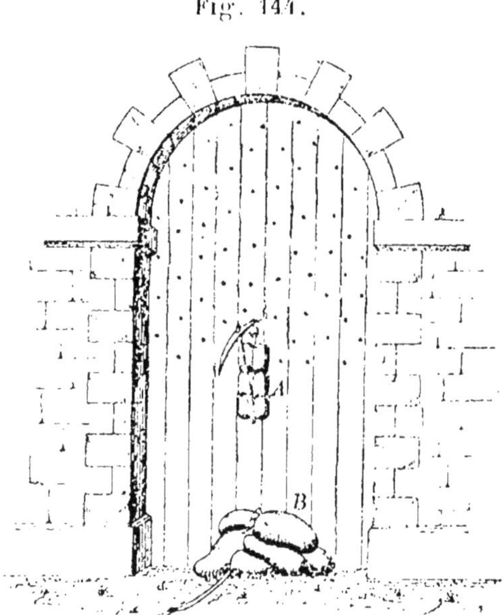

effet devrait être 2 à 3 fois plus considérable, et, au lieu de la suspendre, on la déposerait au pied de la porte, comme l'indique la fig. 144.

4° *Destruction de voies ferrées.* — Une charge de 200 à 250 grammes de dynamite n° 1, ou de tout autre explosif équivalent, suffit pour rompre un rail ordinaire. On attache la charge, avec un fil de cuivre ou de fer, contre l'âme du rail, en conservant aux cartouches leur forme ordinaire (fig. 145) ou en les aplatissant comme le montre la fig. 146.

Une brigade de 8 hommes exercés peut, en 1 heure, détruire 2 à 3 kilomètres de voie. On transporte à la brouette les charges toutes

Fig. 145 et 146.

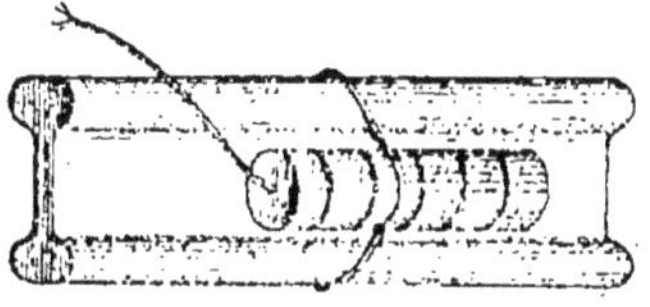

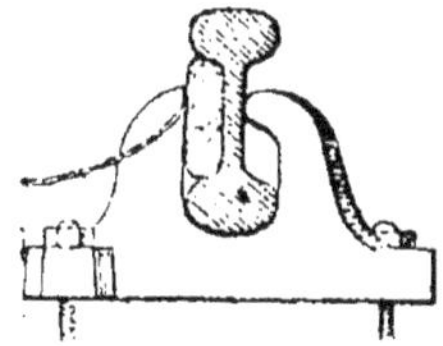

préparées, avec leurs mèches Bickford et des capsules au fulminate.

5° *Destruction de ponts en fer.* — Pour rompre une poutre métallique en treillis, au moyen de fulmicoton ou de dynamite, on place la charge sur les longrines inférieures, près d'une culée, et au point où l'épaisseur des tôles est la plus faible (fig. 147).

Fig. 147.

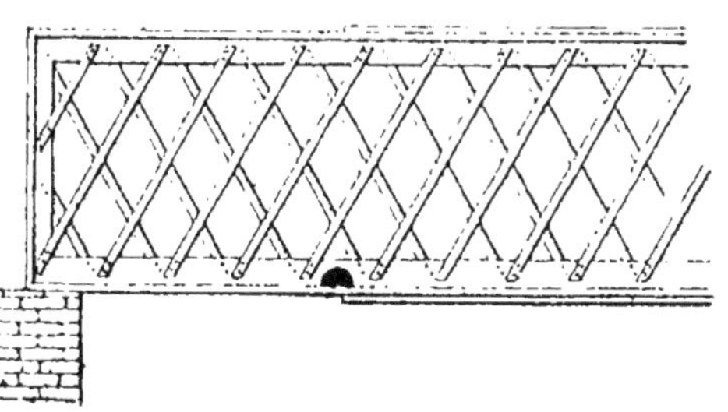

Fig. 148.

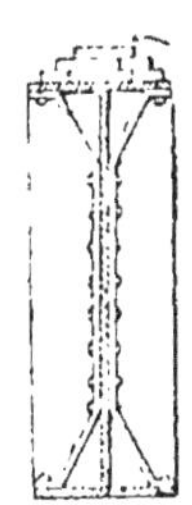

Si la section métallique est uniforme sur toute la longueur du pont, on met l'explosif vers le centre de l'ouverture entre deux piles.

Lorsque le tablier est en tôles pleines, le plus simple est de poser la charge sur la tête des poutres (fig. 148).

6° *Démolition de maçonneries.* — Pour pratiquer, dans un mur détaché, une brèche ayant une longueur double de l'épaisseur de la maçonnerie, on calcule la charge par la formule :

$$(1) \qquad P = 2,40\, e^3$$

en supposant que l'explosif soit simplement posé au pied du mur sans bourrage.

Si on a le temps, le mieux est de pratiquer à la base un trou de mine jusqu'au milieu de l'épaisseur ; une demi-charge suffit dans ce cas. On a :

$$(2) \qquad P = 1,20\, e^2$$

L'épaisseur e est calculée en mètres, et le poids P est donné en kilogrammes.

Pour faire tomber un pilier en briques avec une charge posée au pied, on prend :

$$(3) \qquad P = 3,20\, e^2$$

S'il s'agit de démolir une arche de pont, la charge doit être placée à la clef ou aux reins de la voûte, et on la calcule par la formule (1).

Les valeurs de P données par les formules qui précèdent sont exagérées ; mais il ne faut pas oublier que, pour des opérations militaires, on doit surtout avoir en vue d'agir rapidement et de produire le maximum d'effet possible.

7° *Destruction de pièces d'artillerie.* — Pour mettre hors de service un canon de campagne ou même de siège, il suffit de faire exploser dans l'âme, près de la bouche, une charge de 5 à 700 grammes de fulmicoton ou de dynamite. Il n'est pas indispensable de faire un bourrage ; toutefois celui-ci augmente l'effet de l'explosion.

Fig. 149.

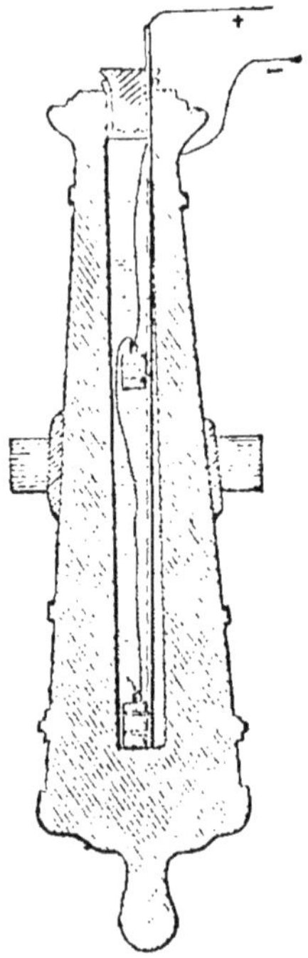

On peut encore faire sauter soit les tourillons, soit l'affût.

Si l'on veut briser en petits fragments un canon de fonte, on cale la pièce verticalement dans le sol, la bouche en haut. Puis, on descend dans l'âme deux charges soutenues par une baguette de bois. La charge nécessaire à la rupture est divisée en deux portions dont l'une est double de l'autre ; la plus forte est placée au fond de l'âme, et l'autre est soutenue à la hauteur des tourillons (fig. 149). On amorce au moyen de détonateurs électriques ; on remplit d'eau, et on ferme la bouche avec un tampon en bois qui ne laisse passer que les fils conducteurs.

En Autriche, on calcule la charge nécessaire à la rupture, à raison de 1 gramme d'explosif par 10 centimètres cubes de la capacité de l'âme. En France on prend 1 gramme d'explosif pour chaque kilogramme du poids de la pièce.

§ II. — Artillerie.

La dynamite de Nobel était à peine connue qu'on cherchait déjà à l'appliquer au chargement des obus. Les premiers essais furent faits en France pendant la guerre de 1870 ; les expériences des officiers d'artillerie au polygone de Vincennes et à Saint-Ouen (1) démontrèrent que l'on pouvait obtenir des effets considérables en chargeant les bombes et les obus avec un poids de dynamite égal au tiers ou même au quart de la charge de poudre noire règlementaire. D'une part, le fractionnement du projectile était beaucoup plus grand ; d'autre part, celui-ci, étant moins chargé, pouvait comporter des dimensions réduites.

Il y avait ainsi possibilité de faire usage de canons de petit calibre tout en obtenant de plus grands effets.

Des expériences analogues furent conduites en Suède, en 1871, avec beaucoup de soins et de méthode. On faisait usage de canons Krupp de 3 pouces, l'obus contenait $^7/_8$ de livre de dynamite, et les gargousses de poudre étaient graduellement chargées de $^1/_4$ de livre à 1 $^1/_2$. Dans ces limites, les résultats obtenus furent bons ; mais la pièce éclata lorsqu'on arriva à la charge normale de $1^1, ^3/_4$.

On reprit les expériences en réduisant le poids de dynamite à $^1/_8$ de livre : cette charge ayant été reconnue suffisante pour produire un bon fractionnement de l'obus. Ce dernier portait un dispositif spécial pour recevoir l'explosif qu'on renfermait dans un tube en cuivre entouré d'eau ; on cherchait ainsi à éviter l'effet dû à l'échauffement subit de la pièce, ainsi que le choc direct résultant de l'inflammation de la poudre.

(1) Communication de M. Brull à la Société des Ingénieurs Civils — 1870-1871.

Pendant ces deux dernières années, de nouveaux essais ont été tentés en Amérique par M. Snyder et le général Kelton.

Fig. 150.

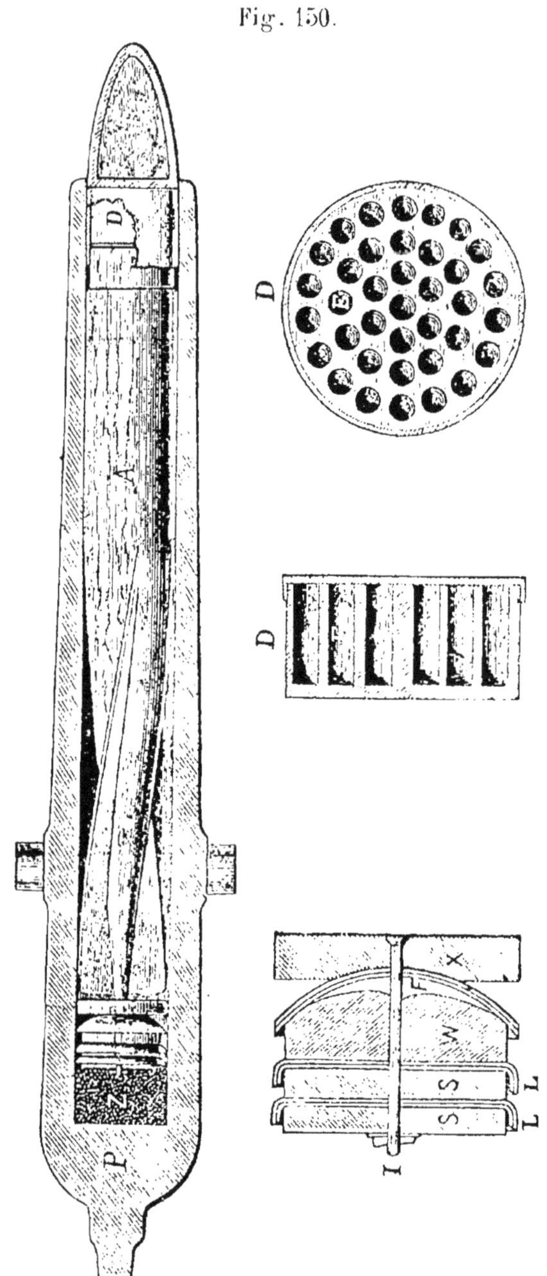

M. Snyder s'est servi du canon Rodman de 12 livres; et le chargement s'opérait en interposant deux coussins spéciaux, destinés à amortir le choc, entre la gargousse de poudre Z et l'obus B à dynamite.

Le premier coussin, désigné sur la fig. 150 par la lettre E, se compose de trois disques en papier mâché ou en bois, S, S et W. entre lesquels sont intercalées des rondelles de cuir L faisant saillie, et qui sont recouverts d'une calotte F, en cuivre, appuyée contre un tampon de bois X. Tout le système est traversé par un boulon à jeu (fig. 150).

La calotte métallique est d'un diamètre un peu plus petit que celui de l'âme du canon.

Le second coussin D est appliqué contre l'obus. C'est un cylindre en caoutchouc percé de trous dont les orifices sont fermés par un chapeau de la même substance.

Entre les pièces D et E est disposée une tige de bois A munie d'ailettes qui ont pour but de guider l'obus quand celui-ci doit pénétrer dans l'eau. La tige A et l'obus B sont reliés l'un à l'autre au moyen d'un anneau qui enserre leurs extrémités.

Quand la gargousse de poudre détone, les rondelles L résistent en formant frein, et la calotte F s'applatit. En outre, le choc communiqué à l'obus est encore amorti par l'élasticité du caoutchouc et la résistance de l'air que renferment les cavités du cylindre D.

Les premiers essais de ce dispositif, furent faits en Avril 1884. Le canon mesurait 117 mil. de diamètre ; la gargousse contenait de la poudre de chasse et l'obus de la dynamite (2^{kil},250). Les résultats furent assez satisfaisants ; on put aussi constater que l'interposition des deux coussins avait encore l'avantage de diminuer notablement le recul de la pièce.

En Septembre 1884, à Port Lobos, sur la côte du Pacifique, le général Kelton fit procéder à des épreuves de tir du même genre. On lançait, avec un canon de 76 mil., des obus chargés de 200 grammes de dynamite. Le premier coup fut dirigé contre un rocher, à 140 m. de distance, avec une gargousse contenant $^1/_4$ de livre de poudre à canon. En touchant le roc, l'obus fit explosion et se divisa en une multitude de menus fragments; dans les mêmes conditions, un projectile à poudre n'aurait donné que quelques gros éclats.

Un deuxième coup, tiré avec une gargousse de $^1/_2$ livre, donna les mêmes résultats.

La charge de poudre ayant été ensuite portée à une livre, l'obus et le canon éclatèrent en même temps ; des fragments de la pièce, pesant jusqu'à 200 livres, furent projetés à des distances variant de 6 à 27 mètres. L'explosion de 200 grammes de dynamite dans l'âme du canon avait produit autant d'effet que celle de 100 livres de poudre.

Le général Kelton, rendant compte de ses expériences, exprime l'opinion qu'un obus chargé d'explosif et choquant les parois d'un navire produit son effet destructif complet s'il n'éclate qu'après avoir commencé à pénétrer dans la muraille. Suivant lui, la pénétration nécessaire serait de la moitié de la longueur du projectile et devrait s'effectuer en $\frac{1}{1000}$ de seconde après le premier contact.

Le même auteur estime que les obus à explosifs doivent rendre de très-grands services dans la défense des forts, contre une attaque venant de terre ; un de ces projectiles, éclatant au milieu d'un corps de troupes produirait un effet aussi terrible que l'explosion d'un magasin de poudre.

Le général termine par la réflexion fort judicieuse que l'emploi des obus à dynamite diminuera considérablement la durée des guerres futures, si même il n'arrive pas à les rendre impossibles (1).

Pendant les derniers mois de 1884, d'autres expériences furent

Fig. 151.

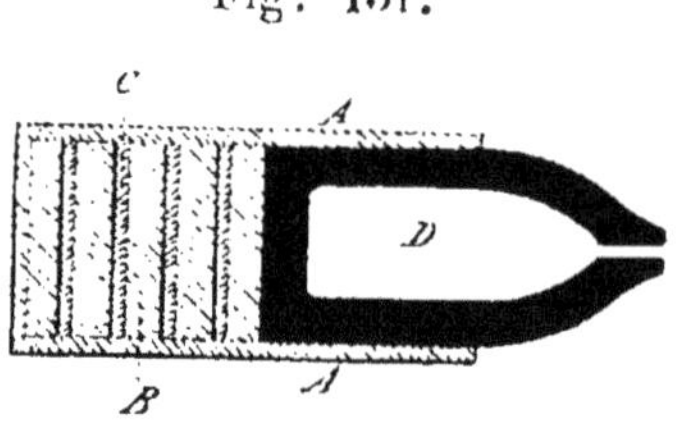

faites, aux environs de Washington, avec la *gélatine explosive* et la

(1) Scientific Américan — Vol. LI — N° 17.

forcite. Un canon de 15 cent., se chargeant par la culasse, lançait des obus contenant 6 kil. d'explosif. Pour amortir le choc initial, on avait adopté une disposition analogue à celle qu'indique la fig. 151 :

L'obus D pénètre à moitié dans un cylindre alésé A, en acier, qui s'ajuste dans l'âme du canon. Dans le fond de ce cylindre sont serrées 4 bandes B de caoutchouc, et celles-ci sont séparées les unes des autres par de minces rondelles d'acier C.

Le premier coup fut dirigé sur une cible que l'éclatement du projectile réduisit en miettes. On tira ensuite sur un grand rocher, à une distance de 900 mètres : l'obus fit explosion en brisant la roche dans un rayon de 9 mètres et produisant une énorme quantité de déblais. Un second obus, atteignant le centre même du rocher, y fit une ouverture de 7 m. de diamètre et 2 m. de profondeur.

En résumé, toutes les expériences, faites jusqu'à ce jour, démontrent, qu'en faisant usage d'obus chargés à la dynamite, on peut obtenir, avec des canons de petit calibre, des résultats plus considérables encore que ceux donnés par la poudre et les plus puissants engins dont dispose l'artillerie moderne.

Mais c'est surtout dans les guerres maritimes que les grands explosifs sont appelés à rendre de réels services ; particulièrement pour la défense et l'attaque des navires cuirassés.

On peut, en effet, faire éclater un obus au moment où il pénètre dans l'eau, et la pression qui en résulte est considérable comme le prouvent les chiffres suivants déterminés par le général Abbot.

L'explosion de 50 kil. de dynamite-gomme produit les pressions de :

456	kil. par cent. carré	à la distance de	6m,30	du centre d'éclatement
140	—	—	14 ,40	—
70	—	—	23 ,70	—

La pression de 456 kil. suffit pour endommager sérieusement les plus grands navires actuels, et celle de 70 kil. pour couler un petit torpilleur en mouvement. L'obus de 50 kil. est lancé avec un canon de 20 centimètres.

Au moyen d'un canon de 10 centimètres on peut utiliser une charge de 10 kil. qui donne les pressions de :

70 kil.	à la distance de	11m,40
210	—	5 ,10

Si la charge est de 6 kil. seulement, les pressions exercées sont de :

70 kil.	à la distance de	9m,00
210	—	4 ,00

Les obus à dynamite auraient plus de chances d'arrêter un torpilleur lancé à toute vitesse que tous les projectiles lancés au moyen du canon-revolver Hotchkiss.

Actuellement, les cuirassés sont absolument sans défense contre l'attaque des torpilleurs ; pour empêcher ceux-ci de s'approcher, il faudrait pouvoir couvrir la mer d'une pluie de projectiles. Or, le tir accéléré d'un canon de 6 centimètres ne donne pas plus de 20 à 25 coups à la minute. A moins donc de disposer d'un nombre considérable de ces canons, il est à peu près impossible d'arrêter un torpilleur et surtout de l'empêcher de détacher une torpille à une faible distance. Le navire attaqué n'a, pour se défendre, que le *filet de protection* aujourd'hui en usage et dont l'efficacité n'est nullement prouvée.

Nous pensons que l'obus à dynamite est appelé à suppléer à la faiblesse du grand cuirassé en présence du petit torpilleur. Le problème toutefois, est loin d'être résolu, car il s'agit de construire un canon capable de lancer un tel obus.

Ajoutons encore que ce canon pourrait être utilisé pour l'attaque. Un petit bateau à grande vitesse, portant 1 ou 2 pièces avec obus de 50 kil. de dynamite, pourrait probablement couler un cuirassé puisque, d'après le général Abbot, l'explosion de 50 kil. de gélatine exerce une pression de 456 kil. par centimètre carré, à la distance de 6m,30 du centre de détonation.

Quoique les essais tentés jusqu'à ce jour, n'aient pas encore pu réaliser ce type du canon à dynamite, nous citerons, à titre de document, un curieux engin de ce genre construit aux Etats-Unis par le lieutenant Zalinski, et qu'on appelle le *canon pneumatique*.

Les premières recherches de M. Zalinski avaient pour objet la construction d'un canon à air comprimé capable de lancer des obus explosibles à courte distance. C'était un tube de 5 centimètres de diamètre dans lequel on pouvait comprimer de l'air jusqu'à la pression *d'endurance* de 35 kil. par centimètre carré. Le projectile renfermait une charge de dynamite avec un remplissage de poudre.

Les expériences furent faites en augmentant progressivement la pression de 7 à 35 kil. et en plaçant l'obus à des distances variables de la culasse : 1m,50, 0m,90, 0m,60 et 0m,30. Finalement le projectile fut enfoncé jusqu'à la culasse et tiré avec une charge pleine de dynamite ; toutefois une chambre d'air de 2m,40 était interposée entre l'obus et la valve d'entrée, formant ainsi un coussin pour amortir le choc.

Un peu plus tard, de nouveaux essais furent faits avec un canon de 10 centimètres, mesurant 12 mètres de longueur. C'était un tube de fer de 4mm,76 d'épaisseur, divisé en trois sections et fixé à une armature que portait un tripode. La valve était automatique, s'ouvrait rapidement pour laisser passer l'air comprimé, puis se refermait au moment même où le projectile sortait de la bouche du canon. Afin d'obtenir la plus grande pression possible, le réservoir d'air avait une capacité neuf fois plus grande que celle du tube-canon.

L'établissement d'un projectile à dynamite est un problème d'une solution difficile. Il ne suffit pas, en effet, que l'obus sorte du canon sans faire explosion dans l'âme ; il faut encore que son éclatement puisse se produire dans l'eau. Il faut même, comme nous l'avons déjà vu, que l'explosion de la dynamite n'ait lieu qu'un instant avant la pénétration totale du projectile dans la paroi frappée.

Pour satisfaire à toutes ces conditions, M. Zalinski construit un obus portant un dispositif très-ingénieux. C'est une boîte métallique dont le rebord supérieur soutient une petite batterie à chlorure d'argent et à laquelle est suspendue une amorce électrique. Par les contacts des parois métalliques l'un des fils de celle-ci est en constante communication avec la pile. Quand l'obus choque une paroi résist ante, la petite batterie se détache et vient frapper une pièce métallique reliée au second fil ; le courant se ferme et met l'amorce en feu. D'après M. Zalinski, l'explosion se produit $\frac{1}{70000}$ de seconde avant la pénétration totale de l'obus.

Le dernier canon pneumatique à dynamite construit par M. Zalinski mesure 20 centimètres de diamètre intérieur et 18 mètres de longueur. Des charges de 45 à 50 kil. d'explosif peuvent être tirées avec une pression de 140 kil. par centimètre carré. Le tube est en fer, de 3^{mm},17 d'épaisseur, et éprouvé à 263 kil. Sous un angle de 33°, le projectile, contenant 45 kil. de dynamite, peut être lancé à 2700 mètres de distance.

CHAPITRE VIII.

Application des explosifs à divers usages et à l'agriculture.

Rupture de pièces de bois et de fer. — Abattage des arbres et arrachage des souches. — Rupture de glaces en rivières. — Battage des pieux. — Procédés de culture à l'aide de la dynamite. — Effets de la dynamite dans les trous de sondage obstrués, dans les puits à pétrole, dans les fondations, etc.

§ I. — Rupture de pièces de fer et de bois.

On détermine la rupture d'un morceau de fer par la détonation d'une charge simplement posée sur l'une de ses faces.

Le poids des charges est donné par la formule :

$$P = C\,e^2\,b$$

dans laquelle e et b représentent l'épaisseur et la largeur de la pièce en centimètres, et C un coefficient qui varie suivant que le fer est plein ou riveté.

En faisant usage d'un explosif de force équivalente à celle de la dynamite n° 1, on prend :

C = 0,006 pour des fers pleins.

C = 0,003 pour des fers rivetés.

Avec la nitrogélatine, on peut réduire d'un tiers la valeur du coefficient C.

On dispose la charge de manière à occuper autant que possible toute la largeur de la pièce à briser.

Pour le cas d'une plaque de fer plein, de 1 mètre de largeur, on trouve, en appliquant la formule :

Epaisseur de la plaque	Charge
0,005	0k,150
0,010	0 ,600
0,020	2 ,400
0,050	15 ,000
0,100	60 ,000

Pour une pièce de fer plein de 4 cm. d'épaisseur et $0^{m},16$ de largeur, la formule donne :

$$P = 1^{k},500.$$

S'il s'agit de détruire une charpente en fer, les croisements doivent recevoir des charges doubles.

Les tuyaux peuvent être considérés comme des plaques dont la largeur est égale au développement de leur section. Pour produire une rupture complète, il faut enrouler l'explosif autour du tuyau ; en appliquant simplement la cartouche sur le métal, on n'obtiendrait qu'une trouée aux deux extrémités du diamètre passant par la charge.

Destruction du pont de fer de Culera (1). — Le pont de Culera, près de Cerbère, dans le département des Pyrénées-Orientales, venait à peine d'être lancé, pour être posé sur ses piles, qu'un coup de vent le précipitait d'une hauteur de 15 mètres dans la vallée. L'extrémité contiguë à la culée restait seule adhérente. Il s'agissait donc de séparer les parties tordues en tronçons utilisables et de briser à la dynamite, pour en faciliter le transport, les poutres qui ne pouvaient plus servir à la reconstruction. Dans ce but, un boudin de dynamite du poids de 500 grammes fut appliqué avec de la terre grasse, suivant le tracé de la section qu'il s'agissait de déterminer, contre la tôle et les fers composant une des poutres. Celle-ci était formée de deux

(1) Manuel du mineur, par F. Barbe, — Paris 1880.

feuilles de tôle de 1 cm, d'épaisseur, assemblées par deux cornières, le tout fortement rivé (fig. 152). L'explosion la rompit net. La section totale de la poutre était de 120 centimètres carrés. Or, en admettant que la résistance de la tôle au cisaillement soit de 400 kil. par centimètre carré, on trouve que les 500 grammes de dynamite employés ont développé, pour rompre la poutre, un effort au cisaillement de 48 tonnes.

Fig. 152.

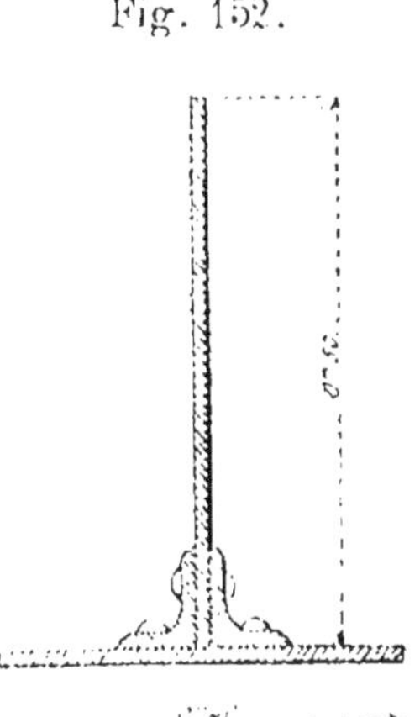

Rupture de rails. — Pour briser un rail on applique une cartouche entre l'âme et le patin.

Si l'on veut calculer le poids de dynamite nécessaire pour produire la rupture il faut, dans la formule précédente, prendre pour valeurs de e et de b l'épaisseur et la largeur du bourrelet.

Ainsi, en supposant un rail de 0m,132 de hauteur, avec bourrelet de 0,055 de largeur et 0,03 environ d'épaisseur, on trouve :

$$P = 300 \text{ grammes.}$$

Destruction des loups de hauts-fourneaux. — La formule :

$$P = Ce^2 b$$

ne saurait être généralisée au-delà d'une certaine épaisseur de plaque; il est évident que si l'on devait rompre un bloc de fer, on aurait tout avantage à perforer des trous de mine, comme dans une roche, et à calculer les charges par l'une des deux formules du major Vogel.

C'est le cas des *loups de hauts-fourneaux*.

Aux forges de Schwechat, près de Vienne (Autriche), des obstructions métalliques extrêmement résistantes s'étaient formées au fond d'un haut-fourneau. C'était d'abord, à la base, un bloc de 4 m. de diamètre et 0,65, de hauteur, composé d'un fer d'une ténacité presque égale à celle de l'acier Bessemer ; puis, au-dessus, une masse mesurant 2m,45 d'épaisseur à la partie inférieure et 2m,15 de hauteur et formée d'une combinaison de fer, de scories, et de charbon à l'état de graphite.

Pour se débarrasser de ces obstacles ou de ces *loups*, comme on les appelle, on projeta de les faire sauter avec de la dynamite.

On fit d'abord l'attaque du bloc supérieur, à la base duquel on ouvrit six trous de mine dirigés vers le centre. Les ingénieurs ignorant la quantité exacte de dynamite-gomme à employer procédèrent par tâtonnements.

Quatre charges variant de 55 à 187 gr. par trou furent successivement détonées, sans résultat. Enfin la charge de 198 gr., soit $1^k,188$ en tout, produisit le sautage et la destruction complète du bloc.

Il restait à enlever le culot de fer de 4 mètres. A cet effet on perfora 19 trous verticaux, de $0^m,25$ de profondeur, que l'on chargea à cinq reprises différentes de quantités variant entre 187 et 300 grammes d'explosif. La dernière charge produisit la rupture.

Les coups furent tirés par groupes successifs, afin d'éviter l'effet qu'une explosion trop violente aurait pu produire sur les habitations voisines.

La consommation totale fut de 32 k. de dynamite-gomme.

Rupture de bois. — Pour produire des effets de rupture sur des pièces de bois, on place simplement l'explosif sur la ligne où l'on veut produire une section.

Nous avons eu souvent l'occasion de remarquer que la dynamite détonant à l'air libre, produit moins d'effet que si elle est recouverte d'un bourrage quelconque. L'expérience peut être faite facilement: il suffit de poser deux fragments d'explosif sur deux plaques de fer mince, de mêmes dimensions, l'un à l'air libre et l'autre recouvert seulement de 2 ou 3 feuilles de papier.

Nous avons constaté également que l'effet produit dépend de la surface en contact. Ainsi un prisme agit mieux quand on le pose sur sa longueur que si on le met debout sur sa base.

Il résulte de là que l'on aura toujours avantage à étaler l'explosif sur la matière, bois ou fer, à briser. L'effet sera donc singulièrement plus considérable si l'on fait usage d'un explosif plastique. Dans tous les cas il faudra le recouvrir d'argile, terre, ou sable, de manière à former une sorte de bourrage.

S'il s'agit de pièces de bois, on détermine la charge de rupture par la formule :

$$P = C e^2 \sqrt{b}$$

dans laquelle C est un coefficient variable suivant la nature du bois, e et b l'épaisseur et la largeur en centimètres.

Avec la dynamite n° 1 ou tout autre explosif de force équivalente, on peut prendre :

C = 0,00015, pour un bois tendre,

C = 0,00030, pour un bois dur.

S'il arrive que e soit plus grand que b, il faut, dans la formule, prendre pour b la valeur de e et réciproquement.

Pour que l'effet soit complet, la cartouche doit occuper toute la largeur de la pièce. Si la largeur b est moindre que l'épaisseur e, on prend une longueur de cartouche égale à e, et on la place en travers.

Si la pièce de bois est cylindrique, on calcule la charge en prenant pour e et b la longueur du diamètre ; dans ce cas la cartouche, qui doit avoir égalemsnt cette dimension, est appliquée sur la circonférence lorsque l'explosif est plastique, ou parallèlement à l'axe si l'on n'a à sa disposition qu'une dynamite ordinaire.

En rompant le bois, l'explosion produit les effets suivants : la portion de la pièce, voisine de la charge, est complètement broyée, le centre est cassé uniformément et la partie inférieure est brisée en éclats ou déchiquetée. Un explosif très-brisant coupe le bois presque net.

Pour une pièce de bois dur, de chêne par exemple, mesurant $0^m,30$ de largeur et $0^m,25$ d'épaisseur, la charge de dynamite n° 1 est, d'après la formule précédente :

$$P = 1^k,025$$

§ II. — Rupture de grandes masses de glaces [1].

La dynamite n'a pas été employée avec moins de succès pour la

(1) Traité sur la poudre, par Désortiaux, p. 714. Paris 1878.

rupture de grandes masses de glace ; c'est ainsi que, pendant le siége de Paris, on a pu remettre à flot des canonnières arrêtées par les glaces au milieu de la Seine.

Les instructions les plus précises sur le mode d'emploi de la dynamite dans ce cas particulier sont dues à M. Gobin. Il s'agissait de dégager le Rhône à Lyon ; la glace avait $0^m,18$ à $0^m,20$ d'épaisseur. En posant la dynamite simplement à la surface de la glace et en la recouvrant d'une couche d'argile, on n'obtenait que des effets peu satisfaisants. M. Gobin fit alors pratiquer, parallèlement au bord libre de la glace, et à une distance de 14 mètres, une entaille ayant environ 1 mètre de longueur et $0^m,04$ à $0^m,05$ de profondeur ; il y plaça une cartouche ovale contenant à peu près 210 gr. de dynamite et la recouvrit d'une couche de sable de $0^m,03$ à $0^m,04$ de hauteur ; les fentes produites par l'explosion avaient, en moyenne, 40 à 50 mètres de longueur, et l'une d'elles avait même 220 mètres. Pour réaliser une rupture encore plus complète, M. Gobin pratiquait, dans l'épaisseur de la glace, des trous verticaux de $0^m,08$ à 0,10 de diamètre, à travers lesquels une cartouche de dynamite de 17 à 35 gr., munie d'une amorce à joint étanche, plongeait jusqu'à environ $0^m,70$ au-dessous de la surface de la glaces.

Pour éviter la congélation de la dynamite, il faut, en général, opérer rapidement et entourer les cartouches de corps mauvais conducteurs de la chaleur. Dans une journée, avec 4 ouvriers et une dépense de 40 francs, M. Gobin parvenait à briser une surface de 50.000 mètres carrés de glace.

Des expériences analogues, exécutées sur l'Oder, en janvier 1868, ont également donné de bons résultats ; la dynamite était exclusivement employée sous la couche de glace, en cartouches de 50 gr. que l'on avait préalablement trempées dans de la poix bouillante, afin d'élever le plus possible leur température et de prévenir ainsi leur congélation. On produisait, en moyenne, dans une couche de glace de $0^m,26$ d'épaisseur, un trou de 2 à 4 mètres de diamètre, et la glace se trouvait sillonnée de fortes crevasses dans un rayon de 8 mètres autour du centre d'explosion.

Les expériences faites sur l'Iglava (1870) ont donné des résultats aussi favorables. Il est d'ailleurs devenu inutile de dégeler la dynamite.

Si l'on doit dégager de gros blocs, il faut les percer de trous de mine qu'on charge ensuite de quantités déterminées d'explosif.

Toutes ces opérations ne peuvent être avantageuses qu'autant que l'on opère en rivières ou tout autre endroit présentant assez de courant pour dégager les glaces brisées.

Ajoutons enfin qu'on aura toujours intérêt à employer des explosifs inattaquables à l'eau, qui ne laissent pas exsuder la nitroglycérine et détonent dans l'eau aussi bien que dans la roche où à l'air libre.

§ III. — Battage des pieux.

Une des applications les plus curieuses de la dynamite est son emploi pour l'épreuve d'un pilotis et,éventuellement,pour achever le battage des pieux.

Nous citerons à ce sujet le travail exécuté à Buda-Pesth, en juillet et août 1881.

Des pilotis déjà construits devant supporter des charges non prévues d'abord durent être soumis à une nouvelle épreuve et il restait à achever le battage de ceux des pieux qui n'y auraient pas satisfait. Sur la demande des ingénieurs de la ville, le lieutenant-colonel Prodanovic fit exécuter,par le 4e bataillon du 2e régiment du Génie autrichien,les expériences suivantes dont nous trouvons le compte-rendu dans le « *Wochenschrift des œsterreichischen Ingenieur und Architekten-Vereins* ».

Les pieux furent recépés bien normalement à leur axe et sur leur tête on plaça, en ayant soin de bien la centrer, une plaque de fer forgé de 380 millimètres de diamètre et de 110 millimètres d'épaisseur. Cette plaque, pesant 95 kilogrammes, portait diamétralement des trous de 50 millimètres de profondeur et 30 millimètres de diamètre pour introduire des barres de manœuvre de 1 mètre de longueur. Sur le centre de cette plaque on plaça une charge de 500 gr de dynamite n° 2, de densité 1,40, en forme de galette de 150 millimètres de diamètre sur 21 millimètres d'épaisseur, enveloppée dans du papier parchemin. Après avoir posé la mèche ou les conducteurs, on recouvrit la charge de sable ou de terre glaise et on provoqua l'explosion (fig. 153).

Fig. 153.

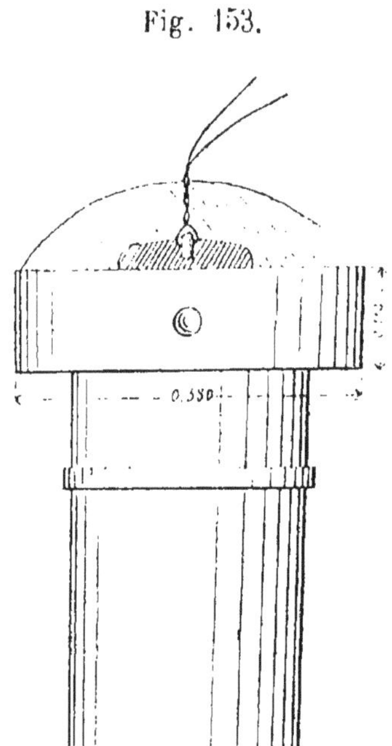

Afin de pouvoir évaluer l'effet produit par la dynamite, le lieutenant-colonel Prodanovic le comparaît à celui d'un mouton de 750 kil. tombant de 3 mètres de hauteur. En prenant la moyenne d'une nombreuse série d'expériences, on trouva que 5,17 coups de ce mouton produisaient le même enfoncement qu'une charge de 500 grammes de dynamite ; d'où, en nombre rond : une charge de dynamite de 500 grammes équivaut à 5 coups d'un mouton de 750 kilogrammes tombant de 3 mètres de hauteur. Les résultats partiels s'écartaient peu de cette moyenne.

Dans ces expériences les plaques de fer supportèrent en moyenne 20 à 24 coups. Les frais d'épreuve d'un pieu peuvent, d'après l'auteur, se chiffrer comme suit :

0k,500 de dynamite	1fr.75
Une capsule et 1 mètre de mèche	0 07
Mesure et pose des charges	0 05
Recépage du pilot et pose de la plaque	1 69
Cout de la plaque	5 35
Total pour l'épreuve d'un pilot, par coup battu . .	8 91

L'auteur de ces expériences fait remarquer que, lorsqu'il s'agit simplement de faire l'épreuve des pieux et, au besoin, d'en terminer le battage, l'aménagement de la sonnette conduit à une dépense considérable de temps et d'argent et que, dans ce cas, l'épreuve à la dynamite devient à la fois plus rapide et moins coûteuse. L'avantage de l'emploi de la dynamite croît avec le nombre de pilots à essayer et avec la charge qu'ils doivent supporter. On est dans des conditions moins favorables quand le pieu émerge beaucoup au-dessus du sol, et par conséquent vibre fortement ; le cas le plus avantageux est celui où le pilotis est déjà enfoncé aux trois quarts de sa longueur.

§ IV. — Abattage des arbres et arrachage des souches.

L'abattage des arbres, à l'aide d'un explosif, n'est avantageux et économique que pour des troncs mesurant au moins 0m,45 de diamètre.

L'opération est conduite de la manière suivante :

A 0m,30 ou 0m,40 au-dessus du sol, on perce un trou de 3 à 4 cm., suivant un rayon, et sur une longueur égale aux trois quarts du diamètre de l'arbre. On y met une charge le remplissant à moitié environ et on bourre avec une tige de bois (fig. 154).

Si le diamètre dépasse 0m,60, il faut percer au moins deux trous

Fig. 154 Fig. 155

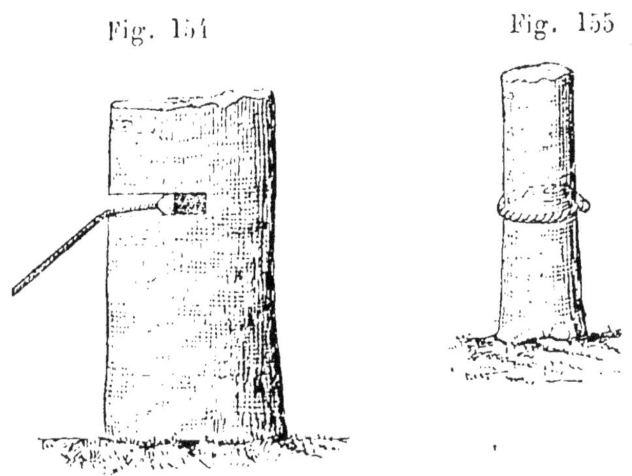

convergeant vers un même point, de telle sorte que toutes les charges puissent détoner avec la même amorce.

Généralement la dynamite n° 3 suffit.

L'explosion produit une détonation sourde ; l'arbre est coupé à la hauteur de la charge et tombe dans la direction de son inclinaison naturelle.

Parfois des fragments de bois sont lancés à des distances de 15 à 30 pas.

On arrive, avec un peu de pratique, à simplifier considérablement l'opération. Il suffit, en effet, de creuser un trou dans la terre, sous l'arbre, et à le bourrer avec de la dynamite, comme un trou de mine ordinaire. L'explosion arrache ou coupe les racines et fait tomber l'arbre en entier.

S'il s'agit de petits arbres, on se contente de rouler un petit boudin de dynamite autour de leur pied, comme le montre la fig. 155.

L'emploi de la dynamite pour l'arrachage des souches procure une grande économie de temps et de main-d'œuvre ; mais il doit être surtout recommandé dans les deux cas suivants :

Fig. 156.

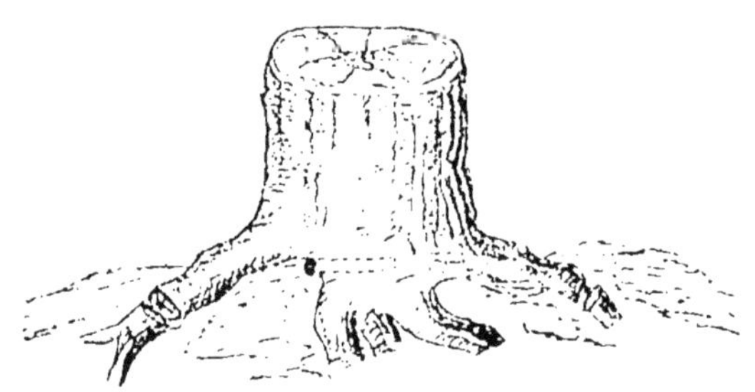

1° Quand on a pour but le défrichement, et la mise en culture de terrains occupés antérieurement par des forêts. On a remarqué, en

Fig. 157.

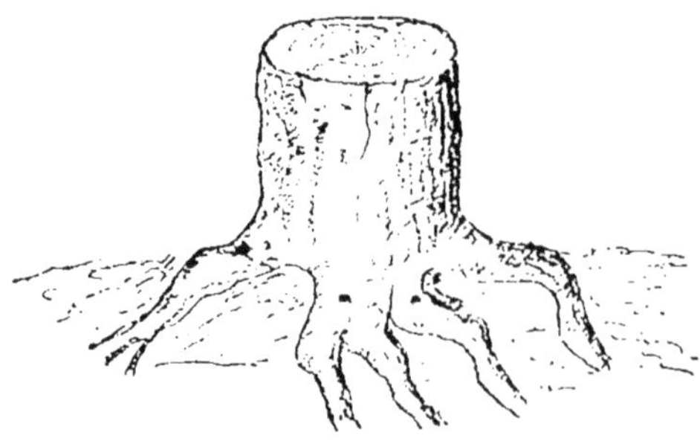

effet, que la commotion, déterminée par l'explosion, détruit complètement les insectes qui pullulent d'habitude sur les souches.

2° Dans les pays où la main-d'œuvre est rare et coûteuse. Pour faire sauter une souche de 0m,60 au moins de diamètre, on commence par faire sauter les grosses racines, puis on fore un trou de mine dans l'axe de la souche ; ou, ce qui est encore mieux, on fait exploser des cartouches sous les racines et sous le tronc (fig. 156 et 157). Si on le juge nécessaire, on perce, outre le trou central, quelques trous sur les côtés.

On détermine l'explosion simultanée de toutes les charges par l'électricité ; la souche est arrachée de terre et séparée des racines, en projetant parfois des éclats de bois à distance.

Si l'emploi de l'électricité est impossible, on enlève d'abord à la hache les racines principales, puis on creuse sous la souche, à l'aide d'une pince, un trou dans lequel on bourre une cartouche.

Les charges pour racines varient de 55 à 110 grammes ; pour une souche mesurant 0m,75 de diamètre, on place à sa base 450 gr. de dynamite n° 1 ; cette quantité est augmentée proportionnellement au diamètre.

Les trous de mine doivent être soigneusement bourrés avec de la terre.

Une fois la souche hors du sol, on la fait éclater en morceaux en la traversant de quelques trous que l'on bourre avec de petites charges ou pétards.

On peut adopter les règles suivantes pour l'arrachage des souches :

1° Il faut d'abord enlever à la hache les grosses racines découvertes ;

2° Si la souche est saine et en partie hors de terre, on fore, en son centre, un trou de mine que l'on dirige vers la plus grosse racine, en la pénétrant même si l'opération est praticable ;

3° En général, les trous de mine doivent toujours être dirigés vers la partie la plus saine et la plus résistante ;

4° Si la souche est pourrie, on perce un trou dans la plus forte racine ;

5° La charge doit occuper le tiers environ de la profondeur du trou ;

6° Le bourrage doit être fait jusqu'à l'extérieur.

Dans le cas de souches énormes, de $1^m,50$ par exemple, on tire 3 coups de mine dans la direction de l'axe et à $0^m,30$ les uns des autres.

L'arrachage des souches, par l'emploi des explosifs, rend le sol éminemment propre à la culture. Les jeunes arbres, dans le voisinage, non seulement n'en souffrent pas, mais encore paraissent croître, dans la suite, plus vigoureusement.

Voici quelques résultats indiquant l'économie du procédé.

(*a*) *Aux États-Unis*. — 17 souches de chêne sorties de terre de $0^m,15$ à $0^m,25$, et mesurant $0^m,60$ à 1,00 de diamètre, furent arrachées en faisant usage de $1^k,350$ de dynamite n° 1. La profondeur des trous variait de $0^m,35$ à $0^m,45$, et le forage de chaque trou, fait à la main, demandait de 4 à 5 minutes. Le travail terminé en 99 heures donna 14 stères de bois.

La dépense totale fut de fr. 112,60, comprenant :

Main-d'œuvre de préparation à la hache, 99 h. à 1 fr. . .	99,00
id. pour percer les trous et les charger, 4 h. à 1 fr.	4,00
3 livres de dynamite n° 1, à fr. 2,50.	7,50
17 capsules à 5 centimes.	0,85
25 pieds de mèches à 5 centimes	1,25
Total fr. . .	112,60

L'arrachage au coin et à la hache aurait exigé 142 heures de travail à 1 fr., soit 142 francs. D'où une économie de fr. 29,40.

(*b*) *En Autriche* (1). — 1° A Hohmanns Klippen, on procéda à l'arrachage de 368 souches, dont 221 de vieux chênes et les autres de hêtres. On fit usage de 28 kil. de dynamite, et la dépense fut de 934 francs :

Main-d'œuvre, à raison de fr. 1,95 par mètre cube de bois, pour 413 mètres cubes	fr.	806,30
$28^k,120$ de dynamite, à 4 fr.	—	112,50
425 capsules à 2 centimes	—	8,50
Mèches	—	6,75
Total.	fr.	934,05

(1) D'après un rapport de M. Trautzl.

ce qui donne un prix de revient de fr. 2,25 par mètre cube de bois.

2° A Spielberg, l'arrachage de 183 souches dont 34 de vieux chênes, 2 de hêtres rouges, et 147 de hêtres blancs, produisit 279 mètres cubes de bois revenant à fr. 2,23 le mètre, et comprenant :

Main-d'œuvre. . . .	1,95
Matériel.	0,28
Total fr. .	2,23

3° A Kahlemberg, 690 souches dont 310 de vieux chênes, 61 de hêtres rouges, et 319 de hêtres blancs produisirent 1213 mètres cubes de bois, à fr. 2,17 l'un :

Main-d'œuvre . .	1,95
Matériel	0,22
Total fr. .	2,17

4° L'arrachage à la dynamite, dans une autre circonstance, de 9 souches, mesurant 0m,60 à 1m,00 de diamètre, donna 6 mètres cubes en 10 h. ½ de travail, avec une dépense de fr. 7,50.

L'arrachage de 9 souches identiques, à la hache et au coin, dura 20 heures et la dépense fut de fr. 7,80. D'où une économie de temps de 50 %, par l'emploi de la dynamite.

Dans une autre expérience comparative, l'arrachage, composé de deux séries de 16 souches, mesurant 0m,70 à 1m,20, a donné comme résultats :

Au coin et à la hache, 141 heures de travail à fr. 0,40 ; soit une dépense de fr. 56,40.

A la dynamite, avec des trous de mine de 0,25 à 0m,40, 59 heures de travail, 1k,500 d'explosif, 16 capsules et 6m,50 de mèches ; soit en totalité fr. 29,15. C'est-à-dire que l'on a réalisé une économie de 50 % dans la dépense, et de 58 % dans la durée du travail.

Les résultats de nombreuses expériences permettent de formuler cette règle générale : l'arrachage d'une centaine de souches de 0m,50 à 1m,00 de diamètre, exige un travail de 20 heures, et la consommation de 5 à 10 kil. d'explosifs, une centaine de cartouches et 100 mètres environ de mèches.

S'il s'agit de souches placées au fond de l'eau, on renferme la charge dans une boîte de fer-blanc, et celle-ci est attachée sur une baguette que l'on applique contre la souche (fig. 158). Le plus simple, dans ce cas, est d'employer une dynamite imperméable à l'eau, que l'on place au point voulu, sans qu'il soit besoin de la tenir au sec.

La fig. 159 indique la méthode à suivre dans le cas d'une longue

Fig. 158 Fig. 159

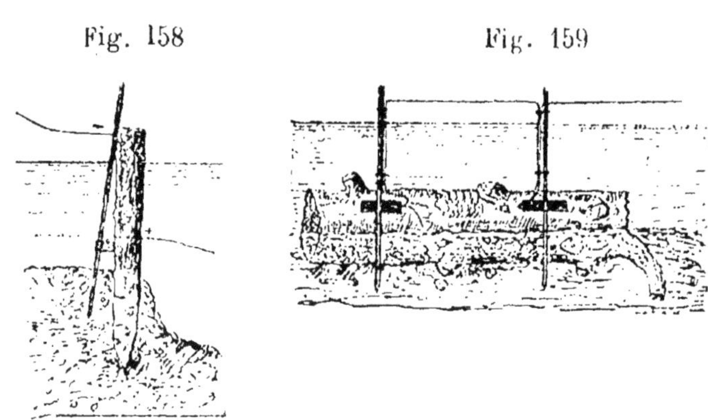

souche. Supposons, par exemple, une pièce de bois de 7m,20 de longueur, 1m,50 de diamètre, envasée sous 2 mètres d'eau. On dispose sur les côtés deux charges de 5 kil. chacune de dynamite, en les soutenant au moyen de tiges en bois, et on fait le sautage par l'électricité.

§ V. — Procédés de culture à l'aide de la dynamite.

Le docteur William Hamm, du département de l'Agriculture en Autriche, parlant des heureux résultats, au point de vue agricole, que donne le défrichement par la dynamite, s'exprime ainsi :

« Il n'y a pas à douter que l'emploi des explosifs pour l'arrachage « des souches présente une grande valeur économique, car le sol se « trouve, par cela même, parfaitement préparé pour la culture.

« Mais son plus grand résultat est le coup mortel que l'explosion « porte aux insectes nuisibles ; en faisant sauter les souches et leurs « racines, on détruit ces fourmillères dont les habitants sèment la « dévastation de tous côtés. Il n'est pas un forestier qui n'ignore les

« ravages causés par la fourmi, et qui n'apprécie clairement l'avan-
« tage des explosifs. »

Le Dr Hamm a été le premier à appeler l'attention du public sur l'application des explosifs à l'agriculture ; c'est par leur emploi qu'on peut remuer les couches profondes du sol qui possèdent encore des sels solubles nécessaires aux plantes, et que les instruments agricoles ne peuvent atteindre. Les meilleures charrues, en effet, n'approfondissent pas au-delà de 0m,60 à 0m,75, tandis que certaines de nos plantes les plus importantes envoient des racines jusqu'à 1m,80 et même 3m,00 de profondeur. Si donc on peut arriver, par des moyens simples, à pulvériser le sol sur toute cette hauteur, de telle sorte que l'air, l'humidité et les racines puissent y pénétrer facilement, il est certain que l'on créera des conditions très-favorables à un plus rapide développement de la végétation.

Le Dr Hamm fit l'expérience d'un labour à la dynamite dans un vignoble. Des rangées de six trous chacune furent percées avec une tarière ; les trous, de deux mètres de profondeur, étaient placés à 2m,70 de distance et chargés avec une demi-livre de dynamite.

Toutes les mines furent tirées simultanément par l'électricité. Le résultat fut excellent. La terre fut complètement remuée et des fissures furent ouvertes dans toutes les directions ; après l'explosion on pouvait facilement, en n'importe quelle place, faire pénétrer un bâton dans le sol jusqu'à 1m,20 de profondeur.

D'autres expériences ont montré que les trous de mine pouvaient être espacés du double de leur profondeur et que la dynamite no 3 est suffisante.

Des essais analogues ont été faits en France pour le défoncement des terres à l'aide de la dynamite. On employait une forte barre en acier munie d'un tourne-à-gauche à sa partie supérieure (fig. 160). On manœuvre l'outil en le frappant avec une masse, et tournant en même temps, au fur et à mesure qu'il pénètre dans le sol. Chaque trou était foré à 0m,80 ou 0m,90, et chargé avec 150 gr. de dynamite no 3.

Après l'explosion, la surface défoncée était de 3 à 4 mètres carrés.

Ce procédé est assez économique, car deux ouvriers peuvent forer et charger 15 et même 17 trous de mine à l'heure.

Le sol est ainsi parfaitement ameubli et avec une dépense relativement minime. Il y a lieu d'espérer que, dans bien des circonstances, l'emploi de la dynamite arrivera à se substituer avantageusement aux instruments de labour dont l'effet est trop souvent insuffisant.

Fig. 160.

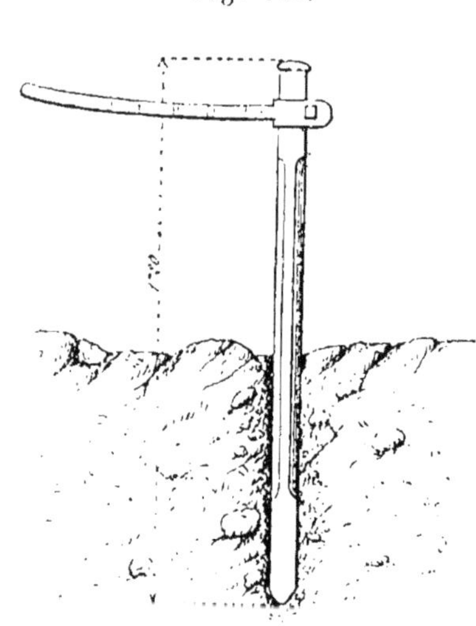

Si on fait sauter une cartouche de dynamite au fond d'un trou de mine, dans la terre non argileuse, on désagrège le sol en formant une cuvette dont le diamètre et la profondeur varient suivant la nature géologique du terrain. Dans les sols formés de granites plus ou moins décomposés, on obtient quelquefois des résultats très-satisfaisants, de même dans les micaschistes, les tufs calcaires, etc.

C'est ainsi que, dans les propriétés de M. Talabot, aux environs de Limoges, dans le jardin de l'école normale de Limoges, puis à Haouli (Algérie), M. Brunet [1] a obtenu des résultats très-avantageux.

Dans les landes où l'*alios* (grès formé par l'agglomération du sable), existe sur une très-grande étendue, on a pu le défoncer et produire des puits absorbants, donnant ainsi l'écoulement aux eaux superficielles qui empêchaient la végétation. Dans les terrains à pente rapide, si on effectue une série de cuvettes suivant des lignes à peu près horizontales, on forme des retenues d'eau qui arrêtent l'entraînement des terres supérieures et constituent des réservoirs pour les eaux pluviales. A Tarragone, en Espagne, on a pu préparer ainsi des cuvettes de retenue d'eau, entre les pieds de vigne, sans que l'explosion de la dynamite ait compromis leur végétation.

(1) Société de l'Industrie minérale. Comptes rendus mensuels. Novembre 1881. Communication de M. Brunet.

§ VI. — Rupture d'un trépan à 550 mètres de profondeur.

M. Brunet a eu, le premier, l'idée d'employer la dynamite au dégagement des trous de sondage obstrués par un trépan brisé.

A Witterthiem, près de Marquise, dans le Pas-de-Calais, un trépan était resté engagé dans un trou de sonde. Le sondage allait être abandonné lorsque M. Brunet offrit de le dégager en le brisant en plusieurs fragments. L'opération présentait des difficultés spéciales à cause de la grande profondeur ; il s'agissait, en effet, de descendre la charge et l'appliquer sur un des points faibles de l'appareil. Un premier coup de dynamite brisa le trépan en deux points A et A' (fig. 161), et un second coup détermina la rupture en C. Les fragments purent ensuite être retirés et le sondage fut continué.

Fig. 161

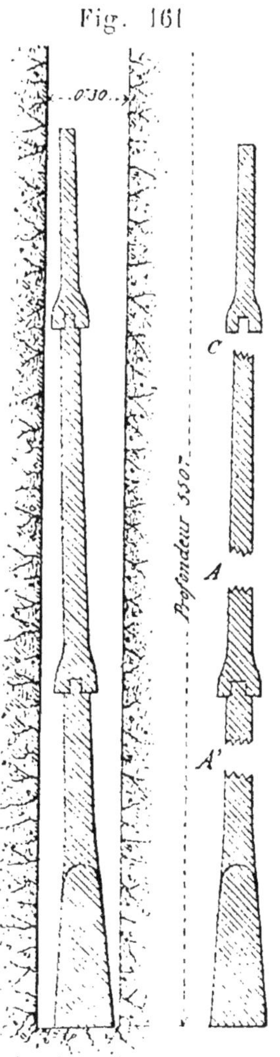

Deux autres opérations analogues ont été également exécutées par M. Brunet, avec un succès complet ; l'une au sondage de Réty, près Hardinghen, l'autre près de Narbonne.

§ VII. — Effets de la dynamite dans les puits à pétrole.

Parmi les effets que produit la dynamite, il y en a peu d'aussi curieux et d'aussi inattendus que celui qui a été observé dans les puits à pétrole.

C'est une habitude très-courante, en Pensylvanie, de faire détoner des charges de nitroglycérine au fond d'un puits à pétrole, quand il commence à s'épuiser; on obtient très-souvent les résultats les plus surprenants par ce procédé. En effet l'explosion, produite par la nitroglycérine, fissure la roche et augmente le suintement du pétrole ; on arrive ainsi à faire jaillir de nouvelles sources.

Ce curieux procédé est de plus en plus entré dans la pratique ; et même, lorsqu'un puits est complètement épuisé, après des drainages pratiqués dans le fond, on fore quelques trous de mine à la base ; on les charge de dynamite et l'explosion provoque souvent un nouveau jaillissement du pétrole.

§ VIII. — Emploi des explosifs dans les fondations tubulaires.

Quand on creuse les fondations d'une pile de pont par l'air comprimé, on surcharge les colonnes d'évacuation au moyen d'un poids quelconque qui leur permet de pénétrer peu à peu jusqu'au terrain solide. Mais les coincements, qui se produisent inévitablement dans certaines espèces de sols, rendent la descente extrêmement difficile ; d'autre part, il y a danger de rupture pour les colonnes si l'on augmente trop la surcharge.

C'est pour remédier à ces inconvénients que M. Jandin, ingénieur français, chargé de la direction des travaux du pont de Palma del Rio, sur le Guadalquivir, a eu l'heureuse idée de recourir à la dynamite. En faisant détoner des cartouches au-dessous du tranchant des colonnes, le sol se désagrège et la pénétration s'opère sans difficultés.

Ce procédé donne de bons résultats ; toutefois, il faut avoir soin de placer les cartouches assez loin du tubage pour éviter que celui-ci ne soit endommagé par l'effet de l'explosion.

CINQUIÈME PARTIE

Législation des explosifs

LÉGISLATION DES EXPLOSIFS

Autriche — Angleterre — France — Etats-Unis.

AUTRICHE

Les prescriptions relatives à la fabrication et à l'emploi des matières explosives sont déterminées par l'ordonnance du 2 Juillet 1877; et l'étude des diverses questions qui s'y rattachent est confiée à une commission spéciale dite : Bureau technique des explosifs.

Nous reproduisons les principales dispositions du règlement autrichien dont les détails sur la fabrication, l'emballage, l'emmagasinage, le transport, le débit et l'emploi des matières explosives constituent une source de renseignements précieux. Ces prescriptions s'appliquent aux matières qui ne sont pas soumises au monopole de l'Etat : celui-ci se réservant la fabrication et le débit des poudres propres au tir de toutes les armes à feu.

Ordonnance des Ministères de l'Intérieur du Commerce, de l'Agriculture, des Finances et de la Défense Nationale, redigée, le 2 Juillet 1877, de concert avec le Ministère de la Guerre de l'Empire, contenant les prescriptions industrielles et de police prises pour la fabrication et la vente des matières explosives.

1° Prescriptions générales

§ 5. — Toute personne désirant obtenir l'autorisation pour une matière explosive doit adresser une demande, accompagnée d'une description exacte du produit et de son mode de préparation, au Ministère de l'Intérieur, lequel communique cette requête au Ministère de la Guerre de l'Empire, pour qu'il soit procédé à l'épreuve.

§ 6. — A cet effet, le pétitionnaire est tenu de fournir un échantillon authentique de son produit, conformément aux indications données par le Comité militaire relativement à la quantité et au lieu de livraison ; il doit fournir également à ce Comité tous les documents dont on peut avoir besoin sur ce produit, ainsi que la taxe de 500 florins(1), destinée à couvrir les frais d'enquête.

§ 7. — Dans le cas où la licence est accordée, le pétitionnaire reçoit une autorisation pour la fabrication, le débit et le transport, y compris ou non le transport par chemin de fer.

§ 8. — La fabrication et le débit industriels des matières explosives sont, au terme du § 30 de l'Ordonnance sur l'Industrie, considérés comme une industrie concessionnée. La concession ne peut être accordée que selon les conditions stipulées dans l'autorisation.

§ 9. — Les produits explosifs qui sont introduits dans les territoires représentés au Reichsrath sont soumis aux prescriptions de la présente ordonnance, sauf en ce qui concerne les règles relatives à la fabrication.

2° Prescriptions particulières

1. Fabrication des matières explosives.

§ 12. — La requête pour l'établissement d'une fabrique de matières explosives, doit indiquer la quantite maxima des produits fabriqués

(1) Environ 1075 francs.

par année, et donner tous les détails et dessins relatifs à la situation, la disposition, l'organisation et l'exploitation de la fabrique.

§ 13. — Les bâtiments d'une fabrique de matières explosives doivent être constitués en plusieurs groupes

Les emplacements destinés à la confection des préparations explosives forment le premier groupe ; les emplacements pour la confection des matières explosives formées de ces préparations forment le second ; les bâtiments pour la confection des cartouches et pour leur emballage forment, s'il y a lieu, le troisième groupe.

Les bâtiments de chacun de ces trois groupes doivent être éloignés de ceux des autres groupes d'au moins 50 mètres.

Les magasins destinés aux matières explosives terminées forment le quatrième groupe, et enfin les bâtiments d'habitation forment le cinquième.

Ces deux derniers groupes doivent être éloignés l'un de l'autre, ainsi que des bâtiments des autres groupes, d'au moins 200 mètres.

Les bâtiments du quatrième groupe (magasins) doivent, pour une contenance de 2.000 kilogrammes, être éloignés les uns des autres d'au moins 100 mètres, et, au-dessus de 2.000 kilogrammes jusqu'à 10.000 kilogrammes, contenance qui ne doit pas d'ailleurs être dépassée, d'au moins 200 mètres.

Les bâtiments des quatre premiers groupes doivent être séparés les uns des autres, et entourés de merlons en terre, selon les prescriptions du § 16.

§ 14. — Pour la situation d'une fabrique de matières explosives, on se règle sur la distance de l'emplacement à adopter par rapport aux objets du voisinage qui peuvent avoir à souffrir des dangers d'une explosion.

Les objets du voisinage pouvant être exposés au danger d'une explosion sont divisés en deux classes, suivant l'importance du danger :

A la première classe se rapportent les bâtiments de l'entrepreneur qui n'appartiennent pas à la fabrique, puis les bâtiments dont les propriétaires ont donné leur consentement par écrit, et enfin les chemins et routes peu fréquentés.

A la seconde classe se rapportent toutes les autres maisons habitées, les édifices, les constructions et établissements, les chemins de fer, les canaux, les routes impériales, provinciales et de district, les chemins fréquentés, et, en général, tous les objets pour lesquels un accident pourrait avoir de graves conséquences.

L'emplacement de toute fabrique qui contient des matières explosives doit être éloigné des objets de la première classe d'au moins 500 mètres, et des objets de la seconde classe d'au moins 1.000 mètres.

§ 15. — Tous les bâtiments dans lesquels des matières explosives sont renfermées doivent être construits en bois léger et recouverts de papier goudronné ou de matières légères analogues.

Les pierres ne peuvent être employées que pour les fondations, les pièces métalliques pour la fermeture des portes et des fenêtres, et éventuellement pour les paratonnerres.

Si l'installation des locaux comporte l'établissement de paratonnerres, il y a lieu de se conformer aux prescriptions qui régissent l'établissement des paratonnerres dans les poudrières et les magasins de munitions.

La toiture ainsi que les murs des bâtiments dans le cas où ils doivent être badigeonnés, ne peuvent être revêtus que d'une couleur claire.

Les locaux destinés à la confection des cartouches doivent être construits de manière à ne contenir que deux ou trois ouvriers.

§ 16. — Les bâtiments dans lesquels les matières explosives sont préparées doivent être entourés d'un fort merlon en terre atteignant en hauteur le sommet de la toiture, ou se trouver dans un enfoncement de terrain de profondeur équivalente.

Le couronnement du merlon doit avoir au moins 1 mètre de largeur ; les talus doivent être gazonnés, et leur pied doit être placé à 1 mètre au moins du mur extérieur du bâtiment.

Les bâtiments destinés aux manipulations préparatoires doivent être isolés les uns des autres par des merlons semblables.

§ 17. — Dans les bâtiments où des matières explosives sont préparées, le plancher doit être sans interstices, et la pierre ou le métal ne doivent pas entrer dans sa composition. Lorsque le produit explosif est liquide, le plancher doit être saupoudré de Kieselguhr, ou recouvert de tapis en caoutchouc ou en gutta-percha ; ces tapis doivent être nettoyés de temps en temps, ou renouvelés immédiatement s'il s'est produit un épanchement de liquide explosif.

§ 18. — Dans tous les bâtiments où des matières explosives sont confectionnées ou manipulées, la chaleur doit être produite exclusivement au moyen de l'eau chaude, et les foyers doivent être placés en dehors du merlon.

Des précautions analogues pour la production de la chaleur doivent être prises dans tous les endroits où la nitroglycérine est fabriquée ou manipulée et ces précautions doivent être observées avec soin.

§ 19. — L'éclairage des ateliers qui contiennent des matières explosives ne doit être assuré qu'au moyen de lanternes que l'on suspend à l'extérieur des fenêtres, lesquelles doivent être munies de bonnes vitres.

Pendant la nuit, le chimiste seul, et seulement en cas de nécessité, peut entrer dans ces ateliers, muni d'une lanterne de sûreté.

§ 20. — Toutes les conduites d'une fabrique de matières explosives doivent être protégées contre les détériorations, et leur inspection doit pouvoir s'effectuer facilement.

§ 21. — Dans les bâtiments où l'on fabrique des matières explosives, tous les ustensiles en verre, en pierre, en poterie ou en métal (le plomb excepté) doivent être évités autant que possible. Ces ustensiles doivent être plutôt en bois, en caoutchouc, etc.

L'introduction d'objets n'ayant pas de rapport immédiat avec la fabrication, et principalement de ceux qui contiennent des parties en métal, est interdite.

§ 22. — Il est formellement interdit de fumer ou de se livrer à toute action pouvant produire du feu dans les ateliers destinés à la fabrication des matières explosives. Dans tous les ateliers, il ne peut être fait usage que de chaussures sans pointes de fer.

§ 23. — Les matières telles que le charbon de bois, l'étoupe grasse, le coton gras, etc., qui, dans certaines circonstances, peuvent s'enflammer spontanément, doivent être écartées des ateliers et des magasins.

Si l'emploi de ces matières est nécessaire pour certaines parties des machines, pour les mécanismes, etc., il y a lieu d'employer toutes les précautions propres à prévenir une combustion spontanée.

§ 24. — Lorsqu'il y a lieu de procéder à des travaux d'installation ou de réparation dans le voisinage ou à l'intérieur des bâtiments qui contiennent des matières explosives, celles-ci sont, au préalable, éloignées avec précaution de ces bâtiments.

§ 25. — Les appareils nécessaires à la fabrication des matières explosives par voie de nitrification doivent offrir la possibilité de refroidir énergiquement les matières qui se combinent à l'intérieur de ces appareils, et l'on doit toujours, à cet effet, avoir en réserve des quantités suffisantes d'eau fraîche.

§ 26. — Le développement de la chaleur pendant la nitrification doit pouvoir être exactement contrôlé, et, à cet effet, un thermomètre au moins doit constamment être plongé dans le récipient, de telle façon que la température intérieure puisse être lue immédiatement.

Les appareils, dans lesquels une quantité supérieure à 5 kilogrammes de produits nitrifiés peut être réalisée à la fois, doivent être munis d'un agitateur puissant, afin de répandre dans toute la masse, aussi rapidement que possible, la chaleur dégagée par la réaction chimique.

Des précautions analogues doivent être prises partout où, dans le courant de la fabrication, un développement notable de chaleur peut se produire, et particulièrement au moment de la séparation et du premier lavage des produits nitrifiés.

§ 27. — L'opération de la nitrification doit être dirigée par le chimiste seul, qui est responsable de la conduite technique du travail et principalement du refroidissement et de l'agitation du liquide.

En réglant convenablement les quantités de matières premières à introduire dans l'acide nitrique, ainsi que l'agitation et le refroidissement du liquide, le chimiste doit constamment rendre l'opération aussi peu dangereuse que possible ; mais si, par suite d'une élévation de température imprévue, il se produit un danger d'explosion, il doit noyer rapidement tout l'appareil dans de grandes masses d'eau, et, à cet effet, une provision d'eau considérable doit être tenue disponible d'une manière permanente dans des réservoirs appropriés à cet usage.

§ 28. — Tout produit nitrifié doit, avant d'être employé, être soigneusement lavé et débarrassé de toute trace d'acide non converti.

Les produits nitrifiés imparfaitement désacidifiés ne doivent être déposés ou manipulés ni dans les appareils, ni dans un récipient quelconque.

Chaque fois qu'un appareil est vidé, il doit être soigneusement lavé avec de l'eau.

Le transport des eaux acides de lavage et de rinçage doit être opéré de telle sorte qu'aucun dommage n'en résulte pour les hommes, les animaux et les cultures.

§ 29. — Dans un appareil de nitrification, il ne peut être produit, par opération, plus de 500 kilogrammes de produits nitrifiés.

§ 30. — La température maxima qui peut être atteinte dans l'opération de la nitrification dépend de la nature du produit à obtenir et de la méthode employée pour sa préparation.

En particulier, pour la nitrification de la glycérine et pour les manipulations ultérieures de la nitroglycérine, la température de la matière ne doit jamais s'élever à plus de 30° C. ; pendant les manipulations, elle ne doit jamais descendre au-dessous de + 12° C.

§ 31. — La nitroglycérine pure ou en dissolution ne doit pas, en raison des dangers qu'elle présente, être mise dans le commerce ; elle doit plutôt être employée à l'état de mélange avec d'autres matières convenablement choisies, de manière à être transformée en un produit moins dangereux.

§ 32. — Les matières absorbantes nécessaires à la fabrication des explosifs à base de nitroglycérine ne sont pas soumises à des prescriptions particulières, lorsqu'elles ne sont ni explosives ni inflammables par elles-mêmes.

Si, au contraire, ces matières absorbantes sont explosives, elles reçoivent alors application, selon leurs propriétés, soit des mesures de précaution relatives à la poudre à canon, soit des prescriptions de la présente Ordonnance.

§ 33. — Les matières absorbantes qui, comme le charbon de bois, le bois sec, etc., sont susceptibles de s'enflammer spontanément, doivent, lorsqu'elles sont amassées en quantité supérieure à 500 kilogrammes être remisées à une distance d'au moins 200 mètres des ateliers et magasins. Les quantités inférieures à 500 kilogrammes peuvent être emmagasinées dans des locaux parfaitement à l'abri du feu, situés à une distance moindre.

Il importe que ces matières, lorsqu'elles sont retirées des étuves où des appareils de carbonisation, soient immédiatement placées dans des étouffoirs en fer, hermétiquement fermés, et qu'elles y demeurent au moins trois jours avant d'être employées.

§ 34. — Les corps absorbants de la nitroglycérine doivent être tels, qu'ils soient exempts de tous les corps étrangers qui, par des actions mécaniques ou chimiques, pourraient produire une explosion.

On ne doit jamais faire absorber à ces corps une quantité de nitroglycérine supérieure à celle qui peut sûrement leur rester incorporée, à différentes températures et à divers états de l'humidité de l'air, même sous une pression mécanique de quelque force.

§ 35. — Le mélange de la nitroglycérine avec les substances absorbantes doit être opéré dans des vases de plomb, de bois, de caoutchouc ou de gutta-percha, soit à la main, soit au moyen d'appareils qui doivent être revêtus d'une enveloppe molle (élastique). Pour satisfaire à la condition indiquée plus haut, on repasse le mélange dans un tamis en fils de laiton sous une légère pression.

§ 36. — Les produits à base de nitroglycérine doivent, pour être mis dans le commerce, être présentés sous la forme et dans les enveloppes spécifiées par la déclaration de licence.

Chaque enveloppe doit porter, à l'extérieur, la marque de fabrique et la désignation de l'espèce du produit.

Ces matières ne peuvent en général, être fabriquées qu'à l'aide d'opérations manuelles ; le Ministère de l'Intérieur se réserve d'autoriser l'emploi des machines.

§ 37. — L'opération qui consiste à donner aux matières explosives les formes mentionnées plus haut et à les placer dans des enveloppes, qui sont ordinairement des cartouches, doit s'effectuer dans des ateliers parfaitement isolés (§ 16), et en présence de deux ouvriers au moins et de trois au plus. Elle doit être surveillée par un ou plusieurs maîtres-artificiers.

Dans un atelier d'encartouchage, il ne doit pas être réuni à la fois plus de 60 kilogrammes de matières explosives.

§ 38. — Les matières explosives doivent être portées dans les ateliers d'encartouchage par des ouvriers spéciaux, à l'aide de solides récipients en bois pouvant contenir environ 15 kilogrammes, et ne jamais y être roulées. Le maître artificier est tenu d'examiner chaque fois la matière qui lui est apportée, et de s'assurer que le mélange est homogène et, notamment, que la combinaison n'est ni huileuse ni congelée.

§ 39. — L'ordre et la propreté doivent toujours régner dans chaque atelier d'encartouchage. Le maître-artificier doit chaque matin ouvrir lui-même les ateliers, s'assurer que toutes les prescriptions relatives au bon ordre sont observées, et faire disparaître immédiatement les imperfections qui pourraient s'être produites.

Il ne doit se trouver dans les ateliers d'encartouchage que les instruments et outils nécessaires à la fabrication des cartouches.

Aucun objet en métal ne peut être apporté dans un atelier d'encartouchage, tant qu'il se trouve encore des matières explosives ou des instruments non nettoyés.

Les ouvriers chargés de la fabrication des cartouches ne doivent interrompre leur travail dans aucun cas, soit pour aller chercher des matières, soit pour livrer des cartouches confectionnées.

Des ouvriers spéciaux sont également chargés de porter les cartouches confectionnées, au moyen de corbeilles, soit au magasin, soit à l'atelier d'emballage.

§ 40. — Chaque soir, tous les déchets doivent être enlevés de la table ou du plancher, et, quand ils sont souillés de poussières, etc., on les remet, dans une petite caisse ou dans du papier, au maître-artificier, qui a la charge de les détruire (§ 61).

§ 41. — A la fin de chaque semaine, il doit être procédé au nettoyage minutieux de tous les ateliers.

Les tables et tous les instruments et outils souillés de nitroglycérine doivent être lessivés soigneusement avec une solution chaude de soude caustique, et visités par le maître-artificier.

Au moins une fois par mois, les planchers doivent être bien nettoyés, et toute tache de nitroglycérine doit être enlevée par un lavage avec une solution chaude de soude caustique.

Si un appareil ou un objet quelconque des ateliers de manipulation doit être séparé ou travaillé à l'aide d'outils en métal, cet appareil ou cet objet doit être également nettoyé au préalable avec une solution chaude de soude caustique.

§ 42. — L'accès de l'emplacement d'une fabrique de matières explosives et des bâtiments qui lui sont spécialement affectés n'est permis, en général, qu'aux employés de la fabrique et aux surveillants.

Les autres personnes n'ont accès direct que dans les bâtiments d'Administration, et, pour chaque visite, doivent se munir de l'autorisation du Directeur de la fabrique.

Ces visiteurs doivent, pendant leur visite dans l'établissement, être accompagnés d'un homme de confiance.

Les abords des bâtiments dans lesquels les matières explosives sont préparées ou conservées doivent être entourés d'une clôture apparente, et, dans tous les chemins qui y aboutissent, ainsi qu'à divers endroits convenablement choisis, des plaques indicatrices doivent être apposées, sur lesquelles la désignation de l'établissement comme fabrique de matières explosives, l'interdiction d'entrer et de porter des matières inflammables, doivent être clairement indiquées.

II. Emmagasinage.

Les paragraphes 44 à 50 sont relatifs aux distances que doivent garder les dépôts de débit et de consommation, soit entre eux, soit par rapport aux habitations voisines.

§ 50. — Le sol des magasins doit consister en une couche de terre glaise et être toujours recouvert de toiles d'emballage qui, en cas de besoin, doivent être époussetées en dehors du magasin et être lessivées à la soude caustique.

§ 51. — Tous les magasins de matières explosives doivent être bien ventilés ; la température qui y règne ne doit pas dépasser 35° C., et les approvisionnements ne doivent jamais être exposés directement aux rayons du soleil.

Dans l'intérieur de chaque magasin, un thermomètre doit être placé du côté où vient frapper la lumière du soleil ; chaque fois que l'on entre dans le magasin, on doit le consulter et noter la température.

Les soupiraux du magasin, qui doivent être munis de treillages épais, doivent aussi demeurer toujours ouverts, et les fenêtres ne peuvent être ouvertes que lors des visites des magasins, de la sortie des marchandises, et seulement lorsqu'il fait beau et que l'air est sec. Des mesures de précaution convenables doivent être prises contre les rats et les souris.

§ 52. — L'ordre et la propreté doivent régner, de la manière la plus rigoureuse, à l'intérieur et l'extérieur des magasins de matières explosives.

§ 53. — Dans les magasins de matières explosives, il est interdit de conserver des amorces, des capsules explosives, des compositions fulminantes et autres objets inflammables ou explosibles.

Par exception, et avec le consentement de l'autorité politique du district, il peut être conservé dans les magasins d'exploitation, jusqu'à concurrence de 500 kil., de la poudre noire en même temps que d'autres matières explosives, mais à condition qu'elle soit séparée de ces dernières par une cloison en bois.

§ 56. — Dans les magasins, des rebords en bois doivent être ménagés, sur lesquels les caisses sont posées isolément, de telle sorte qu'elles ne puissent tomber et que l'air puisse circuler dans toutes les directions.

§ 57. — Si la sciure a été employée pour l'emballage des matières, on doit la retirer des caisses lorsqu'on les met en dépôt.

Si l'on s'est servi de Kieselguhr pour combler les vides dans les caisses, on peut l'y laisser.

§ 58. — Les récipients contenant des matières explosives ne doivent jamais être jetés par terre, roulés ou poussés, ni retournés sur le sol pris comme point d'appui ; il faut toujours les porter avec les plus grandes précautions, et surtout les préserver de tout choc.

§ 59. — L'ouverture et la fermeture des caisses d'emballage, ainsi que toute manipulation des produits explosifs, sont formellement interdites dans les magasins. Les pièces de fer ne doivent pas être tolérées dans les magasins.

§ 60. — Lorsque les récipients qui ont servi à la conservation des matières explosives se trouvent hors d'usage, ils doivent, s'il sont souillés de matières explosives, être brûlés dans un endroit sûr et écarté.

§ 61. — Les matières explosives répandues par terre doivent être recueillies avec précaution, disposées en forme de cordeau de l'épaisseur du doigt, dans un endroit écarté et à l'abri du vent, et allumées à l'une des extrémités du cordeau.

Les matières explosives qui ne peuvent être brûlées par une simple inflammation doivent être détruites, à l'aide de capsules explosives, dans un endroit écarté, par portions de 100 gr. au plus.

§ 62. — Les magasins de matières explosives doivent, sauf pendant les temps froids (température au-dessous de 5° C.), être visités une fois par mois, et tous les quinze jours en été ou lorsque la température est très-chaude (au-dessus de 30° C.), afin de noter les indications des thermomètres et de constater l'état général des magasins et des approvisionnements.

§ 63. — Pour vérifier la qualité du produit, il faut prélever, sur les matières explosives emmagasinées depuis six mois, de petits échantillons qu'on lave avec de l'eau distillée tiède où, à défaut, avec de l'eau pure de source. La liqueur est ensuite essayée avec du papier amidonné à l'iodure de potassium, que l'on trouve chez tous les pharmaciens.

Il faut prendre aussi chez eux deux bandes de papier blanc à réactif, conservé dans un flacon hermétiquement fermé.

L'une est plongée dans la liqueur, l'autre dans l'eau, puis elles sont placées l'une et l'autre sur un support de verre parfaitement purifié.

Si la bande de papier plongée dans la liqueur prend une teinte bleu violet, d'un ton plus intense que celui de l'autre bande, c'est qu'il y a un commencement de décomposition dans l'échantillon éprouvé.

Si l'expérience démontre que la matière est entrée en décomposition, il y a lieu de la détruire.

La même expérience doit être répétée de mois en mois sur les matières les plus anciennes.

§ 64. — Lorsqu'en entrant dans un magasin on reconnaît une odeur qui incommode les organes respiratoires (laquelle provient de produits nitreux volatilisés), il faut chercher les caisses d'où cette odeur s'échappe, les éloigner immédiatement du magasin, et les détruire.

§ 65. — Il n'est permis de pénétrer dans les magasins avec de la lumière qu'en cas de nécessité et seulement avec des lampes de sûreté.

III. Emballage.

§ 66. — Les matières explosives doivent, pour l'envoi en grandes quantités, être emballées dans des caisses ou de petits barils en bois. Ces enveloppes ne doivent pas contenir plus de 25 kil. de matières explosives.

Les caisses ou barils ne doivent pas avoir de parties en métal, et sont fermés au moyen de couvercles de bois qui ne doivent être assujettis qu'à l'aide de chevilles de bois.

Les outils employés pour l'ouverture et la fermeture des caisses d'emballage doivent être exclusivement en bois ou en cuivre. Il ne sera jamais employé d'outils en fer.

§ 67. — L'emballage effectué dans l'établissement doit toujours avoir lieu dans un local éloigné des autres ateliers, ainsi que des magasins de la fabrique, et isolé à l'aide d'un merlon en terre.

Le travail de l'enfonçage (clouage et plombage) doit aussi se faire dans un endroit spécial, également bien protégé, et l'on doit avoir soin, dans le choix de ce local, de prévoir le cas d'un accident possible à localiser.

Dans aucun de ces deux endroits, il ne doit être réuni plus de 500 kil. de matières explosives.

§ 68. — Pour les magasins de débit et de consommation, l'empaquetage des matières explosives doit toujours s'effectuer hors du magasin et, pour les magasins d'une contenance de plus de 100 kil. dans un endroit séparé du magasin, mais situé à l'intérieur de l'enceinte et isolé, du côté du magasin, au moyen d'un merlon en terre de 2 mètres de hauteur, $0^{m},30$ de largeur en couronne, et d'un talus naturel.

§ 69. — Les produits dérivés de la nitroglycérine et les autres matières explosives analogues doivent, à moins de prescriptions spéciales, être emballés seulement sous forme de cartouches avec enveloppes de papier parchemin, conformément aux dispositions du § 36.

Ces cartouches doivent être hermétiquement fermées, point graisseuses au toucher, et ne porter aucune trace de matière explosive sur leur surface extérieure.

§ 70. — Dans les caisses ou barils, les cartouches doivent être posées sur une couche de kieselguhr ou de sciure de bois, et isolées par le même moyen des parois et du couvercle.

Elles peuvent encore être emballées par portions dans du papier fort, qui empêche le ballottement des cartouches dans l'enveloppe et prévient toute fuite de nitroglycérine.

Le chargement doit être serré, effectué avec soin et sans aucun vide, afin que, pendant le transport, la matière explosive ne soit pas exposée à de trop fortes secousses et ne puisse ballotter.

§ 71. — Les enveloppes dans lesquelles sont emballées des matières explosives doivent porter, sur l'un des côtés extérieurs, la désignation claire et exacte du produit et de l'espèce de ce produit, ainsi que le nom du fabricant ou la marque de fabrique et la date de la fabrication.

En outre, toute enveloppe destinée au transport devra porter, sur l'un des côtés extérieurs, un exemplaire de l'autorisation ministérielle de transport, placé bien en évidence et de telle manière qu'il doive être déchiré lorsqu'on ouvrira l'enveloppe.

Enfin, toute enveloppe sera munie, à la fermeture, d'un plomb nettement marqué.

Le plombage ne doit s'effectuer qu'avec du plomb froid, et tout emploi de matières chauffées est rigoureusement interdit pour la fermeture et la marque desdites enveloppes.

§ 72. — Sur l'un des côtés extérieurs de toute enveloppe et près de la fermeture, on posera, bien en évidence, une courte instruction sur la manière d'ouvrir et de fermer l'enveloppe.

IV. **Transport.**

a. Transport par terre.

§ 77. — Si le transport a lieu par le voiturage ordinaire, il faudra assujettir solidement chaque colis dans la voiture, afin qu'il ne puisse pas se produire de ballottements.

Aucun véhicule ne doit contenir plus de 80 % du poids maximum qu'il peut porter, et surtout le poids brut du chargement d'une voiture ne sera jamais supérieur à 2000 kil.

§ 78. — Les colis doivent être posés sur des paillassons ou des lits de roseaux et bien assujettis au véhicule.

On les lie toujours avec des cordes, jamais avec des chaînes.

Toutes les pièces de fer qui, durant le trajet, pourraient se trouver en contact avec les colis, seront entourées d'étoupes, de paille ou de chiffons.

Les colis devront être protégés contre la pluie au moyen de bâches imperméables.

Chaque véhicule devra, par précaution contre le danger du feu, emporter avec lui un tonneau plein d'au moins un hectolitre d'eau, plus un seau à incendie.

§ 79. — Le chargement, le déchargement et le déballage des colis doivent, autant que possible, se faire de jour ; de nuit, on fera usage de lanternes dont les verres seront garantis des chocs au moyen d'un treillis métallique.

Il est défendu de rouler, pousser, lancer et faire pivoter les colis ; on ne doit les déplacer qu'en les élevant et les portant.

§ 80. — Tout véhicule chargé de matières explosives doit être signalé au moyen d'un drapeau noir.

Le voiturage ne doit s'effectuer qu'au pas, et tout transport de plus de 500 kil. de matières explosives doit, outre le cocher, être accompagné d'un homme habitué au maniement de ces matières.

Cet homme veille, autant qu'il est possible, à faire écarter les feux. Quand ce ne sera pas possible (chemin de fer, fonderies, etc.), le personnel de transport devra prendre toutes les précautions nécessaires pour garantir le chargement de tout danger de feu.

Le personnel, qui ne se composera que de gens de confiance, ne doit pas fumer.

§ 81. — Les voitures chargées de matières explosives doivent, en général, garder vis-à-vis l'une de l'autre une distance de 5 mètres (7 pas) ; cette distance doit être de 20 mètres (27 pas) lorsqu'on traverse les localités. Les voitures ne doivent pas s'arrêter dans des lieux habités, ni faire halte dans les auberges ou maisons d'habitation.

Dans toute halte, si le convoi est de plus de 500 kil. de matières explosives, les voitures doivent se tenir, sous bonne garde, à 500 mètres au moins en dehors de la localité, et, si le convoi est de moins de 500 kil. à 100 mètres au moins.

§ 82. — S'il arrivait un accident de voiture ou que la matière explosive vînt à se répandre, on dételerait immédiatement les chevaux et on les éloignerait, puis on examinerait soigneusement la voiture endommagée, on en enlèverait tout ce qui serait trouvé de matière explosive répandue sur la voiture, ou bien on balayerait et ramasserait ce qui serait tombé sous la voiture.

Ces portions détériorées de matière explosive devront être disséminées dans un champ voisin.

La matière explosive restée dans le récipient endommagé devra être soigneusement emballée dans un récipient de réserve, comme toute voiture doit en avoir.

§ 83. — Les matières explosives ne doivent jamais être transportées dans une même voiture avec des amorces, des matières fulminantes ou tout autre produit inflammable ou explosif, ni avec des pierres ou des objets métalliques.

b. Transport par eau.

§ 84. — En ce qui concerne le transport par eau, on devra observer, en général, pour l'expédition et le chargement, dans les mesures à prendre contre les dangers de choc et de feu, les règles déjà prescrites pour le transport par terre, qui ne se trouvent pas naturellement annulées par la nature même de ce nouveau mode de transport.

§ 85. — Pour le transport des produits explosifs par mer sur des navires nationaux, on n'emploiera que des navires avec pont ayant, sous le pont, un endroit bien à l'abri du feu.

Les matières explosives ne doivent être mises que dans cet endroit. Pour les bateaux à vapeur où existent des locaux spécialement affectés à cet usage (soutes aux poudres), on les met dans ces locaux.

§ 86. — Tout navire chargé de matières explosives doit avoir avec lui une chaloupe au moins et porter un drapeau particulier, qui sera noir pour les navires fluviaux, rouge pour les navires maritimes, et que, dans les temps calmes, on maintiendra déployé par des moyens convenables.

§ 87. — Le chargement et le déchargement des matières explosibles n'auront lieu que dans des endroits désignés à cet effet, par l'autorité du port ou toute autre autorité compétente, et seulement de jour.

§ 88. — Le transport des matières explosives dans les eaux intérieures ne doit jamais s'effectuer sur radeaux, mais seulement sur navires de construction solide, et en observant les règles de la police fluviale.

Sur le navire, les colis ne devront jamais être laissés en plein air, mais placés dans des endroits couverts ou fermés.

§ 89. — Quand un navire est chargé de matières explosives, il n'est permis d'allumer de la lumière et du feu que lorsqu'il possède un endroit placé à l'écart et fermé, et l'on ne doit faire de feu que dans cet endroit.

S'il est fait du feu de cuisine sur le rivage, ce feu ne doit être allumé que sous le vent et à la distance d'au moins 200 mètres du navire de transport.

§ 90. — Les navires chargés de matières explosives doivent passer aussi loin que possible des autres bâtiments qu'ils rencontrent.

Le drapeau signalant le navire chargé de matières explosives commande, d'ailleurs, à ces derniers, la même mesure de précaution.

L'éloignement des feux sur les rivages ou sur les navires de rencontre est provoqué par la vue du drapeau ou, au besoin, par l'envoi d'une chaloupe, et, en pleine mer, par les signaux d'usage.

Les bateaux à vapeur ont, en outre, à régler, dans ce cas, leur registre de fumée en conséquence.

§ 91. — Le transport des matières explosives par bateaux à vapeur est soumis, en général, aux mesures prescrites pour les autres navires dans les articles qui précèdent, ainsi qu'aux règlements d'exploitation spéciaux de l'entreprise.

Les matières explosives, dans les transports sur les eaux intérieures, ne doivent point, en général, être chargées sur des bateaux à vapeur, mais seulement sur des navires remorqueurs et exclusivement dans des endroits clos à fond de cale.

c Transport par chemins de fer.

§ 92. — Au transport par chemin de fer ne sont admises que les matières explosives qui ont été examinées dans leur composition, leurs qualités et leur innocuité au point de vue des transports et de la conservation, par la Commission nommée à cet effet (§ 3), et déclarées admissibles au transport en chemin de fer par l'Administration (§ 7).

Les instructions nécessaires relativement à ces matières explosives sont adressées aux Administrations de chemins de fer par le Ministère du Commerce, auquel doivent être soumis, à cet effet, en nombre voulu, les marques et plombs mentionnés au § 71.

§ 93. — Pour le transport des matières explosives en chemin de fer, les règlements d'exploitation et de sûreté générale, déjà existants ou à intervenir, devront être observés.

VI. Emploi.

§ 105. — Les ouvriers qui ont à manipuler les matières explosives doivent être initiés d'avance à la nature de ces produits par les ingénieurs, contre-maîtres, conducteurs de mines, maîtres mineurs, etc., dont ils relèvent; on doit leur enseigner d'une manière précise toutes les mesures de précaution que l'on peut employer pour éviter des accidents pendant le travail.

§ 106. — On doit faire connaître aux ouvriers que tout emploi de matières explosives, fait par eux arbitrairement ou pour leur plaisir, compromet au plus haut point leur sûreté personnelle ; que, notamment, les dérivés de la nitroglycérine, le coton-poudre comprimé, etc., même quand on en provoque l'explosion à l'air sans bourrage, ont une action foudroyante ; que les amorces explosives, en particulier, servent à provoquer l'action destructive de ces matières, et que, par conséquent, les amorces ne doivent être introduites dans les cartouches qu'en vue de ce résultat et le moins longtemps possible avant le coup.

§ 107. — Il ne doit être déposé, dans le voisinage immédiat de l'endroit où l'on travaille, que la quantité de matière explosive à employer pendant la journée. Elle doit être renfermée dans un local frais, abrité aussi bien des rayons du soleil que de la pluie.

Les amorces et les cartouches ajustées doivent être soigneusement séparées des autres matières explosives et, selon les besoins, sorties seulement un moment avant de procéder au chargement du fourneau.

§ 108. — Les matières explosives contenant de la nitroglycérine ne doivent, en général, être placées dans les trous de mine qu'à l'état mou et non gelé. A l'état de congélation, ces matières ne doivent jamais être frottées ou comprimées contre les corps durs ; les cartouches ne doivent pas être brisées, et les ouvriers doivent être prévenus qu'ils s'exposent, en enfreignant cette défense, au danger d'une explosion. Les matières explosives congelées doivent de préférence être dégelées dans des vases spéciaux, à doubles parois, avec de l'eau chaude à une température inférieure à 40° C.

L'ouvrier peut également porter dans ses poches les cartouches isolées, afin de les conserver molles jusqu'au moment du chargement.

Les matières explosives, devenues humides, ne doivent pas être séchées à feu nu, sur un cendrier ou dans tout lieu où la température pourrait s'élever à plus de 40° C.

§ 109. — L'introduction des cartouches dans les trous de mine ne doit être effectuée qu'à l'aide de refouloirs en bois et sans forcement notable ; les cartouches ajustées doivent être placées sur la charge doucement et sans l'emploi du refouloir.

Sur les charges de cette nature, il y a lieu de pratiquer, soit sur toute la hauteur, soit sur une hauteur d'au moins $0^{m},10$, un bourrage très-léger; sur la hauteur restante, on peut faire un bourrage solide, mais uniquement par compression, jamais par choc.

Si l'explosion rate, la charge ne doit pas être retirée du trou ou noyée : si elle peut éclater par suite du voisinage d'une autre mine, on doit, après un dégagement partiel du bourrage avec une cuillère de bois, la faire partir au moyen d'une seconde charge que l'on place dans le même trou.

§ 110. — Pour prévenir, autant que possible, la formation de gaz délétères à la suite de l'explosion des matières explosives, la capsule doit être placée dans la cartouche de telle sorte que le cordeau porte-feu, ne touche pas à la matière explosive.

§ 111. — Les cartouches ajustées qui restent, par exception, sans avoir été employées à la fin d'une journée de travail, ne doivent pas être emportées par les ouvriers dans leurs habitations : elles doivent être remisées pour la nuit par les contre-maîtres, maîtres mineurs, chefs artificiers, etc., dans un lieu sûr et séparé des autres matières explosives.

§ 112. — Pendant le travail exécuté avec des matières explosives, il est formellement interdit aux ouvriers de fumer.

§ 113. — On doit aussi faire savoir à chaque ouvrier que la manipulation des explosifs dérivés de la nitroglycérine ou un contact prolongé de la peau avec ces substances causent des maux de tête et des nausées; aussi les ouvriers qui les emploient doivent-ils se laver avec une dissolution chaude contenant 4 à 5 % de soude, puis avec de l'eau pure.

Comme remède à employer pour les maux de tête et les nausées, on doit, en attendant l'arrivée d'un médecin, employer le repos du corps, les applications de glace, les compresses d'eau froide, l'ingestion de café noir fort.

§ 114. — Dans les puits et galeries où l'on se sert de poudres dérivées de la nitroglycérine et, notamment, de celles qui ont pour absorbants des matières organiques, une ventilation énergique doit, autant que possible, être ménagée.

§ 115. — Il est interdit aux conducteurs de travaux, ainsi qu'aux ouvriers, d'employer les matières explosives à un but autre que celui pour lequel elles leur ont été confiées, ou de les remettre à d'autres personnes.

Les matières explosives non employées doivent être remises au chef des travaux.

§ 116. — Les matières explosives doivent être détruites, quand cette opération est indispensable à la sûreté publique ou individuelle.

ANGLETERRE

La fabrication et la vente des poudres et explosifs sont soumises aux restrictions de la loi du 14 juin 1875 ; l'Etat n'a pas de monopole.

La demande d'autorisation pour fabriquer ou importer doit être adressée au Ministère de l'Intérieur (Home office); le pétitionnaire remet au Bureau des explosifs un échantillon du poids de 2 livres de chacun des produits et qualités faisant l'objet de la demande et, pour couvrir les frais d'analyse, une somme de 42 liv. st. pour le premier échantillon et 10,10 liv. st. pour chacun des autres.

Après l'examen des produits, le Ministère décide s'il y a lieu ou non d'accorder une licence.

Le Bureau des explosifs institué par la loi de 1875 est chargé de veiller à l'observation de la loi ; il publie chaque année un résumé de ses travaux et recherches (1).

La loi s'applique aux colonies comme à la métropole, et aucun produit explosif ne peut être admis dans une colonie anglaise s'il n'a préalablement reçu une licence d'importation et payé les droits dans un port des Iles Britanniques.

Loi du 14 juin 1875,

Sur la fabrication, la conservation, la vente, le transport et l'importation de la poudre à canon, de la nitroglycérine et des autres substances explosives.

(1) Annual Report of H. M. Inspectors of Explosives.

PREMIÈRE PARTIE

Dispositions relatives à la poudre à canon.

. . . .

. . . .

§ 6. Aucune fabrique, ou dépôt (magazine) de poudre, ne peut être établi, que dans un local et dans les conditions spécifiées par une licence accordée pour cet objet conformément à la présente loi.

Le pétitionnaire doit soumettre au Secrétaire d'État une demande de licence accompagnée d'un plan, à l'échelle, de la fabrique (ou du dépôt) projetée. Ce projet contiendra toutes les conditions que le demandeur propose d'insérer dans sa licence, et spécifiera celles des indications suivantes qui sont applicables, savoir :

(*a*). Les limites du terrain sur lequel doit être construite la fabrique (ou le magasin) avec la bande de terrain qui doit être conservée vide, ainsi que les bâtiments et ateliers qui doivent être exclus de cette bande, comme aussi les distances qui doivent être maintenues entre la fabrique (ou le magasin) et ses diverses parties, et d'autres constructions ou ateliers ;

(*b*). La situation, la nature et la construction de tous les bâtiments, ateliers et buttes-abris, établis dans la fabrique ou s'y rattachant, avec leurs distances respectives ;

(*c*). La nature des procédés de fabrication qui doivent être mis en pratique dans la fabrique et dans chacune de ses parties, avec l'indication des points dans lesquels doit être pratiqué chacun de ces procédés, et de l'espèce des travaux, ainsi que les points sur lesquels doivent être conservés les poudres, leurs divers ingrédients, et toute matière sujette à l'inflammation spontanée, inflammable, ou dangereuse à quelque titre que ce soit ;

(*d*) Les quantités de poudre et de ses ingrédients, mélangés en totalité ou en partie, qui doivent se trouver à la fois dans chaque bâtiment, chaque atelier et chaque procédé de fabrication, ou dans une distance déterminée de tel bâtiment ou atelier, ainsi que la situation et le mode de construction desdits bâtiments et leur distance de tout autre bâtiment ou atelier ;

(*e*). La situation, dans le cas d'une fabrique, de chaque magasin à poudre, et dans le cas d'un magasin, de chaque bâtiment dont il se compose, avec l'indication de la quantité maximum de poudre qui doit être conservée dans chacun d'eux ;

(*f*). Le nombre maximum de personnes qui doivent être employées dans chacun des bâtiments de la fabrique ;

(*g*). Enfin toutes les conditions spéciales que le demandeur pourra proposer par suite de circonstances particulières relatives aux localités, à la situation ou à la construction des divers bâtiments ou ateliers, à la nature des divers procédés de fabrication, ou pour tout autre motif.

Le Secrétaire d'État, après examen de la demande, peut la rejeter purement et simplement, ou l'approuver avec ou sans modification ou addition ; dans ce dernier cas, il accorde au demandeur la permission de s'adresser aux autorités locales pour obtenir leur consentement à l'établissement de la fabrique ou du magasin sur le terrain projeté.

Règles applicables aux fabriques et aux magasins à poudre.

§ 10. — Dans toute fabrique, seront observées les règles générales suivantes :

1° Dans une fabrique, chaque magasin à poudre (et dans un magasin chaque bâtiment) ne servira qu'à la garde de la poudre, des récipients qui la contiennent, et des outils et accessoires que nécessite cette garde ;

2° L'intérieur de tout bâtiment dans lequel s'opère un des procédés de fabrication, où dans lequel les poudres (ou leurs ingrédients mélangés en totalité ou en partie) sont mises en dépôt ou peuvent se trouver pendant le cours de la fabrication (ce qui en fait ainsi ce que la présente loi appelle un bâtiment dangereux) ainsi que les bancs, étagères et installations diverses dans ledit bâtiment (sauf les machines), seront construits, garnis ou recouverts de manière à ne présenter à découvert aucune pièce de fer ou d'acier qui puisse venir en contact avec les poudres contenues dans ce bâtiment, et de manière à prévenir qu'il ne se détache aucune parcelle de fer, acier, gravier ou autre matière semblable qui puisse se mêler à la poudre ; et l'intérieur du bâtiment, les bancs, étagères et installations, seront, autant qu'il peut raisonnablement se faire, préservés et nettoyés de tout gravier et maintenus en état de propreté ;

3° Chaque magasin à poudre dans une fabrique, et chaque bâtiment dangereux dans un magasin, seront munis d'un paratonnerre convenable, à moins que, par suite d'une construction souterraine ou de la situation spéciale du bâtiment, le Secrétaire d'État ne considère qu'un paratonnerre n'est pas nécessaire. Il aura d'ailleurs le droit de prescrire que tout bâtiment dangereux dans une poudrerie soit muni d'un paratonnerre convenable ;

4° Il ne sera introduit, dans aucun bâtiment dangereux, du charbon, pulvérisé ou non, du coton ou des chiffons gras, ou tout autre article susceptible d'inflammation spontanée, si ce n'est pour s'en servir immédiatement pour le travail ou pour tout autre usage, et les retirer du dit bâtiment dès que le travail ou l'emploi de ces substances sera terminé ;

5° Avant de faire aucune réparation dans quelque partie d'un bâtiment dangereux, on devra autant que possible en retirer toute la poudre, ainsi que les ingrédients mélangés en tout ou en partie, et laver soigneusement l'endroit qui doit être réparé ; après quoi la partie du bâtiment ainsi nettoyée ne sera plus considérée comme un bâtiment dangereux, soumis aux présentes règles, jusqu'à ce qu'on y apporte de nouveau de la poudre ou des ingrédients mélangés en tout ou en partie ;

6° Dans tout bâtiment dangereux sera constamment affiché, soit à l'intérieur, soit à l'extérieur, de manière à pouvoir être lu facilement, un tableau indiquant les quantités de poudre ou d'ingrédients qu'il est permis de conserver à la fois dans ledit bâtiment, ainsi qu'une copie des présents règlements et de toute autre partie de la présente loi, dont le Secrétaire d'État prescrira l'affichage, comme aussi de la partie de la licence et des prescriptions spéciales de la présente loi, qui concernent ledit bâtiment ; de plus, dans toute fabrique sera indiqué le nom du bâtiment ou le but auquel il est destiné ;

7° Tous les outils et accessoires dont on se servira pour des réparations quelconques dans un bâtiment dangereux doivent être faits exclusivement de bois, de cuivre ou de bronze, ou de tout autre métal ou matière peu dure, ou bien être recouverts de toute autre matière convenable pour offrir toute sécurité :

8° Des précautions convenables seront prises, par l'usage de vêtements de travail sans poches, de chaussures convenables, par des fouilles pratiquées sur les ouvriers, ou de toute autre manière, pour empêcher l'introduction, dans tout bâtiment dangereux, de feu, d'allumettes chimiques ou de tout objet capable de produire un incendie ou une explosion; ainsi que pour prévenir un incendie ou une explosion, ou pour prévenir l'introduction du fer, de l'acier ou des graviers dans toute partie d'un bâtiment dangereux où ces matières pourraient se trouver en contact avec de la poudre ou avec des ingrédients totalement ou partiellement mélangés. Néanmoins cette règle ne s'applique pas à l'introduction, dans ledit bâtiment, d'une lumière artificielle dont la disposition, la place et la nature présentent toute garantie contre les dangers d'incendie ou d'explosion ;

9° Il ne sera permis à personne de fumer dans aucune partie de la fabrique, si ce n'est dans les locaux où il sera permis de le faire, s'il y a lieu, par un règlement spécial ;

10° Toute voiture, bateau ou autre récipient, servant à transporter les poudres ou les ingredients mélangés partiellement ou totalement d'un bâtiment à l'autre, dans l'intérieur de la fabrique ou du magasin, ou d'un bâtiment à l'extérieur de la fabrique ou du magasin, seront construits de manière à ne laisser paraître à l'intérieur aucune partie de fer ou d'acier, et seront fermés ou couverts d'une manière convenable. Les poudres et les ingrédients seront ainsi transportés avec toute la diligence possible, et avec des précautions suffisantes pour garantir contre tout danger d'inflammation accidentelle ;

11° Aucune personne âgée de moins de 16 ans ne pourra être employée ou admise dans un bâtiment dangereux, si ce n'est en présence ou sur la surveillance d'une personne adulte ;

12° Dans une fabrique, les matières en cours de fabrication seront enlevées avec toute la diligence possible de chaque bâtiment de travail, aussitôt que l'opération à laquelle elles sont soumises dans ce bâtiment est terminée ; et toute poudre fabriquée sera immédiatement transportée au magasin à poudre ou emportée hors de la fabrique, et toute la diligence possible sera mise au chargement et au déchargement des dites poudres ou matières ;

13° Dans une fabrique, tous les ingredients destinés à la fabrication de la poudre seront préalablement tamisés avec soin, pour en retirer, autant qu'il est possible de le faire, toute matière étrangère dangereuse.

Le Secrétaire d'État pourra appliquer les règles précédentes aux magasins à poudre établis sur des navires, en les modifiant de la manière nécessaire pour les adapter à ce cas spécial.

Toute violation, par commission ou par omission, des règles ci-dessus prescrites, sera punie :

a. De la confiscation de tout ou partie de la poudre ou des ingrédients mis en fabrication, ou existant dans les bâtiments ou machines dans des conditions contraires aux dites règles ;

b. D'une amende qui n'excédera pas 10 liv. st., pour la première fois, outre, en cas de récidive, une autre amende de 10 liv. st. pour chaque jour de travail irrégulier.

. . . .

17° Toute personne qui exploite une fabrique ou un magasin fera, avec la sanction du Secrétaire d'État, des règlements spéciaux pour toutes les personnes employées au service de la dite fabrique, en vue d'assurer l'observation de la présente loi, ainsi que la sécurité et la discipline des dites personnes et la sécurité du public.

Il pourra être attaché à toute violation de ce règlement spécial des amendes, jusqu'à concurrence de 40 schellings au maximum, pour chaque violation.

Ce règlement devra être notifié dans ses diverses parties, avec la sanction du Secrétaire d'État, lequel aura d'ailleurs le droit de requérir toute modification qui lui paraîtra convenable.

Si les modifications ainsi prescrites ne sont pas accomplies dans un délai de 3 mois, le Secrétaire d'État les ordonnera lui-même, et ce qu'il aura ainsi établi aura le même effet que s'il avait été fait par l'exploitant avec la sanction du Secrétaire d'État.

Si l'exploitant se trouve lésé par la réquisition ou l'intervention du Secrétaire d'État, il peut soumettre l'affaire à l'arbitrage dont il sera ultérieurement parlé dans la présente loi.

Réglementation des magasins ou dépôts de poudres.

§ 17. — Dans chaque magasin ou dépôt de poudre seront observées les règles générales qui suivent :

1° Toutes les prescriptions d'un ordre du Conseil, relatives aux magasins de poudre, seront exactement observées, en tant qu'elles s'appliquent au magasin en question ;

2° Il n'y aura jamais à la fois dans ce magasin une quantité de poudre supérieure à celle qui est spécifiée dans la licence ;

3° Le magasin ne sera utilisé que pour la garde des poudres, de leurs récipients et des outils et accessoires que nécessite cette garde ;

4° L'intérieur du magasin, ainsi que les bancs, étagères et installations diverses seront construits, garnis ou recouverts de manière à ne présenter à découvert aucune pièce de fer ou d'acier, etc. (voir l'article 10, 2°) ;

5° Le magasin sera muni d'un paratonnerre, à moins qu'il ne soit établi dans une excavation, ou qu'il ne soit autorisé pour moins de 1000 livres de poudre ;

6° Avant de faire aucune réparation dans une partie quelconque du magasin, il devra être, autant que possible, vidé de toute la poudre qu'il contient et lavé complètement; après quoi il cessera d'être soumis aux règles ci-indiquées, jusqu'à ce que la poudre y soit replacée ;

7° Sauf le cas où ce nettoyage complet est opéré, tous les outils et accessoires employés pour un travail quelconque dans le magasin ne seront faits que de bois, cuivre, bronze, ou de toute autre matière peu dure, ou bien seront recouverts de quelque matière qui présente toute sécurité ;

8° Des précautions seront prises, etc. (art. 10, 8°) ;

9° Il ne sera permis à personne de fumer dans aucune partie du magasin ;

10° Aucune personne âgée de moins de 16 ans, etc. (art. 10, 11°) ;

Toute violation, par commission ou par omission, de ces règles générales exposera :

(a) A la confiscation de tout ou partie de la poudre qui est l'objet de la contravention, ou qui existe dans le magasin où elle est conservée ;

(b) A une amende qui n'excédera pas 10 livres sterling, et, en cas de récidive, à une amende de 10 livres par chaque jour pendant lequel la contravention continue.

§ 18. — La licence ne sera valable que pour la personne qui l'a obtenue nominalement, et devra, sous peine de déchéance, être renouvelée annuellement, moyennant une redevance qui n'excédera pas un shilling.

La forme de ces licences sera donnée par le Secrétaire d'Etat.

Transport des poudres.

§ 33. — Les règles générales suivantes doivent être appliquées à l'emballage des poudres transportées.

1° La poudre doit être renfermée, si la quantité n'excède pas 5 livres, dans un récipient solide : caisse, sac, boîte métallique ou autre, fait et fermé de manière à empêcher que la poudre ne se répande ;

2° Si la quantité excède 5 livres, la poudre devra être renfermée dans un emballage simple ou double.

L'emballage simple consistera en une boîte, baril ou caisse, de telle construction, force et nature, que l'inspecteur du gouvernement puisse l'approuver comme n'étant pas exposé à se briser ou s'ouvrir accidentellement pendant le transport, ne laissant pas échapper la poudre et présentant toute sécurité désirable ;

L'emballage double se composera, à l'intérieur, d'un récipient solide, caisse, boîte métallique ou autre, fait et fermé de manière à empêcher que la poudre ne se répande; et, à l'extérieur, d'une boîte, baril ou caisse, de telle construction, force et nature que l'inspecteur du gouvernement puisse l'approuver ;

3º L'intérieur de tout emballage, simple ou double, sera nettoyé de tout gravier et maintenu propre ;

4º Chaque emballage ne doit, pendant qu'il est employé pour la poudre, servir à aucun autre usage ;

5º Il ne doit entrer ni fer ni acier dans la construction d'aucun emballage intérieur ou extérieur pour la poudre, à moins qu'ils ne soient recouverts d'étain, zinc ou autre substance inoffensive ;

6º La quantité de poudre contenue dans un emballage simple, ou, en cas de double emballage, dans la même enveloppe extérieure, ne pourra excéder 100 livres (45 kilogrammes), sans le consentement d'un inspecteur du gouvernement et moyennant les conditions approuvées par lui ;

7º L'enveloppe extérieure devra porter d'une manière très-apparente le mot *poudre*, imprimé sur l'enveloppe ou sur une étiquette solidement attachée.

En cas de violation, par commission ou par omission, de chacune de ces règles, la poudre pourra être confisquée et une amende n'excédant pas 20 livres infligée au délinquant.

Les règles précédentes peuvent être modifiées à toute époque par le Secrétaire d'État.

§ 34. — Toutes les autorités de ports devront, sous la sanction du Conseil de commerce, faire des lois locales pour réglementer les transports, chargement et déchargement, de la poudre, dans les limites de la juridiction des dites autorités.

§ 35. — Toute compagnie de chemin de fer ou toute compagnie de canal, sur le chemin de fer ou le canal de laquelle il est transporté ou doit être transporté de la poudre à canon, devra, sous la sanction du Conseil de commerce, faire des lois locales pour réglementer les transports, chargement ou déchargement de ladite poudre sur le chemin de fer ou canal de la compagnie auteur des lois locales, et en particulier pour expliquer et régler tous ou chacun des objets suivants relativement aux dits chemins de fer ou canaux, savoir :

1° Déterminer la notification à donner de l'intention d'envoyer de la poudre pour être transportée comme marchandise sur le chemin de fer ou canal;

2° Régler, conformément aux dispositions générales relatives à l'emballage contenues dans la présente loi, le mode d'arrangement et de surveillance de la poudre pendant le transport, ainsi que la désignation par marque, étiquette ou autrement, de la nature des colis contenant la poudre ;

3° Régler l'espèce et la construction des voitures, wagons, navires ou bateaux employés au transport de la poudre ;

4° Interdire ou soumettre à des conditions et restrictions le transport de la poudre avec toute matière explosive, ou avec tous autres objets ou substances, ou dans les trains, voitures, navires et bateaux affectés au transport des voyageurs ;

5° Fixer les lieux et temps où la poudre doit être chargée ou déchargée, ainsi que la quantité qui doit être chargée, déchargée ou transportée à la fois dans une même voiture, un même navire ou bateau ;

6° Déterminer les précautions à observer en transportant la poudre, en chargeant et déchargeant les voitures, wagons, navires et bateaux employés au transport, et le temps durant lequel la poudre peut être gardée au cours desdits transports, chargement et déchargement ;

7° Pourvoir à la publication des lois locales et à leur reproduction en un certain nombre d'exemplaires ;

8° Imposer l'observation de la présente loi à leurs subordonnés et agents, ainsi qu'à toute personne se trouvant sur le chemin de fer ou le canal desdites compagnies ;

9° En général, protéger, par tous moyens analogues ou non à ceux ci-dessus indiqués, les personnes et les propriétés contre tout danger.

Lesdites lois locales, après leur confirmation par le Conseil de commerce, s'appliqueront aux chemins de fer, canaux, agents et serviteurs de la compagnie auteur d'icelles, ainsi qu'à toute personne usant du chemin de fer ou canal, ou des lieux qui en dépendent et qui sont occupés par ladite compagnie ou son contrôle.

DEUXIÈME PARTIE.

Dispositions relatives aux autres explosifs.

§ 39. — Sauf les prescriptions spéciales qui seront ci-après indiquées, la première partie de cette loi relative aux poudres ordinaires s'appliquera à toute autre matière explosive de toute espèce, de la même manière que si le mot de poudre y était remplacé par celui de cette matière explosive elle-même.

§ 40. — Les modifications et additions suivantes seront introduites dans la première partie de cette loi, pour ce qui concerne les matières explosives autres que la poudre.

1° La demande d'une licence pour une manufacture ou un magasin spécifiera tous les détails que le Secrétaire d'État jugera bon d'exiger.

2° Des règles générales spéciales seront substituées à celles qui sont indiquées pour la poudre ;

3° Le Secrétaire d'État pourra modifier les règles applicables à l'emballage des poudres pour les adapter à celui de toute autre matière explosive ;

4° Il en sera de même des prescriptions relatives aux quantités qu'il est permis de conserver pour la vente ou pour la consommation personnelle ;

5° Deux espèces (ou plus) de matières explosives ne pourront être conservées ensemble dans le même magasin, excepté dans les conditions et restrictions qui pourront être prescrites ;

6° et 7° Quand une autre matière explosive est conservée en même temps que la poudre, la quantité maximum de cette dernière sera fixée d'une manière spéciale ; et dans ce cas, la poudre sera aussi soumise aux règles générales spéciales qui seront prescrites ;

8° Chaque paquet portera à l'extérieur le nom de la substance explosive qu'il renferme ; et toute fausse indication à cet égard exposera le vendeur et le propriétaire de cette substance à une amende de 50 livres au maximum ;

9° L'importation de dynamite, coton-poudre ou autre matière explosive (autre que la poudre, les cartouches de poudre, les capsules et les feux d'artifice) sera soumise aux prescriptions suivantes :

(a) Ladite matière ne pourra être livrée par le propriétaire et le capitaine du navire qu'à une personne munie d'une licence d'importation ;

(b) Le Secrétaire d'Etat peut accorder une pareille licence, en y ajoutant toute prescription et restriction qu'il jugera convenables, quant à la nature de la substance explosible, à ses déchargement, livraison et transport, de manière à éviter tout danger public ;

(c) Et en fixant la durée de ladite licence qui ne sera valable que pour celui qui en est le titulaire ;

(d) Toute violation des prescriptions relatives à cette importation entraînera la confiscation de ladite matière et exposera le propriétaire et le capitaine du navire, ainsi que le titulaire de la licence et la personne qui reçoit la matière explosive, à une amende de 100 livres au maximum, plus une somme de 2 shillings par livre de matière ;

(e) Toute autorité est donnée à cet effet aux employés des douanes.

FRANCE

§ I. — *Décret portant règlement d'administration publique pour l'exécution de la loi du 8 mars 1875, relative à la Poudre-Dynamite.*

Du 24 Août 1875.

Art. 1. — La demande en autorisation d'établir, en vertu de l'art. 1 de la loi du 8 mars 1875, une fabrique de dynamite ou de tout autre explosif à base de nitroglycérine, est adressée au préfet du département.

Art. 2. — La demande est accompagnée d'un plan des lieux à l'échelle de $\frac{1}{5000}$, indiquant :

a. — La position exacte de l'emplacement où la fabrique doit être établie, par rapport aux habitations, routes et chemins, dans un rayon de deux kilomètres.

b. — La position des bâtiments et ateliers les uns par rapport aux autres ;

c. — Le détail des distributions intérieures de chaque local.

d. — Les levées en terre, murs, plantations et autres moyens de défense destinés à protéger les ouvriers contre les accidents provenant des explosions des matières.

Le pétitionnaire doit faire connaître dans sa demande :

La nature des matières et le maximum des quantités qui seront entreposées ou simultanément manipulées dans la fabrique ;

Le nombre maximum d'ouvriers qui peuvent y être employés ;

La nature, le nombre et la contenance des appareils servant à la fabrication ;

Le régime de la fabrique en ce qui concerne les jours et heures de travail.

3° Après la clôture de l'instruction qui est faite conformément aux lois et règlements sur les établissements dangereux, insalubres et incommodes de première classe, le préfet transmet le dossier, avec son avis motivé, au Ministre de l'Agriculture et du Commerce.

4° Le Ministre de l'Agriculture et du Commerce prend l'avis des Ministres de l'Intérieur, des Finances et de la Guerre.

Le dossier est ensuite soumis au Comité des Arts et Manufactures qui donne son avis.

Enfin, il est statué par décret du Président de la République, sur le rapport de tous les Ministres qui sont intervenus dans l'instruction.

Le décret d'autorisation fixe les mesures spéciales à observer et les conditions particulières à remplir.

Une ampliation de ce décret est adressée par le Ministre de l'Agriculture et du Commerce aux Ministres de l'intérieur, des Finances et de la Guerre.

5° Une ampliation du même décret est délivrée par le Préfet au permissionnaire sur la production du récépissé constatant la réalisation du cautionnement.

Dans le cas où, pour quelque cause que ce soit, le cautionnement réalisé vient à être réduit ou absorbé, les opérations de la fabrique doivent être immédiatement suspendues et ne peuvent être reprises que lorsque le cautionnement a été reconstitué.

6° Lorsque la fabrique est construite et avant qu'elle puisse fonctionner, le Préfet, sur l'avis qui lui est donné par le permissionnaire fait procéder, par un ingénieur des mines où des ponts et chaussées que désigne le Ministre des Travaux publics, à la vérification contradictoire de toutes les parties de la construction, à l'effet de constater si elles sont conformes aux conditions du décret d'autorisation.

Procès-verbal est dressé de l'opération.

Sur le vu de ce procès-verbal, le Préfet autorise, s'il y a lieu, la mise en activité de la fabrication.

7° Les produits de la fabrication sont, au fur et à mesure de leur achèvement, placés dans des magasins spéciaux entièrement séparés des ateliers.

8° Le fabricant est tenu de justifier, à toute réquisition du Préfet, de ses délégués, et des agents de l'administration des contributions indirectes, de l'emploi donné aux produits de la fabrication; à cet effet, il tient un registre coté et parafé par le maire, sur lequel sont inscrites jour par jour, de suite et sans aucun blanc, les quantités fabriquées et les quantités sorties, avec les noms, qualités et demeures des personnes auxquelles elles ont été livrées.

9° Les employés des contributions indirectes procèdent périodiquement à des inventaires des restes en magasin.

Le fabricant est tenu de fournir la main-d'œuvre, ainsi que les balances, poids et ustensiles nécessaires aux vérifications.

Le règlement de l'impôt dû pour les quantités livrées à l'intérieur ou manquantes s'opère aux époques fixées par l'administration des contributions indirectes, et le montant du décompte est immédiatement exigible.

10° Dans aucun cas, sauf l'exception stipulée à l'article 11, le transport de la dynamite ne peut s'opérer qu'en vertu d'acquits-à-caution délivrés par le service des contributions indirectes et contenant l'engagement de payer, par kilogramme de dynamite, une amende dont le taux est réglé par le Ministère des Finances, sans pouvoir excéder deux francs, en cas de non rapport de l'expédition dûment déchargée dans les délais réglementaires.

Outre la soumission, l'expéditeur doit fournir au buraliste, pour être mises à la souche de l'acquit, et suivant le cas, les pièces ci-après, savoir :

Lorsque les livraisons sont destinées à des marchands de dynamite dûment autorisés, une demande rédigée par le destinataire et revêtue du visa du directeur ou du sous-directeur des contributions indirectes de la circonscription ;

Lorsque les livraisons sont destinées à des consommateurs de l'intérieur, les demandes de ces consommateurs revêtues du certificat de l'autorité locale.

Lorsque la dynamite est destinée à l'exportation, une déclaration de l'exportateur indiquant notamment le pays de destination ; cette déclaration est soumise au visa du commissaire de la marine du port d'embarquement, si l'exportation a lieu par mer, ou le Préfet du département où réside l'exportateur, si l'exportation a lieu par terre.

11° La circulation des quantités inférieures à deux kilogrammes, qui sont prises dans les débits par les consommateurs, est régularisée au moyen de simples factures que le débitant délivre lui-même en les détachant d'un registre timbré fourni par la régie ; il est fait, dans ce cas, application des règlements en vigueur pour les livraisons de poudres de mine par les débitants au moyen de factures.

12° Lorsque l'administration juge nécessaire d'organiser une surveillance permanente dans les fabriques, les fabricants sont tenus, sur sa demande, de fournir dans les dépendances de l'usine ou tout à proximité un local convenable pour le logement d'au moins deux employés.

Dans le même cas, les fabricants doivent fournir aux agents de la régie, à l'intérieur des usines, un local propre à servir de bureau.

Ce local, d'au moins vingt mètres carrés, doit être pourvu de tables, de chaises, d'un poêle ou d'une cheminée et d'une armoire fermant à clef.

En toute hypothèse, le fabricant doit au commencement de chaque année, souscrire l'engagement de rembourser tous les frais de surveillance.

Ces frais, qui représentent la dépense réellement effectuée par la régie, sont réglés à la fin de chaque année par le Ministre des Finances. Ils deviennent exigibles à l'expiration du mois, à dater de la notification qui est faite au fabricant de la décision du Ministre.

13° Il est interdit à tous fabricants ou marchands de mettre en vente des produits qui, par suite de la nature ou de la proportion des matières employées, seraient susceptibles de détoner spontanément.

Il est également interdit de mettre en vente des dynamites présentant extérieurement des traces quelconques d'altération ou de décomposition. Chaque cartouche de dynamite porte sur son enveloppe une marque de fabrique et l'indication de l'année et du mois de sa fabrication.

Les Préfets peuvent désigner des ingénieurs ou autres hommes de l'art pour s'assurer de l'état des matières dans les fabriques, les dépôts et les débits, et pour faire procéder, s'il y a lieu, à leur destruction, aux frais des détenteurs, sans que les fabricants ou marchands puissent de ce chef réclamer aucune indemnité.

14° La dynamite ne peut circuler ou être mise en vente que renfermée dans des cartouches recouvertes de papier ou de parchemin, non amorcées et dépourvues de tout moyen d'ignition. Ces cartouches doivent être emballées dans une première enveloppe bien étanche de carton, de bois, de zinc ou de caoutchouc, à parois non résistantes.

Les vides sont exactement remplis au moyen de sable fin ou de sciure de bois.

Le tout est renfermé dans une caisse ou dans un baril en bois consolidé exclusivement au moyen de cerceaux et de chevilles en bois et pourvu de poignées non métalliques.

Chaque caisse ou baril ne peut renfermer un poids net de dynamite excédant vingt-cinq kilogrammes.

Les emballages porteront sur toutes leurs faces, en caractères très-lisibles, les mots : *Dynamite, matière explosive.*

Chaque cartouche sera revêtue d'une étiquette semblable.

15° Indépendamment des mesures prescrites par le précédent article, le transport de la dynamite sur les chemins de fer ne peut avoir lieu que conformément aux règlements spéciaux arrêtés par le Ministre des Travaux Publics.

Le transport de la dynamite sur les rivières, les canaux et les routes de terre, s'opère conformément aux règlements en vigueur pour le transport des poudres et des matières dangereuses.

16° Les dépôts et débits de dynamite sont distingués en trois catégories, suivant la quantité qu'ils sont destinés à recevoir, ainsi qu'il suit :

La première catégorie comprend ceux qui contiennent plus de cinquante kilogrammes de dynamite;

La seconde ceux qui en contiennent de cinq à cinquante kilogrammes;

La troisième, ceux qui en contiennent moins de cinq kilogrammes.

La conservation de toute quantité de dynamite est assimilée à un dépôt.

Toute demande en autorisation de dépôt ou de débit de dynamite est soumise aux formalités d'instruction prescrites par les règlements pour les établissements dangereux, insalubres et incommodes de première, de deuxième ou de troisième classe, suivant la catégorie à laquelle le dépôt ou le débit doit appartenir.

Il est statué sur la demande dans les formes et suivant les conditions réglées par les articles 1 à 5 ci-dessus pour les fabriques de dynamite.

Toutefois, dans le plan des lieux qu'aux termes du premier paragraphe de l'article 2 ci-dessus il doit joindre à sa demande, le pétitionnaire pourra se borner à indiquer la position de l'emplacement ou les dépôts et débits de dynamite doivent être établis par rapport aux habitations, routes et chemins, s'il s'agit de dépôts ou de débits compris dans la deuxième catégorie, et de deux cents mètres, s'il s'agit de dépôts ou de débits rentrant dans la troisième catégorie.

Le décret d'autorisation fixera les mesures spéciales à observer et les conditions particulières à remplir pour l'installation et l'exploitation des dépôts ou débits.

17. Les débitants de toute catégorie doivent, comme les fabricants, tenir un registre d'entrée et de sortie des matières existantes dans leurs magasins ou vendues; ce registre doit contenir toutes les indications prescrites à l'article 8 ci-dessus.

Les débitants peuvent vendre des cartouches au détail, mais il leur est interdit de les ouvrir et de les fractionner.

Ils peuvent vendre également les amorces et autres moyens d'inflammation des cartouches, mais ils doivent les tenir renfermés dans des locaux entièrement séparés de ceux où les cartouches sont déposées.

18° Les demandes en autorisation d'importer de la dynamite sont adressées au Préfet du département dans lequel réside le destinataire, et au Préfet de police, pour le ressort de sa préfecture.

Elles font connaître :

1° Les noms, prénoms, et domicile de l'expéditeur ;

2° Le lieu de provenance de la dynamite ;

3° La quantité à importer ;

4° Le point ou les points de la frontière par lesquels l'importation aura lieu ;

5° Le lieu de destination et les nom, prénoms, domicile et profession du destinataire.

La demande est instruite et il est statué dans les mêmes termes et suivant les mêmes règles que pour les dépôts ou débits de dynamite.

Le décret qui autorise, s'il y a lieu, l'importation, désigne les points par lesquels elle doit s'opérer et les bureaux de douane chargés de la vérification.

La dynamite importée est soumise, dans tous les cas, aux mêmes conditions que la dynamite fabriquée à l'intérieur.

Les frais de toute nature que peuvent occasionner à l'État l'introduction en France et le transport de la dynamite, tels que les frais d'escorte, de vérification et tous autres relatifs au contrôle et à la surveillance, sont à la charge de l'expéditeur, du transporteur ou du destinataire pour le compte duquel ils auront été effectués. Ils seront réglés, dans chaque cas, par le Ministre des Finances.

19° La dynamite importée ne peut circuler à l'intérieur que sous le plomb et en vertu d'un acquit-à-caution de la douane, après l'acquittement préalable des droits fixés par la loi ; elle ne peut être cédée ou vendue à des tiers par le destinataire que si celui-ci est régulièrement autorisé en qualité de débitant.

20° Les fabricants, débitants et dépositaires de dynamite sont tenus de donner en tout temps le libre accès de leurs fabriques, débits et dépôts aux agents des contributions indirectes et à tous autres fonctionnaires ou agents désignés par le Préfet.

21° La fabrication de la nitroglycérine, dans les cas prévus par l'article 6 de la loi du 8 mars 1875, ne peut avoir lieu qu'en vertu d'une autorisation délivrée dans les mêmes termes et après les mêmes formalités d'instructions que pour les fabriques de dynamite telles qu'elles sont réglées par le présent décret.

Le décret d'autorisation stipule le délai à l'expiration duquel la fabrication doit cesser ; il règle, en outre, les conditions à observer par le permissionnaire pour la constatation et la perception de l'impôt par les agents des contributions indirectes, ainsi que la nature du contrôle à exercer par les ingénieurs de l'État pour la reconnaissance des travaux effectués.

§ 2. — *Règlement du 10 Janvier 1879 pour le transport de la dynamite par chemins de fer.*

Art. 1. — Les dynamites provenant des manufactures de l'Etat ou des manufactures françaises, dûment autorisées et satisfaisant aux prescriptions du présent règlement, seront admises aux transports par chemin de fer sous les conditions ci-après.

Les dynamites fabriquées à l'étranger pourront jouir de la même faculté, sous des conditions à déterminer ultérieurement.

Art. 2. — Conformément à l'art. 21 de l'ordonnance du 15 novembre 1846, il est interdit d'admettre la dynamite dans les trains portant des voyageurs.

Sur les lignes secondaires où il n'existe pas de trains réguliers de marchandises, le transport de la dynamite sera effectué par trains spéciaux.

Art. 3. — La dynamite livrée aux chemins de fer devra toujours être renfermée dans des cartouches recouvertes de papier parchemin ou autre enveloppe imperméable, non amorcées et dépourvues de tout moyen d'ignition. L'enveloppe sera collée et fermée de façon à prévenir tout suintement de nitroglycérine.

Ces cartouches doivent être emballées dans une première enveloppe bien étanche, de carton, de bois, de zinc ou de caoutchouc ; les vides entre les cartouches seront exactement remplis avec des étoupes, du papier découpé, de la sciure de bois ou toute autre matière sèche, pulvérulente ou souple, capable d'amortir les chocs et d'absorber la nitroglycérine qui viendrait à suinter.

Les premières enveloppes seront renfermées dans une caisse en bois ou dans un baril également en bois ; elles y seront assujetties de manière à éviter tout ballottement au moyen de sciure de bois, de copeaux et de cales en bois ou de toute autre matière sèche, pulvérulente ou souple comme ci-dessus.

Les caisses seront pourvues de poignées non métalliques, solidement fixées, ou porteront extérieurement, sur leur fond, deux tasseaux en bois permettant de glisser les mains au-dessous d'elles pour les soulever ; les barils seront consolidés exclusivement au moyen de cerceaux ou de chevilles en bois.

Le poids brut de la caisse ou du baril ne dépassera pas vingt-cinq kilogrammes. Les caisses expédiées par les services de la guerre font seules exception à cette limitation de poids.

Ne seront point admises en transport les dynamites ayant plus d'un an d'emballage.

Art. 4. — Les emballages porteront sur toutes leurs faces, en caractères très-lisibles, les mots : *Dynamite, Matière explosive.* Chaque cartouche sera revêtue d'une étiquette semblable.

Les caisses ou barils porteront en outre extérieurement une estampille indiquant le nom du fabricant ou de l'éxpéditeur, le lieu de fabrication et la date de l'emballage. Un plomb spécial sera, en outre, appliqué sur chaque colis estampillé, pour en mainteuir l'intégrité.

L'agent de l'Etat qui fera l'expédition de dynamites provenant d'une manufacture du Gouvernement sera tenu de remettre à la gare de départ une déclaration ecrite attestant que toutes les conditions ci-dessus spécifiées ont été rigoureusement observées.

Les établissements privés, qui voudront être admis au transport par chemin de fer, devront recevoir, à leurs frais, un agent du service des poudres et salpêtres, et à son défaut, un garde-mines ou un conducteur des ponts et chaussées, lequel sera chargé en permanence de surveiller la fabrication de la dynamite.

Cet agent, qui aura à sa disposition, dans l'établissement, une pièce à usage de bureau remettra, à l'appui de chaque expédition, une déclaration écrite attestant que les conditions de bonne qualité et de bon emballage ont toutes été rigoureusement observées.

Le fabricant devra, par un écrit remis, pour chaque expédition, à la Compagnie du chemin de fer recevant ses produits, assumer la responsabilité de tout accident provenant des vices de la matière transportée.

Art. 5. — Les caisses ou barils seront chargés dans des wagons couverts et fermés, à panneaux pleins, munis de ressorts de choc et portant une indication extérieure de la nature du chargement.

Les barils seront couchés dans les wagons et non placés debout sur l'un des fonds :

Ils devront être posés et maintenus avec le plus grand soin de façon à éviter tout choc, soit au moment du chargement, soit au moment du déchargement, soit en cours de route. Ils ne devront jamais être recouverts par d'autre colis, même de pareille nature.

Art. 6. — Lorsqu'un wagon servira au transport de la dynamite, son plancher devra être couvert d'un prélart imperméable.

Art. 7. — On doit autant que possible, ne faire usage, pour le transport de la dynamite, que de wagons sans frein.

Les wagons à frein ne pourront être employés, en cas de besoin, que sous les réserves suivantes :

1° Il est interdit de faire usage du frein ;

2° Les surfaces des ferrures des axes ou leviers de transmission qui pourraient être apparentes dans les wagons seront soigneusement recouvertes d'étoffes ou enveloppées dans des manchons en bois.

Art. 8. — La charge d'un wagon de dynamite, y compris les emballages, ne dépassera pas trois mille kilogrammes.

Art. 9. — Il n'entrera pas plus de 10 wagons chargés de dynamite ou de poudre dans la composition d'un train. Ces wagons porteront une inscription spéciale. Ils devront être placés, autant que possible, vers le milieu du train, Ils seront précédés et suivis par trois wagons au moins ne contenant pas de matières classées dans la première catégorie des matières explosibles ou inflammables, fixée par les arrêtés ministériels concernant les transports de cette nature.

Les expéditeurs pourront exiger, par une mention spéciale inscrite sur la déclaration d'expédition, qu'un ou plusieurs de ces wagons chargés soient remplacés, à leurs frais, par un pareil nombre de wagons vides.

Un train portant de la dynamite ne devra point recevoir de fulminate ou autres produits détonants, sauf dans le cas prévu par l'article 18 ci-après.

Quand le train sera remorqué, dans les cas prévus par les règlements, au moyen de deux machines dont l'une placée à l'arrière, cette machine devra être séparée du dernier wagon de dynamite par trois wagons au moins ne renfermant aucune matière de la première ou de la deuxième catégorie.

Art. 10. — Les wagons chargés de dynamite ne pourront être manœuvrés au moyen de machines locomotives qu'à la condition d'en être séparés par trois wagons au moins ne renfermant aucune marchandise de la première catégorie ci-dessus désignée.

Les manœuvres devront d'ailleurs, s'effectuer avec une vitesse ne dépassant pas celle d'un homme marchant au pas. Les manœuvres par lancement sont interdites pour ces wagons.

Art. 11. — Il est interdit de faire stationner sous les halles couvertes les wagons chargés de dynamite ainsi que de les décharger sur les quais.

Les articles suivants, 12 à 21, indiquent les conditions spéciales de surveillance auxquelles sont soumis les envois de dynamites, au départ et à l'arrivée.

ÉTATS-UNIS

Règlement pour le transport de la dynamite par la Pensylvania Railroad C°.

Les explosifs tels que les dénommés Atlas, Hercules, Giant, Dittmar, Commercial, Œtna, Hecla, et autres à base de nitroglycérine, peuvent être transportés par chemins de fer aux conditions suivantes :

1° Ils doivent être renfermés dans des caisses solides, de dimensions réduites et telles qu'elles puissent être soulevées facilement par une seule personne. Ces caisses porteront sur leur face supérieure, un des côtés latéraux et une des extrémités, la mention, en caractères très-visibles : *Explosives — Dangerous*.

2° Il est entendu que, dans tous ces produits, la nitroglycérine est entièrement absorbée au moyen de charbon, sciure de bois, terre d'infusoires, fibres de bois, carbonate de magnésie, ou toute autre substance similaire ; et, en outre, que la quantité de nitroglycérine absorbée n'atteint pas la limite où l'exsudation est possible à la plus haute température de l'été.

Toute caisse qui laisserait voir des signes extérieurs d'exsudation serait refusée, et il serait interdit de la laisser séjourner dans les dépôts ou stations de la Compagnie.

3° Les explosifs nitratés ou tels autres (excepté la poudre noire ordinaire) qui ne se trouveraient pas dans les conditions spécifiées plus haut, ne seront admis en aucun cas.

4° Les caisses seront disposées dans les wagons de chargement de telle sorte que les cartouches soient toujours couchées en long et ne reposent jamais sur une extrémité. En outre les caisses seront rangées de manière à ne pouvoir tomber sur le plancher des wagons.

5° Les poudres sont admises au transport, pourvu qu'elles soient logées dans de solides barils en bois ou fer dont le poids total ne dépasse pas 150 livres. Cependant on pourra recevoir, pour l'exportation, des barils de poudre d'un poids plus considérable.

6° Il est interdit de transporter dans un wagon contenant des dynamites des articles tels que capsules, détonateurs, fusées, fulminants, allumettes de friction. La plus grande surveillance est recommandée à ce sujet.

7° Les restrictions relatives aux transports de poudres ne sont pas applicables aux mèches de sûreté qui peuvent être reçues en tout temps.

8° Des wagons spéciaux seront réservés pour le service des transports d'explosifs. Les agents devront prendre garde de ne jamais effectuer de chargements dans de vieux wagons présentant des crevasses ou des fentes à la toiture ou sur les parois latérales ; ils devront prendre des wagons de premier choix à tous égards, bien fermés de tous côtés avec des portes hermétiquement closes et ne présentant aucune fente susceptible de laisser passer une étincelle.

Tout wagon chargé doit être fermé au plomb.

9° Tout wagon renfermant des matières explosives, qu'il soit ou non complètement chargé portera, en gros caractères bien lisibles, les mots : *Powder — Handle carefully*, afin que ceux qui en ont la garde ne puissent en ignorer le danger.

10° Les conducteurs de trains ne pourront recevoir de wagons contenant des explosifs, dans une station quelconque, avant de s'être assurés que les prescriptions des articles 8 et 9 auront été observées. Ils placeront ces wagons autant que possible au milieu du train.

Les infractions aux dispositions qui précèdent, par les expéditeurs ou agents de la Compagnie, sont punies des peines édictées par la loi.

SIXIÈME PARTIE

DICTIONNAIRE

DES

POUDRES & EXPLOSIFS MODERNES

MONOGRAPHIE GÉNÉRALE

des poudres et des explosifs modernes

Les poudres et explosifs peuvent être rangés en huit classes principales, comprenant :

1° *Les poudres nitratées*, qui ont pour base un nitrate quelconque de potasse, soude, ammoniaque, baryte, etc. Ce sont les anciennes poudres de guerre, de chasse et de mine ; et des produits similaires avec des variantes dont l'objet est de supprimer ou diminuer les fumées et le résidu solide, de modifier la vivacité de l'explosion, d'obtenir une insensibilité relative aux chocs et une certaine innocuité de fabrication et de manipulation, ou enfin de réduire le prix de revient.

2° *Les poudres chloratées*, dont l'élément principal est le chlorate de potasse. Ce composé est un agent explosif des plus énergiques, mais sa manipulation est très dangereuse. On a bien essayé de l'employer à l'état de dissolution concentrée pour le mélanger ensuite avec d'autres corps absorbants ; mais il a été reconnu que les poudres ainsi préparées sont encore plus dangereuses que les autres, parce que le chlorate de potasse, en cristallisant de sa dissolution, acquiert une plus grande sensibilité.

Le mélange avec le goudron, le brai, le bitume et autres produits similaires, paraît donner d'assez bons résultats.

3° *Les poudres picratées*, à base de picrate ou d'acide picrique. La plus ancienne poudre à l'acide picrique est celle de *Borlinetto* (1867). Vers la même époque, M. *Fontaine* étudiait l'emploi du picrate de potasse pour le chargement des obus; mais il dut y renoncer à la suite de la violente explosion qui détruisit sa fabrique en 1870.

Dans ces dernières années, on a fait l'essai de picrates doubles On est revenu aussi à l'acide picrique, à la suite des recherches de M. Turpin ayant pour but d'augmenter la stabilité de ce corps explosif.

Selon M. Turpin, l'acide picrique acquiert une certaine stabilité par la fusion, par la compression, ou encore lorsqu'on le mélange avec une solution de gomme arabique avec une matière grasse ou avec une nitrocellulose soluble. Dans ces conditions, l'acide picrique détone violemment sous l'influence d'une capsule de fulminate de mercure.

M. Brones a préconisé l'emploi de la naphtaline fortement nitrée pour diminuer la vitesse de combustion des poudres picratées; il a eu aussi l'idée de former des composés explosifs en mélangeant le picrate de potasse avec un picrate double de soude et de baryte ou de soude et de plomb.

4° *Explosifs à base de nitrocellulose.* — Cette classe comprend tous les explosifs ayant pour base une nitrocellulose, sauf ceux qui sont mélangés avec la nitroglycérine et qui constituent le groupe des nitrogélatines.

C'est le chimiste français Braconnot qui, le premier, a préparé, sous le nom de *xyloïdine*, une substance analogue à la cellulose nitrée en traitant l'amidon par l'acide nitrique.

Plus tard, en 1838, Pelouze étudia les propriétés de ce corps qu'il arriva à préparer avec le coton et les fibres ligneuses.

L'honneur de la première préparation pratique revient à M. Schœnbein, de Bâle, qui, dès 1845, traitait le coton par un mélange d'acides sulfurique et nitrique.

Le fulmicoton est devenu un explosif industriel et militaire depuis les remarquables perfectionnements que Sir Fred. Abel a apportés à sa fabrication.

5° *Explosifs à base de nitroglycérine.* — Depuis le premier emploi de la nitroglycérine comme explosif (brevet Nobel, 14 octobre 1863), et l'invention de la dynamite ordinaire (Nobel, 19 septembre 1867), plus de cent compositions similaires ont été brevetées.

Tous ces explosifs à base de nitroglycérine peuvent être classés en deux grandes catégories :

(a) Les *dynamites* ou *nobélites*, dans lesquelles la nitroglycérine est absorbée par une matière inerte ou une poudre à deux, trois ou quatre éléments ;

(b) Les *nitrogélatines*, dans lesquelles la nitroglycérine est gélatinisée au moyen d'une nitrocellulose.

La plus ancienne composition à base de nitroglycérine et de nitrocellulose est la *glyoxyline* de Sir Fred. Abel (brevet anglais du 24 décembre 1867).

On pourrait classer la nombreuse variété des nitrogélatines sous le nom générique d'*abélites*, en l'honneur du célèbre chimiste anglais, l'inventeur du fulmicoton comprimé et d'une foule d'autres produits explosifs.

Dans la nomenclature qui suit, nous avons considéré successivement :

Les dynamites à absorbants inertes ;
» à absorbants nitratés (soude, potasse, baryte) ;
» ammoniacales ;
» à cellulose ;
» chloratées et picratées.

Les nitrogélatines sont rangées par ordre d'ancienneté de brevets ou de fabrication.

6° *Explosifs ayant pour base un composé organique nitré.* — A cette classe appartiennent les divers explosifs fabriqués au moyen de composés organiques nitrés autres que la nitroglycérine et les celluloses nitrées, et tels que les nitrosaccharose, nitromannite, nitrobenzines, nitrotoluols, nitrocumols, nitronaphtalines, etc.

Ces produits sont extrêmement variés et se prêtent à une foule de combinaisons explosives dont les plus remarquables sont celles qui ont pour base les nitrobenzines.

7° *Explosifs Sprengel.* — Les explosifs du docteur Sprengel ont été inventés en 1870.

D'une manière générale, ils se composent principalement de deux éléments séparés :

(*a*) Une substance organique inflammable (carbures d'hydrogène nitrés ou non, alcools naturels ou nitrés, phénols, sulfure de carbone, etc.);

(*b*) Un agent oxydant inorganique actif et inflammable, tel que l'acide nitrique, le peroxyde d'azote, les chlorates, etc.

Les deux éléments ne sont mélangés qu'au moment de l'emploi. Leurs proportions sont déterminées de façon à obtenir, par détonation, une combustion complète.

On peut les mettre en pâte ou les faire absorber par une terre siliceuse; mais leurs propriétés corrosives rendent leur emploi difficile, ou tout au moins demandent l'addition de correctifs plus ou moins complexes.

8° *Poudres et explosifs divers.* — Enfin nous avons classé sous la dénomination de *poudres et explosifs divers* un certain nombre de produits qui ne peuvent entrer dans aucune des catégories précédentes. Tels sont les *explosifs Bichel*, les *chlorure*, *sulfure* et *iodure d'azote*, et les *fulminates*.

Nous avons également fait entrer dans cette classe les compositions des détonateurs et amorces électriques.

I. — POUDRES NITRATÉES

Poudres de guerre.

Le tableau suivant donne, d'après M. Desortiaux, la composition des anciennes poudres de guerre :

Pays de fabrication	Composition		
	Salpêtre	Soufre	Charbon
France, poudre à canon	75	12,50	12,50
France, — de fusil	77	8	15
Angleterre, Italie, Russie, Suède, Turquie	75	10	15
Belgique, Espagne, Perse	75	12,50	12,50
Prusse, Saxe	74	10	16
États-Unis	76	10	14

Poudre chocolat.

La *poudre chocolat* ou poudre prismatique, que les Anglais appellent *cocoa powder* ou *brown powder*, est originaire d'Allemagne (1882). Elle se compose de :

Salpêtre	79
Soufre	3
Charbon	18

Le charbon est de la paille carbonisée dans des conditions spéciales.

C'est une poudre à canon, de couleur brune, comprimée sous forme de larges prismes hexagonaux à cavité centrale. Elle brûle plus lentement que les anciennes poudres et donne aux projectiles une plus grande vitesse initiale.

La *poudre chocolat* a remplacé presque partout les poudres ordinaires à gros grains dites poudres *Pellet, pebble, mammoth*, etc.

Poudres noires de chasse.

La composition des poudres noires de chasse varie peu; voici celles qui sont fabriquées en France et en Allemagne :

	France	Allemagne
Salpêtre	78	78,50
Soufre..	10	10
Charbon	12	11,50

Poudres de mine.

Le dosage des poudres de mine peut varier considérablement; par raison d'économie l'on diminue généralement la proportion de salpêtre, ce qui est une faute, car les poudres ainsi obtenues ne brûlent jamais complètement.

Les compositions les plus usitées sont les suivantes :

1° POUDRES DE MINES FRANÇAISES

	Ordinaire	Forte	Lente
Salpêtre	62	72	40
Soufre.	20	13	30
Charbon	18	15	30

2° POUDRES DES AUTRES PAYS

	Allemagne	Angleterre	Russie	Italie
Salpêtre	66	65	66,60	70
Soufre.	12,50	20	16,70	18
Charbon	21,50	15	16,70	12

Poudre de carrières.

Composition d'une bonne poudre propulsive, produisant surtout des dislocations quand elle est bourrée en trous de mine.

Nitrate de soude	63
Soufre	16
Sciure de bois	23

Poudre de mine de Freiberg.

Composition :

Nitrate de soude	61,68
Soufre	17,25
Charbon	17

Poudre de mine très économique.

Poudre de Wetzlar.

Nitrate de soude	66,68
Soufre	11,77
Eau	18,71

Poudre Murtineddu

Brevetée en 1856, pour mines.

La fabrication de cette poudre, commencée en France en 1857, a été ensuite prohibée après procès et arrêt du Conseil d'Etat (2 janvier 1858) interprétant la loi du 13 fructidor an V, en faveur du monopole exclusif de l'Etat pour la fabrication et la vente des *poudres à feu*, de composition quelconque.

Sa composition est la suivante :

Salpêtre.	100
Soufre	100
Sciure de bois	50
Crottin de cheval	50
Sel marin	10
Mélasse.	4

La mélasse avait pour objet de donner de la cohésion au mélange ; le crottin et le sel devaient servir à ralentir la combustion et en même temps à diminuer le prix de revient.

Poudre Davey.

Brevetée en 1858.
Composition :

Nitrate de soude ou de potasse	63
Soufre	15
Charbon	12
Son, amidon ou farine	8

Produit économique, d'une fabrication simple et peu dangereuse, et donnant peu de fumée.

Pyronome De Tret.

Breveté en 1859.
Composition :

Nitrate de soude	52,50
Soufre	20
Eau	27,50

C'est une poudre économique, difficile à enflammer, brûlant lentement, mais très faible.

Poudre Oxland.

Brevet anglais en 1860.
Composition :

Nitrate de soude raffiné	85
Soufre	16
Charbon de bois	18
Charbon de terre et poussier	20

Bonne poudre de mine, mais très coûteuse.

Poudre Bennett.

Brevetée en 1861.
Composition :

Salpêtre	65
Soufre	10
Charbon	18
Chaux	7

La chaux a pour but de donner de la dureté aux grains de poudre; on peut la remplacer par du plâtre ou du ciment.

Pour la fabrication, les matières sont mises en pâte, puis desséchées et grenées.

Poudre de Newton.

Brevetée en 1862 par M. Wynant.
Egalement connue sous le nom de *saxifragine*.
Composition :

Nitrate de baryte	77
Charbon de bois	21
Salpêtre	2

Le nitrate de baryte se prête à une combustion plus lente et plus régulière que le nitrate de potasse, mais laisse trop de résidu.

Poudre Schæffer et Budenberg.

Brevetée en 1863.
Composition :

Nitrate de soude	40
Salpêtre	30 à 38

Soufre.	8 à 12
Charbon de bois	7 — 8
Poussier de houille	3 — 4
Sel de Seignette	4 — 6

Bonne poudre lente, mais coûteuse.

Poudre Neumeyer

Brevets en 1865 et 1867.

Fabriquée pendant quelque temps en Allemagne, près de Leipzig.

On a donné les deux compositions suivantes :

Salpêtre	75 . . .	72
Fleur de soufre	6,25 . . .	10
Charbon	18,75 . . .	18

On fait usage du charbon de bouleau.

Les matières sont malaxées pendant 15 minutes avec 40 p. 100 d'eau, puis séchées et granulées.

C'est une poudre très économique, un peu plus forte que la poudre ordinaire et moins dangereuse à fabriquer.

Haloxyline.

Brevetée en 1866 par M. Bleckmann.

Composition :

Salpêtre	45
Charbon de bois	3 à 5
Sciure de bois	9
Ferrocyanure de potassium	1

Les substances ayant été finement pulvérisées, sont intimement mélangées, puis mouillées avec un peu d'eau. On granule ensuite par les procédés ordinaires.

Cette poudre est beaucoup plus forte que la poudre noire ordinaire de mine; elle est moins dangereuse à fabriquer et agit plus lentement en trous de mine bourrés.

Poudre Bolton.

Brevetée en 1868.

Se compose de deux mélanges inexplosifs A et B qui, par leur réunion, donnent une poudre de mine. On n'effectue cette réunion qu'au moment de faire usage de la poudre.

Composition :

MÉLANGE A

Carbonate de cuivre	8
Chaux	15
Nitrate de soude	350
Cendres de soude	20
Carbonate de potasse	450
Graphite	5
Charbon de bois	15

MÉLANGE B

Graphite	5
Charbon de bois	15
Alun	50
Sucre	350
Ferrocyanure de potassium	300

Il serait difficile de trouver une poudre plus compliquée.

Poudre Schwarz.

Il existe deux formules de cette poudre :

	Ancienne	Nouvelle
Salpêtre.	56,22	48,60
Nitrate de soude. .	18,33	26,50
Soufre	9,68	9,20
Charbon.	14,14	14,70
Eau	1,78	1,00

Ce sont des produits déliquescents et assez difficilement inflammables.

Pyrolite.

La pyrolite de Matteen présente les compositions suivantes :

	N°1	N° 2
Salpêtre	51,50	47
Nitrate de soude	16,00	18
Fleur de soufre.	20,00	17
Sciure de bois	11,00	12
Poussier de charbon . .	1,50	
Carbonate ou sulfate de soude		6

Ces produits sont plus économiques que la poudre ordinaire et plus forts ; mais ils ont les inconvénients inhérents à la présence du nitrate de soude. De plus, l'emploi de la fleur de soufre est condamnable, car celle-ci, qui contient presque toujours de petites quantités d'acides sulfureux et sulfurique, s'altère facilement et peut même provoquer des combustions spontanées.

Poudre De Terré.

Brevetée en 1871.

Sa composition diffère selon l'emploi :

	Pour roche dure	Pour roche tendre
Sciure de bois. . .	12,50	11,00
Salpêtre.	67,50	51,50
Nitrate de soude.		16,00
Soufre	20 00	
Poussier de houille		1,50

Poudre Violette.

Brevetée par M. Violette en 1871.
Composition :

Salpêtre ou nitrate de soude	62,50
Acétate de soude	37,50

En ajoutant $\frac{1}{10}$ de soufre, la déflagration est plus vive et plus lumineuse.

L'acétate de soude a l'inconvénient d'être très hygrométrique.

Pudrolithe.

Brevetée par M. Poch en 1872.

Elle a été fabriquée pendant quelque temps à Llangollen (pays de Galles).

Composition :

Salpêtre.	68
Nitrate de soude	3
Soufre	12
Charbon de bois	6
Nitrate de baryte	3
Sciure de bois	5
Eau	3

On peut remplacer les 12 p. 100 de soufre par 8 de soufre et 4 de gomme laque en poudre.

Pour la préparation, on commence par dissoudre les nitrates de soude et de baryte dans l'eau chaude ; on ajoute ensuite le tan et la sciure de bois. On fait évaporer, et l'on mélange avec le reste de la composition.

C'est une poudre très lente et donnant peu de fumée.

Poudre Espir.

Brevetée en 1875.

Une fabrique installée à Plymouth a été ensuite abandonnée.

Composition :

Nitrate de soude	60
Soufre	14
Sciure de bois dur.	26

On dissout le nitrate de soude dans l'eau chaude ; on ajoute les deux autres matières, puis on évapore.

La grande proportion de nitrate de soude rend cette poudre très hygroscopique, et, par suite, difficile à conserver.

Poudre Courteille.

Brevetée en 1875.

Composition :

Nitrate de soude ou de potasse	60 à 75
Soufre	10 — 12
Charbon de bois	7 — 10
Poix et charbon dur	9 — 12
Sulfates métalliques	2 — 4
Matière oléagineuse	1 — 3

Le mélange, ayant été saturé de vapeur, est ensuite chauffé jusqu'à dessiccation presque complète. On achève de sécher sur des plaques de cuivre chaudes.

La poix et le charbon dur ont pour but de ralentir la combustion.

Par suite de la détonation, le nitrate, les sulfates et la matière oléagineuse donnent naissance, selon l'inventeur, à un hydrocarbure nitré de nature explosible.

Cette poudre résiste aux chocs.

Carboazotine.

Brevets de M. Cahuc en 1874 et 1877.

Connue en Amérique sous le nom de *Safety blasting powder*.

Compositions variées.

Salpêtre	56 à 70
Soufre	14 — 12
Noir de fumée	3 — 5
Tan ou sciure de bois	27 — 13
Sulfate de fer	5 — 2

Les matières sont broyées et mélangées dans une solution chaude de sulfate de fer, puis desséchées. La poudre est grenée ou comprimée en cartouches ; elle brûle lentement à l'air.

Ses effets sont médiocres.

Poudre Wiener.

Brevetée en 1873, et expérimentée en 1878 à l'arsenal de Woolwich.

Elle se prépare de la manière suivante : On chauffe une poudre de guerre ordinaire pulvérulente jusqu'à la température de 120° C. environ ; le soufre fond et se dissémine dans toutes les parties de la masse qui se transforme en un produit noir, compact et homogène.

Cette poudre est moins hygroscopique que l'autre, et sa fabrication est beaucoup plus simple, car on peut se contenter de mélanger les éléments salpêtre, soufre et charbon pour les agglomérer ensuite par la chaleur.

Toutefois, il y a du danger à chauffer ces matières, car si l'on atteint la température de fusion du salpêtre (vers 300° C.), l'explosion est inévitable.

Poudre Güttler.

Brevetée en 1878.

C'est une poudre ordinaire dont les divers éléments sont agglomérés avec une petite quantité de dextrine.

M. Güttler préconise l'emploi du charbon roux fabriqué, à la température de 290° C., avec un bois non résineux.

Xanthine.

Composition :

Salpêtre	100
Xanthate de potasse (éthylsulfocarbonate) .	40
Charbon de bois	6

Le xanthate de potasse se prépare en dissolvant dans l'alcool absolu un excès de potasse caustique et de sulfure de carbone.

Poudres Volkman.

Ce sont des composés de salpêtre, sciure de bois et ferrocyanure de potassium. Les proportions diffèrent suivant l'usage de la poudre.

La poudre pour mines s'appelle encore *nitropyline*, et la poudre de chasse *collodine*.

Péralite

Composition :

Salpêtre	63
Charbon de bois	30
Sulfure d'antimoine	6

C'est une poudre en gros grains, lente, bonne pour carrières, et dont la force est sensiblement plus grande que celle de la poudre ordinaire de mine.

Poudre Gemperlé

Brevetée en 1882.

Composition :

Nitrate de potasse.	73
Charbon de bois pulvérisé.	8
Son moulu	8
Soufre.	10
Sulfate de magnésie	1

Pour préparer cette poudre, on dissout le nitrate et le sulfate dans un tiers de leur poids d'eau, chauffée à 140° C., puis on ajoute les autres matières, et on maintient la température à 140° pendant quelque temps. On sèche ensuite, et on moule la matière en cartouches comprimées.

La poudre Gemperlé n'explose pas au choc.

Grenadine.

Brevetée par M. Sala en 1882.

Elle est composée de salpêtre, soufre, cendres, glycérine et benzine.

Elle brûle à l'air sans faire explosion.

C'est une poudre lente qui a été essayée aux travaux de l'isthme de Corinthe. Elle donnait d'assez bons résultats dans les trous de mine à poche.

Pyronitrine.

Brevetée en 1883 par M. Prudhomme ; elle a été proposée au gouvernement français en 1884.

Composition :

	N° 1	N°
Nitrate de soude . . .	35	18
Salpêtre	35	45
Eau	15	15
Sulfate	2	3
Soufre.	6	9
Charbon	3	»
Résine	4	7
Goudron	»	7

Poudre Gacon.

Brevetée en 1884 par M. Gacon.

Le produit essayé en 1887 dans les carrières d'Argenteuil avait pour composition :

Nitrate.	70
Soufre	12
Cendres	12
Acide nitrique	6

Le nitrate peut être de potasse, soude ou ammoniaque. Au lieu d'acide nitrique, on a employé aussi une dissolution de tanin.

Cette poudre nécessite pour détoner une très forte amorce, 15 à 20 grammes de dynamite n° 1 et un détonateur triple de fulminate de mercure.

Poudre Heusschen.

Brevetée en 1884 en Allemagne, sous le nom de *Polynitro-cellulose.*

Composition :

Nitrate de potasse.	65 à 93,19
Soufre	12 — 12
Noir de fumée	3 — 3
Tannée.	20 — 25
Sulfate de fer	1,390 à 27,80
Glycérine.	0, 20 — 1,84

Les matières solides sont mélangées, broyées, agglomérées avec une petite quantité d'eau, puis séchées entre 110 et 120°. La masse ainsi obtenue est pulvérisée, et mélangée avec la glycérine.

C'est une poudre de couleur noire, en grains irréguliers ou en cartouches comprimées. Elle fuse lentement.

On l'appelle aussi *Glycéronitre.*

On la fabrique en Belgique, près de Gheel, sous le nom de *Fortis.*

Une composition analogue a été brevetée en France, en 1887, par M. Heusschen, et appelée par l'inventeur *Benzoglycéronitre.*

Lithotrite.

Brevetée par M. Autheunis.

Elle a été fabriquée pendant quelque temps en Belgique ; c'est une poudre lente, assez économique, quoique de composition compliquée, et qui paraît donner d'assez bons résultats dans les trous de mine à poche, tels qu'on les obtient en faisant usage de l'excavateur Plon-d'Andrimont.

Composition :

Sciure de bois dur, nitrée ou non	8
Nitrate de potasse.	50
Nitrate de soude	16
Soufre sublimé.	18
Charbon de bois	1,50
Ferrocyanure de potassium	3
Carbonate d'ammoniaque	3,50

Poudre amide.

Brevetée en 1885 par M. Fred. Gaens.

Composition :

Nitrate de potasse.	48,50
Nitrate d'ammoniaque	38,50
Charbon de bois	13,00

Suivant l'inventeur, il se forme de la potassamide (combinaison de nitrites de potasse et d'ammoniaque), corps volatil et explosif à haute température.

C'est une poudre qui donne peu de fumée et de résidu, et qui n'attaque pas les armes. Elle pourrait servir également pour les mines.

Poudre Meurling.

Brevet suédois de mars 1885.

C'est une poudre de guerre ou de mine dont la préparation spéciale donne un mélange plus intime des divers éléments, et évite les dangers inhérents à l'opération du cylindrage.

On commence par dissoudre le salpêtre dans l'eau bouillante, puis on dissout le soufre dans du sulfure de carbone en recouvrant d'une mince couche d'eau pour éviter l'évaporation.

Le charbon spécial, dit *charbon Meurling* (voir plus bas), employé pour la préparation de cette poudre, est mélangé intimement avec la solution sulfureuse; puis on évapore le sulfure de carbone par l'action d'un faible courant d'air. Le produit obtenu est agité avec la solution de salpêtre dont on fait ensuite évaporer l'eau par un courant d'air chaud.

La masse ainsi préparée et séchée est prête à servir à la fabrication de la poudre à canon par les procédés connus.

Pour préparer le *charbon Meurling*, on traite des fibres végétales (coton, bois, etc.) par l'acide sulfurique suffisamment concentré ou une dissolution saturée de sulfate. En chauffant ou agitant vivement, la transformation en matière pulvérulente est accélérée.

Lorsqu'on emploie l'acide sulfurique, celui-ci dissout les matières incrustantes. On écoule l'excès d'acide, et on lave à l'eau, puis à la potasse pour enlever les parties résineuses ou gommeuses. Enfin, on dessèche au centrifuge.

Sulfurite.

Inventée par M. Sala.

C'est une poudre de couleur gris-verdâtre, résistant aux chocs et brûlant à l'air libre avec une flamme blanche très vive sans faire explosion. Elle est principalement composée de salpêtre, soufre, charbon, cendres et une matière grasse ou huileuse. Elle peut être employée en poudre, en grains ou en cartouches comprimées; la mèche Bickford suffit pour la faire détoner.

Nitrate cupro-ammonique.

Le nitrate cupro-ammonique, ou *nitrate de cuivre ammoniacal*, détone aisément sous l'influence d'une amorce au fulminate de mercure.

On le prépare en évaporant à sec une dissolution saturée de nitrate de cuivre par l'ammoniaque.

On peut l'employer comme poudre, soit seul, soit mélangé avec le nitrate d'ammoniaque dans les proportions suivantes :

Nitrate cuproammonique	100
Nitrate d'ammoniaque	167

Cette poudre détone faiblement sous le choc d'un marteau. La température d'explosion est relativement basse; elle ne dépasse pas 1750° C., suivant M. Berthelot.

Le mélange :

Nitrate cuproammonique	20
Nitrate d'ammoniaque	80

est recommandé par la Commission française des substances explosives (*Rapport du 8 novembre 1888*) comme susceptible de donner un *explosif sans flamme*. (Voir les *dynamites sans flamme*, page 116.)

II. — POUDRES CHLORATÉES

Poudre fulminante.

La poudre fulminante, indiquée par Berthollet, est une poudre noire ordinaire dans laquelle le nitrate de potasse est remplacé par le chlorate de potasse.

La fabrication en était trop dangereuse; elle a été abandonnée.

Poudre blanche.

Brevetée par M. Augendre en 1849, et fabriquée pendant quelque temps aux Etats-Unis, sous le nom de *Poudre américaine*.

Dosage d'Augendre :

Chlorate de potasse	50
Prussiate jaune de potasse	25
Sucre de canne	25

C'est une poudre très brisante et qui peut détoner par simple contact avec l'acide sulfurique.

Le dosage de Pohl paraît plus avantageux.

Chlorate de potasse	49
Prussiate jaune de potasse	28
Sucre de canne	23

On mouille le mélange pour pouvoir ensuite préparer la poudre sans danger.

Poudre Augendre.

La composition suivante :

Chlorate de potasse	41,66
Ferrocyanure de potassium	25,00
Soufre ou sucre en poudre.	20,84
Charbon	12,50

est une modification des précédentes.

Elle a été employée comme poudre électrique pour les amorces d'induction. Elle est très sensible et assez constante.

Le mélange des différentes matières se fait au mortier sans aucun danger.

Poudre Callou.

Composition :

Chlorate de potasse	2
Orpiment	1

Cette poudre donne des fumées arsénicales dangereuses en faisant explosion.

Poudre Melville.

Brevetée en 1850.

Composition analogue à la précédente :

Chlorate de potasse	5
Orpiment	2
Prussiate de potasse	1

Recommandée par l'inventeur pour mines et armes de guerre; présente les mêmes inconvénients que la poudre Callou.

Poudre Kellow et Short.

Brevetée en 1862.
Composition :

Chlorate de potasse	6 à 12
Nitrate de potasse	4 — 20
Nitrate de soude	10 — 36
Soufre	10
Tan et sciure de bois	40 — 50

Poudre très brisante qui détone au moindre choc. Elle est hygrométrique. Sa fabrication et sa manipulation sont difficiles, son prix est élevé, et elle donne, en faisant explosion, des fumées épaisses et un dégagement de chlore.

Poudre Ehrhardt.

Brevetée en 1864.
Composition pour mines :

Chlorate de potasse	1
Salpêtre	1
Charbon de bois	4
Acide tannique	2

On peut aussi supprimer le charbon.

Papier-poudre Melland.

Breveté en 1865.
On dissout, dans 79 parties d'eau, la composition suivante :

Chlorate de potasse	9
Salpêtre	4,50
Prussiate jaune de potasse	3,25
Charbon de bois	3,25
Amidon	0,05
Chromate de potasse	0,07

On fait bouillir pendant une heure, puis on trempe dans le liquide, des bandes de papier non collé que l'on enroule en forme de cartouches, et que l'on sèche à 100°.

Pour préserver ce produit de l'humidité, on l'enduit d'une solution de 1 partie de nitro-amidon dans 3 parties d'acide nitrique; celle-ci, en séchant, forme vernis.

Fabrication assez simple et peu dangereuse.

Le papier-poudre a une force supérieure à celle de la poudre ordinaire.

La *poudre-gaz* est d'une composition analogue.

Poudre Nisser.

Brevetée en 1866 avec la formule suivante :

Chlorate ou perchlorate de potasse. . . .	10.50
Prussiate jaune ou rouge de potasse . . .	1,50
Nitrate de potasse ou de soude	44,50
Matière végétale.	6,50
Houille	19,50
Soufre	15,50
Bichromate de potasse	2,00

La poudre Nisser a été proposée pour armes de guerre, mais elle est trop compliquée.

Une composition plus simple, brevetée en 1870, est la suivante :

Chlorate de potasse	41 à 55
Tartre	51 — 60
Prussiate jaune de potasse.	1 — 2

Poudre Sharp et Smith.

Brevetée en 1866.

Composition :

Chlorate de potasse	2
Salpêtre	2
Soufre	2
Tartrate de potasse	1
Ferrocyanure de potassium	1

Poudre Hahn.

Brevetée en 1867.

Composition :

Chlorate de potasse	367,50
Trisulfure d'antimoine	168,50
Charbon	18,00
Spermaceti	46,00

Le spermaceti a pour but de rendre la poudre moins sensible aux chocs.

Le chlorate de potasse n'est ajouté aux autres matières qu'au moment de l'emploi.

Poudre Hafenegger.

Brevetée en 1868 avec huit dosages différents. Nous ne donnons ici que les principaux :

	N° 1	N° 2	N° 5	N° 7
Chlorate de potasse	6 à 9	2	1	1
Soufre	0,25 — 1			
Charbon de bois	0,25 — 4		1	
Prussiate jaune de potasse		1		
Sucre		1	1	

Le mélange est jeté dans une dissolution de 1 à 2 de phosphore dans 2 de sulfure de carbone. Quand la poudre est saturée de liquide, au bout d'une demi-heure environ, l'explosion se produit.

Cette poudre est très dangereuse.

Poudre Knaffl.

Composition :

Chlorate de potasse	46
Salpêtre	26
Soufre	15
Ulmate d'ammoniaque	10

Les matières sont agglomérées avec une substance gommeuse. Cette poudre détone facilement par le choc.

Poudre Zaliwsky.

Formée de deux mélanges :
1° Chlorate de potasse et acide oxalique,
2° Soufre, charbon et autres ingrédients.
La fabrication et la manipulation sont simples et moins dangereuses que celles des autres poudres chloratées.

Poudre gallique.

Brevetée par M. Horsley en 1872.
Composition

Chlorate de potasse	3
Noix de galle pulvérisée	1

C'est une poudre granulée, plus forte que la poudre de guerre. Elle fait explosion à la température de 220° C.

Papier explosif.

Breveté en 1874.

On mélange 8 p. de salpêtre,
5 » chlorate de potasse,
1 » charbon en poussier,
1 » farine de bois dur,

avec un peu de gomme ou autre matière liante. On ajoute de l'eau de manière à former une pâte homogène dans laquelle on trempe des bandes de gros papier buvard.

Ce papier desséché constitue le papier explosif.

En roulant les bandes les unes sur les autres lorsqu'elles sont encore humides, on forme des cartouches qui n'explosent ni par chocs, ni par friction, et qui détonent violemment dans un trou de mine bourré.

Pyronome Sandoy.

Composition :

Salpêtre	69
Charbon	10
Soufre	9
Antimoine	8
Chlorate de potasse	5
Farine de seigle	4
Chromate de potasse	1

On mélange ces matières dans un égal volume d'eau bouillante, de manière à former une pâte homogène qui est ensuite séchée à l'air, et finalement granulée.

La préparation est peu dangereuse.

Poudre Siemens.

On mêle ensemble du chlorate de potasse avec du salpêtre et un hydrocarbure solide, tel que : paraffine, asphalte, poix, gutta-percha;

puis le mélange est tamisé en poussière fine et traité par un hydrocarbure volatil liquide qui dissout l'hydrocarbure solide.

La pâte ainsi obtenue est moulée en cartouches, puis, après évaporation de l'excès de liquide, est grenée comme la poudre ordinaire.

Les proportions des éléments sont calculées de façon que pour 1 volume d'hydrocarbure volatilisé, il soit produit par les autres matières 3 volumes d'oxygène.

La poudre Siemens est plus forte que la poudre ordinaire.

Asphaline.

Composition :

	N° 1
Chlorate de potasse	54
Nitrate et sulfate de potasse	4
Son	42

On ajoute au mélange une petite quantité d'hydrocarbure, paraffine, ozokérite ou autres.

Le son est de blé ou d'orge, bien nettoyé et autant que possible sans farine.

On colore la poudre en rose avec de la fuchsine.

En mélangeant le n° 1 avec 25 p. 100 de nitrate de potasse, on forme une poudre plus faible, dite n° 2.

L'asphaline a été fabriquée pendant quelque temps à Llangollen, dans l'ancienne usine de pudrolithe.

Etnite.

Variété d'asphaline et dont la composition ne diffère de celle-ci que par l'addition de 8 pour 100 de sulfure dantimoine.

Poudre Baron et Cauvet.

Brevetée en 1882.

Composition :

	N° 1		N° 2
Chlorate de potasse	50	. .	50
Prussiate de potasse	50	. .	25
Sucre	»	. .	25

Diffère très peu de la poudre blanche, dosage Pohl (voir p. 421).

Bengaline.

Appelée aussi *Explosif Medail*, du nom de son inventeur (1882). Elle est formée de son, trempé dans une dissolution de chlorate de potasse. Après séchage, la composition est la suivante :

Chlorate de potasse	2
Son.	3

Cette poudre s'emploie à l'état de cartouches comprimées. Elle brûle à l'air libre comme un feu de Bengale sans faire explosion.

Poudre Moriz Kœpel.

Composition d'après le *Moniteur Quesneville* (1883) :

	N° 1		N° 2
Salpêtre	35,00	. .	42,00
Nitrate de soude	19,00	. .	22,00
Soufre raffiné	11,00	. .	12,50
Sciure de bois	9,50	. .	19,00
Chlorate de potasse	9,50		
Charbon de bois	6,00	. .	7,00
Sulfate de soude	4,25	. .	5,00
Cyanure jaune de potassium . .	2,25		
Sucre raffiné.	2,25		
Acide picrique	1,25	. .	1,50

Le n° 1 est préconisé pour roches dures, et le n° 2, qui est une poudre nitratée, pour roches tendres.

Ce produit résiste bien aux chocs et aux frottements, mais il détone au contact de la flamme ou d'un corps en ignition.

Dynamogène.

Inventé par M. Pétry en 1882.

Composition :

Prussiate jaune de potasse	17
Charbon de bois	17
Potasse	35
Chlorate de potasse	70
Amidon	10

Dans un vase émaillé contenant 150 gr. d'eau pure, on dissout 17 grammes de prussiate jaune. On chauffe jusqu'à ébullition, puis on ajoute 17 gr. de charbon de bois et on agite bien le tout. On laisse refroidir et on ajoute successivement 35 gr. de potasse, 70 de chlorate, et 10 gr. d'amidon trituré dans 50 gr. d'eau. On forme ainsi une pâte épaisse que l'on étend avec une brosse sur du papier-filtre. On fait sécher lentement, puis on étend une couche semblable sur l'autre face du papier. On passe successivement trois couches sur chaque côté, puis on dessèche complètement.

Ce papier roulé en cartouches peut être coupé au couteau sans danger, et employé aux travaux de mines.

Poudre Turpin.

Brevetée en 1883.

Composition :

Chlorate de potasse	80
Coaltar.	15
Charbon de bois	5

On peut remplacer 40 p. de chlorate par 40 p. de nitrate de potasse; de même le nitrate de plomb peut être substitué au nitrate de potasse.

Cette poudre peut être employée en grains ou en cartouches comprimées.

On augmente la sensibilité en remplaçant 1 p. de chlorate par 1 à 10 p. de permanganate de potasse.

Poudre Castro.

Brevetée en Amérique en 1884.

Composition :

Sulfure d'antimoine	1
Son	7
Chlorate de potasse	8

On emploie le sulfure d'antimoine naturel.

Le son est de froment ou autre, bien débarrassé de farine par un traitement analogue à celui de la cellulose.

Le sulfure et le son sont agités dans une dissolution de chlorate, puis la masse est agglomérée en grains ou en cartouches que l'on fait sécher et que l'on enferme dans du papier paraffiné.

Les cartouches portent une cavité centrale pour recevoir un détonateur à fulminate.

Poudre des mineurs.

Inventée par M Michalowski, en 1885.

Composition :

Chlorate de potasse	50
Bioxyde de manganèse	5
Matières organiques porphyrisées	45

Les matières organiques employées de préférence sont la sciure de bois, le son, la tannée en poudre, etc.

Dans une dissolution de chlorate on ajoute le son et les matières organiques, puis on laisse sécher.

La fabrication en est simple et sans danger.

La poudre Michalowski éclate difficilement au choc sur une enclume. Elle est plus forte que la poudre noire de mine.

Vril.

L'analyse faite par le « Bureau of Explosives » de Londres, en 1886, donne la composition suivante pour le Vril n° 1.

Chlorate de potasse	50
Salpêtre	25
Ferrocyanure de potassium	4,50
Charbon de bois	12,50
Paraffine	6
Ferrate de potasse	2

Le ferrate de potasse s'obtient en chauffant au rouge blanc du fer avec du nitre ou avec du peroxyde de potassium ; il se décompose facilement en présence des corps très divisés ou des matières organiques. (Frémy.)

Le Vril a été proposé pour armes de guerre et pour mines. Il a l'apparence de la poudre noire et est très sensible aux chocs.

III POUDRES PICRATÉES

Poudre Borlinetto.

Date de 1867. C'est la plus ancienne poudre à acide picrique.
Composition :

Acide picrique	10
Nitrate de soude	10
Chromate de potasse.	8,50

Poudre Fontaine.

M. Fontaine fabriquait, en 1868, une poudre destinée au chargement des obus et composée de picrate de potasse et de chlorate de potasse, mais d'une manipulation très dangereuse.

Une terrible explosion détruisit, peu de temps après, son usine, plaec de la Sorbonne à Paris.

Poudre Désignolle.

Brevetée en 1869.
Composition :

	N° 1	N° 2
Picrate de potasse.	50	22,90
Salpêtre	50	69,40
Charbon de bois		7,70

Le n° 1 était préconisé pour chargement d'obus, le n° 2 pour fusils de guerre.

Ces mélanges sont dangereux encore, quoique à un moindre degré que la poudre Fontaine.

On a essayé d'en reprendre la fabrication en Amérique.

La force explosive sous l'eau, pour torpilles, est égale à 68, d'après le général Abbot ; la force de la dynamite dite n° 1 étant prise pour unité et égale à 100.

Poudre Brugère.

Inventée en 1869 et composée de :

Picrate d'ammoniaque	50
Nitrate de potasse	50

La poudre Brugère peut être manipulée sans danger. Sa force explosive sous l'eau est égale à 80, d'après le général Abbot, celle de la dynamite n° 1 étant représentée par 100.

Poudre picrique.

Inventée par Sir Fred. Abel.

Elle se compose des mêmes éléments que la précédente, mais en proportions différentes.

Picrate d'ammoniaque	2
Nitrate de potasse.	3

Proposée pour obus, elle ne détone que sous l'effet d'un choc très violent, et brûle à l'air sans faire explosion.

Héracline.

Brevetée en 1875.

Composition :

Acide picrique	0,50
Salpêtre	27,70
Nitrate de soude	27,20
Sciure de bois dur	15,00
Soufre	12,00

La fabrication se fait de la manière suivante : On imprègne 15 p. de sciure de bois d'une dissolution de 0,50 acide picrique et 0,50 salpêtre dans 36 p. d'eau bouillante. On fait sécher, puis on ajoute au produit ainsi obtenu 27,20 de salpêtre, 27,20 de nitrate de soude et 12 de soufre. On pulvérise, ou bien l'on comprime en cartouches en conservant au mélange une légère humidité.

Poudre verte.

Composition :

Acide picrique	1
Chlorate de potasse	11
Prussiate jaune de potasse	3

La préparation se fait à l'état humide ; on sèche à 100°, et l'on pulvérise dans un tonneau en bois avec des billes du même matériel.

C'est une fabrication facile et économique.

L'humidité agit assez rapidement sur cette poudre, qui, de jaune quand elle est bien sèche, devient verte.

Elle est recommandée comme poudre brisante.

On la conserve généralement dans des cartouches de papier imperméable.

Léderite.

Explosif suédois (de *læder*, cuir).

Composition :

Acide picrique	2
Salpêtre	45
Soufre.	15
Rognures de cuir	18

Jaline.

Composition :

Picrate de soude	3 à 8
Charbon minéral	10 — 15
Nitrate de potasse.	65 — 75
Soufre	10
Chlorate de potasse	2

Travaille comme une bonne poudre lente.

Poudres vertes picratées.

Ce sont des poudres de guerre ordinaires dans lesquelles la moitié environ du nitrate de potasse est remplacée par du picrate d'ammoniaque.

Ces poudres, essayées il y a quelques années, sont maintenant abandonnées. Leur emploi présentait certains avantages sur les poudres ordinaires, tels sont les suivants : moins de vivacité, effet propulsif supérieur, moins de fumée et d'odeur, enfin peu d'encrassement dans les armes. Par contre, elles se conservent difficilement, elles s'altèrent en magasin et perdent alors une partie de leurs qualités.

Pyrocoton.

Poudre brevetée en 1883 par M. Parozzani ; elle est encore connue sous le nom de *coton pyrique*.

C'est un précurseur de la mélinite.

Le coton pyrique est un mélange de fulmicoton avec des picrates inexplosibles aux chocs, et certaines substances dont l'objet est de donner plus de stabilité au fulmicoton et en même temps d'assurer la complète combustion du mélange.

D'après des expériences faites à la Spezzia, Ciriè, Aquila, etc., cet explosif présente des qualités de stabilité, de conservation et de résistance au choc presque égales à celles de la poudre de guerre.

Il est peu hygrométrique, donne peu de fumée, et détone presque sans bruit.

Il est préparé en grains.

Son emploi comme chargement d'obus a donné des effets très remarquables de fracture du métal.

Sa densité est environ 3 fois plus faible que celle de la poudre de guerre.

Diorrexine.

Inventée en Autriche, a été essayée à différentes reprises en Amérique.

L'analyse donne la composition suivante :

Acide picrique.	1,50
Nitrates de potasse et de soude . . .	60
Soufre	12
Sciure de bois.	10
Charbon de bois	7
Eau	7,50

Bronolite.

Brevet suédois de M. B. Brones (avril 1885).

Composition :

Picrate double de soude et de baryte	30	à 15
Picrate de potasse	10	— 2

Nitronaphtaline	5 à 20
Nitrate de potasse	20 — 40
Sucre.	1,50 — 3
Gomme	2 — 3
Noir de fumée	0,50 — 4

Le picrate double est moins sensible que le picrate de potasse.

On le prépare en traitant en dissolution 1 équivalent de picrate de baryte par 3 de soude.

On peut encore employer le picrate double de soude et de plomb.

La nitronaphlatine a pour but de retarder la vitesse de combustion, mais il faut qu'elle soit fortement nitrée.

La bronolite n'est influencée ni par le froid ni par l'humidité. Elle brûle à l'air au contact d'un corps chaud entre 300 et 320° C.

Elle ne laisse à la suite de l'explosion que 1 pour 100 de résidus solides qui sont des carbonates de baryte, de soude et de potasse.

Explosifs Turpin.

D'après le brevet anglais de 1885, la poudre picrique de M. Turpin est composée d'acide picrique fondu en grains que l'on recouvre ensuite d'une sorte de vernis formé par l'évaporation d'une nitrocellulose dissoute dans l'éther.

Le même inventeur revendique d'une manière générale l'emploi de l'acide picrique mélangé à toutes autres substances pour la fabrication d'explosifs d'une grande puissance.

M. Turpin a vendu son brevet anglais à MM. Armstrong qui, depuis 1888, fabriquent à Lydd (Angleterre), sous le nom de *Lyddite*, un explosif de guerre plus ou moins analogue à la *mélinite*.

Mélinite

Cette substance explosive, employée par le gouvernement français pour le chargement des obus, a été expérimentée pour la première fois, en 1886, au fort de la Malmaison.

Elle dérive des explosifs Turpin ; c'est un mélange d'acide picrique et de nitrocellulose soluble.

Les perfectionnements apportés à sa fabrication par MM. Berthelot et Sarrau, permettent de la fabriquer actuellement dans des conditions particulières de stabilité et d'innocuité, comme aussi de la manipuler sans danger.

Elle est insensible aux frottements et aux chocs, et on peut la charger dans les obus sans aucun risque. Elle fait explosion sous l'influence d'un détonateur muni lui-même d'un allumeur.

Nitrogélatine picrique.

Brevetée en 1887 par la Deutsche Sprengstoff C° de Hambourg.

On la prépare en dissolvant de la nitroglycérine dans 10 p. 100 de son poids d'acide picrique, puis en gélatinisant au moyen d'une nitrocellulose soluble le liquide ainsi obtenu.

On peut faire usage de la nitrogélatine picrique sous cette forme, ou mélangée avec une poudre quelconque.

On varie le dosage d'acide picrique selon le degré de consistance que l'on veut obtenir, et aussi selon la qualité et la quantité de nitrocellulose employée.

Émilite.

Brevetée par M. Audouin, en 1887.

C'est une poudre à base d'acide picrique.

Pour la préparer on traite les résidus de la fabrication de l'acide phénique par l'acide nitrique ; le produit solide qu'on en retire est mélangé ensuite avec d'autres substances pour en faire un explosif.

Poudres barytées

Brevetées par M. A Nobel, en janvier 1888.

On remplace le salpêtre des poudres ordinaires par du nitrate de baryte, puis on mélange le produit ainsi obtenu avec du picrate d'ammoniaque et du nitrate de baryte dans les proportions suivantes :

Poudre à la baryte	100
Picrate d'ammoniaque	15 à 30
Nitrate de baryte	10—20

Le supplément de nitrate de baryte a pour but de fournir suffisamment d'oxygène pour la combustion complète du picrate d'ammoniaque.

IV. EXPLOSIFS A BASE DE NITROCELLULOSE

Nitrocelluloses.

On divise généralement les nitrocelluloses en trois groupes :

1° Les *mononitrocelluloses*, qui ne sont, à proprement parler, que des celluloses incomplètement nitrifiées.

2° Les *dinitrocelluloses*, ou nitrocelluloses solubles, connues encore sous les noms de *pyroxyline*, *colloxyline*, et *coton-collodion* parce qu'elles servent à la fabrication du *collodion* et aussi du *celluloïd*.

3° Les *trinitrocelluloses*, ou fulmicotons.

(Voir, pour les préparations, pages 54 et suivantes.)

Pelouze avait proposé de désigner les nitrocelluloses sous le nom générique de *pyroxyles* ou *pyroxylols*.

Fulmicoton.

Le fulmicoton ou *coton-poudre* est un explosif employé par presque toutes les marines pour le chargement des torpilles.

Comme il est très sensible aux chocs, on le conserve avec 15 pour 100 d'eau environ. (Voir la description et la préparation, pages 43 et suivantes.)

Le *fulmicoton comprimé* ou *guncotton* a été préparé pour la première fois par Sir Fred. Abel. C'est sous cette forme pratique qu'il est devenu l'un des plus remarquables explosifs de guerre de notre époque.

Le brevet d'invention de Sir Fred. Abel pour pulpage et com pression du fulmicoton est du 20 avril 1865.

Fulmicoton paraffiné.

Se prépare en mélangeant de la paraffine avec le coton-poudre. Mais comme il est difficile d'obtenir un produit homogène, et que la sensibilité est trop atténuée s'il y a excès de paraffine, on préfère paraffiner simplement l'extérieur des cartouches.

Le *fulmicoton camphré* s'obtient en agitant le coton-poudre dans une solution de camphre. C'est un produit très peu sensible et qui exige un fort détonateur pour faire explosion.

Dans la marine on préfère employer le *fulmicoton hydraté*, contenant 15 pour 100 d'eau, et qui ne présente aucun danger à la manipulation et à l'emmagasinage tant que la proportion d'eau est supérieure à 10 ou 12 pour 100.

Potentite.

C'est un fulmicoton nitraté fabriqué à Melling, près de Liverpool. Sa composition est la suivante :

Fulmicoton	50
Nitrate de potasse.	50

La potentite est un explosif moins brisant que le fulmicoton ; on l'emploie dans les mines.

Tonite.

Composition :

Fulmicoton	52,50
Nitrate de baryte	47,50

La substitution du nitrate de baryte au nitrate de potasse donne certains avantages que nous avons relatés p. 53 et 54.

La tonite est employée avec succès aux travaux de mine ; on fait aussi un produit un peu moins fort en ajoutant au mélange une petite quantité de charbon de bois. On la fabrique à Faversham (Angleterre), d'où le nom qu'on lui donne quelquefois de *coton nitraté de Faversham* ; elle contient toujours de 8 à 9 p. 100 d'eau.

Effet explosif sous l'eau (Abbot) = 85; (Dynamite n° 1 = 100).

Nitramidine.

Avant même la préparation du coton-poudre par Schœnbein, en 1845, M. Dumas était arrivé à fabriquer, avec du papier et de l'acide nitrique, un composé qu'il appelait *nitramidine* et qu'il proposait d'utiliser pour la confection des gargousses.

Fulmibois.

Le fulmibois est de la sciure de bois nitrifiée.

On traite 6 p. de sciure par 100 p. d'un mélange de .

28,50	Acide nitrique.	D = 1,48 à 1,50
71,50	Acide sulfurique.	D = 1,84

Soit en volume, 1 d'acide nitrique pour 2 d'acide sulfurique.

La sciure se prépare avec du bois dur, sec et non résineux, réduit en petits grains que l'on achève de débarrasser des matières résineuses, azotées et incrustantes, de la façon suivante :

On les fait bouillir pendant 6 à 8 heures avec une dissolution de carbonate de soude. On lave à l'eau, on sèche, puis on traite successivement par la vapeur d'eau, l'eau froide, le chlorure de chaux, etc.

Le produit ainsi obtenu est ensuite nitrifié, lavé et neutralisé avec une solution faible de carbonate de soude.

Le fulmibois est employé en Angleterre, Allemagne, Belgique et

France, comme poudre de chasse. C'est la *poudre de bois*, vendue en grains de 1 à 1,50 millimètre, ou en cartouches comprimées.

Cette poudre laisse peu de résidu, et ne donne qu'une très faible fumée.

Poudres Schultze.

Brevetées en 1867.

Ce sont des fulmibois nitratés et composés de :

1° Pyroxyline de bois ou de fibres végétales ;

2° Hydrocarbure nitré (de térébenthine, colophane, goudron, etc.);

3° Nitrate de potasse, soude, ammoniaque, chaux ou baryte ;

4° Soufre.

On supprime le soufre dans certains cas.

La *poudre Schultze de guerre* a la composition suivante :

Hydrocarbure nitré.	10
Pyroxyle.	80 à 300
Nitrate de baryte	100 — 120
Nitrate de de potasse	40 — 50
Soufre	10

La poudre est granulée, on l'emploie au dosage de deux tiers du poids de poudre à canon. On peut enduire les grains de paraffine, de résine ou de collodion.

Peu de fumée, de résidu et de recul. Bonne force propulsive.

La *poudre de chasse* est composée de :

Hydrocarbure trién	12
Pyroxyle.	60 à 80
Nitrate de baryte	60 — 80
Nitrate de potasse	8 — 10

Enfin l'*explosif de mine* est un mélange de :

Hydrocarbure nitré	15
Pyroxyline	10
Nitrate	75

En variant le dosage de pyroxyline, on modifie la force de l'explosif.

Poudre pyroxylée.

La poudre de chasse que fabrique le gouvernement français à la poudrerie du Moulin-Blanc présente la composition suivante :

Cellulose nitrée	60
Nitrate de baryte.	30
Salpêtre	6
Gélose	3
Paraffine.	1

Elle est vendue sous le nom de *poudre grenée.*

Elle n'encrasse pas les armes et produit peu de bruit, peu de recul et une fumée assez faible.

Silotvor.

Le silotvor, qui a été essayé en Russie, en 1887, pour obus et torpilles, mais sans résultats satisfaisants, est un explosif à base de fulmibois.

Son nom est dérivé des deux mots russes : *sila,* force, et *tvorit,* créer.

Poudre Lannoy.

C'est une poudre blanche, de composition analogue aux poudres Schultze.

Sciure de bois ou son nitrifiés	22
Nitrate de soude	65
Soufre	13

Ce produit s'enflamme difficilement et brûle lentement à l'air.

V. — EXPLOSIFS A BASE DE NITROGLYCÉRINE

1re classe.

DYNAMITES PROPREMENT DITES OU NOBÉLITES.

Nitroglycérine.

La nitroglycérine, que l'on désigne encore sous les noms de *nitroleum* et de *glonoïne*, a été employée pour la première fois par M. Alfred Nobel comme explosif de mine. (Brevet français du 18 septembre 1863).

(Voir p. 60 et suivantes pour les propriétés, la fabrication et l'emploi de la nitroglycérine.)

Dynamite n° 1

Dans une addition à son brevet principal, M. Nobel revendique le 7 mai 1867 le mélange de la nitroglycérine avec des substances poreuses non explosives : silice, charbon, etc. Il donne à ce mélange le nom de *poudre de sûreté*.

Dans le brevet suédois du 19 septembre 1867 apparaît pour la première fois le nom de *dynamite*.

Le type normal des dynamites à absorbants est la dynamite n° 1.

Composition :

Nitroglycérine	75
Kieselguhr (silice poreuse)	25

Le Bureau des Explosifs de Londres autorise le remplacement de 8 p. de Kieselguhr par 8 p. de carbonate de soude, sulfate de baryte, mica, talc ou ocre.

Effet explosif sous l'eau (Abbot) = 100.

Les fabricants distinguent deux espèces différentes de dynamite n° 1 qui résultent, pour une même quantité de nitroglycérine, de la faculté absorbante plus ou moins grande de la silice. Plus celle-ci est poreuse, et plus la dynamite est maigre. De là la distinction de *dynamite maigre* et *dynamite grasse*.

La première exsude moins, mais la seconde agit plus efficacement.

Dynamite de Vonges.

Le gouvernement français fabrique à Vonges 4 types de dynamites :

Dynamite réglementaire N° 1

Nitroglycérine	75
Randanite.	20,80
Silice de Vierzon	3,80
Sous-carbonate de magnésie	0,40

N° 2

Nitroglycérine	50
Silice de Vierzon	48
Craie de Meudon	1,50
Ocre rouge	0,50

N° 3

Nitroglycérine	30
Silice de Launois	60
Laitier de haut-fourneau	4
Carbonate de chaux	1
Ocre jaune	5

N° spécial

Nitroglycérine	90
Randanite	1
Sous-carbonate de magnésie.	1
Silice spéciale	8

Dynamite rouge.

Composition :

Nitroglycérine	66 à 68
Tripoli	31 à 32

Dynamite blanche.

Fabriquée à l'usine française de Paulilles.
Composition :

Nitroglycérine	70 à 75
Terre siliceuse naturelle.	30 à 25

Dynamite noire.

Composition :

Nitroglycérine	45
Mélange de coke pulvérisé et de sable . .	55

Dynamites au sucre.

MM. Girard, Millot et Vogt ont fait, en 1870, pendant le siège de Paris, une étude complète sur la fabrication de la dynamite au moyen de divers absorbants. Leurs expériences ont porté sur les mélanges de nitroglycérine avec l'alumine, le kaolin, le tripoli, la glaise, la brique pilée, l'éthal et surtout le sucre.

La composition :

Nitroglycérine	2
Sucre en morceaux	3

donne un produit qui ne détone pas quand il est soumis au choc d'un mouton de 4^{k},700 tombant de 1^{m},65 de hauteur.

En ajoutant de l'eau au mélange, la nitroglycérine se sépare.

Dynamites grises.

Fabriquées à Paulilles. La composition du n° 3 est la suivante :

Nitroglycérine	20 à 25
Nitrate de soude, Résine, Charbon	80 à 75

Metalline nitroleum.

Produit qui a été fabriqué en Amérique.

Il est composé de nitroglycérine mélangée avec du plomb rouge pulvérisé, avec ou sans plâtre de Paris.

On fait varier la proportion de nitroglycérine selon le degré de force voulu.

Dynamite au mica.

Fabriquée en Amérique.

Composition du n° 1 :

Nitroglycérine	52
Mica en poudre	48

Le mica ne peut pas absorber plus de 110 p. 100 de son poids de nitroglycérine.

Effet explosif sous l'eau (Abbot) = 83. (Dynamite n° 1 = 100).

Matasiette.

Composition :

Nitroglycérine	40
Absorbant	60

Cette dynamite était fabriquée à Fabry, près de Genève, et introduite en France en contrebande. (Accident de Larmont en 1877.)

L'absorbant en usage était du sable, de l'ocre, du charbon pulvérisé et une matière résineuse.

Fulgurite.

Composition :

	N° 1	N° 2
Nitroglycérine	60	90
Farine de blé et carbonate de magnésie	40	10

Le premier type est solide, le second liquide.

Carbodynamite.

Brevetée par Reid et Borland en 1886.

Nitroglycérine	90
Liège carbonisé.	10
Carbonate de soude et d'ammoniaque . .	1,50

C'est une dynamite noire, quelque peu friable. Selon les inventeurs, elle n'exsude pas et peut rester quelque temps dans l'eau sans que la nitroglycérine se sépare.

En faisant explosion, elle dégage beaucoup de vapeur d'eau qui, dans certains cas, peut éteindre les flammes produites.

Dynamite Burstenbender.

La nitroglycérine est absorbée dans les proportions de 20 à 60 p. 100 par une substance végétale spongieuse et élastique (cellulose, moelle, fungus, etc.) imprégnée de chondrine ou de glycocolle.

La chondrine s'extrait des substances animales, c'est un corps voisin de la gélatine. La glycocolle s'obtient en traitant la gélatine par les acides; c'est une base organique cristallisée.

Cet explosif se prépare sous forme de poudre granulée qui n'exsude pas et ne gèle pas.

Dynamite à grisou.

Préconisée pendant ces dernières années pour les charbonnages grisouteux. C'est la *firedamp dynamite* des Anglais, et la *Wetter-dynamit* des Allemands.

Composition :

Dynamite ordinaire	60
Carbonate de soude	40

L'objet du carbonate de soude est de donner, lors de l'explosion, de l'eau qui éteint les flammes ou, du moins, diminue leur pouvoir calorifique.

Cet explosif détone difficilement et ne donne que des effets utiles médiocres.

Grisoutite.

Composition analogue à la précédente, avec substitution du carbonate ou sulfate de magnésie au carbonate de soude. Ces sels contiennent une grande proportion d'eau de cristallisation.

La grisoutite essayée en Belgique, en 1888, donne très peu de flamme, mais ses effets explosifs sont beaucoup trop faibles; et dès que l'on augmente la dose de dynamite ordinaire, la flamme reparaît.

Nous avons indiqué, page 117, plusieurs compositions de grisoutites.

Dynamite asbeste.

La nitroglycérine est absorbée par l'asbeste, puis mélangée avec une poudre noire ou une nitrocellulose.

On peut remplacer une partie de l'asbeste par une autre matière absorbante, telle que l'argile, le plâtre, la craie, la kieselguhr, etc.

Dynamite au charbon.

Brevetée par M. A. Nobel.

Nitroglycérine	20	20
Nitrate de baryte	68	70
Charbon de bois	12	»
Résine	»	10

Explosif Monakay.

La nitroglycérine est absorbée par un mélange de :

Cendres	0,2
Noir de fumée	2,0

Terre	0,2
Nitrate de soude	0,2
Borax	0,2

Un kilogramme de ce mélange est agité avec $0^{lit.}$,157 d'huile de pétrole.

Le pétrole diminue la sensibilité de la nitroglycérine et ajoute à l'effet explosif.

On fait varier la proportion de nitroglycérine selon le degré de force recherché.

Dynamite de Cologne.

Cet explosif est fabriqué en Allemagne sous le nom de *Colonia-pulver*.

Composition :

Nitroglycérine	30 à 35
Poudre de mine de qualité inférieure .	70 — 65

La nitroglycérine exsude facilement, aussi l'explosif se détériore-t-il rapidement.

Poudre de Vulcain.

Fabriquée aux États-Unis.

Composition :

Nitroglycérine	35
Nitrate de soude	48
Soufre	7
Charbon de bois	10

Effet explosif sous l'eau (Abbot) = 82 (Dynamite n° 1 = 100).

Les dynamites dites *Poudres de Neptune, de Jupiter, Foudre, Titan,* présentent des compositions analogues.

Dynamagnite.

La dynamagnite ou *nitromagnite*, brevetée par M. E. Jones, en Angleterre, en 1879, se compose de nitroglycérine absorbée dans de la magnésie blanche (hydrocarbonate de magnésie).

L'explosion développe une assez grande quantité d'acide carbonique qui augmente son effet.

La dynamagnite est fabriquée en Amérique, avec quelques variantes, sous le nom de *poudre d'Hercule*.

La composition relatée plus haut est celle de l'*Extra Hercules Powder*.

Poudres d'Hercule.

Composition :

	N° 1	N° 2
Nitroglycérine	77	40
Nitrate de potasse ou de soude	1	31
Carbonate de magnésie. . .	20	10
Sucre blanc		15,66
Cellulose ou farine de bois .	2	»
Chlorate de potasse		3,31

Dans d'autres variétés on supprime le chlorate de potasse. Il existe une dizaine de numéros différents avec des proportions de nitroglycérine variant de 20 à 77 p. 100.

Ce sont des poudres assez hygroscopiques.

Effet explosif sous l'eau (Abbot) = 106. (Dynamite n° 1 = 100.)

Les poudres d'Hercule jouissent d'une assez grande réputation en Amérique.

Poudres Atlas.

Ces poudres sont fabriquées à Repauno (New Jersey) ; il en existe dix numéros contenant de 15 à 75 p. 100 de nitroglycérine.

Composition des deux types les plus forts :

	N° A.	N° B.
Nitroglycérine	75	 50
Nitrate de soude	2	 31
Cellulose de bois.	21	 14
Carbonate de magnésie . .	2	 2

Effet explosif sous l'eau (Abbot). Type A = 100. (Dynamite n° 1 = 100.)

Effet explosif sous l'eau (Abbot). Type B = 99. (Dynamite n° 1 = 100.)

Les poudres américaines, dites *poudres Etna, poudres Hécla,* sont des mélanges plus ou moins analogues. Les premières contiennent de 15 à 65 p. 100 de nitroglycérine, les secondes de 20 à 75.

Janite.

C'est une poudre ordinaire à gros grains imbibés de nitroglycérine. Son emploi n'est pas dangereux.

Elle a été expérimentée pendant quelque temps aux travaux de l'isthme de Corinthe.

Lithoclastite.

Brevetée par M. Roca en 1884 et fabriquée en Espagne à l'usine de Gerona.

C'est un mélange de nitroglycérine et de combustible en proportions telles que tout l'excès d'oxygène provenant de la décomposition de la nitroglycérine soit utilisé.

M. Roca indique, comme combustibles, les corps de composition $C^m H^n O^p$, dans lesquels p peut être égal ou inférieur à n. Cette formule comprend les hydrocarbures, les celluloses et corps analogues.

En faisant varier les proportions de nitroglycérine, on obtient des lithoclastites de forces différentes.

Lithofracteur Krebs

Composition :

Nitroglycérine	52
Kieselguhr et sable fin.	30
Charbon de houille	12
Nitrate de soude	4
Soufre.	2

Est moins sensible aux chocs que la dynamite, quoique s'enflammant aussi facilement que celle-ci.

Fabriqué en Allemagne.

Lithofracteur perfectionné

Sa fabrication est autorisée en Angleterre.

Composition :

Nitroglycérine	55 .	. 70
Kieselguhr	21 .	. 23
Charbon en poudre, son ou sciure de bois	6 .	. 2
Nitrate de baryte	15 .	. 5
Soufre	3	»

On ajoute en outre quelquefois une petite proportion de carbonate de soude.

Force toujours inférieure à celle de la dynamite n° 1.

Poudre géante

Fabriquée en Amérique sous le nom de *giant powder*.

Composition :

Nitroglycérine	36
Nitrate de soude ou d'ammoniaque . . .	48
Soufre	8
Résine ou charbon	8

On fait varier les proportions de nitroglycérine de 20 à 75.

Cette poudre est très déliquescente et doit être conservée dans des enveloppes imperméables.

Effet explosif sous l'eau (Abbot) = 83 (Dynamite n° 1 = 100).

Nysébastine.

Brevetée en 1876 par M. Fahnejelm, en Suède.

Composition :

Nitroglycérine	45 à 75
Charbon de bois.	15 — 30
Nitrate de soude ou de potasse ou chlorate de potasse	5 — 25
Carbonate de soude	0,5 — 5

Le nitrate de soude absorbe rapidement l'humidité atmosphérique, surtout dans les climats chauds; quant à la nitroglycérine, elle est mal retenue par le charbon et exsude facilement.

La nysébastine donne de bons effets, mais elle est dangereuse à manipuler et difficile à conserver.

Poudres Judson.

Fabriquées à Drakesville (New Jersey) et brevetées en 1876.

	N° C M.	N° 3 F.
Nitroglycérine	5 . . .	. 20,00
Nitrate de soude.	64 . . .	. 53,90
Soufre	16 . . .	. 13,50
Charbon bitumineux	5 . . .	. 12,60

Les matières broyées finement, mais non porphyrisées, sont chauffées à la vapeur, à 140°, et vivement agitées de façon à empêcher le collage des parties solides avec le soufre fondu. On fait ensuite refroidir, puis on passe au crible. En dernier lieu on mélange avec la nitroglycérine.

Ces poudres ont une force considérable, mais leur fabrication est très dangereuse. On peut faire varier les proportions de nitroglycérine; celle-ci ne doit pas être absorbée par les matières du mélange, elle doit seulement les recouvrir comme d'un enduit. Ce point est fort important; aussi doit-on prendre garde :

1° Que les matières soient en grains fins et non en poudre impalpable; autrement il y aurait absorption de la nitroglycérine et non vernissage;

2° Que le soufre, lors de son mélange avec le nitrate et le charbon, soit constamment maintenu entre 140 et 150°; car, à cette température, il prend une consistance un peu pâteuse et adhère mieux.

Les poudres Judson sont économiques et remarquablement fortes eu égard aux faibles proportions de nitroglycérine qu'elles contiennent. Elles n'explosent ni par le choc ni au contact d'un corps en ignition.

Effet explosif sous l'eau du n° C. M. (Abbot) = 44 (Dynamite n° 1 = 100).

Effet explosif sous l'eau du n° 3 F. (Abbot) = 62 (Dynamite n° 1 = 100).

Virite.

Poudre américaine brevetée en 1882.

C'est un mélange de nitroglycérine avec un absorbant formé de charbon de bois et de nitrate de potasse ou nitrate de soude.

Poudre explosive.

Brevetée par M. Noble, en Angleterre, avec la formule suivante:

Nitroglycérine	20
Charbon	7
Paraffine ou naphtaline	7
Nitrate de soude	60

Pantopollite.

A été fabriquée pendant quelque temps à Opladen, près de Cologne, comme dynamite à bon marché.

La nitroglycérine est simplement mélangée avec de la naphtaline nitrée ou non.

Cet explosif donne beaucoup de fumées délétères.

Fulminatine.

Composée, d'après M. Cronquist, de :

Nitroglycérine	85
Laine préparée	15

Laisse en brûlant un résidu noir.

Salite.

Brevetée en 1878 par M. Bergenstrœm et composée de :

Nitroglycérine	64,86
Nitrate d'urée	35,14

Le nitrate d'urée se décompose vivement à la température de 140° C. ; 23 p. de ce corps peuvent en absorber 77 de nitroglycérine.

Poudres à l'ammoniaque.

Brevetées le 31 mai 1867 par MM. Norrbin et Ohlsson, avant même l'invention de la dynamite, et connues en Suède sous le nom d'*ammoniakkrut*.

Une composition à la glycérine est la suivante :

Nitroglycérine	10 à 20
Nitrate d'ammoniaque	80
Charbon	6

Cette poudre est plus forte que la dynamite, à dosages égaux de nitroglycérine, mais elle est très exsudante et difficile à conserver et à manipuler.

En général, les poudres et dynamites à l'ammoniaque donnent peu de flamme, ce qui les fait rechercher pour l'exploitation des mines à grisou.

Amidogène.

Composition :

	N° 1	N° 2
Nitroglycérine	75	70
Nitrate d'ammoniaque	4	7
Paraffine.	3	10
Poussier de charbon de terre ou de bois	18	13

L'amidogène, qu'on appelle encore *ammoniadynamite*, est très exsudant et déliquescent ; il nécessite l'emploi d'une cartouche bien étanche.

On fabrique, aux Etats-Unis, sous le nom d'*ammonia powder*, des explosifs à nitrate d'ammoniaque ne contenant que de 16 à 20 p. 100 de nitroglycérine.

Séranine.

Brevetée par M. Bjœrkman, en Suède, le 9 juin 1867, antérieurement à la dynamite.

Composition :

Nitroglycérine	25
Nitrate d'ammoniaque	100
Sciure de bois purifiée ou charbon. . . .	12
Benzine ou créosote	1

Explosif Fowler.

Composition :

Nitroglycérine	20,00
Charbon de bois	5,00
Nitrate d'ammoniaque	56,25
Sulfate de soude	18,75

On prépare économiquement et à l'état de mélange parfait le nitrate d'ammoniaque et le sulfate de soude, en décomposant le sulfate d'ammoniaque au moyen du nitrate de soude.

Explosif amide.

En mélangeant la poudre amide avec de la nitroglycérine dans les proportions de :

Nitroglycérine.	68 à 40
Poudre amide	40 — 60

on obtient un explosif qui détone sous l'influence d'une simple capsule de fulminate.

Lignose.

C'est un simple mélange de nitroglycérine avec de la sciure ou de la farine de bois. On l'appelle encore *lignine* ou *dynamite ligneuse.*

Safety nitro.

La safety nitro est une dynamite ligneuse à laquelle on ajoute du nitrate de soude et une petite dose d'amidon.

C'est une dynamite faible, très exsudante, difficile à conserver. Elle a été employée pendant quelque temps à Panama, mais sans grand succès.

Titanite.

Composition :

Nitroglycérine	48	40
Matière ligneuse	16	10
Nitrate de potasse	31	20
Nitrate de soude	»	20
Soufre	2	»
Charbon de bois	»	10

Rendrock.

Les poudres Rendrock, fabriquées aux Etats-Unis par la *Rendrock Powder Manufacturing C°*, présentent des compositions assez variées:

Nitroglycérine	20 »	33,40	40	60 »
Nitrate de potasse	61,50	52,80	40	30,80
Soufre	7,40	6,70	»	3,70
Cellulose de bois	»	2,70	13	»
Paraffine	11,10	»	7	5,50
Résine	»	2,00	»	»
Charbon	»	2,40	»	»

Le troisième type prend aussi le nom de *lithofracteur Rendrock*.

Effet explosif sous l'eau du lithofracteur R. (Abbot) = 94 (Dynamite n° 1 = 100).

Rhexite.

La rhexite est fabriquée en Autriche, à Saint-Lambrecht, par la firme Diller.

C'est un mélange de nitroglycérine avec du nitrate de soude et de matières carbonacées, farine de bois et terreau ou bois pourri.

Nitroglycérine	64
Nitrate de soude	18
Farine de bois	7
Bois pourri	11

Il est possible que la farine de bois soit remplacée dans certains cas par une nitrocellulose, comme semble l'indiquer l'analyse suivante, faite par le capitaine H. Ritter von Vessel :

Nitroglycérine	61,40
Nitrocellulose	9,10
Nitrate de potasse.	16,60
Bois.	12,90

C'est une dynamite relativement faible ; on en vend quatre numéros différents.

Elle donne des gaz insupportables en galeries de mines.

Balistite.

Dynamite composée de nitroglycérine, salpêtre, soufre, son e brique pilée.

Kadmite.

Composition :

Nitroglycérine	20
Nitrate de soude	56
Soufre	10
Charbon	4
Matière ligneuse	4

Pétralite.

Brevetée en Suède par M. Sjœberg, en 1876.

Le produit analysé par la Commission des substances explosives en 1882 avait pour composition :

Nitroglycérine	60
Nitrate de potasse, soude ou ammoniaque .	16
Spermaceti	1
Carbonate de chaux	1
Matière ligneuse	6
Charbon spécial	16

Dynamite Horsley.

Brevetée en 1872.

C'est un mélange de nitroglycérine avec une poudre Horsley, pulvérisée ou granulée.

Composition :

Nitroglycérine	25	25,00
Chlorate de potasse	56 . .	56,20
Noix de galle.	19 . .	9,40
Charbon de bois.		9,40

Poudre explosive Brain.

Brevetée en 1873.

Composition :

	N° 1
Nitroglycérine	40
Chlorate de potasse	30
Charbon de bois	10
Sciure de bois	20

Dans les qualités inférieures on ajoute 1 p. 100 de nitrate de potasse ou de sucre et l'on diminue les proportions de chlorate, mais les produits sont plus faibles.

Poudre tonnerre.

Se fabrique en Amérique.

La glycérine mélangée avec du miel est nitrifiée par les procédés ordinaires ; le résultat est un corps explosif moins sensible que la nitroglycérine et qui entre dans un certain nombre de compositions en mélange avec du chlorate de potasse, du salpêtre, de la sciure de bois purifiée et de la craie.

Nitrolkrut.

Poudre brevetée en Suède par M. J. A. Berg, en 1876.

Composition :

Nitroglycérine	5 à 40
Chlorate de potasse	5 — 50
Nitrate de potasse ou de soude	25 — 75

On peut remplacer la nitroglycérine par un hydrocarbure nitré.

Explosif Gotham.

Composition :

Nitroglycérine	30 à 35
Chlorate de potasse	10
Nitrate de potasse	2
Écorce de chêne en poudre	5

Poudre Castellanos.

Composition :

Nitroglycérine	40
Nitrate de potasse ou de soude	25
Picrate de potasse	10
Soufre	5
Sel insoluble et incombustible	10
Matière carbonacée	10

On emploie comme sel insoluble et incombustible un silicate de zinc, de magnésie ou de chaux, l'oxalate de chaux, le carbonate de zinc, etc. Ce sel a pour objet de diminuer la sensibilité de la nitroglycérine.

Dans une autre composition, on ajoute de la nitrobenzine dont le but serait de rendre la nitroglycérine moins sensible à la gelée.

2me CLASSE

Nitrogélatines ou Abélites.

Glyoxyline.

Brevet de Sir Fred. Abel, du 24 décembre 1867.

Composition :

Nitroglycérine	65,50
Fulmicoton en pulpe	30,00
Salpêtre	3,50
Carbonate de soude.	1,00

C'est l'origine des nitrogélatines.

On l'appelle encore *dynamite au fulmicoton*.

Elle est employée comme *amorces* dans l'armée autrichienne avec 25 p. 100 seulement de nitroglycérine et quelques variantes.

Dynamite Trauzl.

Composition :

Nitroglycérine	73
Fulmicoton en pâte	25
Charbon	2

Les premiers essais de M. Trauzl datent de 1867, mais n'avaient pas donné de résultats pratiques. Le mélange était imprégné de 15 p. 100 d'eau.

Explosif Clark.

Breveté en Angleterre le 10 novembre 1868.

Au lieu de faire usage de nitroglycérine et nitrocellulose, M. Clark recommande de nitrifier par les procédés ordinaires des fibres végétales imprégnées de glycérine.

Ce produit porte encore le nom de *glycéro-pyroxyline.*

Dualine Dittmar.

A été fabriquée à Charlottenbourg (Suède), en 1869.

Composition :

Nitroglycérine	50
Sciure de bois partiellement nitrifiée. . .	30
Salpêtre	20

Plus tard on a indiqué le mélange :

Nitroglycérine	80
Nitrocellulose	20

Dualines américaines.

Fabriquées à San Francisco.

Ce sont des produits analogues à la dualine Dittmar, avec des variantes selon le degré de force que l'on veut obtenir.

Compositions :

Composants	No extra	1	2	3	4	5
Nitroglycérine. .	80	60	45	50	65	20
Nitrocellulose . .	20	40	30	15	30	70
Fulmicoton. . . .	»	»	»	15	»	»
Nitrate de potasse	»	»	»	20	»	»
Nitrate de baryte.	»	»	25	»	»	10
Résine	»	»	»	»	5	»

La dualine gèle facilement. Elle perd une grande partie de sa force quand elle est mouillée.

Effet explosif sous l'eau du n° Extra (Abbot) = 111 (Dynamite n° 1 = 100).

Sébastine.

Brevetée en Suède, le 26 juillet 1872, par M. A. Beckman.

Composition :

Nitroglycérine	50
Nitrocellulose	10
Charbon	15
Nitrate, chlorate ou picrate de potasse. . .	10
Bicarbonate de soude	3
Peroxyde de plomb	10
Dextrine ou paraffine	2

Le brevet revendique l'emploi d'un hydrocarbure nitré liquide quelconque, et en particulier de la nitro-glycérine, et d'un hydrocarbure nitré solide tel que l'amidon nitré, la nitrosaccharose, la nitrocellulose, etc.

Nitrogélatines Nobel.

Brevets de 1876.

Les compositions des nitrogélatines Nobel, qu'on appelle encore *dynamites-gélatines*, sont très variables. En voici un type :

	N° 1	N° 2	N° 3
Nitroglycérine	63,40	43,85	24,35
Nitrocellulose soluble. .	1,60	1,15	0,65
Salpêtre	26,25	41,25	75,00
Farine de bois	8,40	13,20	
Carbonate de soude . .	0,35	0,55	
Soufre	»	»	

Pour la fabrication et les propriétés, voir page 113.

Les fabriques allemandes vendent des nitrogélatines au charbon sous le nom de *dynamites à la cellulose*.

Dynamite gomme.

Appelée en Angleterre et en Amérique *blasting gelatine*.

Composition :

Nitroglycérine	98
Fulmicoton	2

Exige pour détoner une charge de fulminate trois fois plus forte que la dynamite ordinaire n° 1.

C'est le meilleur des explosifs pour mines sous-marines ; son effet sous l'eau, d'après le général Abbot, est de 142, celui de la dynamite n° 1 étant égal à 100.

En mines bourrées, son énergie comparative est 146, tandis que celle de la nitroglycérine n'est que 133, celle de la dynamite n° 1 étant prise pour unité et égale à 100.

Gélatine de guerre.

Appelée aussi *explosive gelatine.*
Composition :

Nitroglycérine	89
Nitrocellulose	7
Camphre	4

Le camphre a pour but de diminuer la sensibilité.
Effet explosif sous l'eau (Abbot) = 117 (Dynamite n° 1 = 100).

Vigorite américaine.

Fabriquée par la « *California Vigorite Powder C°* ».
Composition :

Nitroglycérine	43,75
Nitrate de potasse ou de soude	18,75
Chlorate de potasse	17,50
Craie	8,75
Farine de bois nitrifiée	11,25

La farine de bois est nitrifiée ou non ; on peut la remplacer par de la cellulose de bois ou de la pâte de papier partiellement nitrifiée.

Paléine.

Brevetée par M. Laufrey, en 1878, et fabriquée depuis 1882 à l'usine d'Arendonck (Belgique).

C'est un mélange de 30 à 50 p. 100 de nitroglycérine avec du *fulmipaille*, ou cellulose nitrée faite avec de la paille.

Le fulmipaille se prépare avec la paille d'avoine ; celle-ci est divisée, purifiée, nitrée par les procédés ordinaires, lavée, essorée, réduite en pâte au moyen d'une pile à papier ordinaire et enfin desséchée.

La nitroglycérine absorbée par le fulmipaille forme la *paléine* ou *dynamite-paille*, produit peu exsudant, peu sensible aux chocs et très brisant.

La paléine est vendue sous forme de cartouches comprimées portant un trou suivant l'axe pour recevoir un détonateur à fulminate.

Extra-dynamite.

Brevetée par M. A. Nobel en 1879.

Composition:

Nitroglycérine	23 . .	63
Nitrocellulose	71 . .	24
Nitrate d'ammoniaque	2 . .	12
Charbon	4 . .	1

La nitrocellulose peut être remplacée par la nitrodextrine, l'amidon nitré, etc.; et le charbon, en totalité ou en partie, par le sucre, l'amidon, la dextrine, le camphre, etc.

Forcite.

Brevetée en 1880 par M. Lewin.

Usine à Baelen-sur-Nèthe (Belgique).

Les forcites que l'on fabriquait en 1884 à l'usine américaine de Hopatcong (New-Jersey) avaient les compositions suivantes :

Nitroglycérine	8	à 76
Nitrocellulose	0,10	à 4
Absorbant	92	à 20

Pour les qualités contenant plus de 30 p. 100 de nitroglycérine, l'absorbant est un mélange de nitrate de potasse ou de soude et de farine de bois ; pour les autres, il est composé de :

Nitrate de soude	320
Soufre	36
Colophane	24
Goudron de bois	10

Pour préparer le mélange, on fond ensemble la colophane, le soufre et le goudron dans une chaudière chauffée à la vapeur. Quand toute la masse est bien fondue, on ajoute le nitrate. On continue à chauffer et on agite jusqu'à ce que la matière soit devenue pulvérulente.

Les forcites sont de bonnes nitrogélatines.

Forcite gélatine.

La forcite gélatine fabriquée en Amérique a pour composition :

Nitroglycérine	95
Nitrocellulose soluble	5

Effet explosif sous l'eau (Abbot) = 133 (Dynamite n° 1 = 100).

Nitrogélatine ammoniacale.

Composition :

Nitroglycérine	55
Nitrate d'ammoniaque	35
Nitrocellulose	2
Dextrine	3
Charbon de bois	5

A la température ordinaire on mélange la nitroglycérine avec la dextrine jusqu'à ce que la masse soit bien homogène. Puis on ajoute, sans chauffer, la nitrocellulose desséchée, et ensuite le nitrate et le charbon ; on brasse à la main jusqu'à consistance du caoutchouc.

Ammoniagélatine.

L'ammoniagélatine ou *gélatine ammoniacale* est composée de :

Blasting gélatine	Nitroglycérine. . 37,50		40
	Nitrocellulose . . 2,50		
Nitrate d'ammoniaque			55
Charbon de bois			5

Explosif de couleur noire, un peu moins mou que la dynamite n° 1.

Difficile à conserver et présentant tous les inconvénients des poudres et dynamites à nitrate d'ammoniaque.

Poudre Warren.

C'est un mélange de nitroglycérine gélatinisée et de poudre à canon, dans les proportions suivantes :

Nitroglycérine gélatinisée.	65
Poudre à canon	35

On mélange à froid 1 p. de nitrocellulose avec 10 p. de nitroglycérine jusqu'à dissolution complète ; puis on ajoute du fulmicoton pulvérulent jusqu'à ce que la masse ait pris l'apparence d'une poudre sèche.

Dynamites de Krummel.

Composition :

Nitroglycérine	48 à 50	30 à 35
Farine de bois nitrifiée. . .	10	60
Kieselguhr	40	5

Ces dynamites sont de couleur brune.

On fabrique aussi à Krummel (Allemagne) des dynamites à faible dose de nitroglycérine pour les charbonnages et les carrières.

Gélignite.

Composition :

Nitroglycérine	56,50
Nitrocellulose soluble	3,50
Farine de bois	8,00
Nitrate de potasse.	32,00

Effet explosif sous l'eau (Abbot) = 102 (Dynamite n° 1 = 100).

Diaspongélatine.

Brevetée par M. B. Mills.
Composition :

Nitroglycérine	72 à 95
Nitrocellulose	5 — 7
Alcool	0,5 — 2

Dynamite nitrobenzoïque.

Brevetée par M. Vending en 1882.
Composition :

Nitroglycérine	15 à 45
Nitrocellulose	1 — 3
Nitrobenzine	5 — 10
Nitrate d'ammoniaque	50 — 73

On mélange d'abord la nitrobenzine avec la nitrocellulose de manière à former une gélatine. On ajoute la nitroglycérine et le nitrate, on pétrit le tout à la main le plus intimement possible.

On moule ensuite en cartouches dans du papier ciré ou paraffiné.

Cet explosif résiste aux chocs et au feu ; il peut être maintenu pendant plusieurs heures sans danger à la température de 70° C.

Dynamite Atlas.

Brevetée en 1883 par M. Jacob Engels Kalk.

Composition :

Nitroglycérine	44 à 55
Nitrocellulose	18 — 28
Pyropapier	5 — 10
Nitro-amidon	16 — 20
Nitromannite.	1
Verre soluble.	1

Cet explosif est moulé en cartouches solides à trou central dans lequel on passe une mèche de fulmicoton imprégnée de chlorate de potasse ou de ferrocyanate de plomb. Cette mèche est retenue par un nœud et s'attache d'autre part à une mèche Bickford.

Ne gèle pas.

Nitrolite.

Brevetée en 1884 par M. Carl Lamm.

Elle est formée de :

Nitroglycérine et nitrobenzine gélatinisées	25 à 66
Mélange sec	34 — 75

Quand la glycérine a été nitrifiée, on ajoute dans le bac 1 p. 100 de benzine, toluol ou analogues. On continue la nitrification.

On obtient ainsi un mélange de combinaisons nitriques qui, outre l'avantage de l'utilisation de l'excès d'acides, s'unissent immédiatement avec la nitroglycérine dont elles facilitent la séparation.

On gélatinise le mélange avec 1 à 6 p. 100 de nitrocellulose.

Le mélange sec est formé d'un ou plusieurs nitrates de soude, potasse, ammoniaque et d'un charbon léger, tel que le noir de fumée, que l'on peut remplacer par de la pâte de papier, de l'amidon, etc.

La nitrolite est plastique et légèrement exsudante. Elle est plus forte que la dynamite n° 1.

Méganite.

Explosif fabriqué à Zurndorf (Hongrie).

Composition :

Nature des composants	N° 1	N° 2	N° 3
Nitroglycérine	60	38,00	7,00
Nitrocellulose de bois	10	6,00	9,00
Nitrocellulose de corozo	10	6,00	9,00
Nitrate de soude . . . , ...	20	37,50	56,25
Farine de bois. . . . . , .	»	12,00	18,00
Carbonate de soude.	»	0,50	0,75

La méganite n'est employée qu'en Autriche.

En n'introduisant dans le mélange qu'une seule nitrocellulose, celle de bois, on fabrique une méganite spéciale à laquelle on a donné le nom d'*oriasite.*

VI. — EXPLOSIFS A BASE DE COMPOSÉS ORGANIQUES NITRÉS

Nitrobenzines.

En traitant la benzine par un mélange d'acides sulfurique et nitrique, on peut obtenir :

1° La *mononitrobenzine*, liquide huileux de couleur jaunâtre, exhalant une odeur d'amandes amères ;

2° La *dinitrobenzine*, corps cristallisé présentant des propriétés explosives beaucoup plus grandes que le précédent, et qui sert de base à des compositions telles que la bellite, la roburite, la sécurite.

Nitromannite.

En traitant 1 p. de mannite par

Acide nitrique (1,50)	4,5
Acide sulfurique concentré	10,5

on obtient, sous forme de cristaux blancs effilés, la nitromannite, corps très sensible aux chocs et d'une grande force explosive.

Xyloglodine.

Ce produit explosif s'obtient en traitant par les acides sulfurique et nitrique un mélange de glycérine avec l'amidon, la mannite ou la benzine.

Nitrotoluols, Nitrophénols, etc.

Le toluol plus ou moins nitrifié peut entrer dans la composition d'explosifs au même titre que la nitrobenzine.

Il en est de même des *nitrocumols*, *nitrophénols*, etc. Le *trinitrophénol* est l'acide picrique du commerce.

La *résorcine*, ou phénol polyatomique, donne des composés nitrés très riches en oxygène : tels sont la *trinitrorésorcine* et la *résorcine tétranitrée.*

Le glycol, corps organique de la série éthylique, traité par l'acide nitrique, donne des éthers nitriques qui sont les *nitroglycols*.

Le *dinitroglycol* est un liquide très explosif.

En traitant par l'acide nitrique une solution alcoolique de nitrate d'urée, ou en distillant l'esprit-de-bois avec du salpêtre et de l'acide sulfurique, on obtient le *nitrate de méthyle* qui bout à 66° C.

Le *nitrate d'éthyle* est un composé analogue et se prépare au moyen de l'alcool et l'acide nitrique.

Ces deux liquides sont très explosifs ; leur vapeur détone violemment vers 110° C., ou lorsqu'on l'enflamme.

Nitrate de diazobenzol.

Préparé par M. Gries en traitant le nitrate d'aniline par l'acide nitreux gazeux.

C'est un corps cristallisé, explosif, mais très instable. Il s'altère rapidement à l'air ; au contact de l'eau, il se décompose immédiatement en dégageant de l'azote, du phénol et divers autres produits.

Quand on le chauffe, il détone violemment à 90° C.

Nitronaphtaline

Lorsque l'on chauffe pendant deux heures, à la température de 90°

C., un mélange de 1 p. de naphtaline avec 2 p. de nitrate de soude et 2,50 d'acide sulfurique, il se forme à la fois de la *mononitronaphtaline* et de la *dinitrophtaline*. Si, au produit ainsi obtenu, on ajoute 4 p. de nitrate de soude et 5,50 d'acide sulfurique concentré, et que l'on chauffe pendant dix heures entre 90 et 100° C., on obtient une naphtaline fortement nitrée et qui est un mélange de combinaisons di, tri, et tétranitriques. Le sous-produit est du sulfate de soude.

On lave ensuite à l'eau chaude ou froide.

Cette naphtaline nitrée est un bon explosif ; elle entre dans la composition de la bronolite.

On peut encore préparer les naphtalines nitrées par les procédés ordinaires.

Ammonia-nitrate Powder

Composition :

Nitroglucose	10
Nitrate d'ammoniaque	80
Chlorate de potasse	5
Coaltar	5

Cette poudre détone sous l'influence d'une capsule à fulminate de 0 gr. 65.

Le *nitroglucose* est un glucose nitrifié par les moyens ordinaires.

Nitrosaccharose.

La nitrosaccharose ou *sucre de cannes nitrique* se prépare en agitant 1 p. de sucre dans un mélange à 12° de :

Acide nitrique fort	1
Acide sulfurique concentré	2

C'est une poudre blanche, très explosive, mais d'une fabrication difficile et dangereuse.

Vigorite.

Brevetée par M. Bjœrkman en 1875.

Composition :

Nitroline	40
Cellulose.	22
Nitrate de potasse	22
Chlorate de potasse	16

La *nitroline* est une nitrosaccharose obtenue en traitant du sirop de sucre ou de glucose par 3 p. d'acide nitrique et 6 p. d'acide sulfurique. Ce produit est mélangé avec les autres matières dans une bassine en cuivre à l'aide de battes en bois ou en caoutchouc vulcanisé.

Poudre blanche Uchatius.

Pour la préparer on dissout 1 p. d'amidon de pomme de terre dans 8 p. d'acide nitrique fumant, puis on traite par 16 p. d'acide sulfurique concentré et refroidi. Le précipité qui se forme est recueilli, lavé, traité par une solution bouillante de carbonate de soude, puis séché.

C'est une poudre blanche, hygroscopique, très explosive et s'enflammant à la température de 140° C.

On l'appelle encore *pyroxylam* ou *amidon nitré*.

Ce produit a été découvert par Braconnot, et nommé par lui *xyloïdine*. Il le préparait en mettant de l'amidon en contact avec plusieurs fois son poids d'acide nitrique très concentré ; il obtenait ainsi une dissolution de laquelle l'eau précipitait une matière blanche pulvérulente.

Explosifs Wahlemberg.

Brevetés en 1876.

Ce sont des hydrocarbures plus ou moins nitrés (mono, bi ou trinitrés) mélangés avec du chlorate de potasse et du nitrate d'ammoniaque.

Composition :

Hydrocarbure nitré	10 à 30
Chlorate de potasse	5 — 80
Nitrate d'ammoniaque	1 — 90

Le nitrate d'ammoniaque est préalablement mélangé avec une petite quantité de paraffine.

Nitromélasse.

Brevet allemand de M. Wilhelm Gilles en 1884.

La nitromélasse s'obtient en traitant 340 p. de mélasse ou de résidus de mélasse par :

1000 p. d'acide nitrique fumant.
2000 p. d'acide sulfurique concentré.

On obtient après lavage un liquide jaunâtre que l'on peut employer comme explosif, soit seul, soit mélangé avec des absorbants.

La mélasse contient de 9 à 12 p. 100 de sels qui s'opposent à la formation d'une combinaison nitrée liquide ; or cette teneur en sels est réduite considérablement en traitant la mélasse par 20 p. 100 de peroxyde de plomb et 10 de sulfure de carbone.

La nitromélasse bout à 180° C. environ ; elle détone vers 240°.

En employant comme absorbant 30 p. de farine de bois trempée dans une dissolution de salpêtre, on obtient les explosifs suivants :

1° Pour roches dures :

Nitromélasse.	3
Farine de bois nitrifiée	1

2° Pour roches de moyenne dureté :

Nitromélasse.	1
Farine de bois nitrifiée	1

En ajoutant de la limaille de fer, l'effet explosif se produit, selon l'inventeur, non seulement en bas, mais encore latéralement.

Ces explosifs ne gèlent pas jusqu'à — 25° C.

Glukodine.

La glukodine est un liquide blanchâtre produit par la nitratation d'une solution saturée de sucre de canne dans la glycérine.

La glukodine est soluble dans l'éther et dissout le sucre.

On distingue la glukodine blanche et la glukodine noire.

Leur analyse donne les compositions suivantes :

	Blanche	Noire
Glukodine (partie soluble dans l'éther)	36,40	34,24
Sucre libre.	8,40	8,76
Nitrate de soude.	31,20	37,84
Nitrocellulose.	23,36	
Mélange de nitrocellulose et de charbon de bois		19,31

Nitrocolle.

Inventée en Belgique.

On la prépare en laissant digérer dans l'eau de la colle ou de la glu épaisse; puis on solidifie par l'acide nitrique, et on nitrifie par un mélange d'acides sulfurique et nitrique. On lave le produit jusqu'à ce que l'on ait obtenu une neutralisation complète.

Kinétite.

Fabriquée à Düren par la firme Pétry et Fallenstein (1885).

On la prépare en dissolvant de la nitrocellulose dans un hydrocarbure nitré de la série aromatique, la nitrobenzine, par exemple. Le produit obtenu est pétri à la main avec du nitrate de potasse, du nitrate d'ammoniaque, du chlorate de potasse et du pentasulfure d'antimoine.

Proportions :

Nitrobenzine	16	à 21
Nitrocellulose	0,75	— 1
Chlorate et nitrates	75	— 82,50
Pentasulfure d'antimoine	1	— 3

Le pentasulfure régularise et complète l'explosion.

Ce produit offre peu de sécurité à l'usage et à l'emmagasinage.

Explosif Favier.

Breveté en mars 1885 (Belgique), sous le nom d'*Explosif de sûreté.*

C'est un mélange de nitrate d'ammoniaque et d'hydrocarbure, naturel ou faiblement nitré. Les deux matières sont mélangées dans un malaxeur, puis agglomérées sous pression dans des moules chauffés. On emploie de préférence la presse hydraulique qui permet d'exercer une compression de 300 atmosphères.

Les cartouches d'explosif Favier portent un trou central que l'on remplit d'un détonateur tel que le fulmicoton, l'acide picrique ou le chlorate de potasse, destiné à produire l'explosion du mélange. En outre, on met le feu à ce détonateur au moyen d'une capsule de fulminate de mercure.

On peut encore employer, comme détonateur, de la dynamite ou un explosif Sprengel en pâte.

Composition :

Nitrate d'ammoniaque	100
Hydrocarbure.	12
Détonateur	11,20

A l'usine de Haeren, près de Bruxelles, on fabrique un mélange composé de :

Nitrate d'ammoniaque	91
Mononitronaphtaline.	9

auquel on ajoute, suivant les cas, du nitrate de soude, du charbon ou du brai sec.

C'est une poudre grasse au toucher, hygroscopique, de goût amer. Elle détone à l'air libre avec 2 gr. de fulminate quand elle n'est pas pressée; elle ne détone plus en mines bourrées, alors qu'elle est fortement tassée.

Pour l'usage des mines, on emploie des cartouches comprimées avec 14 gr. de détonateur formé du même explosif à l'état pulvérulent, et qu'on loge dans la cavité centrale des cartouches.

L'explosif Favier donne peu de flamme.

Bellite.

Brevetée par M. C. Lamm en 1886.

Fabriquée à l'usine de Rœtebro, près de Stockholm.

Elle est composée de deux éléments solides :

Nitrate (ammoniaque, potasse, soude ou baryte	1 à 5
Hydrocarbure fortement nitré (binitrobenzine, trinitronaphtaline).	1

Les deux substances, réduites en poudre, sont mélangées intimement dans un cylindre tournant que l'on peut chauffer à la vapeur jusqu'à 100°. Entre 90° et 100°, l'hydrocarbure fond et enveloppe complètement les particules de nitrate, qui se trouvent ainsi protégées contre l'humidité. Avant le refroidissement complet, on peut mouler en cartouches comprimées.

Après refroidissement, la masse est solidifiée ; on peut toutefois la broyer au marteau, sans aucun danger, et l'employer à l'état pulvérulent, si on le préfère.

La bellite explose à l'air libre, comme dans les mines bourrées, à l'état pulvérulent aussi bien qu'en cartouches comprimées, et avec la simple application d'un détonateur d'un demi-gramme de fulminate.

Elle peut être fabriquée, manipulée, transportée et emmagasinée sans danger, car elle ne détone ni par le choc, ni par frottement, ni au contact du feu ou d'une flamme.

D'après la Commission des substances explosibles, c'est l'explosif qui donne le moins de flamme.

Carbonite.

Fabriquée à Schlebusch par la société Buchel et Smith (1886).

Elle est composée de nitrobenzine, cellulose, nitrate de potasse et nitrate de baryte, avec ou sans addition de nitroglycérine.

Elle a été essayée, mais sans succès, dans les mines à grisou, où les fabricants la préconisaient comme un explosif sans flamme.

Pétrofracteur.

Composition :

Nitrobenzine	10
Chlorate de potasse	67
Nitrate de potasse	20
Pentasulfure d'antimoine	3

Paraît avoir une grande force brisante.

Cet explosif a été essayé par une Commission militaire autrichienne, avec bons résultats, en 1887; mais il a l'inconvénient de toutes les poudres chloratées.

Roburite.

Brevetée en Allemagne par le docteur Roth, en 1886.

D'après l'examen qui en a été fait, en 1887, par le Bureau des explosifs, de Londres, sa composition est la suivante :

Dinitrobenzine chlorée	10
Nitrate d'ammoniaque	90

La quantité de chlore qui entre dans la composition de la dinitrobenzine chlorée ne dépasse pas 4 p. 100, ce qui suppose pour l'explosif une proportion de 0,4 p. 100 de chlore.

D'après l'inventeur, le chlore enlève à la roburite son hygroscopicité; de plus, il augmente l'effet explosif, et son dégagement pendant l'explosion éteint partiellement les flammes.

M. Roth revendique également l'emploi pour explosifs de la naphtaline chloronitrée, du phénol chloronitré, etc.

Dans un brevet postérieur du 23 juin 1887, M. Roth recommande l'addition de 1 à 15 p. 100 de soufre pour ralentir la vitesse de l'explosion et permettre à celle-ci de se produire par la simple inflammation de la poudre en mines bourrées.

Il indique aussi les deux formules suivantes :

N° 1	Dinitrochlorophénol	1,00 p.
	Nitrobenzine	0,50
	Dinitrobenzine	0,50
	Nitrate de potasse	2,00
	Nitrate d'ammoniaque . . .	2,50
N° 2	Trinitrochloronaphtaline . . .	1,00 p.
	Acide picrique	1,00
	Nitrate de potasse	1,50
	Nitrate d'amoniaque	2,50

La roburite s'emploie en poudre dans des cartouches imperméables; elle est moins forte que la dynamite; elle donne peu de flammes en détonant. Elle résiste aux chocs et brûle à l'air libre sans exploser.

Elle est fabriquée à l'usine de Gathurst, près de Manchester.

Sécurite.

Brevetée par M. Schœneweg en 1886.

Le brevet français du 28 mai 1887 revendique l'emploi d'acide oxalique ou d'oxalates mélangés avec le coton-poudre gélatineux, la dynamite et autres explosifs, dans le but d'augmenter la force brisante, d'empêcher les décompositions spontanées et d'éteindre les flammes produites pendant la détonation.

Pour préparer la sécurite, on fait fondre du nitrate d'ammoniaque en ajoutant 5 p. 100 d'eau et 40 p. 100 d'hydro-oxalate de potasse. On dessèche le produit obtenu à 80°, puis on le mélange avec des explosifs dans les proportions suivantes :

10 p. 100 avec les hydrocarbures nitrés liquides
20 — — — — solides.
25 — avec les explosifs à base de nitroglycérine.

Une des compositions indiquées est la suivante :

Dinitrobenzine	80 p.
Nitrobenzine	20
Nitrocellulose	30
Oxalate et nitrate d'ammoniaque	20

Toutefois, l'échantillon présenté à l'examen du Bureau des explosifs de Londres, en 1886, n'est qu'un simple mélange de dinitrobenzine et de nitrate d'ammoniaque.

Les proportions, d'après M. Cundill, sont les suivantes :

Dinitrobenzine	26
Nitrate d'ammoniaque	74

Dans ces conditions, l'explosif ressemble à la roburite et à la bellite ; mais il présente, toutefois, moins de sécurité.

En effet, les proportions qui, d'après la Commission française des substances explosives, sont à préférer au point de vue du minimum de flammes dégagées pendant l'explosion, doivent être voisines des suivantes :

Dinitrobenzine	10
Nitrate d'ammoniaque	90

On pourrait même diminuer encore la quantité de dinitrobenzine, mais alors les produits obtenus exigent une amorce beaucoup trop forte pour détoner : 2 grammes de fulminate environ.

VII. — EXPLOSIFS SPRENGEL

Explosifs Sprengel proprement dits.

On peut les diviser en deux classes :

1° Ceux qui sont formés d'hydrocarbures nitrés, ou autres substances explosives, mélangés avec l'acide nitrique. On les appelle *explosifs acides*.

Telles sont les compositions suivantes :

1 équivalent	de nitrobenzine et	5 équivalents	d'acide nitrique
5	— d'acide picrique et	13	—
87	— nitronaphtaline et	113	—

Ou celles-ci, qu'indique M. Berthelot, avec dosages en poids :

583 gr.	acide picrique et	417 gr.	acide nitrique
281 —	nitrobenzine et	719 —	—
400 —	dinitrobenzine et	600 —	—

Ces mélanges ne doivent être faits qu'au moment de l'emploi, autrement ils ne pourraient être conservés.

2° Les explosifs de la seconde classe comprennent des mélanges d'un agent oxydant énergique, comme le chlorate de potasse, avec un combustible tel que les hydrocarbures, nitrés ou non, le sulfure de carbone, etc.

A la première classe, appartiennent les *panclastites*, la *hellhoffite* et l'*oxomite*; à la seconde, le *rackarock*, la *romite*, l'*explosif Parone*, l'*explosif Sjœberg*, etc.

Panclastites.

Les panclastites, brevetées par M. Turpin, en 1882, se composent, en principe, d'un corps comburant qui est le peroxyde d'azote, et d'un combustible, tel que le sulfure de carbone, un dérivé du pétrole (huiles de pétrole, essences minérales, éther de pétrole, etc.), un dérivé de la houille (benzols, toluènes, xylènes, naphtols, goudrons, etc.), une huile végétale (d'olives, d'œillettes, de caoutchouc, de coton, de ricin, de résine, de lin, de colza, etc.), une huile animale (de pieds de bœuf ou de mouton, de poisson, de foies de morue, de spermaceti, etc.), ou enfin un composé organique nitré (nitro-benzine, nitrate de xylène ou d'aniline, etc.). De là les différents groupes d'explosifs :

Panclastites au sulfure de carbone
— aux hydrocarbures
— aux corps gras
— aux composés nitrés.

La panclastite de composition :

Peroxyde d'azote.	3 vol.
Sulfure de carbone	2 vol.

est particulièrement recommandée par l'inventeur.

La panclastite, à l'état liquide, présente une énergie considérable; elle perd de sa force et de sa sensibilité lorsqu'on la fait absorber par une substance poreuse, active ou non.

Pour s'en servir, on la verse, au moment de l'emploi, dans des cartouches cylindriques en fer-blanc, portant à une extrémité un écrou en étain fondu dans lequel on visse un boulon traversé par un tube fermé à sa base. C'est dans ce tube que l'on introduit un détonateur électrique ou à mèche.

La panclastite a été recommandée par la Commission du génie belge, à Anvers, comme explosif de guerre, en égard à sa facilité de fabrication, de manipulation, de transport, à ses propriétés d'insensibilité relative, de résistance à la gelée et de grande énergie explosive. (Rapport du cap. Algrain, du 22 septembre 1883.)

Hellhoffite.

Brevetée par MM. Hellhoff et Gruson, en Allemagne.

C'est une dissolution d'hydrocarbure nitré (nitrobenzine, dinitrobenzine, etc.) dans l'acide nitrique concentré.

Ce mélange est un liquide rouge, épais, de densité 1,40, très corrosif et très instable, qui brûle difficilement à l'air libre, en donnant une vive lumière. Il résiste aux chocs et ne s'enflamme pas dans un trou de mine avec une simple mèche ou fusée.

Employée à l'état liquide, la hellhoffite résiste aux plus grands froids; elle est décomposée par l'eau et par la chaleur.

Composition théorique :

Dinitrobenzine	400 gr.
Acide nitrique	600 gr.

On peut la faire servir en la mélangeant avec une matière absorbante, mais alors elle perd la plupart de ses propriétés; dans ce cas, on remplit les cylindres-cartouches de Kieselguhr sur laquelle on verse le mélange liquide. L'absorption est terminée au bout d'une heure.

La hellhoffite a été employée en Allemagne pour le chargement des obus; elle ne détone que sous l'influence d'une forte capsule chargée de fulminate.

Oxomite.

Brevetée en 1886 par M. Emmens, à New-York.

C'est un mélange d'acide picrique et d'acide nitrique, auquel on ajoute quelquefois un nitrate.

L'acide est renfermé dans un tube de verre placé lui-même dans un sac rempli d'acide picrique.

Emmensite.

Brevetée en 1887 par le Dr Emmens.

C'est l'oxomite perfectionnée quant à la fabrication et aux proportions des éléments composants : acide picrique, acide nitrique et nitrate d'ammoniaque.

On la prépare de la manière suivante :

On dissout à froid un excès d'acide picrique dans l'acide nitrique à 60° B. ; par l'évaporation, il se dépose un sel jaunâtre que l'on recueille. On fait fondre ensemble 5 p. de ce sel et 5 de nitrate d'ammoniaque préalablement enduit de paraffine, puis on moule en cartouches.

La fusion ne présente aucun danger lorsqu'on la fait à une température inférieure à 200° C.

L'emmensite ainsi préparée présente une texture spongieuse. Elle est sans odeur, de goût amer, et de couleur jaune brillant. Sa densité est égale à 1,47.

Elle est sensible aux chocs et détone lorsqu'on la chauffe au delà de 200° C.

Dernièrement, l'emmensite a été essayée, aux Etats-Unis, pour armes de guerre. Elle est alors renfermée dans une cartouche élastique inventée également par le Dr Emmens. Son emploi donnerait, dit-on, peu de bruit et peu de fumée.

Racka rock.

Breveté aux Etats-Unis, par M. S. Reynols Divine, en 1881, 83 et 84.

D'après les brevets, cet explosif présente les diverses compositions suivantes :

Chlorate de potasse . . .	7,50	4 à 5	8,33
Huile lourde	1,00	0,50	»
Nitrobenzine	»	0,50	»
Térébenthine	»	»	1

On peut remplacer le chlorate par le permanganate de potasse. De même, au lieu d'huile lourde minérale et de nitrobenzine, on peut faire usage d'autres combinaisons nitriques et de carbures d'hydrogène liquides dont le point d'ébullition est au-dessous de 120° C.

La partie solide est plongée dans la portion liquide pendant 5 à 6 secondes, au moment d'employer l'explosif.

En faisant varier la proportion de nitrobenzine on augmente ou l'on diminue à volonté la force du produit.

La variété de rackarock employée par le général Newton, aux travaux de sautage du Flood Rock, contenait :

(A)	Chlorate de potasse	1,00
	Nitrobenzine	3,25

L'effet diffère peu, que le rackarock soit en poudre ou compact. L'explosion est bien complète quand on l'effectue avec deux détonateurs de 1 gr. 50 de fulminate.

Le général Newton a constaté que la force explosive du rackarock pouvait être représentée par 108, celle de la dynamite n° 1 étant prise pour unité et égale à 100.

Cette haute intensité, jointe aux avantages d'une entière sécurité à la manipulation et aux transports, avait fait préférer le rackarock à la dynamite pour les travaux du Flood Rock.

Effet explosif sous l'eau (Abbot) = 88 (Dynamite n° 1 = 100).

Romite.

Brevetée par M. Sjœberg, en Suède.

Elle est composée de nitrate d'ammoniaque, paraffine, naphtaline et chlorate de potasse. On ajoute quelquefois du carbonate d'ammoniaque.

C'est une poudre fine, jaunâtre, présentant l'apparence de la brique réfractaire pilée.

Elle n'explose pas à l'air libre, mais seulement en trous de mine bourrés, ou renfermée dans des obus, sous l'action d'un détonateur de 0,60 gr. de fulminate.

Elle résiste aux chocs et brûle sans faire explosion.

Quand on la chauffe, elle fond. La masse fondue peut être pulvérisée et servir sans avoir rien perdu de ses propriétés explosives.

Pour fabriquer la romite, on prépare, d'une part, du nitrate d'ammoniaque imprégné de paraffine et de naphtaline fondues, et on broie finement le produit ainsi obtenu ; d'autre part, on pulvérise du chlorate de potasse mélangé ou non avec du goudron pour le rendre moins dangereux. Les deux éléments sont mis en sacs ou en cartouches séparément, et mêlés seulement au moment où l'on veut se servir de l'explosif.

Explosif Parone.

Composition :

Chlorate de potasse	2
Sulfure de carbone	1

L'explosif Parone a été essayé par le génie italien pour le chargement des obus. Son effet est un peu supérieur à celui de la poudre.

Explosif Sjœberg.

Breveté en Suède, en 1887, pour armes de guerre et travaux de mines, comme modification de la romite.

C'est un mélange de chlorate de potasse et de nitrate d'ammoniaque imprégnés de naphtaline et paraffine, avec un ou plusieurs hydrocarbures liquides.

VIII. — EXPLOSIFS DIVERS

Explosifs Bichel.

M. Ch. E. Bichel a indiqué la possibilité d'obtenir une série de composés explosifs en mélangeant des hydrocarbures soufrés avec des comburants tels que les nitrates, les chlorates, les hydrocarbures nitrés, la nitroglycérine, la nitromannite, etc.

Il emploie de préférence les huiles végétales et les huiles minérales saturées de soufre. Cette saturation s'obtient de diverses façons ; par exemple, en distillant dans un récipient en fer 100 p. d'huile avec 28 à 30 de soufre pulvérisé.

Le mélange :

Térébenthine sulfurée	3
Nitroglycérine	10

rendu pâteux par l'addition d'une silice absorbante, donne un explosif aussi fort que la dynamite ordinaire et qui a, sur celle-ci, les avantages d'être moins brisant et moins sensible aux chocs.

Un autre mélange d'huile sulfurée avec un dérivé nitrique : nitroglycérine, nitrobenzine, nitrotoluol, nitrophénol, etc., et un nitrate de soude, donne également de bons résultats.

Telle est la composition :

Huile minérale soufrée	1,00
Nitrocumol	0,50
Nitrate de soude	9 à 10

Ces composés explosifs ont quelques inconvénients. Les huiles sèchent plus ou moins vite au contact de l'air, car l'oxygène les oxyde par absorption. Cette action, lente au début, s'accroît rapidement avec le temps et donne même lieu à un dégagement de chaleur qui, dans certains cas, peut amener l'inflammation spontanée du produit.

D'après M. Frémy, ces sortes de combustions sont assez fréquentes si l'huile est divisée par des matières organiques.

En outre l'huile rancit, et l'explosif perd ses propriétés.

Sulfure d'azote.

Corps solide, cristallisé. Chauffé à 207°, il se décompose brusquement en azote et soufre et fait explosion. (Berthelot.)

Chlorure d'azote.

Corps liquide, d'une extrême sensibilité, qui se détruit lentement à la température ordinaire, et détone avant 100°. (Berthelot.)

Iodure d'azote.

Composé si sensible au choc et à la friction qu'il est presque impossible de l'isoler. (Berthelot.)

On peut encore citer comme corps analogues au point de vue des propriétés explosives, mais n'ayant point reçu d'application : l'*azoture de mercure*, l'*acide permanganique concentré*, etc., etc.

Fulminate de mercure.

Voir pages 36 et suivantes.

Le fulminate de mercure est un corps explosif extrêmement brisant.

Il est exclusivement employé à la préparation des détonateurs, soit seul, soit mélangé avec d'autres corps.

Fulminate d'argent.

Encore plus sensible et par suite plus dangereux que le fulminate de mercure. On l'utilise en doses minuscules pour la fabrication des bonbons à pétards dits *papillotes*.

Fulminate de cuivre.

Se prépare en faisant bouillir de l'eau contenant du fulminate de mercure en poudre avec du cuivre.

Il se dépose des cristaux verts.

En remplaçant le cuivre par du zinc, on obtient le fulminate de zinc qui jouit des mêmes propriétés explosives.

Amorces-jouets.

Les amorces-jouets sont formées d'une composition explosive renfermée entre deux morceaux de papier et que l'on fait détoner par le choc.

Le mélange suivant est un des plus employés :

Chlorate de potasse	6
Phosphore amorphe	1

On ajoute ou non du nitrate de potasse, du sulfure d'antimoine, et du soufre en poudre.

La quantité d'explosif qui entre dans la préparation d'un millier d'amorces est d'environ 6 grammes.

Détonateurs.

Les détonateurs employés pour les dynamites et autres explosifs sont des mélanges de fulminate de mercure et d'un nitrate ou chlorate.

Nous avons donné à la page 38 les proportions de quelques-uns de ces mélanges. On emploie encore la composition suivante :

Fulminate de mercure	70
Clorate de potasse	30

On peut aussi faire usage de fulminate seul (*détonateurs Gévelot*).

Le *détonateur anglais*, pour armes de guerre, présente la composition suivante :

Fulminate de mercure	6 p.
Chlorate de potasse	6
Sulfure d'antimoine	4

Quelquefois on ajoute 2 p. de verre pilé.

Amorces électriques de quantité (1).

Poudre Abel.

Sous-sulfure de cuivre	16
Sous-phosphure de cuivre.	28
Chlorate de potasse	56

Poudre au fulmicoton.

Fulmicoton en poudre	90
Poudre de chasse porphyrisée ou charbon de cornue	10

Poudre au fulminate.

Fulminate de mercure	87
Charbon de cornue en poudre	13

(1) Le *Tirage des mines par l'électricité*, par P. F. Chalon. Paris, 1888.

Poudre Spon.

Fulmicoton.	en proportions variables
Chlorate de potasse. . .	
Noix de galle en poudre.	

Amorces électriques de tension (1).

Poudre Abel, pour faibles tensions.

Sous-sulfure de cuivre.	64
Sous-phosphure de cuivre.	14
Chlorate de potasse	22
	100

Poudre Abel, pour moyennes tensions.

Fulminate de mercure	87
Charbon de cornue en poudre	13
	100

Poudre Downe, pour moyennes tensions.

Fulminate de mercure	1
Cuivre finement divisé	3

Poudre Augendre, pour moyennes tensions.

Chlorate de potasse.	41,46
Ferrocyanure de potassium	25,00
Sucre en poudre	20,81
Charbon	12,50

Poudres Ebner, pour fortes tensions.

Sulfure d'antimoine	
Chlorate de potasse	41
Plombagine	12

(1) Le *Tirage des mines par l'électricité*, par P. F. Chalon. Paris, 1888.

Poudres françaises, pour moyennes tensions.

Sulfure d'antimoine	47 . .	44
Chlorate de potasse	47 . .	44
Nitrate de potasse	» . .	6
Charbon de cornue	6 . .	6

Poudre Spon.

Sulfure d'antimoine.	En proportions variables.
Chlorate de potasse.	
Phosphure de cuivre.	

INDEX ALPHABETIQUE

DES

POUDRES ET EXPLOSIFS MODERNES

E

F

G

H

I

J

K

L

M

N

O

P

R

S

T

V

X

W

Imp. E. Bernard & Cie, rue La Condamine, 71

OUVRAGES RÉCEMMENT [illegible]

COURS

[illegible]

[illegible]CONSTRUCTION NAV[illegible]

[illegible] D'APPLICATION [illegible]

par A. HAUSER, [illegible]

[illegible] de la Légion d'honneur, sous-directeur de l'[illegible]

[illegible] de 340 planches. [illegible]

LES

[illegible]ACHINES MARI[illegible]

[illegible] A L'ÉCOLE D'APPLI[illegible]

[illegible] A. [illegible]

[illegible] Directeur de l'[illegible]

OUVRAGE COURONNÉ PAR L'ACADÉMIE [illegible]

[illegible] planches. [illegible]

[illegible]